全国高等院校土木与建筑专业十二五创新规划教材

实用工程测量

拓万兵　周海波　主　编

清华大学出版社
北　京

内 容 简 介

本书是作者在教育部提出地方本科高校转型发展的大背景下，结合实际教学经验，应独立学院和民办普通本科院校内涵提升和教学建设的需要，围绕“应用为本、学以致用”的教育理念，充分考虑现代行业的岗位需求，以“易、新、实”为编写原则，结合学生具体情况，以“易懂、够用”为度，深入浅出地启发、引导学生自主学习。本书对传统测量学教学内容进行了合理的精简和梳理，保留了基础知识，秉承了经典理论并与实际应用紧密结合，激发学生的学习兴趣；紧密结合现代测量新仪器和新方法，体现内容的先进性和科学性，突出实用，体现应用型本科生培养的特点。各章后均附有习题，重点章节还附有“案例分析”或“应用案例”。此外，全书加大了实践教学内容，便于师生开展实践性教学，有利于培养技术应用型人才。

本书分三篇共 20 章，第一篇为基础部分，包括绪论、距离测量与直线定向、水准测量、角度测量、全站仪测量、GNSS 测量、测量误差的基本知识、小地区控制测量、数字地形图测绘；第二篇为各专业根据不同需求的选学部分，包括工程测设的基本工作、地形图的应用、工业与民用建筑的施工测量、建筑物的变形监测、道路工程的测量、公路隧洞的施工测量、地质勘探工程的测量、矿井的测量；第三篇为实践教学内容。

本书适合作为技术应用型高等院校的测绘工程、采矿工程、安全工程、矿井建设、地质工程、土木工程、工程管理、城市规划、交通运输等相关专业的教材，也可作为其他高校相关专业的师生参考教材，还可供从事工程测量相关的工程技术人员参考。

图书在版编目(CIP)数据

实用工程测量/拓万兵，周海波主编. --北京：清华大学出版社，2015（2024.8 重印）
(全国高等院校土木与建筑专业十二五创新规划教材)
ISBN 978-7-302-39808-0

Ⅰ. ①实… Ⅱ. ①拓… ②周… Ⅲ. ①工程测量—高等学校—教材 Ⅳ. ①TB22

中国版本图书馆 CIP 数据核字(2015)第 080571 号

责任编辑： 桑任松
装帧设计： 刘孝琼
责任校对： 周剑云
责任印制： 刘 菲

出版发行： 清华大学出版社
网 址：https://www.tup.com.cn, https://www.wqxuetang.com
地 址：北京清华大学学研大厦 A 座 邮 编：100084
社 总 机：010-83470000 邮 购：010-62786544
投稿与读者服务：010-62776969, c-service@tup.tsinghua.edu.cn
质量反馈：010-62772015, zhiliang@tup.tsinghua.edu.cn
课件下载：https://www.tup.com.cn, 010-62791865
印 装 者： 三河市龙大印装有限公司
经 销： 全国新华书店
开 本： 185mm×260mm **印 张：** 26.75 **字 数：** 657 千字
版 次： 2015 年 7 月第 1 版 **印 次：** 2024 年 8 月第 7 次印刷
定 价： 69.00 元

产品编号：062238-02

全国高等院校土木与建筑专业
十二五创新规划教材
编委会名单

主　　编　拓万兵　周海波

副 主 编　李珊珊　郭仓　蔡文婧

编写人员　(按拼音排序):

蔡文婧(宁夏国土测绘院)

郭仓(河南理工大学万方科技学院)

郭秦(西南科技大学城市学院)

李珊珊(河南理工大学万方科技学院)

拓万兵(中国矿业大学银川学院)

吴凤民(中国矿业大学银川学院)

文静(西南科技大学城市学院)

杨齐名(河南理工大学万方科技学院)

周海波(西南科技大学城市学院)

前　言

随着空间信息技术的迅速发展，传统的测量方法和手段已逐步被新技术、新方法所取代，非测绘专业的工程测量学教学内容和方法也应随之变革。同时，伴随地方本科高校转型发展的不断深入，各地方本科高校都在对课程体系和教学内容进行改革，以适应培养技术应用型人才的需求，专业课时数被大量压缩，实践教学内容大幅提高。为顺应当代高等教育的发展潮流，更好地培养技术应用型人才，满足现代岗位对人才的需求，编者在总结实际课程教育教学改革成果的基础上，参阅国内外大量测量学教材，进行多次学术研讨和教学经验交流，结合当下应用型本科院校非测绘专业的工程测量教学特点与需求，在教材的编写内容上体现科学性、先进性和实用性，把握行业岗位要求，满足相关专业的培养目标和教学大纲的基本要求，注重实用性，以就业为导向，突出应用型院校教育教学的特色。在培养目标上强调促进学生知识运用能力，突出实践能力培养原则，充分体现理论与实践的结合，知识传授与能力、素质提升的结合。教材在结构上分为必学、选学和实践教学三部分：第一篇为基础部分，包括绪论、距离测量和直线定向、水准测量、经纬仪测量、全站仪测量、GNSS 测量、测量误差的基本知识、小地区控制测量、数字地形图测绘；第二篇为各专业根据不同需求的选学部分，包括工程测设、地形图的应用、工业与民用建筑施工测量、建筑物变形监测、道路工程测量、公路隧道测量、地质勘探工程测量、矿井测量；第三篇为实践教学内容，便于师生开展实践性教学，有利于培养技术应用型人才。各章后均附有习题，且重点章节后有“案例分析”或“应用案例”。

本书由拓万兵、周海波担任主编，李珊珊、郭仓、蔡文婧担任副主编，郭秦、文静、吴凤民、杨齐名参编。全书由拓万兵统一修改定稿。具体编写分工为：中国矿业大学银川学院拓万兵编写第 1 章、第 5 章、第 16～18 章、第 19 章的部分内容；西南科技大学城市学院周海波编写第 10 章、第 12 章、第 13 章；河南理工大学万方科技学院李珊珊编写第 9 章、第 11 章；西南科技大学城市学院文静编写第 2 章、第 3 章；河南理工大学万方科技学院郭仓编写第 8 章、第 14 章、第 15 章；宁夏国土测绘院蔡文婧编写第 4 章、第 7 章；西南科技大学城市学院郭秦编写第 6 章；河南理工大学万方科技学院杨齐名编写第 19 章的部分内容、第 20 章；中国矿业大学银川学院吴凤民负责全书的插图与表格。

本书也是宁夏教育厅本科重点建设专业项目的研究成果，由中国矿业大学银川学院马振利教授担任主审，并提出了许多中肯的宝贵意见，在此表示衷心感谢。在本书的编写过程中，参阅了大量文献，引用了同类书刊中的部分资料，在此谨向有关作者表示衷心的感谢！

由于编者的水平、经验所限，书中难免存在错漏之处，敬请专家和广大读者批评指正。

编　者

目　录

第一篇　测量基础篇

第二篇 工程应用篇

第三篇　实践教学篇

第一篇　测量基础篇

第 1 章　绪　　论

教学目标

通过对本章内容的学习，使学生了解测量学的研究对象、学科分类和工程测量的基本任务，掌握地球形状和大小及相关概念，掌握确定地面点位的方法，掌握用水平面代替水准面限度的计算方法与规定，理解测量工作的基本原则。

应该具备的能力：初步具备确定地面点位置的基本能力，初步利用测定和测设的基本概念解决一些现实工程问题。

教学要求

能力目标	知识要点	权　重	自测分数
掌握测量学的一些基本概念	水准面、大地水准面、铅垂线	20%	
熟悉确定地面点的坐标系	确定地面点的坐标系	30%	
掌握水平面代替大地水准面的限度	水准面曲率对水平距离和高差的影响	15%	
理解绝对高程和相对高程的概念及相互间的关系	绝对高程和相对高程	20%	
理解测量工作的三原则	测量工作的三原则	15%	

导读

从公元前 7 世纪左右，管仲所著《管子》一书中收集的早期 27 幅地图开始到清康熙年间完成的《皇舆全图》，再到当今大家熟悉的电子地图；从公元前 2 世纪，中国的司马迁在《史记·夏本纪》中叙述了禹受命治水时的“左准绳，右规矩”到今天的“3S”测量技术；从公元前 6 世纪古希腊的毕达哥拉斯(Pythagoras)提出地球是球形到公元 1 世纪中国张衡的“天体圆如弹丸，地如鸡中黄”直到现在研究证明地球总体上是一个不规则的梨形体；……这无不说明测量学有着悠久的历史，它是由人类的生产实践、生活需要和对地球的认识需求而来，又随着与之有关的学科发展而发展。相信同学们会问：测量学是怎样的一门学科？它的主要研究对象和内容是什么？它在我们现代生活的地位如何？本章将针对这些问题一一给予解答。

1.1 测量学与实用工程测量

1.1.1 测量学及其分类

测量学是研究地球的形状、大小及测定地面点或空间点相对位置的一门科学。其目的是为人们了解自然和改造自然服务。测量学的内容主要包括**测定(或测绘)**和**测设(或放样)**两个部分。**测定**就是使用测量仪器和工具，通过测量和计算，将测区内的地物和地貌缩绘成各种纸质或数字地形图，供规划设计、经济和国防建设使用。传统的方法是用平板仪测绘地形图，但随着测绘技术与计算机绘图技术的不断发展，测绘仪器的自动化程度越来越高，目前，传统的平板仪和经纬仪测图方法基本不再使用，而多采用数字化的测图技术，即利用全站仪或 GNSS 接收机进行野外数据采集，利用计算机进行内业绘图。同时以全球导航卫星系统(GNSS)、地理信息系统(GIS)、遥感技术(RS)为代表的测绘新技术迅猛发展和应用到测绘作业中，使测绘产品由传统的纸质地图转变为现代化的“4D”(包括数字高程模型 DEM、数字正射影像 DOM、数字栅格地图 DRG、数字线划地图 DLG)产品。“4D”产品在网络技术的支持下，增强了数据的共享性，为各行业、各部门应用地理信息带来了巨大的方便。**测设**是测定的反过程，即把图上设计好的具有数字特征(坐标、高程、方位角等)的拟建(构)筑物的位置在实地标定出来，作为工程建设的依据。

随着现代测量技术及手段的不断发展及其与不同学科的交叉融合，测量学产生了许多分支学科。如研究整个地球的形状和大小，解决大范围控制测量和地球重力场问题的**大地测量学**；研究地球表面小区域内(可把地球表面看作平面而不考虑地球曲率影响)测绘工作的基本理论、技术和方法的**普通测量学**；研究利用摄影或遥感的手段获取目标物的影像数据，从中提取几何的或物理的信息，并用图形、图像或数字形式表达测绘成果的**摄影测量与遥感**；通过地面上 GNSS 卫星信号接收机，接收太空 GNSS 卫星发射的导航信息，快捷地确定(解算)接收机天线中心位置的 **GNSS 卫星测量**；以海洋和陆地水域为研究对象进行测量工作的**海洋测绘学**；为满足工程建设各阶段的需要，结合各种工程建设的特点而进行测量工作的**工程测量学**；研究如何确保矿产资源的合理开发、安全生产和矿区环境治理的**矿山测量学**；研究利用所获得的测量成果资料，编绘和印制各种地图的**制图学**。

1.1.2　实用工程测量及其任务

在教育部地方本科高校转型发展的背景下，结合技术应用型人才培养的特点及需求，实用工程测量对传统测量学教学内容进行了合理的精简和梳理，保留了基础知识，秉承了经典理论并与实际应用紧密结合，增加现代测量新仪器和新方法的内容，主要讲述普通测量学及土木工程测量和矿山测量的部分内容。其主要任务如下。

(1) 为各项工程的勘测、规划、设计提供所需的测绘资料；勘测、规划时需要提供中、小比例尺地形图及有关信息，建筑物设计时需测绘大比例尺地形图。

(2) 施工阶段要将设计好的建筑物按其位置、大小标定到实地，以便据此施工，此工作称为测设(俗称放样)。另外，施工过程中，为保证工程的施工质量，必须对施工结果分阶段进行检查验收。

(3) 工程竣工后，要将建筑物群体测绘成竣工平面图，作为质量验收和日后维修或改建、扩建的依据，称为竣工测量。

(4) 对大型工程，如高层建筑物、水坝、大型桥梁等，工程竣工后，为监测工程的状况，保证安全，需要进行周期性的重复观测，即变形监测。

相关专业的学生学习该课程后，要求掌握测量学的基本理论和基础知识；能熟练操作常规和现代测绘仪器；熟悉大比例尺数字测图的原理、过程和方法；掌握有关测量数据处理理论和精度评定的方法；在工程规划与施工作业中能正确使用地形图和测绘信息；在施工工程中能够正确地使用测量仪器进行一般工程的施工放样工作，同时也能对测绘科学技术的发展有所了解和认识。

1.2　地面点位的确定

1.2.1　地球的形状和大小

测量工作是在地球表面进行的，要确定地面点之间的相互关系，将地球表面测绘成地形图，需要了解地球的形状和大小。而地球的自然表面高低起伏，有陆地和海洋，是一个复杂的不规则表面。地球上最高的珠穆朗玛峰高出海平面 8844.43m(我国 2005 年 10 月 9 日向世界宣布)，而太平洋西部的马里亚纳海沟低于海平面 11022m。这一高低差异与巨大的地球半径(平均 6371km)相比是微不足道的。若顾及地球表面上陆地面积仅占 29%而海洋面积占了 71%，则可认为地球是被静止的海水面所包围的球体。

由于地球的自转运动，地球上任一点都受到地球引力和离心力的双重作用，这两个力的合力，称为重力(见图 1-1)。重力的方向线称为**铅垂线**，铅垂线是测量工作的基准线。自由静止的水面称为水准面。它是受重力影响而形成的一个处处与重力方向垂直的连续曲面，并且是重力场的一个等位面。与水准面相切的平面称为水平面。由于水面可高可低，因此水准面有无数多个。测量上，定义与静止平均海水面吻合并向大陆、岛屿内延伸且保持处处与铅垂线正交的、包围整个地球的封闭的水准面，我们称它为大地水准面。大地水准面是测量工作的基准面。

大地水准面所包围的地球形体称为**大地体**。大地水准面同地球表面形状十分接近，又具有明显的物理意义，所以它代表地球的一般形状。然而，由于地球内部质量分布不均匀，引起铅垂线方向产生不规则变化，致使大地水准面仍然是一个复杂的不规则曲面，不是一个简单的数学曲面，不能用一个数学模型表达(见图 1-1)。故大地水准面不能作为测量计算的基准面。因此，为了计算和绘图方便，人们通常设想用一个非常接近于大地水准面并可用数学公式表示的几何曲面来代替地球的形状，这个面称为**旋转椭球体面**。旋转椭球体面所包含的形体称为**旋转椭球体**。同大地水准面最为接近的椭球面称为平均地球椭球面。如图 1-2 所示，旋转椭球体是由椭圆 NESW 绕短轴 NS 旋转而形成。其形状和大小由长半轴 a 和短半轴 b，或一个长半轴和扁率 α 决定。α 由式(1-1)计算，即

$$\alpha = \frac{a-b}{a} \tag{1-1}$$

式中：a，b，α ——旋转椭球体元素。

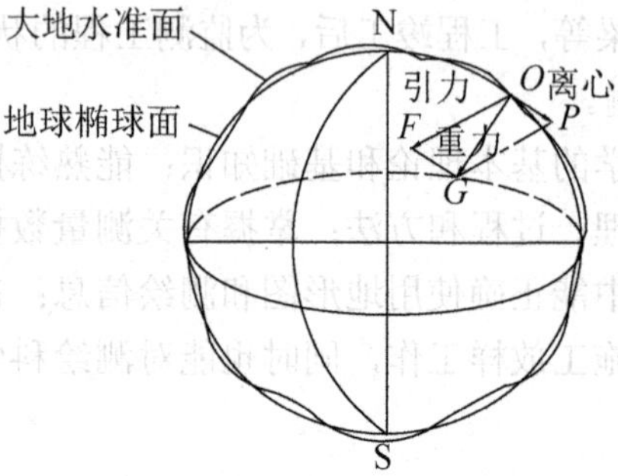

图 1-1　铅垂线、大地水准面示意图

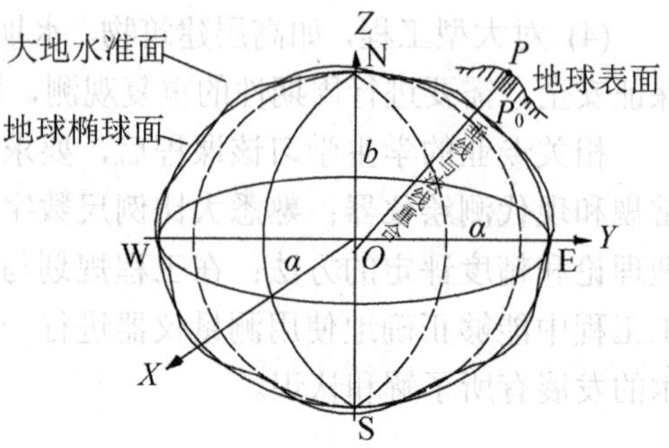

图 1-2　旋转椭球体示意图

为了将观测成果准确地化算到椭球面上，各国都根据本国的实际情况，采用与大地体非常接近于自己国家的椭球体，并选择一点或多点使椭球定位。如图 1-2 所示，地面上选一点 P，令 P 点的铅垂线与椭球面上 P_0 点的法线重合，并使 P_0 点的椭球面与大地水准面相切。这里的 P 点称为大地原点，旋转后的椭球面称为参考椭球面，其包围的形体称为参考椭球体。世界上几个有代表性的地球椭球参数见表 1-1。参考椭球面及其法线是测量计算所依据的基准面和基准线。

表 1-1　椭球体参数

椭球名称	长半轴 a /m	短半轴 b /m	扁率 α	计算年代和国家	备　注
贝塞尔	6377397	6356079	1：299.152	1841，德国	
海福特	6378388	6356912	1：297.0	1910，美国	1942 年国际第一个推荐值
克拉索夫斯基	6378245	6356863	1：298.3	1940，苏联	中国 1954 年北京坐标系采用

续表

椭球名称	长半轴 a /m	短半轴 b /m	扁率 α	计算年代和国家	备 注
1975 国际椭球	6378140	6356755	1∶298.257	1975，国际 第三个推荐值	中国 1980 年国家大地坐标系采用
WGS-84	6378137	6356752	1∶298.257	1979，国际 第四个推荐值	美国 GPS 采用

由于地球扁率很小，当测区不大时，可以把地球当作圆球看待，其平均半径为 6371km。

1.2.2 确定地面点位的方法

测量工作的主要任务之一是确定地面点的空间位置，其表示方法为坐标和高程。**坐标**表示地面点投影到基准面上的位置，**高程**表示地面点沿投影方向到基准面的距离。而空间点的位置与一定的坐标系统相对应。测量工作中，常用的坐标系统有大地坐标系、高斯投影平面直角坐标系和独立平面直角坐标系等。

1.2.2.1 坐标系统

1. 地理坐标系

用经纬度表示地面点空间位置的球面坐标系称作**地理坐标系**，依据采用的椭球和投影线不同，又分为天文地理坐标系和大地地理坐标系。

1) 天文地理坐标系

天文地理坐标系又称**天文坐标系**，是以大地体(大地水准面)和铅垂线为基准建立的坐标系。如图 1-3 所示，过地面点 P 与地轴的平面为子午面，该子午面与首子午面(也称本初子午面)间的二面角为天文经度 λ，其值为 0°～180°，在本初子午面(也称首子午线)以东的叫东经，以西的叫西经；东经为正，西经为负。过 P 点的铅垂线(由于地球离心力作用，铅垂线不一定经过地球中心)与赤道面(垂直于地轴并通过地球中心 O 的平面)的交角为天文纬度 φ，其值为 0°～90°，在赤道以北的叫北纬，以南的叫南纬。

任意一个地面点的天文坐标都可用天文测量测出，由于天文测量受环境条件限制，定位精度不高(测角精度为0.5″，相当于地面长度 10m)，天文测量是以大地水准面为基准面，坐标之间推算困难，故较少应用于工程测量，常用于天文控制网、卫星导弹发射或独立工程控制网起始点的定位定向。

2) 大地地理坐标系

大地地理坐标系又称**大地坐标系**，是以参考椭球面和法线为基准建立的坐标系。如图 1-4 所示，地面点 P 沿着法线投影到椭球面上为 P'。P' 与椭球短轴构成的子午面和首子午面间的二面角为**大地经度** L，其值分为东经 0°～180°和西经 0°～180°；过 P 点的法线与赤道面的交角为**大地纬度** B，其值为北纬 0°～90°和南纬 0°～90°。

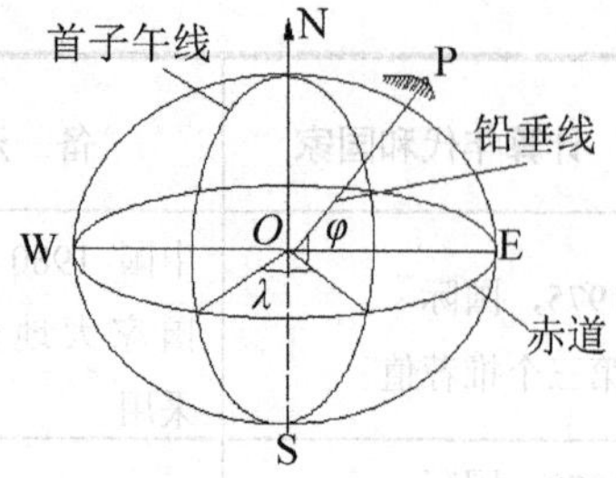

图 1-3　天文坐标系

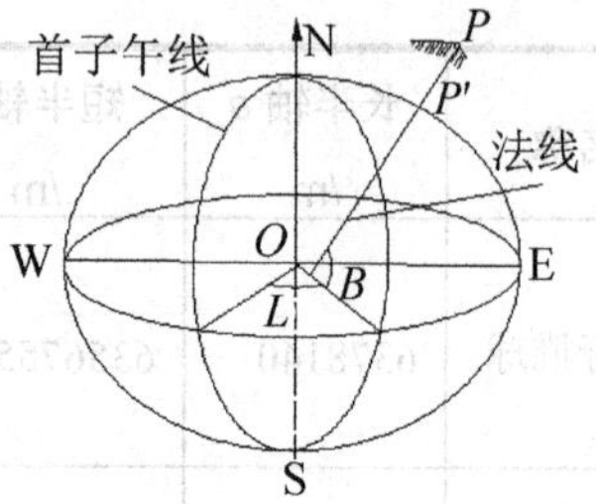

图 1-4　大地坐标系

大地经、纬度是根据大地原点坐标按大地测量所得的数据推算而得，大地原点坐标是经过天文测量获得的天文经纬度。采用不同的椭球，大地坐标系是不一样的，采用参考椭球体建立的坐标系叫作**参心坐标系**，采用总地球椭球并且坐标原点在地球质心的坐标系称为**地心坐标系**。

我国目前常用的大地坐标系有以下几种。

(1) 1954 年北京坐标系。

这是新中国成立初期采用克拉索夫斯基椭球建立的坐标系。由于该坐标系的大地原点在苏联，便利用我国东北边境的 3 个大地点与苏联大地网联测后的坐标作为我国天文大地网的起算数据，通过天文大地网计算，推算北京一点的坐标，故命名为“1954 年北京坐标系”。该坐标系在我国的经济建设和国防建设中发挥了重要作用，但也存在点位精度不高等许多问题。

(2) 1980 年国家大地坐标系。

为了克服 1954 年北京坐标系存在的问题，我国于 20 世纪 70 年代末，对大地网重新进行了平差。该坐标系采用 IUGG-75 地球椭球，大地原点选在陕西省泾阳县永乐镇，椭球面与我国境内的大地水准面密合最佳，平差后精度明显提高。此坐标系命名为“1980 年国家坐标系”或“1980 年西安坐标系”。

(3) WGS-84 坐标系。

WGS(World Geodetic System，世界大地坐标系)是美国国防部为进行 GPS 导航定位于 1984 年建立的地心坐标系，1985 年投入使用。WGS-84 坐标系的几何意义是：坐标系的原点位于地球质心，z 轴指向 BIH1984.0 定义的协议地球极(CTP)方向，x 轴指向 BIH1984.0 的零度子午面和 CTP 赤道的交点，y 轴通过右手规则确定。WGS-84 地心坐标系可以与 1954 年北京坐标系或 1980 年西安坐标系等参心坐标系相互转换。

(4) 2000 年国家大地坐标系。

2000 年国家大地坐标系(China Geodetic Coordinate System 2000，CGCS2000)由 2000 年国家 GPS 大地网在历元 2000.0 的点位坐标和速度具体实现。2000 年国家大地坐标系符合 ITRS(国际地球参考系)的以下定义：原点在包括海洋和大气的整个地球的质量中心；长度单位为米，这一尺度同地心局部框架的 TCG(地心坐标时)时间坐标一致；定向在 1984.0 时与 BIH(国际时间局)的定向一致；定向随时间的演变由整个地球的水平构造运动无净旋转条件保证。

CGCS2000 的定义与 WGS-84 实质上是一致的，它们采用的参考椭球非常接近，仅扁率存在微小差异，在当前的测量精度范围内，忽略这样小的变化是允许的。CGCS2000 与 1954 年北京坐标系或 1980 年西安坐标系，在定义与实现上有根本区别。2008 年 7 月 1 日我国启动 2000 年国家大地坐标系，并将其作为国家法定的坐标系。计划用 8～10 年完成现行国家大地坐标系向 2000 年国家大地坐标系的过渡和转换工作。

2. 独立平面直角坐标系

在小区域进行测量工作，把该部分的球面视为水平面，把地面点直接沿铅垂线方向投影于水平面上，如图 1-5 所示，以相互垂直的纵、横轴建立平面直角坐标系：纵轴为 x 轴，与南北方向一致，以向北为正，向南为负；横轴为 y 轴，与东西方向一致，以向东为正，向西为负。这样任一点的平面位置可以用其纵、横坐标 x、y 表示，如坐标原点 O 是任意假定的，则称为独立平面直角坐标系。

由于测量上规定所有直线的方向都是从北(纵轴方向)起按顺时针方向以角度计值(象限也按顺时针方向编号)。因此，将数学上平面直角坐标系(角值从横轴正方向起按逆时针方向计值)的 x 和 y 轴互换后，数学上的三角函数计算公式可不加改变直接用于测量数据的计算。

在建筑工程的设计和施工中，为了工作上的方便，常采用独立坐标系，称为**施工坐标系**。施工坐标系的纵轴通常用 A 表示，横轴通常用 B 表示，施工坐标系也叫 AB 坐标系。通常坐标系的原点选择施工场区的西南角，以使所有点的坐标均为正值，如图 1-6 所示。

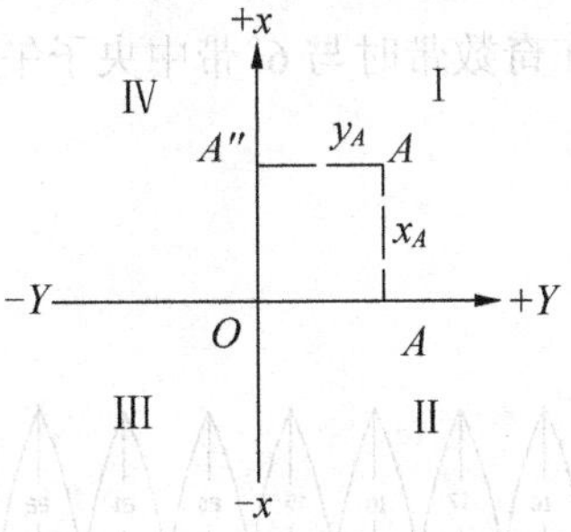

图 1-5 测量平面直角坐标系

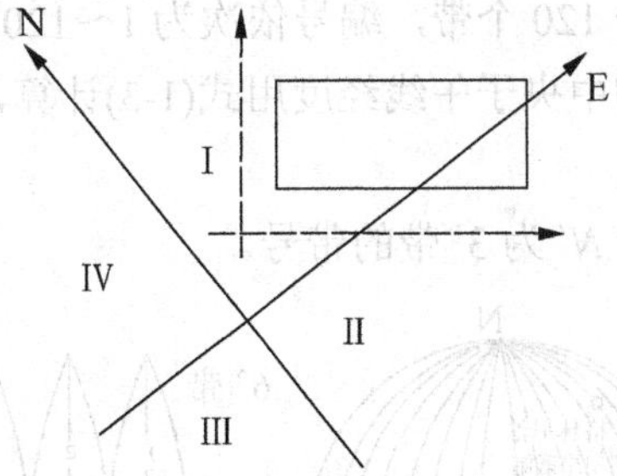

图 1-6 施工坐标系

3. 高斯平面直角坐标系

当测区范围较大时，就不能把水准面看作水平面，必须采用适当的投影方法，建立全球性的统一平面直角坐标系。根据我们对投影所提出的不同条件，它具有不同的形式，从而构成不同的平面直角坐标系。依据地理情况我国早在 1952 年就决定采用高斯-克吕格平面直角坐标系，简称为**高斯平面坐标系**。

高斯投影是一种横轴等角切椭圆柱投影。设想将椭球装进一个椭圆柱内，使横椭圆柱内面恰好与椭球面上某个子午线相切，这条切线称为中央子午线。假想在椭球体中心放置一个光源，通过光线将椭球面上一定范围内的物像按正形投影的方法投影到椭圆柱的内表面上，并将椭圆柱面沿一条母线剪开展为平面，此即高斯投影平面，如图 1-7 所示。

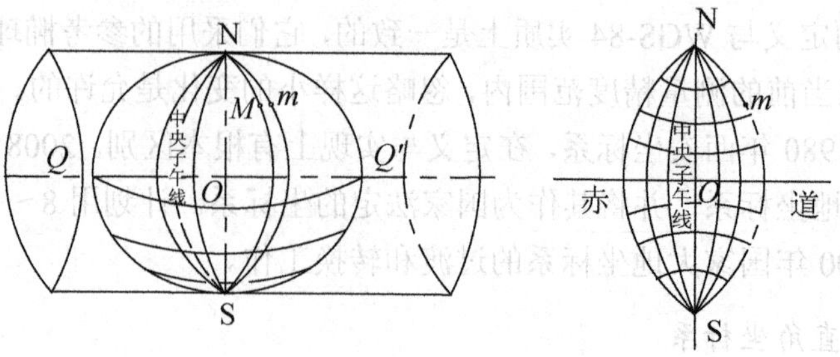

(a) (b)

图 1-7 高斯投影平面

该投影没有角度变形，但有长度和面积变形，离中央子午线越远，变形就越大，为了对变形加以控制，测量中采用限制投影区域的办法，即将投影区域限制在中央子午线两侧一定的范围，这就是分带投影，如图 1-8(a)所示。投影带一般分为 6°带和 3°带两种，如图 1-8(b)所示。6°带投影是从英国格林尼治本初子午线开始，自西向东，每隔经差 6°分为一带，将地球分成 60 个带，其编号分别为 1,2,…,60。每带的中央子午线经度用式(1-2)计算，即

$$L_6 = (6N - 3)° \tag{1-2}$$

式中，N 为 6°带的带号。

3°投影带是在 6°带的基础上划分的。自东经1°30′开始每隔经差 3°划分为一带，全球共划分 120 个带，编号依次为 1～120。其中央子午线在奇数带时与 6°带中央子午线重合，每带的中央子午线经度用式(1-3)计算，即

$$L_3 = 3°N' \tag{1-3}$$

式中，N' 为 3°带的带号。

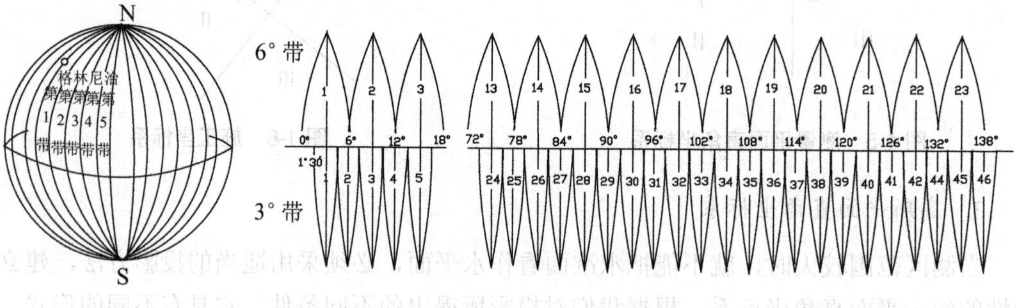

(a) (b)

图 1-8 投影分带

我国领土位于东经 72°～136°之间，共包括了 11 个 6°投影带，带号由 13 带到 23 带；有 21 个 3°带，带号由 25 带到 45 带。我国首都北京位于东经 116°23′，所在 6°带和 3°带的中央子午线经度为 117°。由式(1-2)和式(1-3)可得北京的 6°带带号为 20，3°带带号为 39。

通过分带投影到平面上以后，以赤道位置为 y 轴，规定向东为正；以中央子午线为 x 轴，规定向北为正，两轴的交点作为坐标原点，这样建立起来的坐标系称为**高斯平面直角**

坐标系。我国位于北半球，纵坐标 x 全部为正；横坐标则有正有负，中央子午线以东为正，以西为负，如图 1-9(a)所示。这种以中央子午线为纵横轴确定的坐标值为自然值。

例如，设 $y_A = +137680\text{m}$，$y_B = -274240\text{m}$。为了避免横坐标出现负值，故规定把坐标纵轴向西移 500km，如图 1-9(b)所示。这时

$$y_A = 500000 + 137680 = 637680(\text{m})，\quad y_B = 500000 - 274240 = 225760(\text{m})$$

自然值的横坐标值加 500km 后，通常称为通用横坐标。它与自然横坐标的关系为

$$y_{通} = y_{实} + 500000\text{m}$$

为了根据横坐标能确定位于哪一个 6°带内，还要在横坐标值前冠以带号。例如，A 点位于 20 带内，则 A 点通用横坐标 $y_{A通用} = 20637680\text{m}$，$B$ 点通用横坐标 $y_{B通用} = 20225760\text{m}$。因此，自然横坐标换算为通用横坐标的公式为

$$y_{通} = 带号 + y_{自然} + 500000\text{m}$$

当把通用坐标换算为自然坐标时，要判断通用横坐标数中的哪一个数是带号。由于通用横坐标整数部分的数均为六位数，故从小数点起向左数第 7、8 位数才是带号。例如，$y_{通} = 2123456.88\text{m}$，它的带号为 2 而非 21。我国领土范围内的通用横坐标换算为自然坐标时，通用横坐标数中第 1、2 两位均为带号。

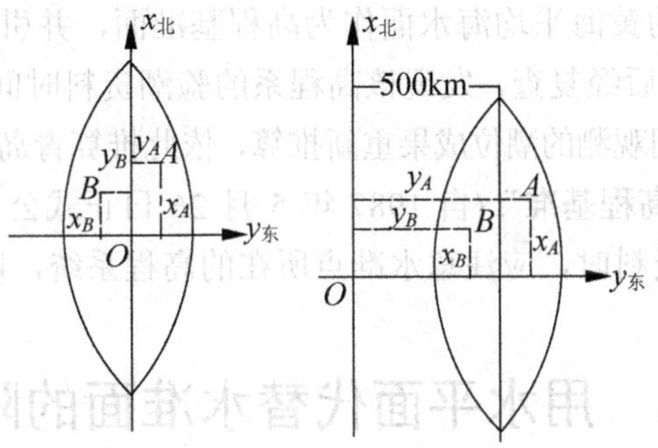

图 1-9　高斯平面直角坐标

1.2.2.2　高程系统

地面点到某一高程基准面的垂直距离称为地面点的**高程**。高程基准面选择的不同，就会有不同的高程系统。测量工作中常用的高程基准有参考椭球体面、大地水准面和假定水准面。

地面点到参考椭球面的法线长称为**大地高**。地面点到大地水准面的垂线长称为**正高**，通常称为**绝对高程或海拔**，又简称为**高程**，用 H 表示。在图 1-10 中，地面上 A、B 两点绝对高程为 H_A、H_B。地面点到假定水准面的垂线长称为**假定高程或相对高程**。在图 1-10 中，A 点和 B 点的相对高程分别为 H'_A、H'_B。地面上任意两点间的高程之差称为**高差**，以 h 表示。在图 1-10 中 A、B 两点的高差为

$$h_{AB} = H_B - H_A = H'_B - H'_A \tag{1-4}$$

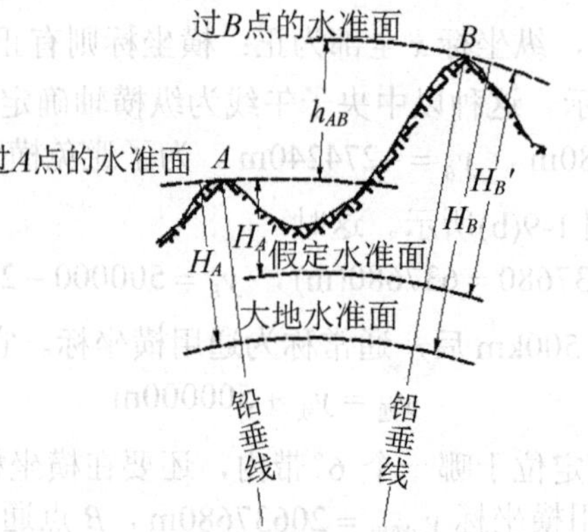

图 1-10　地面点的高程和高差

我国大地水准面的确定方法是在青岛市的黄海边设立测定海水高低起落的验潮站，通过长期观测，求得平均海水面，并作为高程的基准面，此基准面的高程为零，再用测量的方法由验潮站引测至岸边陆地上一个固定位置的点，求得此点高程的值，并称此为**水准原点**。全国各地的高程均由此高程点为起算点测得。

1980 年以前，我国主要采用“**1956 年黄海高程系统**”，它是利用青岛验潮站 1950—1956 年观测的潮位成果求得的黄海平均海水面作为高程基准面，并引测出青岛市观象山上水准原点的高程为 72.289m。后经复查，发现该高程系的验潮资料时间短、准确性差，便改用青岛验潮站 1952—1979 年间观测的潮位成果重新推算，依此推算青岛水准原点高程为 72.260m，并命名为“**1985 年国家高程基准**”(自 1987 年 5 月 26 日正式公布使用)。为了统一全国的高程系统，在使用高程资料时，应注意水准点所在的高程系统，以避免发生错误。

1.3　用水平面代替水准面的限度

在实际测量工作中为简化计算和绘图工作，当测区范围不大时，可以把水准面看作水平面。这是一种近似的做法，存在一定的误差。因此，应设置一个限度，即在该限度内，将椭球面视为平面所产生的误差，不能超过工程地形图和施工放样的精度要求。

1.3.1　地球曲率对水平距离的影响

如图 1-11 所示，地面上 A、B 两点在水准面上投影的距离 D，在水平面上投影的距离为 D'，两者之差为 ΔD，将水准面近似地看成半径为 R 的圆球面，则

$$\Delta D = D' - D = R\tan\theta - R\theta = R(\tan\theta - \theta) \tag{1-5}$$

将 $\tan\theta$ 用级数展开为

$$\tan\theta = \theta + \frac{1}{3}\theta^3 + \frac{5}{12}\theta^5 + \cdots \tag{1-6}$$

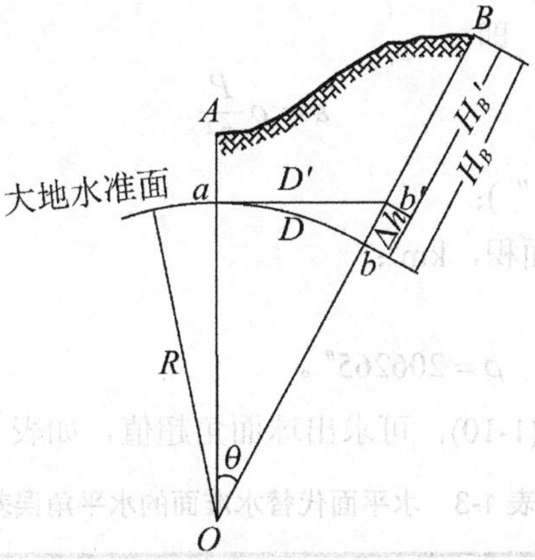

图 1-11 用水平面代替水准面对距离和高程的影响

因为θ角很小，所以略去高次项只取前两项代入式(1-5)，得

$$\Delta D = R\left(\theta + \frac{1}{3}\theta^3 - \theta\right) = \frac{1}{3}R\theta^3 \tag{1-7}$$

又因$\theta = \dfrac{D}{R}$，则

$$\Delta D = \frac{D^3}{3R^2} \tag{1-8}$$

$$\frac{\Delta D}{D} = \frac{D^2}{3R^2} = \frac{1}{3}\left(\frac{D}{R}\right)^2 \tag{1-9}$$

取地球半径$R = 6371\text{km}$，并以不同的距离D值代入式(1-8)和式(1-9)，则可求出距离误差ΔD和相对误差$\Delta D / D$，如表 1-2 所示。

表 1-2 水平面代替水准面的距离误差和相对误差

距离 D/km	距离误差ΔD/mm	相对误差ΔD/D
10	8	1：1220000
20	128	1：200000
50	1026	1：49000
100	8212	1：12000

由表 1-2 可知，在半径为 10km 的范围内，进行距离测量时，以平面代替曲面产生的距离误差为 1：125 万，这样小的误差在地面上进行最精密的距离测量也是允许的。所以在此半径范围内，即面积约 320km^2 内，可以用水平面代替水准面，而不必考虑地球曲率对距离的影响。当精度要求较低时，可视情况将测量范围半径扩大到 25km。

1.3.2 地球曲率对水平角度的影响

从球面三角学可知，同一空间多边形在球面上投影的各内角和，比在平面上投影的各

内角和大一个球面角超值ε，即

$$\varepsilon=\rho\frac{P}{R^2} \tag{1-10}$$

式中：ε——球面角超值，(″)；

P——球面多边形的面积，km^2；

R——地球半径，km；

ρ——一弧度的秒值，$\rho=206265''$。

以不同的面积P代入式(1-10)，可求出球面角超值，如表1-3所示。

表1-3 水平面代替水准面的水平角误差

球面多边形面积 P/km^2	球面角超值 ε/(″)
10	0.05
50	0.25
100	0.51
300	1.52

由表1-3可知，当面积P为$100km^2$时，进行水平角测量时，可以用水平面代替水准面，而不必考虑地球曲率对距离的影响。

1.3.3 地球曲率对高程的影响

如图1-11所示，Δh是由于用水平面代替水准面对地面点高程所产生的误差，即$\Delta h=H_B-H_B'$，也就是地球曲率对地面点高程产生的影响。根据勾股定理，可知

$$(R+\Delta h)^2=R^2+D'^2 \tag{1-11}$$

$$\Delta h=\frac{D'^2}{2R+\Delta h} \tag{1-12}$$

式(1-12)中，可以用D代替D'，相对于$2R$很小，可略去不计，则

$$\Delta h=\frac{D^2}{2R} \tag{1-13}$$

以不同的距离D值代入式(1-13)，可求出相应的高程误差Δh，如表1-4所示。

表1-4 水平面代替水准面的高程误差

距离 D/km	0.1	0.2	0.3	0.4	0.5	1	2	5	10
Δh/mm	0.8	3	7	13	20	78	314	1962	7848

由表1-4可知，用水平面代替水准面，对高程的影响是很大的，因此，在进行高程测量时，即使距离很短，也应顾及地球曲率对高程的影响。

1.4　测量工作的内容和原则

1.4.1　测量的基本工作

测量工作的基本目的是确定地面点的空间位置。地面点的空间位置通常用平面坐标和高程表示，而平面坐标和高程是通过测定待定点相对已知点之间的距离、角度和高程(高差)经计算获得。因此，距离、角度和高程称为确定地面点的基本定位元素，测量的基本工作包括距离测量、角度测量和高程测量。

1.4.2　测量工作的基本原则

为保证测量成果满足精度要求，测量工作必须遵循一定的基本原则：布局上，由整体到局部；次序上，先控制后碎部；精度上，由高级到低级；过程上，步步要有检核。

遵循测量工作的基本原则，既可保证测区控制的整体精度，杜绝错误，又防止测量误差积累而保证碎部测量的精度。另外，在完成整体控制测量后，把整个测区划分为若干局部，各个局部可以同时开展测图工作，从而加快工作进度，提高作业效率。

1.5　测量常用单位及换算

测量工作测定的基本定位元素包括距离、角度和高程，在测量时又受到外界环境的影响，如温度、气压等。因此，测量基本单位主要指长度(高差)、角度、面积、温度、气压、拉力等。高程和距离国际通用单位为米(m)，我国规定采用米制；角度基本单位是度(°)；面积基本单位是平方米(m^2)；温度基本单位是摄氏度(℃)；拉力基本单位为牛顿，简称牛(N)；气压的国际制单位是帕斯卡，简称帕(Pa)。长度、面积、角度的单位换算如下。

(1) 长度单位。

$$1m=100cm=1000mm$$

$$1000m=1km$$

(2) 面积单位有 km^2、公顷(hm^2)、m^2 和 mm^2，$1km^2=100hm^2$，$1hm^2=10000m^2$。

(3) 角度单位。测量上常用的角度有 3 种：六十进制的度、一百进制的新度和弧度。

①六十进制位的度。

1 圆周角=360°(度)

1°(度)=60′(分)

1′(分)=60″(秒)

②一百进制的新度。

$$1\text{ 圆周角}=400\text{g}(\text{新度})$$

$$1\text{g}(\text{新度})=100\text{c}(\text{新分})$$

$$1\text{c}(\text{新分})=100\text{cc}(\text{新秒})$$

③弧度。角度按弧度计算等于弧长与半径之比。与半径相等的一段圆弧长所对应的圆心角作为度量角度的单位，称为1弧度，用ρ表示。按度、分、秒计算的弧度为

$$1\rho=\frac{360}{2\pi}\approx 57.3(^\circ)$$

$$1\rho=\frac{180}{\pi}\times 60\approx 3438(')$$

$$1\rho=\frac{180}{\pi}\times 60\times 60\approx 206265('')$$

习　题

1．术语解释

(1) 水准面

(2) 大地水准面

(3) 参考椭球面

(4) 相对高程

(5) 高差

2．填空题

(1) 测量的任务包括__________与__________两方面。

(2) 测量工作的基准面是__________和__________；基准线是__________和______线。

(3) 地球陆地表面上一点A的高程是A至平均海水面在______方向的长度。

(4) 珠穆朗玛峰的高程是8844.43m，此值是指该峰至______处的______长度。

(5) 测量工作中采用的平面直角坐标与数学中的平面直角坐标不同之处是______。

(6) 确定地面上的一个点的位置常用3个坐标值，它们是______、______、______。

(7) 局部地区的测量工作有时用任意直角坐标系，此时X坐标轴的正方向常取______方向。

(8) 普通测量工作有3个基本测量要素，它们是______、______、______。

3．是非判断题

(1) 任意高度的平静水面都是水准面。　　(　　)

(2) 大地水准面不同于参考椭球面。　　(　　)

(3) 地球曲率对高程的测量值影响最大。　　(　　)

(4) 地面上 A、B 两点间绝对高程之差与相对高程之差是相同的。 ( )

(5) 在测量工作中采用的独立平面直角坐标系，规定南北方向为 X 轴，东西方向为 Y 轴，象限按逆时针方向编号。 ( )

4. 简答题

(1) 地球的形状为何要用大地体和旋转椭球体来描述？

(2) 测定和测设有什么区别？

(3) 如何表示地面点的位置？我国目前采用的是什么“大地坐标系和高程系”？

(4) 测量工作应遵循什么原则？为什么？

(5) 若已知 A 点的高程为 498.521m，又测得 A 点到 B 点的高差为−16.517m，试问 B 点的高程为多少？

第 2 章　距离测量与直线定向

教学目标

通过本章的学习，使学生掌握钢尺量距的方法以及钢尺量距的成果处理，学会在平坦地面进行距离测量，了解光电测距的基本原理，掌握直线定向的基准和角度描述、正反方位角的换算。

应该具备的能力：初步具备平坦地面距离测量的基本能力，初步学会利用经纬仪进行距离测量，能进行方位角和象限角的换算及正反方位角的换算。

教学要求

能力目标	知识要点	权　重	自测分数
掌握钢尺量距的方法	钢尺量距的一般方法	30%	
掌握视距测量的原理及方法	视距测量原理	20%	
掌握直线定向的基准和角度的描述	直线定线的概念、方位角、象限角	30%	
掌握正反方位角的换算	正反方位角的换算	20%	

导读

“在那山的那边，海的那边有一群蓝精灵”，山的那边海的那边究竟是多远的距离，路程是怎样测量和计算的，本章将介绍与距离测量相关的问题。

距离测量是确定地面点位所需的 3 项基本测量内容之一，可以确定空间两点在基准面(参考椭球面或水平面)上的投影长度。距离测量按照所用仪器、工具的不同，分为钢尺量距、视距测量、光电测距和卫星测距等。采用何种仪器与工具取决于技术储备、精度要求和装备条件。本章主要介绍前3种测量方法。

钢尺量距是用钢卷尺沿地面丈量，属于直接量距；视距测量是利用测量仪器(经纬仪、水准仪、全站仪等)望远镜中的视距丝配合视距标尺按几何光学原理进行测距；光电测距是用仪器发射并接收电磁波，通过电磁波往返传播的时间或相位计算距离，为电子物理测距。后两者属于间接测距。

2.1　钢 尺 量 距

距离一般是指两点间的水平距离，即地面上两点沿铅垂线方向投影在水平面上的直线距离。如果测量结果是两点间的倾斜距离，通常要换算成水平距离。

2.1.1　量距的工具

1. 钢尺

钢尺是钢制的带尺，又称钢卷尺或钢带尺，宽度为 10～15 mm，长度有 30m、50m 及 100m 等数种，如图 2-1(a)所示。钢尺的基本分划为厘米，一般钢尺在起点至第一分米以内有毫米分划，有的整个尺长都刻有毫米分划，一般适用于短距离、较精密的距离测量。根据钢尺零点位置的不同，可分为端点尺和刻线尺两种。端点尺是以尺的最外端边线作为零刻划线，如图 2-1(b)所示。刻线尺是零刻划线刻在钢尺前端的尺面上，如图 2-1(c)所示。使用时，须注意钢尺的零点位置，以防误读。

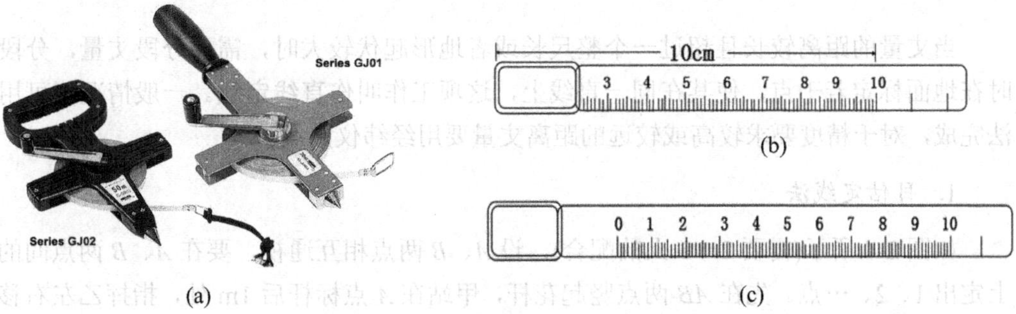

图 2-1　钢尺及零点分划形式

2. 皮尺

皮尺是用麻纱或化纤与金属丝混织成的带状尺，如图 2-2 所示。长度有 20m、30m 和 50m 等几种。尺上基本分划为厘米，大多属于端点尺，皮尺弹性较大，适用于精度要求较低的量距工作。

图 2-2　皮尺

3. 辅助工具

丈量用的辅助工具有测钎、标杆(见图 2-3(a))温度计、拉力器(见图 2-3(b))等。测钎用来标记尺端位置和计算已经量过的整尺段数。

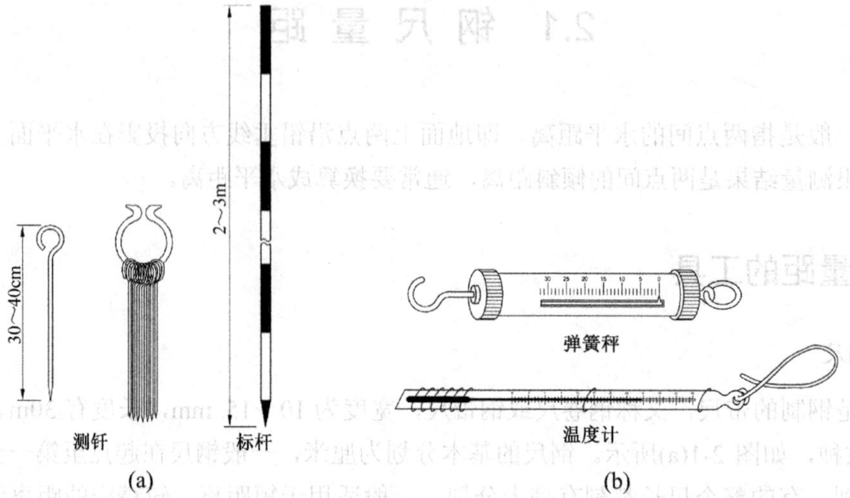

图 2-3　量距的辅助工具

2.1.2　直线定线

当丈量的距离较长且超过一个整尺长或者地形起伏较大时，需要分段丈量，分段丈量时在地面标定若干点，使其在同一直线上，这项工作叫作**直线定线**。一般情况下可用目估法完成，对于精度要求较高或较远的距离丈量要用经纬仪定线。

1. 目估定线法

如图 2-4 所示(需要 2～3 人的配合)，设 *A*、*B* 两点相互通视，要在 *A*、*B* 两点间的直线上定出 1、2、…点。先在 *AB* 两点竖起花杆，甲站在 *A* 点标杆后 1m 处，指挥乙左右移动花杆，直到甲从 *A* 点沿标杆同一侧看到 *A*、1、*B* 在一条直线上为止。用同样方法可在直线上定出其他各点。

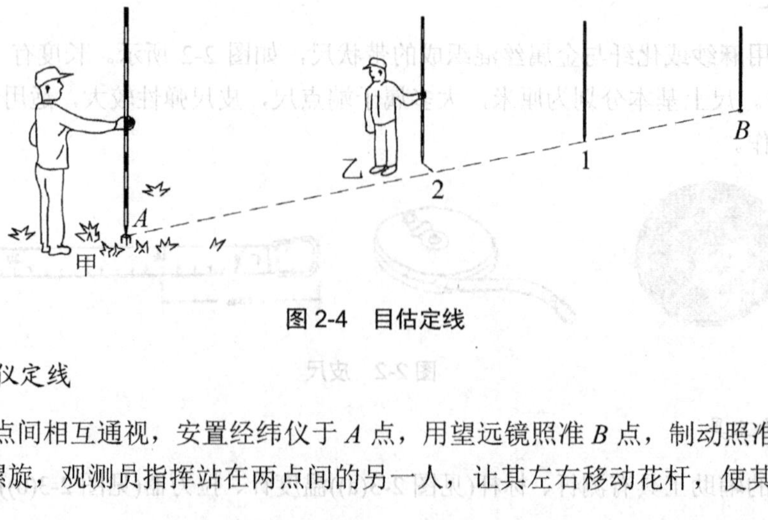

图 2-4　目估定线

2. 经纬仪定线

A、*B* 两点间相互通视，安置经纬仪于 *A* 点，用望远镜照准 *B* 点，制动照准部，松开望远镜的制动螺旋，观测员指挥站在两点间的另一人，让其左右移动花杆，使其花杆和十字

丝竖丝重合即为需定的点。精密定线时，用花杆定出点位，打上木桩，再在桩顶放上侧钎，让经纬仪重新定出点位，做出标记。

2.1.3　丈量距离的一般方法

1. 平坦地面的量距

如图 2-5 所示，在平坦地区量距时，首先在待测直线上定线，然后由两个司尺员逐段丈量，所求距离为各整尺段和不足一整尺段部分之和，有式(2-1)，即

$$D = nl + q \tag{2-1}$$

式中：n 为整尺段数；l 为尺子名义长度；q 为不足一尺段的长度。

为了避免丈量错误和提高精度，通常采用往返丈量。距离丈量成果精度一般用相对误差来表示。往返丈量距离之差的绝对值与距离的平均值之比，称为相对较差。相对较差通常以分子为 1 的分数形式表示，一般方法量距要求相对较差不大于 1/2000，即

$$\frac{|D_{往} - D_{返}|}{D_{均}} \leqslant \frac{1}{2000} \tag{2-2}$$

式中，$D_{均} = (D_{往} + D_{返})/2$。若符合要求，以 $D_{均}$ 作为最后丈量的结果。

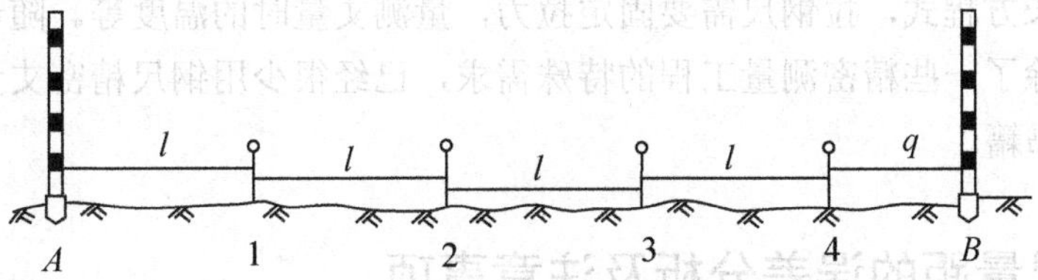

图 2-5　平坦地面量距

2. 倾斜地面的量距

1) 平尺法

如图 2-6 所示，若地面起伏不大，可以将钢尺一端放在地面上，钢尺的另一端抬高，钢尺拉水平进行丈量，同时用垂球在地面上标尺端(并不一定为整尺段)位置，并插一测钎作标记。显然，各尺段丈量结果之和即为 AB 两点间的距离。

平尺量距应沿高点至低点方向进行两次丈量，当两次丈量的相对较差不大于 1/1000 时，取平均值作为最后结果。

2) 斜量法

如图 2-7 所示，当地面倾斜坡度均匀时，可以沿斜坡量出 AB 的斜距 D'，同时用水准测量的方法测出 AB 间的高差 h，或测出其地面坡度角 α，按式(2-3)或式(2-4)计算 AB 的水平距离 D，即

$$D = \sqrt{D'^2 - h^2} \tag{2-3}$$

$$D = D'\cos\alpha \tag{2-4}$$

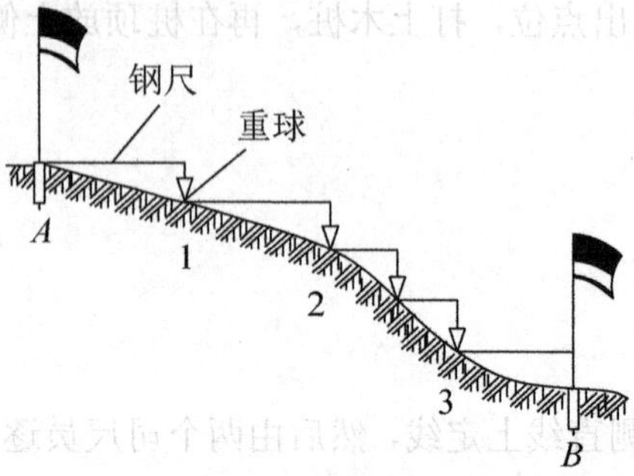

图 2-6　平尺法

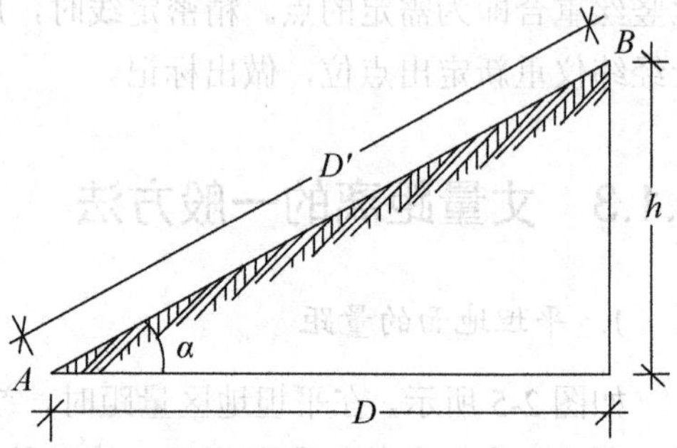

图 2-7　斜量法

2.1.4　钢尺量距的精度

钢尺的一般量距精度可达到 1/1000～1/5000。对于图根钢尺量距导线，相对误差 k 值应不大于 1/3000～1/2000，若符合要求，取往返测的平均数作为测量结果。当要求量距精度更高时，应采用钢尺精密量距方法。

精密量距还需要借助辅助工具，如拉力计、温度计等。量距前，钢尺应经过检验，得到其检定的尺长方程式，拉钢尺需要固定拉力，量测丈量时的温度等。随着电磁波测距仪的普及，现在除了一些精密测量工程的特殊需求，已经很少用钢尺精密丈量距离，相关内容可查阅有关书籍。

2.1.5　钢尺量距的误差分析及注意事项

1. 量距误差分析

1) 尺长误差

如果钢尺的名义长度和实际长度不符，则产生尺长误差。尺长误差具有累积性，量的距离越长，误差就越大。因此量距前必须对钢尺进行检定，以求得尺长改正值。

2) 温度误差

钢尺是一线状物体，受温度的影响，线性膨胀较大，所以量距时，要测定钢尺的温度，进行温度改正。

3) 定线误差

量距时若尺子偏离了直线方向，所量的距离不是直线而是一条折线，因此总的丈量结果会偏大，这种误差叫作定线误差。为了减小这种误差的影响，当丈量精度要求较高时量距要用经纬仪来定线；要求不高时可以用目测定线。

4) 丈量误差

丈量时，前、后司尺员没有同时读数或读数不准确；一般丈量时，零刻度线没对准地面标志，或者测钎没照准尺子末端的刻度线，都会引起丈量误差，这种误差属于偶然误差，是无法进行改正计算的，所以在丈量时要尽力做到对点准确、配合协调。

5) 钢尺的倾斜和垂曲误差

当地面高低不平，按水平法量距时，尺子没有水平或中间下垂而呈曲线时，使量得的长度比实际要大。因此丈量时必须注意尺子水平，整尺段悬空时，中间应有人托一下尺子，否则会产生垂曲误差。

2. 钢尺量距的注意事项

(1) 丈量前应对钢尺进行尺长检定，并认清尺子的零点位置。
(2) 直线定线要准。
(3) 丈量时拉力要均匀一致，尽量使用固定拉力。
(4) 丈量时钢尺要放平、拉直。
(5) 读数要准确，记录计算无误。

总之，钢尺量距的基本要求是“一直、二平、三准确”。

2.2 视 距 测 量

2.2.1 视距测量的基本概念

视距测量是用望远镜内十字丝分划板上的视距丝及刻有厘米分划的视距标尺，根据光学和三角学原理测定两点间的水平距离和高差的一种方法。其特点是操作简便、速度快、不受地形的限制，但测距精度较低，一般相对误差为1/300～1/200，高差测量的精度也低于水准测量和三角高程测量，它主要用于地形测量的碎部测量中。

2.2.2 视距测量的原理与方法

在经纬仪、水准仪等仪器的望远镜十字丝分划板上，有两条平行于横丝且与横丝等距的短丝，称为**视距丝**，也叫上下丝。利用视距丝、视距尺和竖盘可以进行视距测量，如图 2-8 所示。

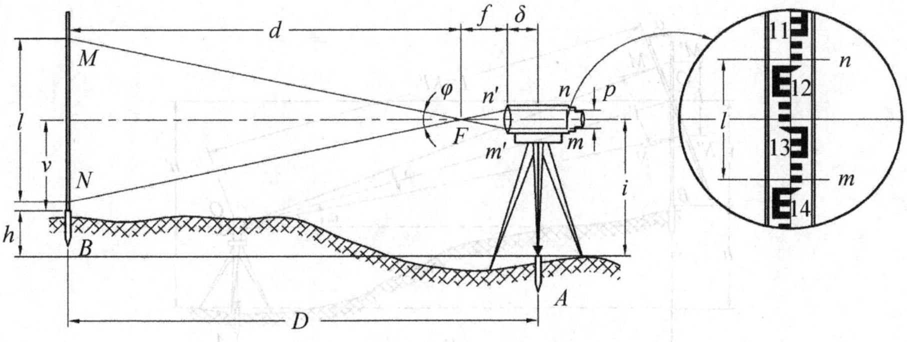

图 2-8　视线水平时视距原理

1. 视准轴水平时的视距测量

如图 2-8 所示，欲测定 A、B 两点间的水平距离 D 及高差 h，在 A 点安置经纬仪，B 点竖立视距尺，使望远镜视线水平照准 B 点上的视距尺。尺上 M、N 两点成像恰好落在两根视距丝上，则上、下视距丝的读数之差就是尺上 MN 的长度，称为尺间距或视距间隔，设为 l。从图 2-8 可看出，$\triangle Fm'n' \backsim \triangle FMN$，则有 $\dfrac{d}{l}=\dfrac{f}{mn}$，故有

$$d=\frac{l}{mn}\cdot f=\frac{f}{p}\cdot l \tag{2-5}$$

式中：f——望远镜的焦距；

P——望远镜视距丝的间隔，$p=mn$。

则仪器中心到视距尺的水平距离为

$$D=d+f+\delta=\frac{f}{p}\cdot l+f+\delta \tag{2-6}$$

式中：δ——物镜光心至仪器中心的距离；

d——焦点到视距尺的距离；

f——焦距。

令 $K=f/p$，称为视距乘常数，一般仪器的乘常数为 100，$C=\delta+f$，称为视距加常数，则有

$$D=kl+C \tag{2-7}$$

对于外调焦望远镜来说，C 值一般在 0.3～0.6m 内。对于内调焦望远镜，经过调整物镜焦距、调焦透镜焦距及上、下丝间隔等参数后，C=0。则式(2-7)可改写为

$$D=kl \tag{2-8}$$

当视线水平时，读取十字丝中丝在尺上的读数，即目标高。量取仪器高 i，则测站点与所测点之间的高差为

$$h_{AB}=i-v \tag{2-9}$$

2. 视准轴倾斜时的视距测量

在地面倾斜较大的地区进行测量时，往往需要上仰或下俯望远镜才能看到视距尺，这时视准轴是倾斜的，它和视距尺不相垂直，如图 2-9 所示。

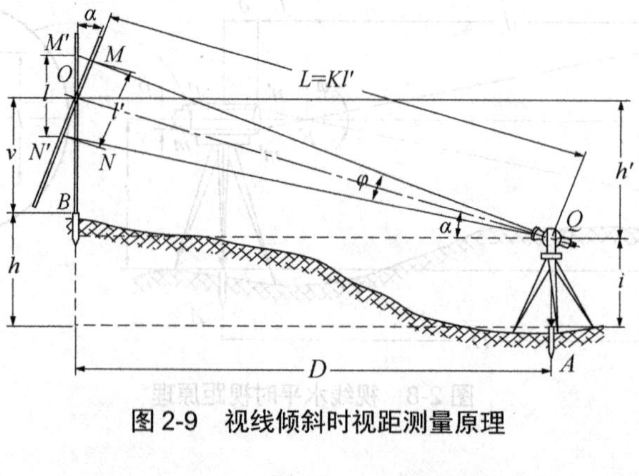

图 2-9　视线倾斜时视距测量原理

设竖直角为α，尺间隔为l，此时视线不再垂直于视距尺，利用视线倾斜时的尺间隔，求水平距离和高差，必须加入两项改正：①视准轴不垂直于视距尺的改正，由 l 求出 $l' = M'N'$，见式(2-10)，求得倾斜距离D'；②由斜距D'化为水平距D，见式(2-11)。

$$l' = l\cos\alpha,\ D' = Kl' = Kl\cos\alpha \tag{2-10}$$

$$D = D'\cos\alpha = Kl\cos^2\alpha \tag{2-11}$$

当视线倾斜时，所测点 B 相对于测站点 A 的高差为

$$h_{AB} = D\tan\alpha + i - v \tag{2-12}$$

2.2.3 视距测量的观测与计算

视距测量的观测步骤如下。

(1) 安置仪器。

测站点上安置经纬仪，量取仪器高 i，记入手簿，在待测点上竖立标尺。

(2) 盘左瞄准与读数。

盘左位置瞄准目标尺，读取上丝读数 a、下丝读数 b 和中丝读数 v。

(3) 读取竖盘读数。

打开竖直度盘补偿器并读取竖盘读数，记入手簿。

(4) 盘右瞄准与读数。

倒转望远镜，用盘右位置瞄准标尺，重复(2)、(3)步骤的观测和记录，称为一个测回。若精度要求较高，可以增加测回数；若精度要求较低，一般只观测盘左半个测回。

为了简化计算和提高瞄准精度，在观测中可使中丝读数近似等于仪器高，或中丝瞄准整厘米刻划线，这样式(2-12)中$i - v = 0$，则高差$h_{AB} = D\tan\alpha$。

视距测量计算可以直接用普通函数计算器按式(2-11)和式(2-12)进行计算，也可用编程计算器预先编制程序进行计算。视距测量记录及计算格式如表 2-1 所示。

表 2-1　视距测量记录

日期：＿＿＿＿　测站名称：A　仪　器：DJ6 型　观测者：＿＿＿＿

天气：＿＿＿＿　测站高程：145.76m　仪器高：1.40m　记录者：＿＿＿＿

测点	上丝读数 下丝读数	尺间隔 S	中丝读数	竖盘读数	竖直角 α	初算高差 $\frac{1}{2}KS\sin 2\alpha$	$i-v$	高差 h	观测点高程 H	水平距离 l
B	2.500 1.500	1.000	2.000	86°52′	+3°08′	5.45	−0.6	4.85	150.61	99.7

2.3 光电测距

2.3.1 电磁波测距的分类

钢尺量距劳动强度大、工作效率低，精度一般只能达到1/1000～1/5000。20世纪60年代以来，随着激光技术和电子技术的发展，光电测距仪的使用越来越广泛，使量距工作发生了根本性变革。应用光电测距仪测距，具有测程远、精度高、操作简便、作业速度快和劳动强度低等优点，深受广大测量工作者的欢迎。

测距仪按测程的大小，可分为短程测距仪(5km 以下)、中程测距仪(5～20km)及远程测距仪(20km 以上)，工程测量中常采用中、短程测距仪。按载波的不同，可分为两类：以激光和红外光为载波的测距仪叫光电测距仪；以微波为载波的测距仪叫微波测距仪。它们统称为电磁波测距仪。光电测距仪，按测定传播时间方式的不同，可分为相位式测距仪和脉冲式测距仪。远程一般都是激光测距仪，中、短程一般为红外光电测距仪。近年来，测程在5 km以下的短程红外光电测距仪发展很快，向着高效率、轻小型、数字化、自动化和全站型方向发展。

2.3.2 光电测距仪的工作原理

光电测距仪的工作原理比较简单，它通过测定光波在两点间传播的时间来计算距离。如图2-10所示，欲测定A、B两点间的水平距离l，可将光电测距仪架设于A点，将反光镜架设于B点，通过测定光波或微波在被测距离上往返所需的时间t和光波或微波在空气中的传播速度c，即可求得距离l，其公式为

$$l=\frac{1}{2}ct \tag{2-13}$$

式中：c——光波在空气中的传播速度，c值为299792458m/s；

t——电磁波在大气中传播的往返时间。

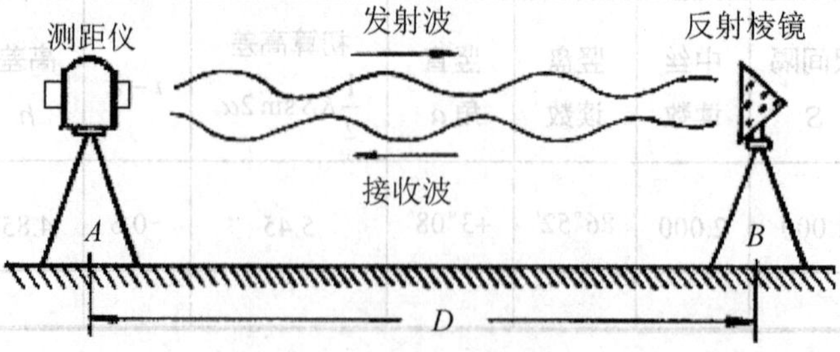

图2-10 光电测距

由于脉冲式测距仪是利用被测目标对脉冲激光产生的漫反射，直接测定光脉冲在待测

距离 l 上往返传播的时间 t 进而求得距离，所以其测距精度较低，误差在±0.5m 内。国产 AJG75-1 型激光无标尺地形仪和瑞士产威特 DIOR3002S 型测距仪等均属脉冲式测距仪。而相位式测距仪则是通过测定连续调制光波在待测距离上往返传播所产生的相位延迟而间接测定传播时间 t，从而求得待测距离 l 的，所以测量精度比较高。相位式测距仪的品种较多，如国产 DM-30 型和瑞士产 D15S 型等均属相位式测距仪。

2.3.3　光电测距的使用

1. 安置仪器

测距时，将测距仪和反射镜分别安置在测线的两端，仔细对中和整平，接通测距仪的电源，照准反射棱镜(见图 2-11)，检查经反射镜反射回的光强信号，满足要求开始测距。

2. 读数

测距的读数值记入手簿中，接着读取竖盘读数。测距时应由温度计和气压计分别读取大气温度值、气压值，测距前输入仪器自动进行气温和气压的气象改正或观测完毕后计算改正值进行气象改正，根据测线的竖直角进行倾斜改正，最后求得测线的水平距离。

2.3.4　手持激光测距仪简介

手持激光测距仪是一种利用脉冲式激光进行距离测量的仪器，如图 2-12 所示，只要按一个键就可进行长度、面积和体积测量，并以数字形式显示，精度可达毫米级。手持激光测距仪体积小、重量轻、使用方便，无须合作目标，可自动调焦，在测距时仪器不能抖动，在精度要求较高时，需要固定仪器，以减小误差。手持激光测距仪的测距范围一般为 10 ～ 800 m，合适的反射目标测程会更远，快速、准确地显示距离，其精度可达毫米级。手持激光测距仪较多应用于房产测量、古旧建筑物测量及建筑施工测量。

图 2-11　反射棱镜

图 2-12　手持激光测距仪

手持激光测距仪测量面积时要求两个测距方向相互垂直，屏幕显示出测出的面积，在房屋的面积测量中非常方便。在体积测量中，分别照准 3 个相互垂直的方向，屏幕上显示测出的 3 个距离及这 3 个距离相乘的体积。手持激光测距仪除了可以测量无法直接测量的物体外，还可以穿过障碍物进行测量。

手持激光测距仪使用的是二级激光，测量过程中禁止直接通过望远镜直视激光束，禁止将激光束直接打到抛光物体表面或玻璃等镜面，避免激光可能意外伤害眼睛。手持激光测距仪不能测定运动的物体，待测目标的颜色也不能太深，测量时尽量避免雨雪天气，否则会降低测距精度。

2.4 直线定向

要确定两点间平面位置的相对关系，除了需要测量两点间的距离，还要确定直线的方向。确定地面上一条直线与标准方向之间角度关系的测量工作，称为**直线定向**。

2.4.1 标准方向的种类

测量工作采用的标准方向有真子午线方向、磁子午线方向和坐标纵轴方向，如图 2-13 所示。

(1) 真子午线方向。通过地面上某点指向地球南北极的方向线，称为该点的真子午线方向，又称**真北方向**，可用陀螺仪测定。

(2) 磁子午线方向。磁针水平静止时其轴线所指的方向线，称为该点的磁子午线方向，又称**磁北方向**，可用罗盘仪测定。

(3) 坐标纵轴方向。**坐标纵轴方向**就是平面直角坐标系中的纵坐标轴方向。若采用高斯平面直角坐标系，则以中央子午线作为坐标纵轴，坐标纵轴方向又称**坐标北方向**。

图 2-13 三北方向图

在一般情况下，三北方向是不一致的，如图 2-13 所示。由于地球磁场的南、北极与地球的南、北极并不一致，因此某点的磁子午线方向和真子午线方向间有一夹角，这个夹角称为**磁偏角**，用δ表示。磁子午线偏向真子午线以东为东偏，δ为正，以西为西偏，δ为负，如图 2-13 所示。我国各地磁偏角的变化范围在-10°～6°。

磁偏角的大小随地点的不同而变化，就是在同一地点因受外界条件的影响也会有变化。所以，采用磁子午线方向作为标准方向，其精度是比较低的。

地球表面某点的真子午线北方向与该点坐标纵轴北方向之间的夹角，称为**子午线收敛角**，用γ表示。坐标纵轴偏向真子午线以东为东偏，以西为西偏，东偏为正，西偏为负，如图 2-13 所示。

2.4.2 直线方向的表示方法

表示直线方向的方式有方位角与象限角两种，其中象限角应用较少。

1. 方位角

由标准方向的北端起，顺时针方向量至某直线的角度，称为该直线的**方位角**。角值为

0°～360°，如图 2-14 所示。根据采用的标准方向是真子午线方向、磁子午线方向和纵坐标轴方向，测定的方位角分别为真方位角、磁方位角和坐标方位角，相应地用$\alpha_{真}$、$\alpha_{磁}$和α来表示。如图 2-15 所示，3 种方位角的关系为

$$\begin{cases}\alpha_{真}=\alpha_{磁}+\delta \\ \alpha_{真}=\alpha+\gamma\end{cases} \tag{2-14}$$

式中，δ、γ东偏时取正号，西偏时取负号。

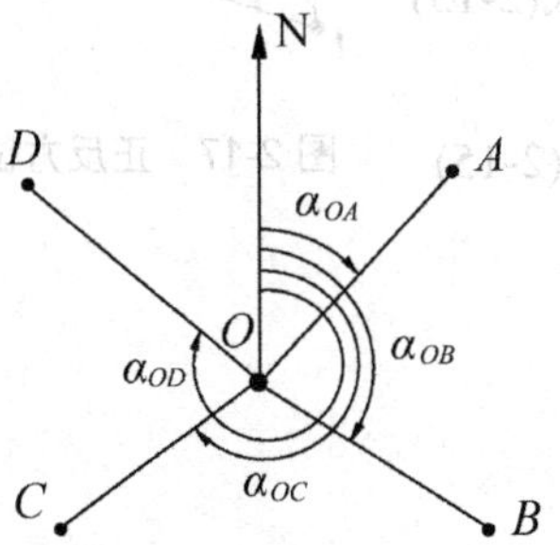

图 2-14　方位角

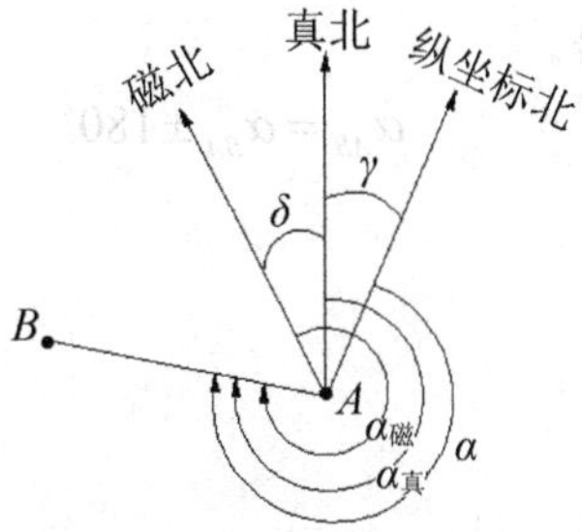

图 2-15　3 种方位角的关系

2. 象限角

从标准方向的北端或者南端起到已知直线所夹的角度，称作**象限角**，一般用R表示。由于象限角为锐角，与所在象限有关，因此，描述象限角时，不但要注明角度的大小，还要注明所在的象限。如图 2-16 所示，北东R_1或NR_1E、南东R_2或SR_2E、南西R_3或SR_3W、北西R_4或NR_4W分别为 4 条直线的象限角。

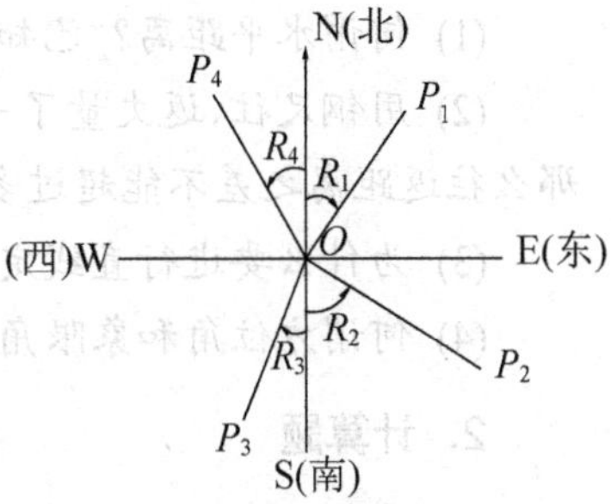

图 2-16　象限角图

3. 方位角与象限角的关系

根据方位角与象限角的定义，它们之间的换算关系见表 2-2。

表 2-2　方位角与象限角的关系

直线方向	由R推算α	由α推算R
北东(第 I 象限)	$\alpha=R$	$R=\alpha$
南东(第 II 象限)	$\alpha=180°-R$	$R=180°-\alpha$
南西(第III象限)	$\alpha=180°+R$	$R=\alpha-180°$
北西(第IV象限)	$\alpha=360°-R$	$R=360°-\alpha$

2.4.3　正反方位角的关系

由于地面上各点的真(磁)子午线方向都是指向地球(磁)的南北极，各点的子午线都不平行，给计算工作带来不便。而在一个坐标系中，纵坐标轴方向线均是平行的。在一个高斯

投影带中，中央子午线为纵坐标轴，其他各处的纵坐标轴方向都与中央子午线平行，因而，在普通测量工作中，以纵坐标轴方向作为标准方向，以坐标方位角来表示直线的方向，给计算工作带来方便。如图2-17所示，设直线A至B的坐标方位角α_{AB}为正坐标方位角，则B至A的方位角α_{BA}为反坐标方位角，显然，正、反坐标方位角互差 180°，如式(2-15)所示。当$\alpha_{BA}>180°$时，式(2-15)取“-”号；当$\alpha_{BA}<180°$时，式(2-15)取“+”号。

$$\alpha_{AB}=\alpha_{BA}\pm 180° \tag{2-15}$$

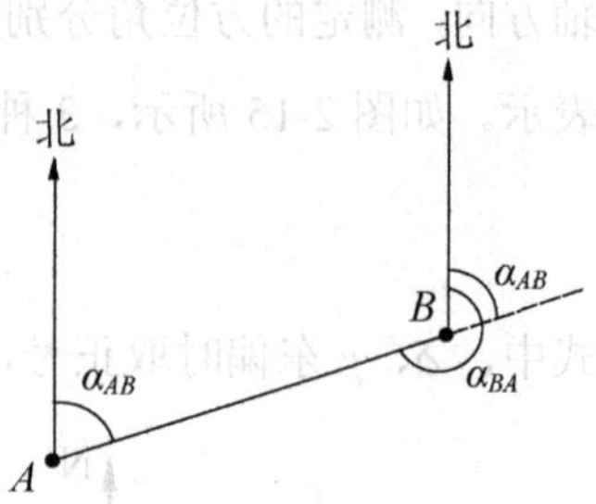

图 2-17　正反方位角的关系

习　题

1. 简答题

(1) 何谓水平距离？已知倾斜距离如何求水平距离？

(2) 用钢尺往、返丈量了一段距离，其平均值为 176.82m，要求量距的相对误差为 1/2000，那么往返距离之差不能超过多少？

(3) 为什么要进行直线定向？怎样确定直线方向？

(4) 何谓方位角和象限角？二者有何关系？

2. 计算题

(1) 已知$\alpha_{AB}=60°15'$，$R_{CD}=S45°30'W$，试求R_{AB}和α_{CD}。

(2) 已知某直线AB的坐标方位角$\alpha_{AB}=60°10'$，则直线BA的坐标方位角α_{BA}是多少？若另有一直线CD的坐标方位角$\alpha_{CD}=260°50'$，则直线DC的坐标方位角α_{DC}是多少？

第3章 水准测量

教学目标

通过本章的学习，应理解水准测量的基本原理，掌握水准仪的基本构造及其使用，学会水准测量的基本方法及水准测量的内业数据处理。

应该具备的能力：初步具备水准测量的基本能力，能利用四等水准测量的方法建立高程控制网。

教学要求

能力目标	知识要点	权　重	自测分数
掌握水准仪的构造	水准仪的结构	15%	
掌握水准测量的原理	水准测量的原理	20%	
熟悉水准测量外业实测步骤与方法	水准路线的布设及施测	25%	
理解水准测量成果的处理方法	数据处理	25%	
熟悉电子水准的特点及使用	电子水准仪的使用	15%	

导读

大家知道珠穆朗玛峰位于我国境内，是世界第一高峰，珠穆朗玛峰的高度是 8844.43m。那么知不知道这一高程是从何而来？本章介绍用水准测量的方法来确定地面点的高程。

利用仪器测定地面点高程的工作，称为高程测量。高程测量根据所使用的仪器及测量方法的不同，分为水准测量、三角高程测量、GPS 高程测量和气压高程测量。其中，水准测量是测定地面点高程的精密方法，在控制测量和工程测量中应用最为广泛；三角高程测量精度次之，但工作速度较快，多用在丘陵地带或山区的高程控制测量或地形点的高程测量；GPS 高程测量的精度较低，需与当地大地水准面拟合来提高精度，且一般用于平原或丘陵地区的五等及五等以下等级高程测量。气压高程测量采用气压计测定高程，精度相对较低。本章主要介绍水准测量的原理、水准仪的结构、使用和施测方法及数据处理。

3.1 水准测量的原理

水准测量的原理是利用水准仪提供的水平视线配合水准尺测出地面上两点间的高差，然后根据已知点的高程推算出未知点的高程。

如图 3-1 所示，A 点的高程已知或假定，欲测出地面上 B 点的高程，可在 A、B 两点上分别竖立水准尺，在两点间安置水准仪，使视线水平照准 A 点的水准尺并读数，设为 a，称为后视读数，再照准 B 点的水准尺并读数，设为 b，称为前视读数。由图中的几何关系可知，A、B 两点之间的高差 h_{AB} 应等于后视读数减去前视读数，即

$$h_{AB}=a-b \tag{3-1}$$

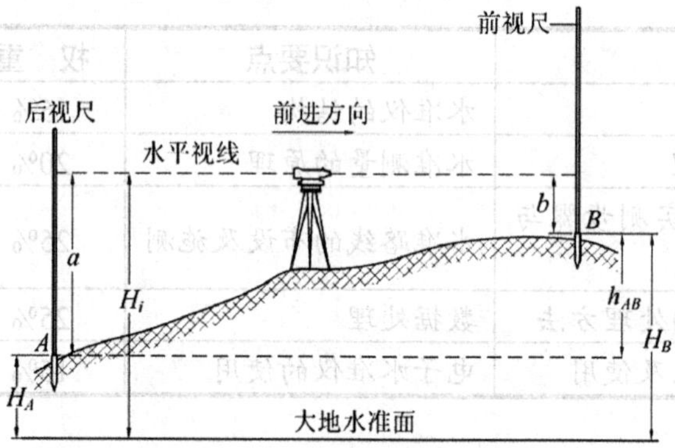

图 3-1 水准测量原理

若已知 A 点的高程为 H_A，则计算 B 点的高程有两种方法。

(1) 高差法。

$$H_B=H_A+h_{AB} \tag{3-2}$$

(2) 视线高法。

水平视线到大地水准面的铅垂距离称作视线高程，用 H_i 表示，即

$$H_i=H_A+a \tag{3-3}$$

则 B 点的高程为

$$H_B=H_i-b \tag{3-4}$$

当根据一个已知高程的后视点，同时去测定多个未知点的高程时，应用式(3-3)和式(3-4)就很方便。这个公式在工程测量中应用较广泛。

高差 h_{AB} 本身可正可负。当 h_{AB} 值为正，说明 B 点高于 A 点；当 h_{AB} 值为负，说明 B 点低于 A 点。为了避免高差计算中正负符号发生错误，在计算高差 h_{AB} 时必须注意 h 的下标点号顺序。例如，h_{AB} 是表示 B 点相对 A 点的高差计算时，判断好路线的前进方向，高差=后视读数-前视读数。

3.2　水准测量的仪器和工具

水准测量所使用的仪器为水准仪，所使用的工具为水准尺和尺垫。

我国将水准仪按其精度划分为 4 个等级：DS05、DS1、DS3 和 DS10。字母 D 和 S 分别为“大地测量”和“水准仪”汉语拼音的第一个字母，其后面的数字代表仪器的测量精度。工程测量中广泛使用的是 DS3 级水准仪，因此，本书重点介绍这类仪器。

3.2.1　水准仪

水准仪是指能够提供水平视线的仪器，主要由望远镜、水准器和基座 3 个部分组成。图 3-2 是我国制造的 DS3 级微倾式水准仪示意图。

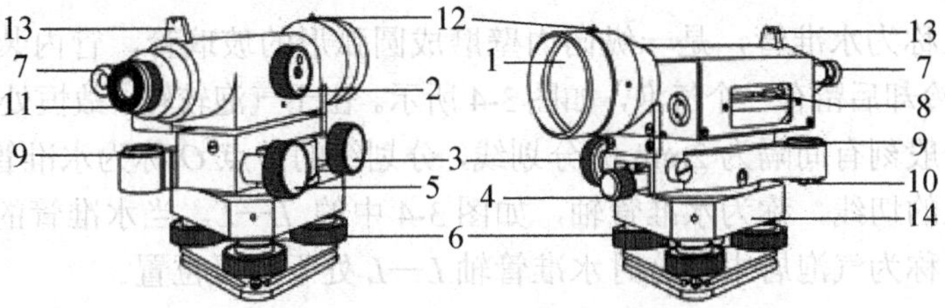

图 3-2　DS3 型水准仪

1—物镜；2—物镜对光螺旋；3—微动螺旋；4—制动螺旋；5—微倾螺旋；6—脚螺旋；7—目镜；8—水准管；9—圆水准；10—圆水准器校正螺钉；11—符合水准器观察窗；12—准星；13—缺口；14—基座

1. 望远镜

望远镜的主要用途是瞄准目标并在水准尺上读数。它主要由物镜 1、目镜 2、对光凹透镜 3 和十字丝分划板 4 所组成，如图 3-3 所示。

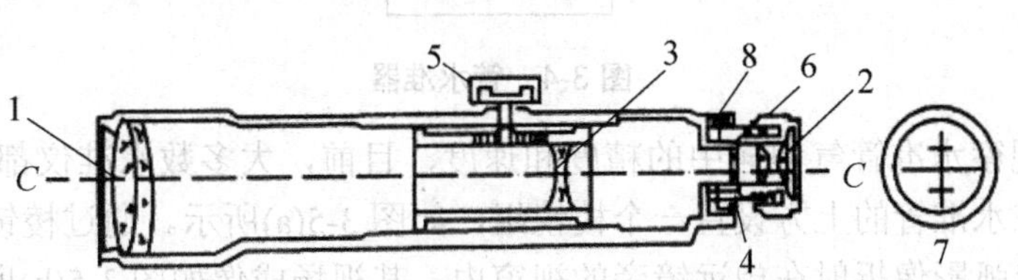

图 3-3　望远镜构造

1—物镜；2—目镜；3—对光凹透镜；4—十字丝分划板；5—物镜对光螺旋；6—目镜对光螺旋；7—十字丝放大像；8—分划板座止头螺钉

望远镜的物镜和目镜多采用复合透镜组。十字丝分划板上刻有两条互相垂直的长线，如图 3-3 中的 7 所示，竖直的一条称为竖丝，横的一条称为中丝。竖丝和中丝分别是为了瞄准目标和读取数据用的。在中丝的上下还对称地刻有两条与中丝平行的短横线，是用来测定距离的，称为视距丝。十字丝分划板是由平板玻璃圆片制成的，平板玻璃片装在分划板座上，分划板座由止头螺钉 8 固定在望远镜筒上。十字丝交点与物镜光心的连线，称为视准轴，即图 3-3 所示的 *CC* 线。水准测量是在视准轴水平时，用十字丝的中丝来截取水准尺上的读数的。DS3 水准仪望远镜的放大率一般为 28 倍。

2. 水准器

水准器是用来指示视准轴是否水平或仪器竖轴是否竖直的装置。水准器有管水准器和圆水准器两种。长形的管水准器又称水准管，它和望远镜固连在一起，用来判断视线是否水平，当水准管气泡严格居中时，仪器达到精平。圆水准器安装在基座上，用来判断仪器的竖轴是否竖直，当圆水准气泡居中时，仪器达到粗平。水准管上相邻两分划线间弧长所对的圆心角，称为水准管分划值，用τ表示。分划值越小，灵敏度越高。但灵敏度越高，整平的难度越大，所以水准管的灵敏度应与仪器的其他性能相适应。我国规定，DS3 型水准仪的技术参数为：望远镜的放大率不小于 30 倍，水准管分划值不大于 20″/2mm，圆水准器的分划值不大于 8′/2mm。

1) 管水准器

管水准器又称为水准管，是一纵向内壁磨成圆弧形的玻璃管，管内装酒精和乙醚的混合液，加热融封冷却后留有一个气泡，如图 3-4 所示。由于气泡较轻，故恒处于管内最高位置。

水准管上一般刻有间隔为 2mm 的分划线，分划线的中点 *O* 称为水准管的零点。通过零点作水准管圆弧的切线，称为水准管轴，如图 3-4 中的 *L—L*。当水准管的气泡中点与水准管零点重合时，称为气泡居中；这时水准管轴 *L—L* 处于水平位置。

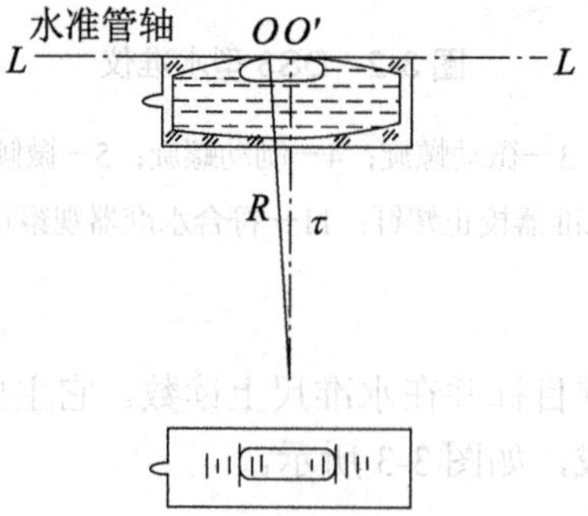

图 3-4 管水准器

为了提高观察水准管气泡居中的精度和速度，目前，大多数水准仪都采用符合水准器棱镜系统，即在水准管的上方设置一个棱镜组，如图 3-5(a)所示。通过棱镜一系列的折光，使气泡两端的半弧影像折射在望远镜旁的视窗内，其视场成像如图 3-5(b)所示。图 3-5(c)上图中两端气泡半弧影像错开，说明气泡未居中，这时，应转动微倾螺旋，使气泡的半像吻合；当气泡的两个半弧吻合时，则表明气泡严格居中。

2) 圆水准器

如图 3-6 所示，圆水准器顶面的内壁是球面，球面中央刻有小圆圈，圆圈的中心为水准器的零点。通过球心和零点的连线为圆水准器轴，当圆水准器气泡居中时，圆水准器轴处于竖直位置。气泡中心偏移零点 2mm，轴线所倾斜的角值，称为圆水准器的分划值。DS3 水准仪圆水准器的分划值一般为 8′。由于它的精度较低，故只用于仪器的概略整平。

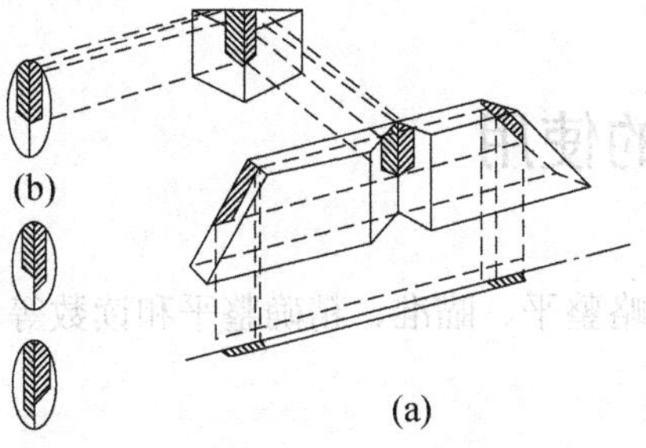

图 3-5　符合棱镜

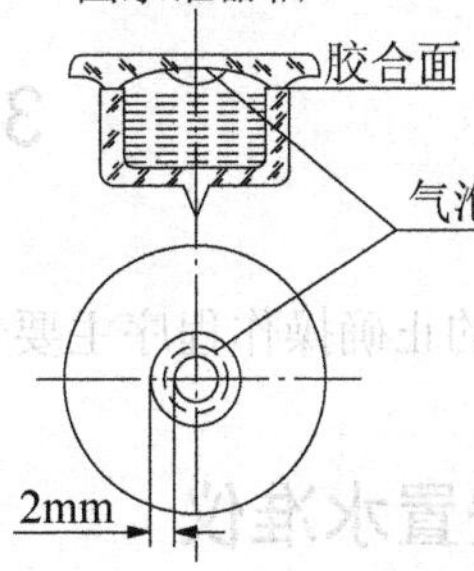

图 3-6　圆水准器

3. 基座

基座由轴座、脚螺旋和连接板组成。仪器上部通过竖轴插入轴座内，由基座承托。脚螺旋用来调节圆水准器，使圆水准气泡居中从而实现粗平，整个仪器通过连接板、连接螺旋与三脚架相连。

3.2.2　水准尺和尺垫

1. 水准尺

普通水准尺由木制、塑钢或铝合金制成的，精密水准尺由铟瓦合金钢制成。水准尺有 2m 或 3m 的直尺、3m 的折尺以及 3～5m 的长塔尺等，如图 3-7(a)所示。三四等的水准测量常用双面水准尺。双面水准尺必须成对使用，黑面起始读数为零，红面起始读数分别为 4687mm 及 4787mm。尺面每隔 1cm 或 0.5cm 涂有黑白或红白相间的分格，每 1dm 处都有数字注记。

2. 尺垫

尺垫是在转点处放置水准尺用的，它用生铁铸成，一般为三角形，中央有一突起的半球体，下方有 3 个支脚，如图 3-8 所示。用时将支脚牢固地插入土中，以防下沉和移位，上方突起的半球形顶点作为竖立水准尺和标志转点之用。

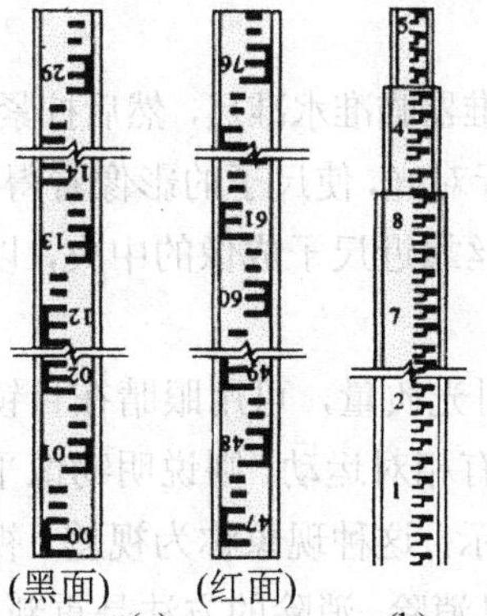

图 3-7　水准尺

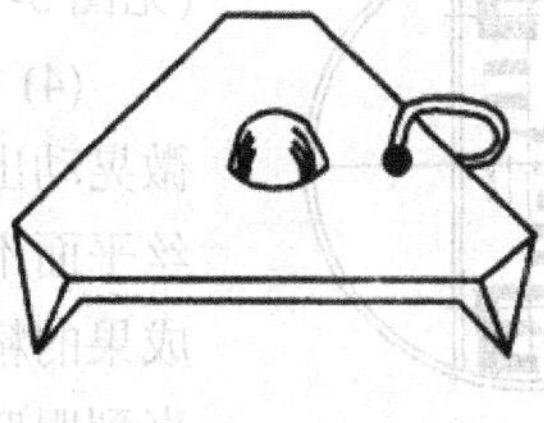

图 3-8　尺垫

3.3 水准仪的使用

水准仪的正确操作程序主要包括仪器安置、粗略整平、瞄准、精确整平和读数等。

3.3.1 安置水准仪

支起三脚架并使其高度适中，目估使架头大致水平，然后将三脚架尖踩入土中，将水准仪用中心螺旋固定于三脚架头上。

3.3.2 粗略整平

粗略整平工作是用脚螺旋将圆水准器的气泡调整居中，使仪器竖轴大致铅直，进而使视准轴粗略水平。如图 3-9(a)所示，气泡未居中而位于 *a* 处，则先按图上箭头所指的方向用双手同时向内或向外(即以相反方向)旋转脚螺旋①和②，使一个升高、一个降低，使气泡移到 *b* 的位置，如图 3-9(b)所示。再转动脚螺旋③，即可使气泡居中。这项工作要反复进行，直至仪旋转到任何方向气泡都居中为止。在整平的过程中，必须记住左手大拇指规则——左手拇指旋转脚螺旋的运动方向，就是气泡移动的方向，不可盲目地转动脚螺旋。

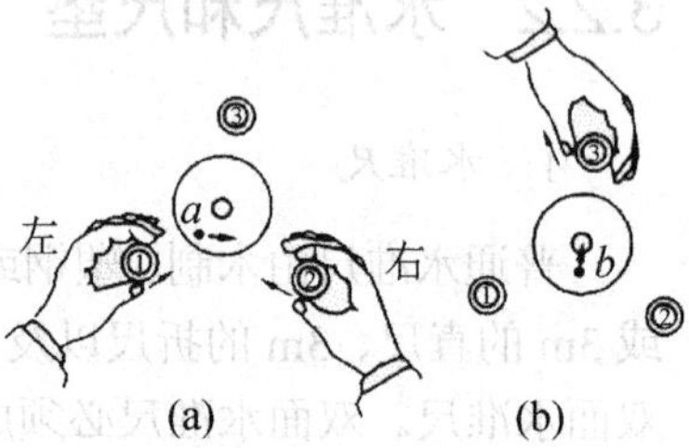

图 3-9　圆水准器的整平

3.3.3 瞄准水准尺

(1) 在瞄准水准尺之前，先进行目镜对光。把望远镜对向远方明亮的背景，转动目镜对光螺旋，直到十字丝清晰为止。

(2) 松开制动螺旋，转动望远镜，通过镜筒上部的瞄准器瞄准水准尺，然后拧紧制动螺旋。

(3) 转动物镜对光螺旋进行对光，使尺子的影像看得十分清晰，并转动微动螺旋，使十字丝竖丝靠近尺子成像的中央，以便于读数(见图 3-10)。

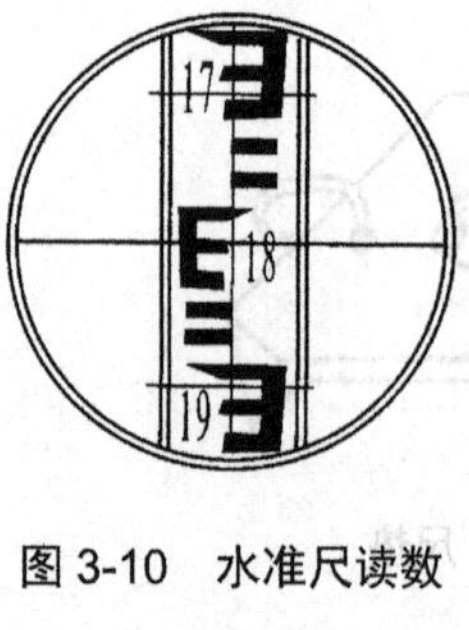

图 3-10　水准尺读数

(4) 消除视差。为了检查对光质量，可用眼睛在目镜后上下微微晃动出现十字丝与目标影像有相对运动，则说明物像平面与十字丝平面不重合，如图 3-11(a)所示，这种现象称为**视差**。视差对观测成果的精度影响很大，必须加以消除。消除的方法是重新进行对光，直到眼睛上下移动而水准尺上读数不变为止。此时，十字丝与目标的影像都十分清晰，如图 3-11(b)所示。

3.3.4　精确整平

用水准管精确整平时，因水准管灵敏度比较高，每当望远镜转到不太平的另一个方向时，水准管气泡必然会偏离中央，因此必须再一次调整微倾螺旋，使气泡两端影像符合，然后才能在尺子上读数。具体调平方法如图 3-12 所示。

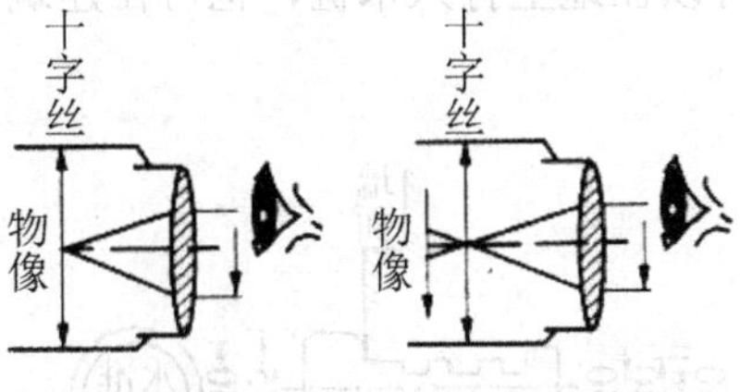

(a) 没有视差现象　(b) 有视差现象

图 3-11　视差现象

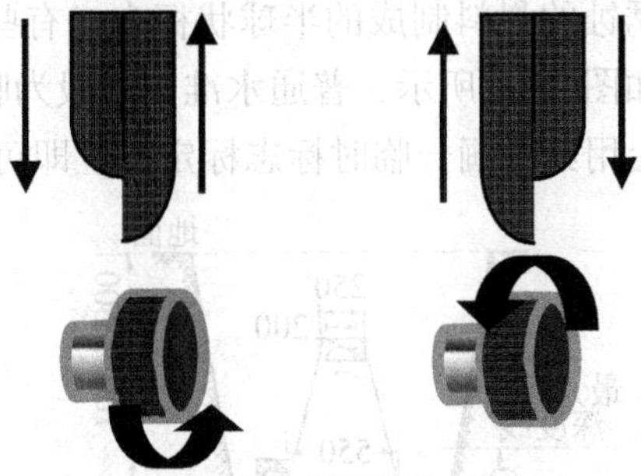

图 3-12　符合水准器调平方法

3.3.5　读数

由于望远镜所看到的水准尺有正像和倒像之分，所以在读数时应遵循从小到大的读数原则，倒像按照从上往下读，正像按照从下往上读，分别读出米、分米、厘米并估读至毫米。精确整平后，应立即根据视野里的中丝读取水准尺上的读数，读数时应估读到毫米。图 3-10 的中丝读数为 1823，单位为 mm。读完数后，还需再检查气泡影像是否仍然吻合，若发生了移动需再次精平，重新读数。

随着技术的发展，目前自动安平水准仪已经广泛使用，它与普通水准仪相比，在望远镜的光路上加了一个补偿器，只要粗平后仪器便会自动精平，其他使用方法与普通水准仪相似，只是使用更加方便、效率更高。

3.4　普通水准测量的施测与数据处理

我国国家水准测量依精度要求不同分为一、二、三、四等。一、二等水准测量是国家高程控制的基础，三、四等水准测量直接为地形测图和各种工程建设提供所必需的高程控制。不属于国家规定等级的水准测量一般称为普通水准测量(也称等外水准测量)。本节将阐述水准测量的水准点，普通水准测量的施测，水准测量检核，三、四等水准测量施测等有关内容。

3.4.1 水准点

用水准测量方法测定高程的控制点称为**水准点**，简记为 BM。水准点有永久性和临时性两种。等级水准点需按规定要求埋设永久性固定标志，图 3-13 所示为国家等级水准点，一般用石料或钢筋混凝土制成，深埋到地面冻结线以下，在标石的顶面设有用不锈钢或其他不易锈蚀的材料制成的半球状标志。有些水准点也可设置在稳定的墙脚上，称为墙上水准点，如图 3-14 所示。普通水准点一般为临时性的，可以在地上打入木桩，也可在建筑物或岩石上用红漆画一临时标志标定点位即可。

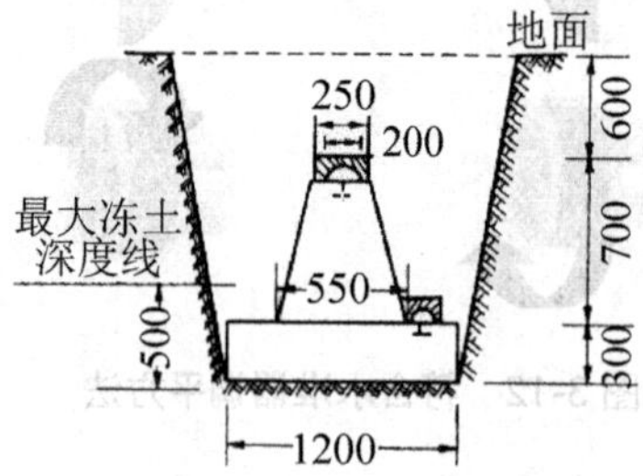

图 3-13　国家等级水准点(单位：mm)

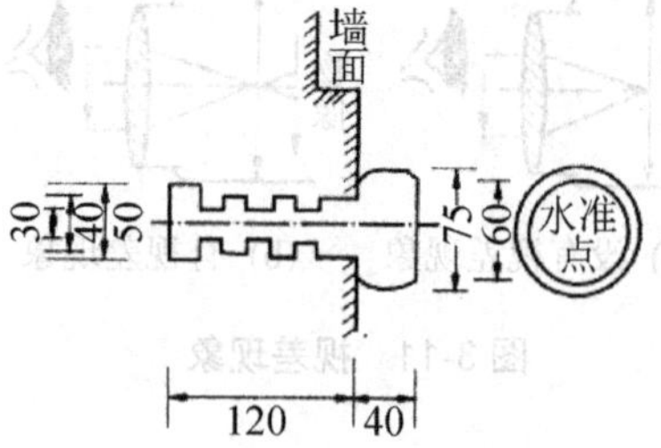

图 3-14　墙上水准点(单位：mm)

3.4.2 水准路线

水准路线是水准测量施测时所经过的路线。根据测区实际情况和需要，水准路线可布设为单一水准路线和水准网。

1. 单一水准路线

单一水准路线又分为闭合水准路线、附合水准路线和支水准路线。

1) 闭合水准路线

如图 3-15(a)所示，从一已知水准点 BM_A 出发，沿待定高程点 1、2、3 进行水准测量，最后仍回到原水准点 BM_A 所组成的环形路线，称为**闭合水准路线**。

2) 附合水准路线

如图 3-15(b)所示，从一高级水准点 BM_A 出发，沿各待定高程点 1、2、3 进行水准测量，最后测至另一高级水准点 BM_B 所构成的施测路线，称为**附合水准路线**。

3) 支水准路线

如图 3-15(c)所示，从一已知水准点 BM_A 出发，沿待定高程点 1、2 进行水准测量，其路线既不附合也不闭合，称为**支水准路线**。

2. 水准网

若干条单一水准路线相互连接构成图 3-16 所示的形状，称为水准网。

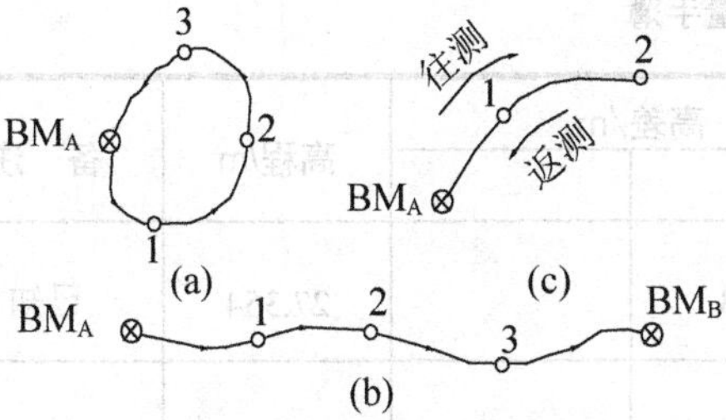

图 3-15　单一水准路线

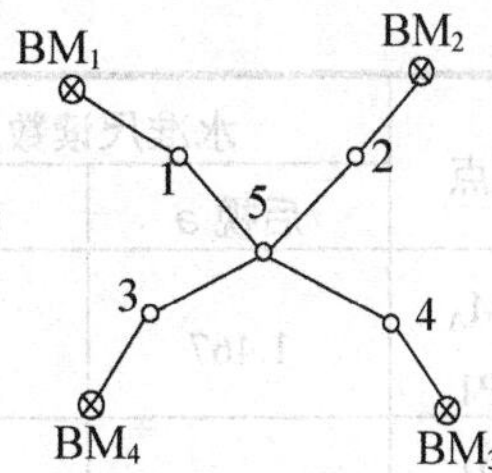

图 3-16　水准网

3.4.3　水准测量的实施

实际工作中，当欲测高程点距水准点较远或高差很大时，则需要连续多次安置仪器测出两点的高差。如图 3-17 所示，水准点 A 的高程为 27.354m，现拟测量 B 点的高程，其观测步骤如下。

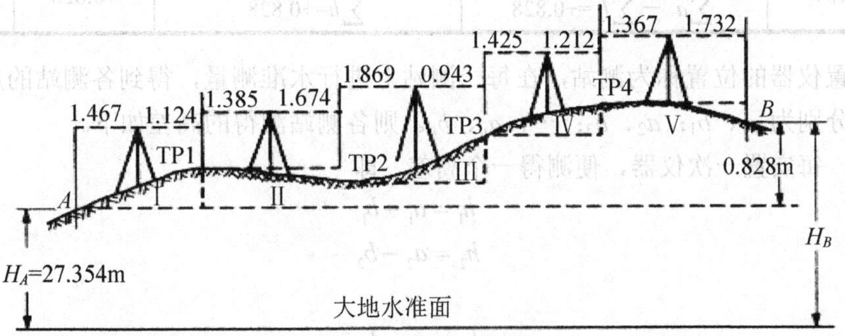

图 3-17　连续水准测量

(1) 在起始水准点 A 上竖立水准尺，作为后视点。

(2) 在路线上适当位置安置水准仪，并在路线的前进方向取仪器到后视点大致相等距离处放置尺垫，在尺垫上竖立水准尺作为前视点。仪器到两水准尺的距离应基本相等，最大差值不应超过 20m；最大视距应不大于 150m。

(3) 观测员将仪器概略整平，照准后视尺，消除视差，精确整平，用中丝读取后视读数并记入手簿(见表 3-1)。

(4) 转动水准仪，照准前视尺，消除视差，精确整平，用中丝读数并记入手簿。

(5) 前视尺位置不动，变作后视，按(2)、(3)、(4)的步骤进行操作，测到终点 B 为止。

每测站观测完毕后，应及时按式 $h=a-b$ 算出高差，记入手簿中相应位置，如表 3-1 所示。

表 3-1　水准测量手簿

测站	测点	水准尺读数/m		高差/m		高程/m	备　注
		后视 a	前视 b	+	−		
I	BM_A TP1	1.467	1.124	0.343		27.354	已知
II	TP1 TP2	1.385	1.674		0.289		
III	TP2 TP3	1.869	0.943	0.926			
IV	TP3 TP4	1.425	1.212	0.213			已知
V	TP4 B	1.367	1.732		0.365	28.182	
计算校核		$\sum a$=7.513	$\sum b$=6.685	$\sum$= +1.482	$\sum$= −0.654	+0.828	
		$\sum a-\sum b$=+0.828		$\sum h$=+0.828			

把安置仪器的位置称为测站，在每一测站上进行水准测量，得到各测站的后视读数和前视读数分别为 a_1、b_1；a_2、b_2；…；a_n、b_n。则各测站测得的高差如下。

显然，每安置一次仪器，便测得一个高差，即

$$h_1 = a_1 - b_1$$
$$h_2 = a_2 - b_2$$
$$\vdots$$
$$h_5 = a_5 - b_5$$

A、B 两点的高差 h_{AB} 应为各测站高差的代数和，即

$$\sum h = \sum a - \sum b \tag{3-5}$$

则 B 点的高程为

$$H_B = H_A + \sum h \tag{3-6}$$

在水准测量中，A、B 两点之间的临时立尺点仅起传递高程的作用，这些点称为转点，通常以 TP(Turning Point)表示，如图中的 TP1、TP2、TP3、TP4 。

3.4.4　水准测量的校核

1. 计算检核

为保证高差计算的正确性，应在每页手簿下方进行计算检核。检核的依据是：各测站测得的高差的代数和应等于后视读数之和减去前视读数之和。在表 3-1 中：

$$\sum h = 1.482 + (-0.654) = +0.828(\text{m})$$
$$\sum a - \sum b = 7.513 - 6.685 = +0.828(\text{m})$$

所求两数相等，说明计算正确无误。

2. 测站检核

各站测得的高差是推算待定点高程的依据，若其中任何一测站所测高差有误，则全部测量成果就不能使用。计算检核仅能检查高差的计算是否正确，并不能检核因观测、记录原因导致的高差错误。因此，对每一站的高差还需进行测站检核。测站检核通常采用变动仪器高法或双面尺法。

(1) 变动仪器高法。此法是在同一测站上改变仪器高度(一般使仪器高度的改变量不小于 10cm)进行测量，用测得的两次高差进行检核。两次测得的高差之差若不超过容许值(如等外水准测量为±6mm)，则取其平均值作为该测站的观测高差，否则须返工重测。

(2) 双面尺法。在同一测站上仪器高度不变，分别用水准尺的黑、红面各自测出两点之间的高差，若两次高差之差不超过容许值，同样取高差的平均值作为观测结果。

3. 成果检核

测站检核只能检核一个测站上是否存在错误或误差超限。对于整条水准路线来讲，还不足以说明所求水准点的高程精度符合要求。例如，由于温度、风力、大气折光及立尺点变动等外界条件引起的误差和尺子倾斜、估读误差及水准仪本身的误差等，虽然在一个测站上反映不很明显，但整条水准路线累积的结果将可能超过容许的限差。因此，还须进行整条水准路线的成果检核。成果检核的方法随着水准路线布设形式的不同而不同。

1) 闭合水准路线的成果检核

在图 3-16(a)所示的闭合水准路线中，各待定高程点之间的高差的代数和应等于零，即

$$\sum h_{理}=0 \tag{3-7}$$

但由于测量误差的影响，实测高差总和 $\sum h_{测}\neq 0$，它与理论高差总和的差数即为高差闭合差 f_h，其高差闭合差亦不应超过容许值。用公式表示为

$$f_h=\sum h_{测}-\sum h_{理}=\sum h_{测} \tag{3-8}$$

各种测量规范对不同等级的水准测量规定了高差闭合差的容许值。例如，我国《工程测量规范》(2007 年)中规定：三等水准测量路线闭合差不得超过 $\pm 12\sqrt{L}$mm；四等水准测量路线闭合差不得超过 $\pm 20\sqrt{L}$mm，在起伏地区则不应超过 $\pm 6\sqrt{n}$mm；普通水准测量路线闭合差不得超过 $\pm 40\sqrt{L}$mm，在起伏地区则不应超过 $\pm 12\sqrt{n}$mm。L 为水准路线的长度，以 km 计；n 为测站数。

2) 附合水准路线的成果检核

由图 3-16(b)可知，在附合水准路线中，各待定高程点间高差的代数和应等于两个水准点间的高差。如果不相等，两者之差称为高差闭合差 f_h。用公式表示为

$$\begin{aligned}f_h&=\sum h_{测}-\sum h_{理}\\&=\sum h_{测}-(H_{终}-H_{始})\end{aligned} \tag{3-9}$$

式中：$H_{始}$、$H_{终}$——附合水准路线起点与终点的水准点高程。

当 $|f_h|\leqslant|f_{h容}|$ 时，则成果合格；否则，须重测。

3) 支水准路线的成果检核

在图 3-16(c)所示的支水准路线中，理论上往测与返测高差的绝对值应相等，即

$$\left|\sum h_{往}\right| = \left|\sum h_{返}\right| \tag{3-10}$$

两者如不相等，其差值即为高差闭合差。故可通过往、返测进行成果检核。

3.4.5 水准测量的成果整理

水准测量外业观测结束之后可进行内业计算，计算前首先应复查与检核观测手簿中各项观测数据是否符合要求、高差计算是否正确。水准测量内业计算的目的是调整整条水准路线的高差闭合差及计算各待定点的高程。

1. 附合水准路线高差闭合差的调整与高程计算

如图 3-18 所示，A、B 为已知高程的水准点，1、2、3 为待定高程水准点，h_1、h_2、h_3、h_4 为各测段高差观测值，L_1、L_2、L_3和L_4 为各测段长度。A 点的高程 H_A=45.286m，B 点的高程 H_B=49.579m。内业计算步骤如下。

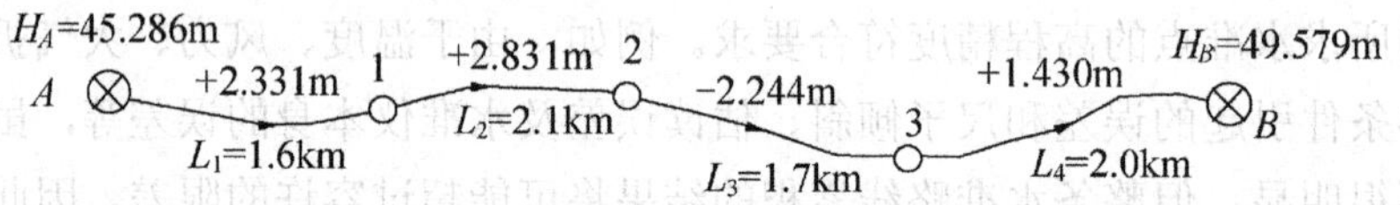

图 3-18 附合水准路线略图

(1) 填写观测数据和已知数据。将图 3-18 中的观测数据(各测段的测站数、实测高差)及已知数据(A、B 两点已知高程)，填入表 3-2 相应的栏目内。

表 3-2 附合水准路线成果计算表

点　号	距离/km	实测高差/mm	改正数/mm	改正后高差/mm	高程/m	备　注
1	2	3	4	5	6	7
BM_A					45.286	已知
	1.6	+2.331	−8	+2.323		
1					47.609	
	2.1	+2.813	−11	+2.802		
2					50.411	
	1.7	−1.244	−8	−2.252		
3					48.159	
	2.0	+1.430	−10	+1.420		
BM_B					49.579	
$\sum$	7.4	+4.330	−37	+4.293		
辅助计算	$\sum h_{理}=H_B-H_A$=49.579−45.286=+4.293(m) $f_h=\sum h-(H_B-H_A)=4.330-4.293=+0.037(m)$　　$f_{h容}=\pm 40\sqrt{L}=\pm 109(mm)$ $\lvert f_h\rvert<\lvert f_{h容}\rvert$　成果合格					

(2) 计算高差闭合差。根据式(3-9)计算得闭合水准路线的高差闭合差，即

$$f_{\text{h}} = \sum h - (H_B - H_A) = 4.330 - 4.293 = +0.037(\text{m})$$

(3) 计算高差容许闭合差。水准路线的高差闭合差容许值 $f_{\text{h容}}$ 可按下式计算，即

$$f_{\text{h容}} = \pm 40\sqrt{L} = \pm 109(\text{mm})$$

$|f_{\text{h}}| < |f_{\text{h容}}|$，说明观测成果合格。

(4) 高差闭合差的调整。在整条水准路线上由于各测站的观测条件基本相同，可认为各站产生误差的机会也是相等的，故闭合差的调整按与距离(或测站数)成正比例反符号分配的原则进行，即

$$v_i = -\frac{f_{\text{h}}}{L} \cdot L_i \tag{3-11}$$

或

$$v_i = -\frac{f_{\text{h}}}{n} \cdot n_i \tag{3-12}$$

式中：L——水准路线总长度；

L_i——第 i 测段路线长度；

n——水准路线的总测站数；

n_i——第 i 测段测站数。

高差改正数的计算检核，即

$$\sum v_i = -f_{\text{h}} \tag{3-13}$$

本例中，水准路线总长度 7.4km，则第一段至第四段高差改正数分别为：

$$v_1 = -\frac{f_{\text{h}}}{L} \times L_1 = -\frac{37}{7.4} \times 1.6 = -0.008(\text{m})$$

同理，可求出 $v_2 = -0.011\text{m}$，$v_3 = -0.008\text{m}$，$v_4 = -0.010\text{m}$。

把改正数填入改正数栏中，改正数总和应与闭合差大小相等、符号相反，并以此作为计算检核。

(5) 计算改正后的高差。各段实测高差加上相应的改正数，得改正后的高差，填入改正后高差栏内。

(6) 计算待定点的高程。根据改正后的高差，从 A 点起，逐步推算各点的高程，列入第 7 栏。最后计算的 B 点高程应等于该点的已知高程；否则，说明计算有误，应检查原因。

2. 闭合水准路线高差闭合差的调整与高程计算

如图 3-19 所示，水准点 A 和待定高程点 1、2、3 组成一闭合水准路线。

将点号、测段测站数、观测高差及已知水准点 A 的高程填入表 3-3 中有关各栏。

利用式(3-4)计算闭合水准路线的高差闭合差 f_{h}，闭合差的容许值和调整方法以及高程计算方法均与附合水准路线相同。计算结果如表 3-3 所示。

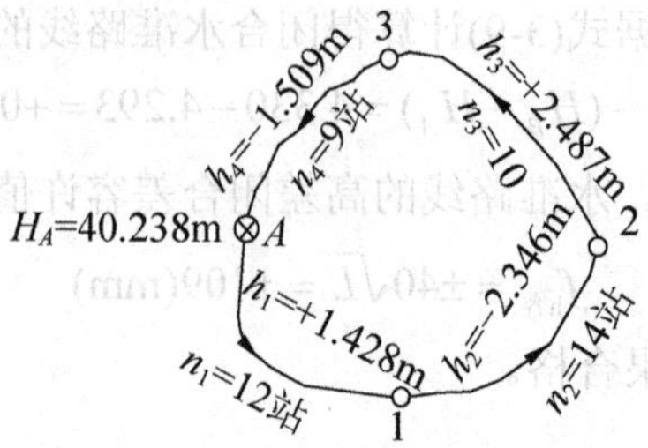

图 3-19　闭合水准路线

表 3-3　闭合水准路线成果计算表

点　号	测站数	实测高差/mm	改正数/mm	改正后高差/mm	高程/m	备　注
1	2	3	4	5	6	7
BM_A					40.238	
	12	+1.428	−16	+1.412		
1					41.650	
	14	−2.346	−19	−2.365		
2					39.285	已知
	10	+2.487	−13	+2.474		
3					41.759	
	9	−1.509	−12	−1.521		
BM_A					40.238	
$\sum$	45	+0.060	−60	0.000		
辅助计算	$f_h=\sum h_{测}-\sum h_{理}=\sum h_{测}=+60(\text{mm})$　$f_{h容}=\pm12\sqrt{n}=\pm12\sqrt{45}=\pm80(\text{mm})$ $\lvert f_h\rvert<\lvert f_{h容}\rvert$　成果合格					

3.5　三、四等水准测量的施测与数据处理

3.5.1　三、四等水准测量的技术要求

三、四等水准测量应从附近的国家一、二等级水准点引测高程，其常用于加密国家高程控制网或小地区的首级高程控制。

工程建设地区的三、四等水准点的间距取决于实际需要，永久性水准点的间距一般地区为 2～3km，在工业区为 1～2km。水准点应埋设普通水准标石，并且设置在土质坚硬、便于保存和使用的地方，距离厂房或高大建筑物不小于 25m，注意要偏离地下管线。临时性水准点可用铁钉、木桩或固有地物如墙角、岩石等突出处涂以红漆作为水准点标志。

三、四等水准测量应使用 DS3 级及以上等级的水准仪，水准尺通常使用黑红面双面尺，及红面和黑面读数的固定差值为 4687mm 或 4787mm。

三、四等水准测量的主要技术要求如表 3-4、表 3-5 所示。

表 3-4 水准测量主要技术要求

等级	每千米高差全中误差/mm	路线长度/km	水准仪型号	水准尺	观测次数		往返较差、附合或环线闭合差/mm	
					与已知点联测	附合或环线	平地	山地
二等	2	—	DS1	铟瓦尺	往返各 1 次	往返各 1 次	$4\sqrt{L}$	—
三等	6	≤50	DS1	铟瓦尺	往返各 1 次	往 1 次	$12\sqrt{L}$	$4\sqrt{n}$
			DS3	双面尺		往返各 1 次		
四等	10	≤16	DS3	双面尺	往返各 1 次	往 1 次	$20\sqrt{L}$	$6\sqrt{n}$
图根	15	—	DS3	双面尺	往返各 1 次	往 1 次	$40\sqrt{L}$	—

注：1. 节点之间或节点与高级点之间，其路线长度不应大于表中规定的 0.7 倍。

2. L 为往返测段附合或环线的水准路线长度(km)，n 为测站数。

3. 数字水准测量的技术要求和同等级的光学水准仪相同。

表 3-5 水准观测的主要技术要求

等级	水准仪型号	视线长度/m	前后视距较差/m	前后视距累计差/m	视线离地面最低高度/m	基、辅分划或黑、红面读数较差/mm	基、辅分划或黑、红面所测高差较差/mm
二等	DS1	50	1	3	0.5	0.5	0.7
三等	DS1	100	3	6	0.3	1.0	1.5
	DS3	75				2.0	3.0
四等	DS3	100	5	10	0.2	3.0	5.0
图根	DS3	100	近似相等		—	—	—

注：1. 二等水准视线长度小于 20m 时，其视线高度不应低于 0.3m。

2. 三、四等水准采用变更仪器高度观测单面尺时，所测两次高差较差，应与黑、红面所测高差之差的要求相同。

3. 数字水准仪观测，不受基、辅分划或黑、红面读数较差指标的限制，但测站两次观测的高差较差，应满足表中相应等级基、辅分划或黑、红面所测高差较差的限差。

3.5.2 三、四等水准测量的方法

1. 观测方法

在每一测站上，首先安置仪器，如视距差超限，则需移动前视尺或水准仪，以满足规范要求。然后按下列顺序进行观测，并计入三、四等水准测量手簿中(见表 3-6)。

表 3-6　三、四等水准测量观测手簿

测站编号	点号	后尺 上丝 / 下丝	前尺 上丝 / 下丝	方向及尺号	水准尺读数/m 黑面	水准尺读数/m 红面	K+黑−红	平均高差/m	备注
		后视距	前视距						
		视距差 d/m	∑d/m						
		(1)	(4)	后视	(3)	(8)	(14)		
		(2)	(5)	前视	(6)	(7)	(13)		
		(9)	(10)	后—前	(15)	(16)	(17)	(18)	
		(11)	(12)						
1	A ↓ 1	1617	0781	后视 1	1415	6202	0	+0.8345	
		1213	0379	前视 2	0580	5268	−1		
		40.4	40.2	后—前	+0.835	+0.934	+1		
		+0.2	+0.2						
2	1 ↓ 2	2161	2238	后视 2	1949	6636	0	−0.075	
		1737	1810	前视 1	2024	6811	0		
		42.4	42.8	后—前	−0.075	−0.175	0		
		−0.4	−0.2						K_1=4787
3	2 ↓ 3	1926	2068	后视 1	1733	6520	0	−0.1415	K_2=4687
		1541	1680	前视 2	1874	6762	−1		
		38.5	38.8	后—前	−0.141	−0.242	+1		
		−0.3	−0.5						
4	3 ↓ 4	1963	2137	后视 2	1821	6508	0	−0.1735	
		1680	1854	前视 1	1995	6781	+1		
		28.3	28.3	后—前	−0.174	−0.273	−1		
		−0.0	-0.5						
5	4 ↓ B	0695	2916	后视 1	0471	5259	−1	−2.2195	
		0237	2466	前视 2	2691	7378	0		
		48.8	45.0	后—前	−2.220	−2.119	−1		
		+0.8	+0.3						
每页校核		$\sum(9)-\sum(10)=195.4-195.1=+0.3$ 末站$(12)=+0.3$ $\left[\sum(15)+\left(\sum(16)-0.100\right)\right]\div 2=-1.775$			$\sum(15)=-1.775$ $\sum(16)=-1.875$		$\sum(18)=-1.775$		

① 读取 后 视尺 黑 面读数：下丝(1)，上丝(2)，中丝(3)。

② 读取 前 视尺 黑 面读数：中丝(4)，下丝(5)，上丝(6)。

③ 读取 前 视尺 红 面读数：中丝(7)。

④ 读取 后 视尺 红 面读数：中丝(8)。

测得上述 8 个数据后，随即进行计算，如果符合规定要求，可以迁站继续施测；否则应重新观测，直至所测数据符合规定要求后，才能迁到下一站。

2. 测站的计算与检核

1) 视距部分的计算

后距：(9)= [(1)− (2)] × 100。

前距：(10)= [(5)−(6)] × 100。

后、前视距差：(11)= (9)−(10)。

后、前视距离累积差：(12)=本站的(11)+前站的(12)。

2) 高差部分的计算及检核

后视尺黑、红面读数差：(13) = K_1+ (6)−(7)。

前视尺黑、红面读数差：(14) = K_2+ (3)−(8)。

上两式中的 K_1 和 K_2 分别为两水准尺的黑、红面的起点读数差，亦称尺常数或起点差。尺常数的作用是检核黑、红面观测读数是否正确。

黑面高差：(15)= (3)−(6)。

红面高差：(16)= (8)−(7)。

黑红面高差之差：(17)=(15)−[(16)±0.100] = (14)−(13)。

由于两水准尺的红面起始读数相差 0.100m，即 4.787m 与 4.687m 之差，因此，红面测得的实际高差应为(17)±0.100。取“+”或取“−”应根据后、前视尺的 K 值来确定。

每一测站经过上述计算，符合限差要求后，才能计算高差中数：(18)= [(15)+(16)±0.100]/2，作为该站测得的高差值。

3) 测段的计算与检核

$$\sum(3)-\sum(6)=\sum(15)$$

$$\sum(8)-\sum(7)=\sum(16)$$

$$\sum(9)-\sum(10)=(12)_{末站}$$

当测站总数为奇数时： $\left[\sum(15)+\left(\sum(16)\pm0.100\right)\right]/2=\sum(18)$

当测站总数为偶数时： $\left[\sum(15)+\sum(16)\right]/2=\sum(18)$

水准路线总长度： $L=\sum(9)+\sum(10)$

四等水准测量一个测站的观测顺序，可采用后(黑)、后(红)、前(黑)、前(红)。即读取后视尺黑面读数后随即读红面读数，而后瞄准前视尺，读取黑面及红面读数，测站记录计算与三等水准测量完全相同。

3. 三、四等水准路线测量成果的整理

三、四等附合或闭合单一水准路线闭合差的计算和调整方法与普通水准测量相同。当测区范围较大时，需布设多条水准路线。为使各水准点高程均匀，必须把各路线连接起来构成统一的水准网，采用最小二乘原理进行平差计算，从而求解各水准点高程。

3.6 自动安平水准仪和电子水准仪

3.6.1 自动安平水准仪

1. 自动安平水准仪的原理

自动安平水准仪的特点是用补偿器取代符合水准器，如图 3-20(b)所示。使用时，只要用圆水准器粗略整平仪器便可读得水平视线的读数。目前，各种精度的自动安平水准仪已普遍使用于各等级水准测量中。图 3-20(a)所示为国产 DSZ_3 型自动安平水准仪的外观。当视线水平时，水平光线恰好与十字丝交点所在位置重合，读数正确无误，如视线倾斜一个角度，十字丝交点移动一段距离，这时按十字丝交点读数，显然有偏差。如果在望远镜内的恰当位置装置一个半角全角“补偿器”，使进入望远镜的水平光线经过补偿器后偏转一个角度，恰好通过十字丝交点读出的数仍然是正确的。由此可知，补偿器的作用是使水平光线发生偏转，而偏转角的大小正好能够补偿视线倾斜所引起的读数偏差。

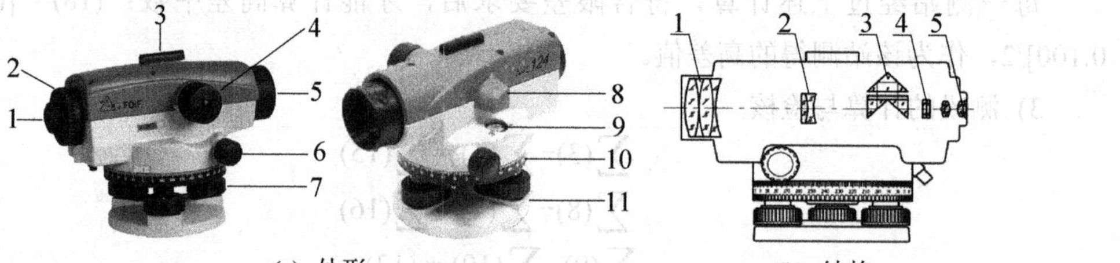

(a) 外形　　(b) 结构

图 3-20　自动安平水准仪

1—目镜；2—目镜调焦螺旋；3—粗瞄器；4—调焦螺旋；5—物镜；
6—水平微动螺旋；7—脚螺旋；8—反光镜；9—圆水准器；10—刻度盘；11—基座

2. 自动安平水准仪的使用

首先把自动安平水准仪安置好，使圆水准气泡居中，即可用望远镜瞄准水准尺进行读数。为了检查补偿器是否起作用，有的仪器安置一个按钮，按此钮可把补偿器轻轻触动，待补偿器稳定后，看尺上读数是否有变化，如无变化则说明补偿器正常。如仪器没有此装置，可稍微转动一下脚螺旋，如尺上读数没有变化，说明补偿器起作用，仪器正常；否则应进行检查和校正。

3.6.2　电子水准仪

1. 电子水准仪的原理

1990 年，瑞士威特厂研制出世界上第一台电子数字式水准仪 NA2000，从而拉开了电子水准仪发展的序幕。电子水准仪又称数字水准仪，它是在自动安平水准仪的基础上设计出来的。电子水准仪使用的是条码标尺，各厂家标尺编码的条码图案不尽相同，一般不能相互使用。目前照准标尺和望远镜的调焦工作仍须人工目视进行。人工完成照准和调焦之后，标尺条码一方面被成像在望远镜的分划板上，供目视观测；另一方面通过望远镜的分光镜，标尺条码又被成像在光电传感器或探测器上，即线阵 CCD 器件上，供电子读数。

当前，电子水准仪采用原理上相差较大的 3 种自动电子读数方法：①相关法，如徕卡的 NA3002/3003 电子水准仪；②几何法，如蔡司 DiNi10/20 电子水准仪；③相位法，如拓普康 DL-100C/102C 电子水准仪。上述电子水准仪的测量原理各有其优点，经过实践证明，能满足精密水准测量工作需要。图 3-21 所示为我国南方测绘生产的 DL-201 数字水准仪及配套的条码水准尺，该仪器每千米往返测得高差中数的中误差为 1.0mm。

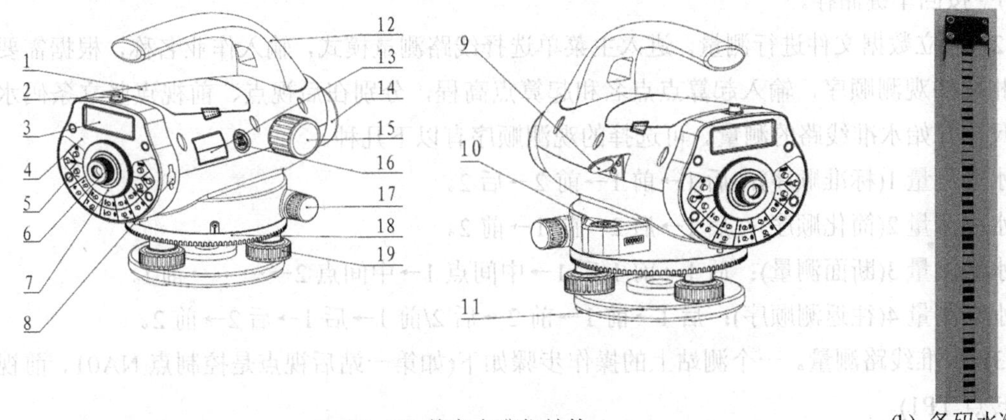

(a) DL-201 数字水准仪结构　　　　(b) 条码水准尺

图 3-21　DL-201 数字水准仪及水准尺

1—电池；2—粗瞄器；3—液晶显示屏；4—面板；5—按键；6—目镜；7—目镜护罩；8—数据输出插口；9—圆水准器反射镜；10—圆水准器；11—基座；12—提柄；13—型号标贴；14—物镜；15—调焦手轮；16—电源开关/测量键；17—水平微动手轮；18—水平度盘；19—脚螺旋

2. 电子水准仪的特点

电子水准仪的主要优点是：操作简捷、自动观测和记录，并立即用数字显示测量结果，整个观测过程在几秒钟内即可完成，从而大大减少观测错误和误差。另外，仪器还附有数据处理器及与之配套的软件，从而可将观测结果输入计算机进行后处理，实现测量工作自动化和流水作业，大大提高功效。但一般电子水准仪的价格是普通水准仪的 10～100 倍，精密仪器的价格更高。一般用于国家大型工程和精密水准测量工程。

3. 电子水准仪的操作步骤

不同厂家生产的电子水准仪操作基本相同，现以南方 DL-201 电子水准仪的操作为例进行说明。

1) 安置仪器

在测站上安置三脚架，将电子水准仪安置在三脚架架头上，拧紧中心连接螺旋，旋转脚螺旋使圆水准器气泡居中。

2) 仪器操作

(1) 设置参数。按下 POW/MEAS 键，开机用导航键选择主菜单中配置选项→按回车键→选择输入菜单→按回车键→输入大气折射系数、加常数、日期、时间→按回车键储存。

用导航键选择主菜单中配置选项→按回车键→选择限差/测试菜单→按回车键→输入最大视距(范围为 0～100m)、最小视线高(范围为 0～1m)、最大视线高(范围为 0～5m)→按回车键进入第 3 页，选择设置一个测站限差或单次测量最大限差(范围为 0～0.01m)→按回车键进入第 4 页，设置单站前后视距差(范围为 0～5m)或设置水准线路前后视距累积差(范围为 0～100m)→按回车键储存。

(2) 建立数据文件进行测量。进入主菜单选择线路测量模式，输入作业名称，根据需要选择相应的观测顺序，输入起算点点名和起算点高程，分别在后视点、前视点竖立条码水准标尺，开始水准线路的测量。可选择的观测顺序有以下几种。

水准测量 1(标准顺序)：后 1→前 1→前 2→后 2。

水准测量 2(简化顺序)：后 1→后 2→前 1→前 2。

水准测量 3(断面测量)：后 1→前 1/后 1→中间点 1→中间点 2→……→前 1。

水准测量 4(往返测顺序)：后 1→前 1→前 2→后 2/前 1→后 1→后 2→前 2。

(3) 水准线路测量。一个测站上的操作步骤如下(如第一站后视点是控制点 NA01、前视点是转点 TP1)。

选择水准测量观测模式 1(标准顺序)，观测员利用粗瞄器将望远镜照准后视标尺，旋转调焦螺旋使标尺影像清晰，转动水平微动螺旋使标尺成像在十字丝竖丝的中心位置，按 ESC 键删除默认后视点的名称，利用 DIST 键(字母数字转换键)输入后视点名称(NA01)，按下 POW/ MEAS 键，测量第 1 次后视读数(BK1)；然后旋转望远镜照准前视标尺，按 ESC 键删除默认前视点名称，利用 DIST 键输入前视点名称(TP1)，按下 POW/MEAS 键，测量第 1 次前视读数(FR1)，再按下 POW/MEAS 键，测量第二次前视读数(FR2)；再旋转望远镜瞄准后视标尺(此时，后视点名称默认为NA01)，按下 POW/MEAS 键，测量第二次后视读数(BK2)。至此，第 1 站观测结束。下一测站观测同上所述。

3) 操作完毕

先将仪器脚螺旋调至大致等高的位置，再将水准仪从脚架上取下，保持原来的安放位置放入仪器箱内，清点所有附件工具，防止遗失，然后关闭上锁。

4) 数据传输

用数据线将电子水准仪与计算机的 USB 接口连接好，在数据转换设备栏中选择“USB”。在接收栏里选择要传输的文件，单击“添加”按钮，然后单击“全部传输”按钮，并给定路径保存文件。

习　题

1. 简答题

(1) 水准仪上的圆水准器和管水准器的作用有何不同？

(2) 何为视差？产生视差的原因是什么？怎样消除视差？

(3) 水准测量中使前、后视距相等可消除哪些误差？

(4) 何为转点？转点在水准测量中起什么作用？

(5) 电子水准仪和微倾式水准仪有何不同？它有什么特点？

2. 计算题

(1) 设 A 点为后视点，B 点为前视点，A 点高程为 90.127m，当后视读数为 1.367m，前视读数为 1.653m 时，问高差 h_{AB} 是多少？B 点比 A 点高还是低？B 点高程是多少？试绘图说明。

(2) 水准测量观测数据已填入表 3-7 中，试计算各测站的高差和 B 点的高程，并进行计算检核。(BM_A 点高程为 85.273m)

表 3-7　水准测量观测记录

测　站	测　点	水准尺读数/m		高差/m		高程/m
		后　视	前　视	+	−	
1	BM_A TP1	1.785	1.312			
2	TP1 TP2	1.570	1.617			
3	TP2 TP3	1.567	1.418			
4	TP3 B	1.784	1.503			
计算校核						

(3) 闭合水准路线的观测成果，如图 3-22 所示，请参照表 3-7 绘制表格，进行高差闭合差的计算与调整，并求出各点高程。

(4) 设仪器安置在 A、B 两尺等距离处，测得 A 尺读数为 1.482m，B 尺读数为 1.873m。把仪器搬至 B 点附近，测得 A 尺读数为 1.143m，B 尺读数为 1.520m。问水准管轴是否平行于视准轴？如要校正，A 尺上的正确读数应为多少？

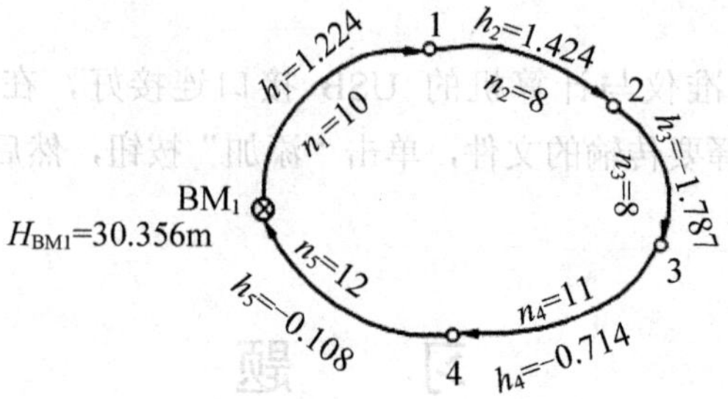

图 3-22　闭合水准路线观测成果

第4章 角度测量

教学目标

通过本章的学习，应理解水平角、竖直角测量的基本原理；掌握光学经纬仪的基本构造、操作与读数方法；熟练掌握水平角测量的测回法和方向观测法、竖直角测量的观测和计算方法；掌握三角高程测量的原理与方法。

应该具备的能力：具备使用光学经纬仪测量水平角和竖直角能力，具备使用电子经纬仪的能力。

教学要求

能力目标	知识要点	权 重	自测分数
理解水平角、竖直角的原理	水平角和竖直角的概念、角值范围等	15%	
掌握光学经纬仪的使用	DJ6 级光学经纬仪的构造	20%	
掌握水平角测量的方法	测回法和方向观测法	25%	
掌握竖直角测量的方法	竖直角的观测和计算	25%	
掌握电子经纬仪的使用	电子经纬仪的使用	15%	

导读

为了测量地面上任意点的平面位置和高程，需要测定不同方向间的水平角和竖直角，即角度测量。水平角测量用于计算点的平面坐标，竖直角测量用于测定高差或将斜距换算成平距。角度测量是测量的 3 个基本工作之一，角度测量的主要仪器是光学经纬仪及全站仪。本章主要介绍经纬仪。

4.1 角度测量的原理

4.1.1 水平角测量的原理

水平角是地面上一点到两目标的方向线垂直投影在水平面上所成的角度。水平角通常用 β 表示，其角值范围在 0°～360°内。如图 4-1 所示，设 *A*、*O*、*B* 是任意 3 个空间点，$O'A'$、$O'B'$ 为空间直线 *OA*、*OB* 在水平面 *P* 上的投影，$O'A'$ 与 $O'B'$ 的夹角 β 就是地面上 *OA*、*OB* 两方向线之间的水平角。

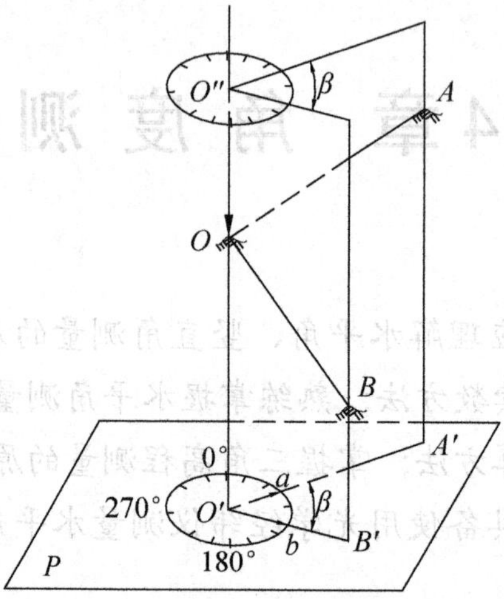

图 4-1　水平角测角原理

为测定水平角的大小，可以设想在通过 O 点的铅垂线上水平地放置一个带有刻度注记的圆盘，并使其圆心 O'位于过 O 点的铅垂线上。观测水平角时，直线 OA、OB 在水平圆盘上的投影分别是 $O'A'$、$O'B'$，此时如果能读出 $O'A'$、$O'B'$ 在水平圆盘上的读数 a 和 b，则水平角 β 就是两读数之差，即

$$\beta = b - a \tag{4-1}$$

因此，用于测量水平角的仪器必须有一个能读数的水平度盘，且观测水平角时度盘中心应安置在过测站点的铅垂线上。同时为了瞄准空间不同高度的目标，要有一个用于瞄准目标且能够高低俯仰的望远镜。当望远镜高低俯仰时，其视准轴应划出一竖直面，这样才能保证在同一竖直面内高低不同的目标有相同的水平度盘读数。经纬仪就是能够满足上述要求的一种测角仪器。

4.1.2　竖直角测量原理

竖直角是同一竖直面内视线与水平线间的夹角。如图 4-2 所示，竖直角一般用 α 表示，其角值范围为 0°～±90°。当视线向上倾斜时所构成的竖角叫作仰角，α 取正值；当视线向下倾斜时所构成的竖角叫作俯角，α 取负值。

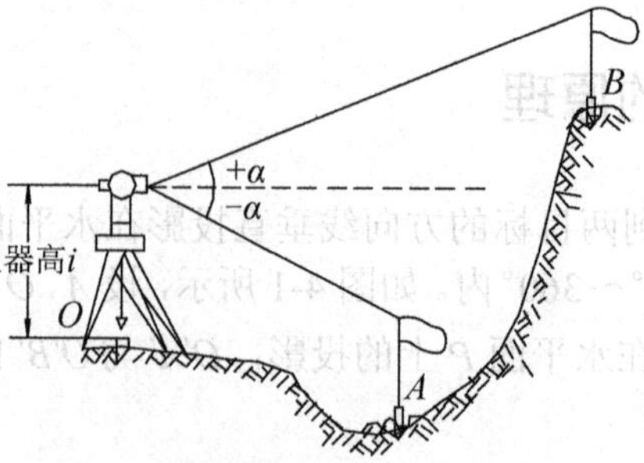

图 4-2　竖直角测角原理

根据竖角的定义，要测定竖角，与观测水平角的原理类似，也是度盘上两个方向读数之差。不同的是竖直角的两个方向中必有一个是水平方向。任何类型的经纬仪，当竖直指标水准管气泡居中，望远镜视准轴水平时，其竖盘读数是一个固定值。因此，在观测竖直角时，只要观测目标点一个方向并读取其竖盘读数便可算得该目标点的竖直角，而不必观测水平方向。

4.2　DJ6 级光学经纬仪及其使用

4.2.1　光学经纬仪概述

经纬仪的种类很多，按其读数系统可分为游标经纬仪、光学经纬仪(见图 4-3)和电子经纬仪(见图 4-4)；按精度可分为 1″级、2″级和 6″级，前两种为精密仪器，后一种为中等精度仪器，常用于工程测量中。我国对经纬仪的编制标准为 DJ07、DJ1、DJ2、DJ6、DJ15 和 DJ60 等级别。其中 D 表示“大地测量”，J 表示“经纬仪”，分别取两词汉语拼音的首字母；后面的数字代表仪器的精度等级，以及该仪器的一测回方向观测中误差。本节主要介绍 DJ6 级光学经纬仪的构造和使用方法。

图 4-3　光学经纬仪

图 4-4　电子经纬仪

4.2.2　DJ6 级光学经纬仪的构造及轴系关系

DJ6 级光学经纬仪属于 6″级的光学经纬仪，常用于一般工程测量、地形测量等。如图 4-5 所示，它由照准部、水平度盘和基座三大部分组成。

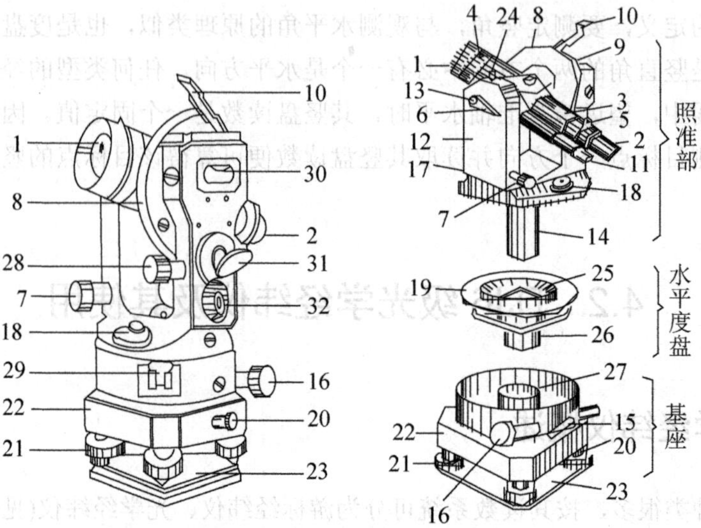

图 4-5　DJ6 经纬仪的结构

1—物镜；2—目镜；3—调焦螺旋；4—准星；5—照门；6—固定扳手；7—微动螺旋；8—竖直度盘；9—竖盘指标水准管；10—竖盘指标水准管反光镜；11—读数显微镜目镜；12—支架；13—水平轴；14—竖轴；15—照准部制动扳手；16—照准部微动螺旋；17—水准管；18—圆水准器；19—水平度盘；20—轴套固定螺旋；21—脚螺旋；22—基座；23—三角形底板；24—罗盘插座；25—度盘轴套；26—外轴；27—度盘旋转轴套；28—竖盘指标水准管微动螺旋；29—水平度盘变换器；30—竖盘指标水准管；31—反光镜；32—光学对点器

1. 照准部

照准部为经纬仪上部可转动的部分，由望远镜、竖直度盘、横轴、支架、竖轴、水平度盘水准器、读数显微镜及其光学读数系统等组成。

(1) 望远镜。望远镜用于精确瞄准目标。它在支架上可绕横轴在竖直面内做仰俯转动，并由望远镜制动扳钮和望远镜微动螺旋控制。经纬仪的望远镜与水准仪的望远镜相同，由物镜、调焦镜、十字丝分划板、目镜和固定它们的镜筒组成。望远镜的放大倍率一般为 20～40 倍。

(2) 竖直度盘。竖直度盘用于观测竖直角。它是由光学玻璃制成的圆盘，安装在横轴的一端，并随望远镜一起转动。现在生产的仪器其竖直度盘同侧的支架上没有竖盘指标水准管，而在竖盘内部装有自动归零装置，只要将支架上的自动归零开关转到“ON”位置，竖盘指标即处于正确位置。不测竖直角时，将竖盘指标自动归零开关转到“OFF”位置，以保护其自动归零装置。

(3) 水准器。照准部上设有一个管水准器和一个圆水准器，与脚螺旋配合，用于整平仪器。圆水准器用作粗平，而管水准器则用于精平。

(4) 竖轴。照准部的旋转轴即为仪器的竖轴，竖轴插入竖轴轴套中，该轴套下端与轴座固连，置于基座内，并用轴座固定螺旋固紧，使用仪器时切勿松动该螺旋，以防仪器分离坠落。照准部可绕竖轴在水平方向旋转，并由水平制动扳钮和水平微动螺旋控制。此外，在经纬仪的照准部上还装有光学对中器，用于仪器的精确对中。

2. 水平度盘

水平度盘是由光学玻璃制成的圆盘，其边缘按顺时针方向刻有 0°～360°的划分，用于测量水平角。水平度盘与一金属的空心轴套结合，套在竖轴轴套的外面，并可自由转动。水平度盘的下方有一个固定在水平度盘旋转轴上的金属复测盘。复测盘配合照准部外壳上的转盘手轮，可使水平度盘与照准部结合或分离。按下转盘手轮，复测装置的簧片便夹住复测盘，使水平度盘与照准部结合在一起，当照准部旋转时，水平度盘也随之转动，读数不变；弹出转盘手轮，其簧片便与复测盘分开，水平度盘也和照准部脱离，当照准部旋转时，水平度盘则静止不动，读数改变。

有的经纬仪没有复测装置，而是设置一个水平度盘变位手轮，转动该手轮，水平度盘即随之转动。

3. 基座

基座是在仪器的最下部，它是支承整个仪器的底座。基座上安有 3 个脚螺旋和连接板。转动脚螺旋可使水平度盘进行水平调整。通过架头上的中心螺旋与三脚架头固连在一起。此外，基座上还有一个连接仪器和基座的轴座固定螺旋，一般情况下，不可松动轴座固定螺旋，以免仪器脱出基座而摔坏。

4. 经纬仪的主要轴系关系

经纬仪是用来测量角度的仪器，各部件之间必须满足角度测量的要求，如水平度盘必须水平；度盘中心应在照准部旋转轴上；望远镜上下转动时扫过的失准面必须是竖直平面等。经纬仪的主要轴系关系如图 4-6 所示。经纬仪一般应满足 4 种轴系关系：照准部水准管轴 *LL* 应垂直于竖轴 *VV*；视准轴 *CC* 应垂直于横轴 *HH*；横轴 *HH* 应垂直于竖轴 *VV*；十字丝竖丝应垂直于横轴 *HH*。

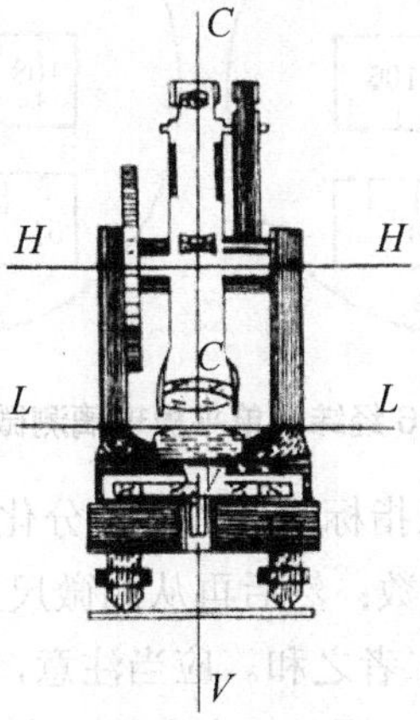

图 4-6　经纬仪主要轴系关系

4.2.3 DJ6 级光学经纬仪的读数

DJ6 级光学经纬仪的读数装置有两种，分别介绍如下。

1. 单平板玻璃测微器及其读数方法

单平板玻璃测微器主要由平板玻璃、测微盘、连接机构和测微轮组成。如图 4-7 所示，转动测微轮，通过齿轮带动平板玻璃和与之固连在一起的测微盘一起转动；测微盘和平板玻璃同步转动，度盘分划线的移动量可以从测微盘上读出。图 4-8 所示为单平板玻璃测微器读数显微镜的窗口，下面的窗格为水平度盘影像，中间的窗格为竖直度盘影像，度盘读数窗上有双指标线。上面较小的窗格为两度盘共用的测微盘读数窗，有单指标线。度盘最小刻划为 30′，每 1°有数字注记。测微盘的量程也为 30′，将其分为 90 格，即测微盘最小分划值为 20″，当度盘分划影像移动一个分划值(30′)时，测微盘也正好转动 30′。

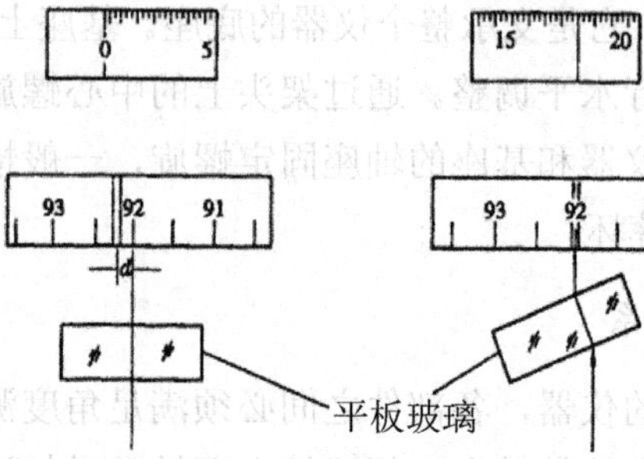

图 4-7 单平板玻璃

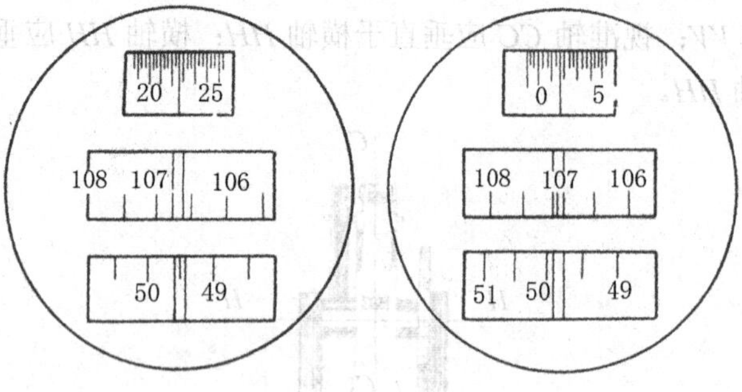

图 4-8 DJ6 经纬仪单平板玻璃测微器式读数窗

在测角时，转动测微手轮使双指标线旁的度盘分化线精确位于双指标线的中间，双指标线中间的分划线即为度盘上的读数；然后再从测微尺上读取不足 30′的分数和秒数，估读到 1/4 格，即 5″。最后所测角为二者之和。应当注意，这种装置的读数设备，水平盘和竖直盘读数应分别转动测微手轮读取。图 4-8 中水平度盘读数为 49°52′30″，竖直度盘读数为 107°02′50″。

2. 测微尺读数装置及其读数方法

测微尺的结构简单，读数方便，具有一定的读数精度。目前，大多 DJ6 级光学经纬仪采用这种装置的读数设备。它是在显微镜的读数窗内设置一个带分划尺的分划板，称为测微尺或分微尺。测微尺的长度刚好等于度盘 1°分划间的长度，分为 60 小格，每小格代表 1′，每 10 小格注有数字，表示 10′的倍数。图 4-9 所示为读数显微镜内所见到的度盘和测微尺影像。其中，长线和大号数字是度盘上“度”的分划线及其注记，短线和小号数字是测微尺上“分”的分划及其注记；视窗里有两个窗口，上面注有字母“Hz”或“水平”为水平度盘读数，下面注有字母“V”或“竖直”为竖直度盘读数。

读数时，以测微尺上的零线为起始线，整度数由落在测微尺上的度盘刻划线读出，小于 1°的数值，由分测微尺读出，即测微尺零线至该度盘刻划线间的角值，直接读取到 1′，估读到 0.1′，并直接化为秒，以便后续计算。如图 4-9 所示，水平度盘的读数为 126°54′30″，竖直度盘的读数为 82°6′54″。

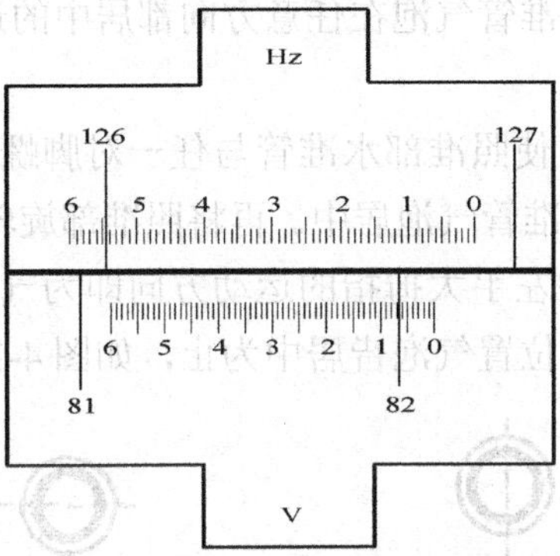

图 4-9　DJ6 经纬仪测微尺式读数窗

4.3　水平角观测

4.3.1　水平角观测的步骤

经纬仪测量角度之前，必须使仪器中心与测站点在同一铅垂线上，同时，还应使水平度盘处于水平位置，再进行瞄准和读数。所以经纬仪测角工作的操作步骤主要包括对中、整平、瞄准、读数和记录。

1. 对中

对中的目的是使仪器的中心与测站点的标志中心在同一条铅垂线上。具体操作如下。

(1) 支起三脚架，根据观测者的身高调整好三脚架高度，让三脚架中心大致对准地面标志中心，且保持三脚架头大致水平。应尽量将三脚架立于坚硬的地面上，当地面松软时，应踩实脚架腿，保证三脚架的稳定。

(2) 将仪器放在三脚架上，将三脚架的连接螺旋旋入经纬仪基座的螺旋孔中。对中可采用垂球或光学对中器进行。利用垂球对中，是将垂球挂在中心螺旋下的挂钩上，调整垂球长度使其与地面点的间距在2mm以内。垂球尖与地面点中心偏差不大时通过平移仪器对中；偏差大时平移三脚架来对中。也可直接利用经纬仪上的光学对中器进行对中：双手分别握住另两条架腿稍离地面前后左右摆动，眼睛看对中器的望远镜，直至分划圈中心对准地面标志中心为止，放下两架腿并踏紧。

(3) 调节三脚架腿长度，使圆水准气泡基本居中，然后用脚螺旋使水准管气泡在任意方向上都居中。

(4) 再次检查地面标志点是否位于对中器分划圈中心，若不居中，可稍松连接螺旋，在架头上移动仪器，使其精确对中。

2. 整平

整平是为了使仪器的竖轴竖直，即竖直度盘位于铅垂面，横轴水平，水平度盘位于水平面。具体是调整使照准部水准管气泡在任意方向都居中的过程。主要利用基座上 3 个脚螺旋。

整平时，先转动照准部，使照准部水准管与任一对脚螺旋的连线平行，两手同时向内或外转动这两个脚螺旋，使水准管气泡居中。再将照准部旋转 90°，转动第三个脚螺旋，使水准管气泡居中。旋转过程中左手大拇指的运动方向即为气泡的移动方向。按以上步骤反复进行，直到照准部转至任意位置气泡皆居中为止，如图 4-10 所示。

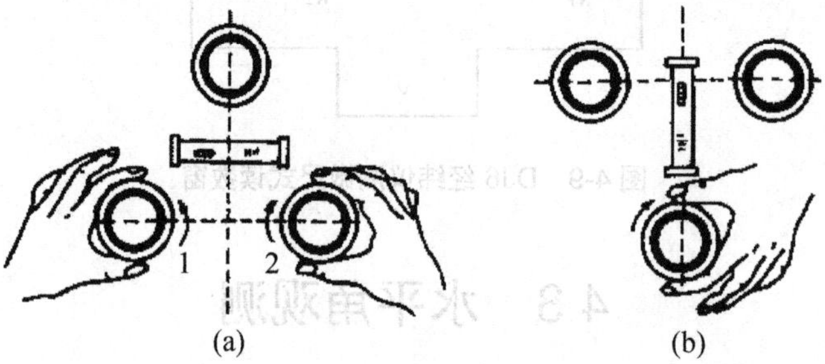

图 4-10　脚螺旋整平方法

3. 瞄准

测量水平角时，瞄准是指用十字丝的纵丝精确地瞄准目标，具体操作步骤如下。

(1) 目镜对光。将望远镜对向明亮背景，转动目镜对光螺旋，使十字丝成像清晰。

(2) 粗略瞄准。松开照准部制动螺旋与望远镜制动螺旋，转动照准部与望远镜，通过望远镜上的瞄准器对准目标，然后旋紧制动螺旋。

(3) 物镜对光。转动位于镜筒上的物镜对光螺旋，使目标成像清晰并检查有无视差存在，如果发现有视差存在，应重新进行对光，直至消除视差。

(4) 精确瞄准。旋转微动螺旋，使十字丝准确对准目标。观测水平角时，应尽量瞄准目标的基部，当目标宽于十字丝双丝距时，宜用单丝平分，如图 4-11(a)所示；目标窄于双丝距时，宜用双丝夹住，如图 4-11(b)所示；观测竖直角时，用十字丝横丝的中心部分对准目标位，如图 4-11(c)所示。

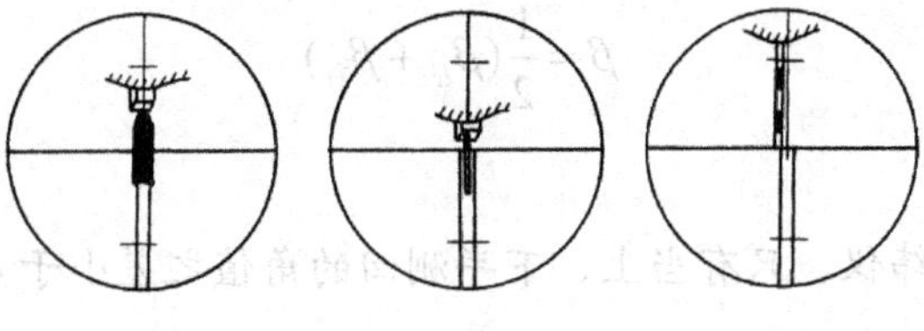

(a)　　(b)　　(c)

图 4-11　瞄准目标

4. 读数和记录

精确瞄准目标后，打开反光镜，调整其位置，使读数窗内明亮。然后根据仪器不同的读数装置进行读数并按规定记录。

4.3.2　水平角观测的方法

水平角观测的方法共有 4 种：测回法、方向观测法、复测法和全圆测回法。本节介绍常用的测回法和方向观测法。

1. 测回法

测回法主要用于观测只有两个方向的单角。如图 4-12 所示，欲观测 $\angle AOB$，具体的观测程序如下。

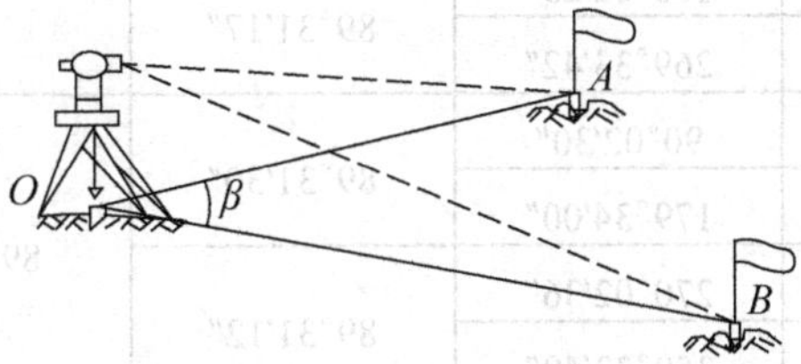

图 4-12　测回法水平角观测

(1) 在测站点 O 安置经纬仪，按前述方法进行对中、整平。以盘左位置(又称正镜，即竖直度盘在仪器的左边)精确瞄准左目标 A，读取水平度盘读数 $\alpha_{左}$。

(2) 松开水平制动螺旋，顺时针方向转动照准部，瞄准右方 B 目标，读取水平度盘读数 $b_{左}$。以上称上半测回，上半测回测得角值为

$$\beta_{左} = b_{左} - \alpha_{左} \tag{4-2}$$

(3) 松开水平及竖直制动螺旋，以盘右位置(又称倒镜，即竖直度盘在仪器的右边)瞄准右方 B 目标，读取水平度盘读数 $b_{右}$，再逆时针方向转动照准部，瞄准左方目标 A，读取水平度盘读数 $\alpha_{右}$。以上称下半测回，角值 $\beta_{右}$ 为

$$\beta_{右} = b_{右} - \alpha_{右} \tag{4-3}$$

(4) 上、下半测回合称一测回。若盘左、盘右半测回角值之差不超过规定限差，取其平均值作为一测回水平角值，即

$$\beta=\frac{1}{2}(\beta_{左}+\beta_{右}) \tag{4-4}$$

注意：

(1) 对于6″级的经纬仪，只有当上、下半测回的角值之差小于40″时，才能取其平均值作为一测回观测的成果。

(2) 测回法观测水平角的步骤可总结为“左顺右逆”，即盘左位置顺时针方向旋转照准部，盘右位置逆时针方向旋转照准部。水平度盘是按顺时针方向注记的，因此半测回角值必须是右目标读数减去左目标读数，当不够减时则将右目标读数加上360°再做差。

(3) 当测角精度要求较高时，往往要观测几个测回，为了减少度盘分划误差的影响，各测回间应根据测回数 n 按 180°/n 变换水平度盘的起始读数。例如，需观测两个测回时，水平度盘起始读数分别为0°和90°。

测回法的记录计算格式如表4-1所示。

表4-1 测回法观测记录手簿

测站	测回	竖盘位置	目标	水平度盘数	半测回角值	一测回角值	各测回平均角值
O	1	左	A	0°02′17″	89°31′13″	89°31′15″	89°31′18″
			B	89°33′30″			
		右	A	180°02′25″	89°31′17″		
			B	269°33′42″			
	2	左	A	90°02′30″	89°31′30″	89°31′21″	
			B	179°34′00″			
		右	A	270°02′36″	89°31′12″		
			B	359°33′48″			

2. 方向观测法

当观测目标为3个或3个以上时，通常采用方向观测法或全圆测回法。当方向多于两个时，每半测回都从一个选定的起始方向(零方向)开始观测，在依次观测所需的各个目标之后，相邻方向的方向值之差即为这两个方向间的水平角值，最后应再次观测起始方向(称为归零)称为全圆方向法。如图4-13所示，用方向法观测 O 到 A、B、C、D 各方向间的水平角，其步骤如下。

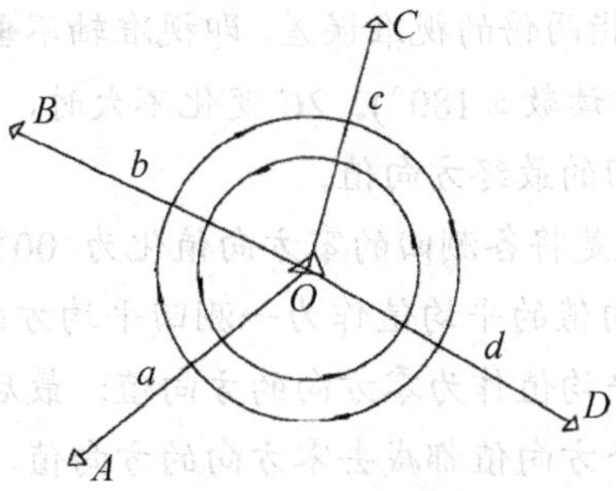

图 4-13　方向观测法

(1) 在测站点 O 安置经纬仪，整平对中仪器，以盘左位置顺时针转动照准部精确瞄准目标 A，调节水平度盘，使其读数位于或略大于 0°00′00″，记录读数 a_1。

(2) 顺时针旋转照准部，依次瞄准目标 B、C、D，并记录读数 b_1、c_1、d_1。继续转动照准部再次瞄准目标 A 并读取读数 a_2。通过 a_1、a_2 来检查度盘在观测过程是否发生变动。a_1、a_2 之差称为半测回归零差，用 Δ 表示($\Delta=a_2-a_1$)，对于 DJ6 级的经纬仪，要求其值小于 18″，满足限差要求取平均值作为上半测回零方向(A 方向)的最终值。

(3) 以盘右位置，逆时针方向旋转照准部精确瞄准目标 A，记录水平度盘读数 a'_1。

(4) 逆时针方向旋转照准部，依次瞄准目标 D、C、B，并记录读数 d'_1、c'_1、b'_1。同样，进行归零观测，再次瞄准目标 A 记录读数 a'_2，以上为下半测回。下半测回归零差满足限差要求，取平均值作为下半测回零方向的最终值。

以上为方向观测法的一个测回，如需观测 n 个测回，则各测回间仍应按 180°/n 变动水平度盘的位置。记录格式如表 4-2 所示。

表 4-2　方向法观测记录手簿

测站	测回数	目标	读数 盘左	读数 盘右	2C	一测回平均方向值	归零方向值	各测回归零方向值的平均值
O	1					(0°02′06″)		
		A	0°02′06″	182°02′00″	+6″	0°02′03″	00°00′00″	00°00′00″
		B	51°15′42″	231°15′30″	+12″	51°15′36″	51°13′30″	51°13′28″
		C	131°54′12″	311°54′00″	+12″	131°54′06″	131°52′00″	131°52′02″
		D	182°02′24″	2°02′24″	0	182°02′24″	182°00′18″	182°00′22″
		A	0°02′12″	180°02′06″	+6″	0°02′09″		
	2					(90°03′32″)		
		A	90°03′30″	270°03′24″	+6″	90°03′27″	00°00′00″	
		B	141°17′00″	321°16′54″	+6″	141°16′57″	51°13′25″	
		C	221°55′42″	41°55′30″	+12″	221°55′36″	131°52′04″	
		D	272°04′00″	92°03′54″	+6″	272°03′57″	182°00′25″	
		A	90°03′36″	270°03′36″	0	90°03′36″		

注意：(1) 表中 $2C$ 值指两倍的视准误差，即视准轴不垂直于横轴所产生的误差，$2C$=盘左读数-(盘右读数±180°)。$2C$ 变化不大时，取盘左、盘右读数的平均值作为该方向一测回的最终方向值。

(2) 归零方向值是将各测回的零方向值化为 00°00′00″。具体计算：先取上、下半测回零方向值的平均值作为一测回平均方向值；再取零方向两个一测回平均方向值的平均值作为零方向的方向值；最后将零方向值化为 00°00′00″，即该测回的每个方向值都减去零方向的方向值，各结果称为归零方向值。

(3) 对于 DJ6 级经纬仪，各测回间同一方向归零方向值的互差不应大于 24″，满足条件取其平均值作为各方向的最终方向值。

4.4 竖直角观测

4.4.1 竖直角的用途

测量工作中，观测竖直角有两个用途：一是将测得的倾斜距离换算成水平距离；二是在三角高程测量中用于计算两点的高差。

4.4.2 竖直度盘的构造

经纬仪上装有竖直度盘，用于观测竖直角，它主要包括竖直度盘、竖盘水准管和竖盘水准管微动螺旋三部分。竖盘固定在望远镜旋转轴的一端，随望远镜在竖直面内转动，而用来读取竖盘读数的指标是和竖盘水准管及竖盘水准管微动螺旋连在一起，它们并不随望远镜转动，因此，当望远镜照准不同高度的目标时可读出不同的竖盘读数。只有当竖盘水准管气泡居中时，读数指标才位于正确的位置，此时若望远镜水平，竖盘读数应为 90°或 270°。所以，每次读取竖直角前应调节竖盘水准管微动螺旋使竖盘水准管气泡居中。现在许多经纬仪上都装有自动补偿器，它可以在仪器稍有倾斜的状态下读取到相当于竖盘水准管气泡居中的读数，免去了调节竖盘水准管微动螺旋的步骤，操作极为简便。

竖盘采用全圆注记的形式，分为顺时针注记和逆时针注记两种，如图 4-14 所示。

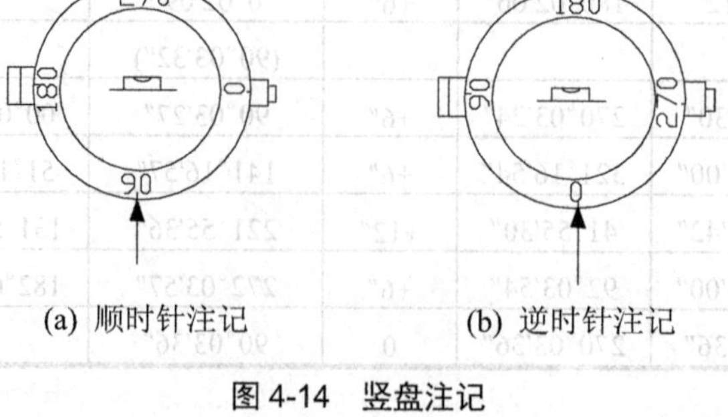

图 4-14　竖盘注记

4.4.3　竖直角的计算

竖直角是同一竖直面内视线与水平线间的夹角，即目标方向与水平方向度盘上的读数之差。当竖盘水准管气泡居中，视线水平时的竖盘读数为一常数，盘左位置的竖盘读数为 90°，盘右位置为 270°。因此，进行竖直角测量时，只需读取目标方向的竖盘读数，便可根据不同度盘注记形式相对应的计算公式计算出所测目标的竖直角。

现以顺时针注记的竖盘为例，得出竖直角的计算公式，如图 4-15 所示。

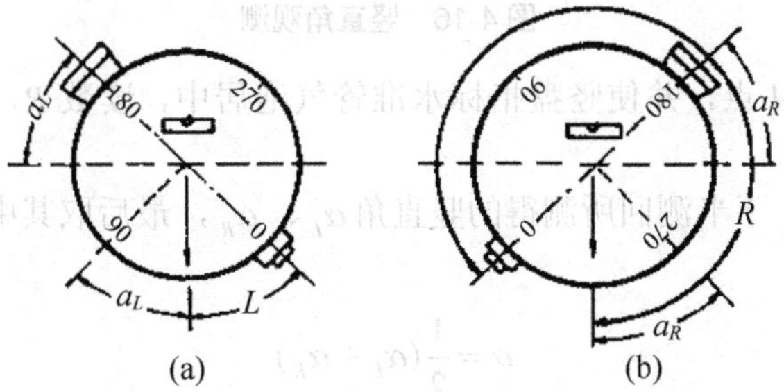

图 4-15　顺时针注记的竖盘

盘左如图 4-15(a)所示，当抬高视线观测一目标时，竖盘读数为 L，则竖角的值为

$$\alpha_L = 90^\circ - L \tag{4-5}$$

盘右如图 4-15(b)所示，当抬高视线观测原目标，竖盘读数为 R，则竖角的值为

$$\alpha_R = R - 270^\circ \tag{4-6}$$

由于观测中总存在误差，α_L 与 α_R 常不相等，应取平均值作为最后观测成果，即

$$\alpha = \frac{1}{2}(\alpha_L + \alpha_R) = \frac{1}{2}[(R - L) - 180^\circ] \tag{4-7}$$

同理，逆时针注记的竖盘，可用类似的方法得出竖直角的计算公式。盘左时竖角的值如式(4-8)所示，盘右时竖角的值如式(4-9)所示。

$$\alpha_L = L - 90^\circ \tag{4-8}$$

$$\alpha_R = 270^\circ - R \tag{4-9}$$

自行推导观测俯角的计算公式，并总结其规律。

4.4.4　竖直角的观测

如图 4-16 所示，欲观测竖直角α步骤如下。

(1) 在测站点 O 上安置经纬仪，整平、对中。盘左瞄准目标点 A(中丝切于目标顶部)。

(2) 调节竖盘指标水准管微动螺旋，使竖盘水准管气泡居中，读数 L，此为上半测回，并记入表 4-3 中。

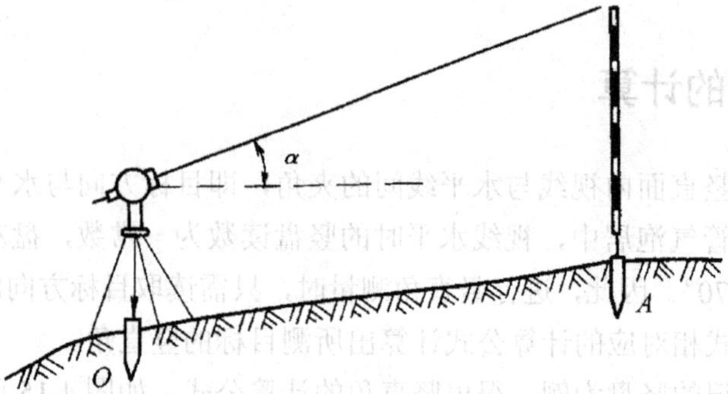

图 4-16　竖直角观测

(3) 盘右再瞄准 A 点，并使竖盘指标水准管气泡居中，读数 R，此为下半测回，记入表 4-3 中。

(4) 分别计算上、下半测回所测得的竖直角 α_L、α_R，最后取其中数作为一测回竖直角 α 的值，即

$$\alpha=\frac{1}{2}(\alpha_L+\alpha_R) \tag{4-10}$$

表 4-3　竖直角观测记录手簿

测站	目标	竖盘位置	竖盘读数 ° ′ ″	半测回竖直角 ° ′ ″	指标差 ″	一测回竖直角 ° ′ ″	备　注
O	A	左	76　30　6	+13　29　54	−6	+13　29　48	竖盘为顺时针注记
		右	283　29　42	+13　29　42			
	B	左	109　26　12	−19　26　12	−9	−19　26　21	
		右	250　33　30	−19　26　30			

4.4.5　竖盘指标差

理论上，当竖盘水准管气泡居中，且视线水平时，盘左竖盘读数应为 90°，盘右读数为 270°。事实上，读数指标往往偏离正确位置，即 90°或 270°，而与正确位置相差一个小角度 x，该角度称为**竖盘指标差**，简称指标差。现以顺时针注记的竖盘形式为例讨论竖直角的计算公式及指标差的计算。

如图 4-17 所示，盘左视线水平时，指标所指不是 90°，而是 $90°+x$。同样，指向目标时读数也增加了 x。所以，正确的竖角计算应是 $\alpha=(90°+x)-L$。同样，盘右时应该用 $\alpha=R-(270°+x)$ 将此两数相加取中数，则可得式(4-11)，即

$$\begin{aligned}\alpha&=\frac{1}{2}\{[(90°+x)-L]+[R-(270°+x)]\}\\&=\frac{1}{2}[(R-L)-180°]\end{aligned} \tag{4-11}$$

式(4-11)与式(4-7)完全相同，可见，采用盘左、盘右两次读数而求得竖角，可以消除指标差的影响，为了计算方便，竖盘指标差的计算公式可直接表示为

$$x = \frac{1}{2}[(L + R) - 360°] \tag{4-12}$$

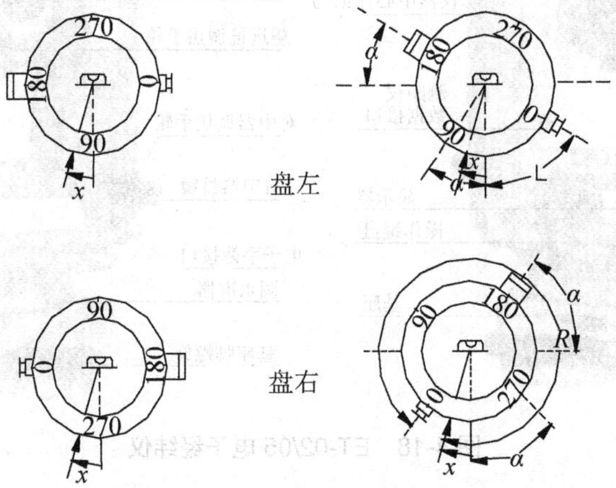

图 4-17　竖盘指标差

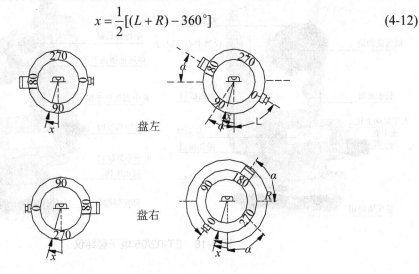

通过竖盘指标差可以评定观测质量，对于 DJ6 级经纬仪，在同一测站点上观测不同的目标，其竖盘指标差的变动范围不应大于 25″；否则应重测。对于本节例题中指标差的变动为−6″−(−9″)=3″<25″，故满足要求。

4.5　电子经纬仪的基本构造及使用

目前，大多电子经纬仪与测距仪一起构成全站型电子速测仪，又称全站仪。与光学经纬仪不同的是，电子经纬仪采用电子测角方法，通过光电转换，以光电信号的形式来表达角度测量的结果。不同厂家生产的电子经纬仪在构造、操作方法上有着一定的差异，但其基本功能、基本原理以及野外数据采集的程序大致相同。

4.5.1　电子经纬仪的结构

与传统的光学经纬仪相比，电子经纬仪的结构与光学经纬仪相似，只不过读数设备为数字显示而不需人工读数，同时，增加电池给仪器供电。我国南方测绘仪器公司生产的 ET-02/05/05B 型电子经纬仪如图 4-18 所示。

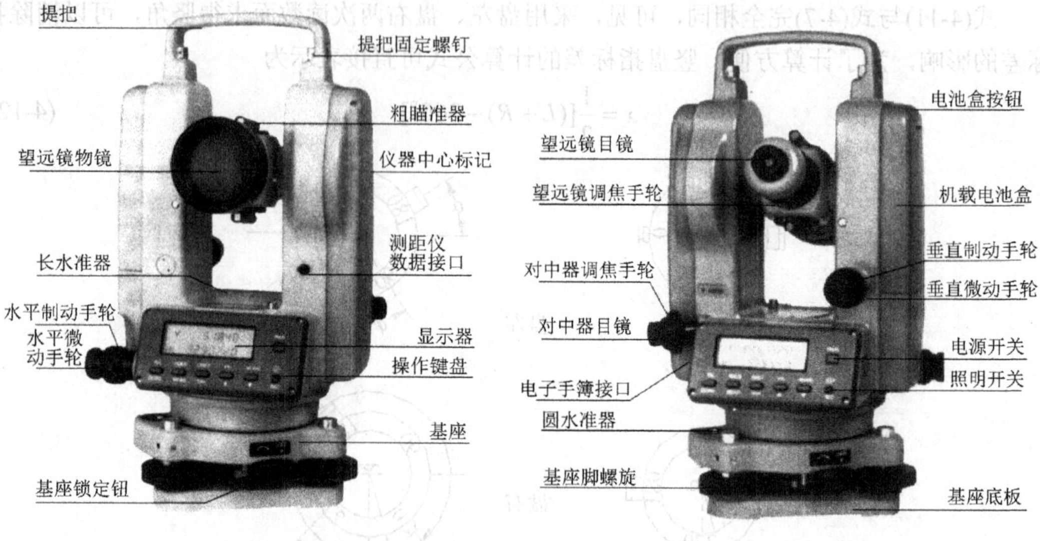

图 4-18　ET-02/05 电子经纬仪

4.5.2　电子经纬仪的功能

电子经纬仪除具备光学经纬仪功能外，还有以下几项功能。

1. 自动显示、储存数据功能

电子经纬仪利用光电转换自动读数并显示于读数屏，不需要观测者判读观测值和手工记录，避免人为读数误差，且大部分电子经纬仪都有储存设备，具备储存记录测量数据的功能，可通过数据串口将数据导入计算机或其他数据处理设备。

2. 与测距仪连接组成全站仪

电子经纬仪可以与多种测距仪组合，构成“组合式全站仪”，既可测角也可测距，提高了工作效率。

3. 测量成果数字化

电子经纬仪可将测量成果实现数字化储存，利用数据电缆和通信软件实现与计算机的通信，从而实现成果的数字化管理。

4.5.3　电子经纬仪的测角原理

与光学经纬仪相比，电子测角同样采用度盘测角，不同的是电子测角是从度盘上获取电信号，然后根据电信号转换成角度。根据获取电信号的方式不同，可分为编码度盘测角和光栅度盘测角。

4.5.4 电子经纬仪的使用

1. 仪器的安置

电子经纬仪的安置包括对中和整平，其方法与光学经纬仪相同，在此不再重述。

2. 仪器的初始设置

本仪器具有多种功能项目供选择，以适应不同作业性质对成果的需要。因此，在作业之前，均应对仪器采用的功能项目进行初始设置。

设置项目如下。

(1) 角度测量单位：360°、400gon(出厂设为360°)。

(2) 竖直角0方向的位置：水平为0°或天顶为0°(仪器出厂设天顶为0°)。

(3) 自动断电关机时间为：30min或10min(出厂设为30min)。

(4) 角度最小显示单位：1″或5″(出厂设为1″)。

(5) 竖盘指标零点补偿选择：自动补偿或不补偿(出厂设为自动补偿，05型无自动补偿器，此项无效)。

(6) 水平角读数经过0°、90°、180°、270°时蜂鸣或不蜂鸣(出厂设为蜂鸣)。

(7) 选择与不同类型的测距仪连接(出厂设为与南方ND3000连接)。

设置方法如下。

(1) 按住CONS键，打开电源开关，至3声蜂鸣后松开CONS键，仪器进入初始设置模式状态。此时，显示屏的下行会显示闪烁着的8个数位，它们分别表示初始设置的内容。8个数位代表的设置内容详见表4-4。

表4-4 初始设置的内容表

数　位	数位代码	显示屏上行显示的表示设置内容的字符代码	设置内容
第1、2数位	11	359°59′59″	角度单位：360°
	01	399．99．99	角度单位：400 gon
	10	359°59′59″	角度单位：360°
第3数位	1	HO_T=0	竖直角水平为0°
	0	HO_T=90	竖直角天顶为0°
第4数位	1	30 OFF	自动关机时间为30min
	0	10 OFF	自动关机时间为10min
第5数位	1	STEP 1	角度最小显示单位1″
	0	STEP 5	角度最小显示单位5″
第6数位	1	TLT.ON	竖盘自动补偿器打开
	0	TLT.OFF	竖盘自动补偿器关闭
第7数位	1	90°BEEP	象限蜂鸣
	0	DIS.BEEP	象限不蜂鸣

续表

数　位	数位代码	显示屏上行显示的表示设置内容的字符代码	设置内容
第 8 数位		可与之连接的测距仪型号	
	0	S.2L2A	索佳 RED2L(A)系列
	1	ND3000	南方 ND3000 系列
	2	P.20	宾得 MD20 系列
	3	DII600	徕卡系列
	4	S.2	索佳 MIN12 系列
	5	D3030	常州大地 D3030 系列
	6	TP.A5	拓普康 DM 系列

(2) 按 MEAS 或 TRK 键使闪烁的光标向左或向右移动到要改变的数字位。

(3) 按▲或▼键改变数字，该数字所代表的设置内容在显示屏上行以字符代码的形式予以提示。

(4) 重复(2)和(3)操作，进行其他项目的初始设置，直至全部完成。

(5) 设置完成后按 CONS 键予以确认，把设置存入仪器内；否则仪器仍保持原来的设置。

3. 水平角观测

设角顶点为 *O*，左边目标为 *M*，右边目标为 *N*。观测水平角∠*NOM* 的方法如下。

(1) 在 *O* 点安置仪器，对中、整平后，以盘左位置用十字丝中心照准目标 *M*，先按 *R/L* 键，设置水平角为右旋(HR)测量方式，再按两次 OSET 键，使目标 *M* 的水平度盘读数设置为 0°00′00″，作为水平角起算的零方向；顺时针方向转动照准部，以十字丝中心照准目标 *N*，读取水平度盘读数。如显示屏显示为 V93°08′20″
HR87°18′40″，则水平度盘读数为 87°18′40″，由于 *M* 点的读数为 0°00′00″，故显示屏显示的读数也就是盘左时∠*MON* 的角值。

(2) 倒镜。以盘右位置照准目标 *N*，先按 R/L 键，设置水平角为左旋(H L)测量方式，再按两次 OSET 键，使目标 *N* 的水平度盘读数设置为 0°00′00″；逆时针方向转动照准部，照准目标 *M*，读取显示屏上的水平度盘读数，也就是盘右时∠*MON* 的角值。

若盘左、盘右的角值之差在误差容许范围内，取其平均值作为∠*MON* 的角值。

4. 竖直角观测

1) 指示竖盘指标归零(V OSET)

操作：开启电源后，如果显示“*b*”，提示仪器的竖轴不垂直，将仪器精确置平后“*b*”消失。仪器精确置平后开启电源，显示“V OSET”，提示应将竖盘指标归零。其方法为：将望远镜在垂直方向上下转动 1～2 次，当望远镜通过水平视线时，将指示竖盘指标归零，显示出竖盘读数，仪器可以进行水平角及竖直角测量。

2) 竖直角的零方向设置

竖直角在作业开始前就应依作业需要而进行初始设置，选择天顶方向为 0°或水平方向

第 5 章　全站仪及其使用

教学目标

了解电子全站仪的特点及发展方向，掌握全站仪的基本构造、全站仪各按键的功能，掌握全站仪的基本操作方法。

应该具备的能力：能够用全站仪进行角度测量、距离测量、坐标测量，具备对全站仪进行一般鉴定的能力，具备利用全站仪进行测设及其他测量的能力。

教学要求

能力目标	知识要点	权　重	自测分数
了解全站仪的特点及发展方向	全站仪的特点	15%	
掌握全站仪的基本构造	全站仪基本构造	25%	
掌握全站仪的一般使用方法	全站仪使用	30%	
掌握全站仪的特殊程序测量	全站仪程序测量	30%	

导读

随着现代测绘新技术发展，全站仪在工程建设中已广泛使用。尤其是配备有测绘软件的计算机型全站仪，具有能同时解决工程外业测量数据的采集与内业数据处理及计算的功能，使现代工程测量从以前繁重的内外业工作中解放出来，大大地提高测绘工作的质量与效率。本章主要讲述全站仪及其使用。

5.1　全站仪概述

全站仪(Total Station)全称是全站型电子速测仪(Electronic Total Station)，它是将电子经纬仪、光电测距仪和微处理器相结合，使电子经纬仪和光电测距仪两种仪器的功能集于一身的新型测量仪器。它能够在测站上同时观测、显示和记录水平角、竖直角、距离等，并能自动计算待定点的坐标和高程，即能够完成一个测站上的全部测量工作。此外，全站仪内置只读存储器，固化了测量程序，可以在野外迅速完成特殊测量功能，如对边测量、悬高测量、偏心测量、面积测量等。全站仪通过传输接口，将野外采集的数据直接传输给计算机、绘图仪，并配以数据处理软件，实现测图的自动化。

5.1.1 全站仪的基本组成

全站仪由电子测角、电子测距、电子计算机及数据存储系统构成，其本身是一个带有特殊功能的计算控制系统，如图 5-1 所示。从总体看，全站仪由两大部分组成。

1. 数据采集专用设备

该部分主要有电子测角系统、电子测距系统及自动补偿设备等。

2. 微处理器

微处理器是全站仪的核心装置，主要由中央处理器、随机存储器和只读存储器等构成。测量时，微处理器根据键盘或程序的指令控制各分系统的测量工作，进行必要的逻辑和数值运算以及数字存储、处理、管理、传输、显示等。

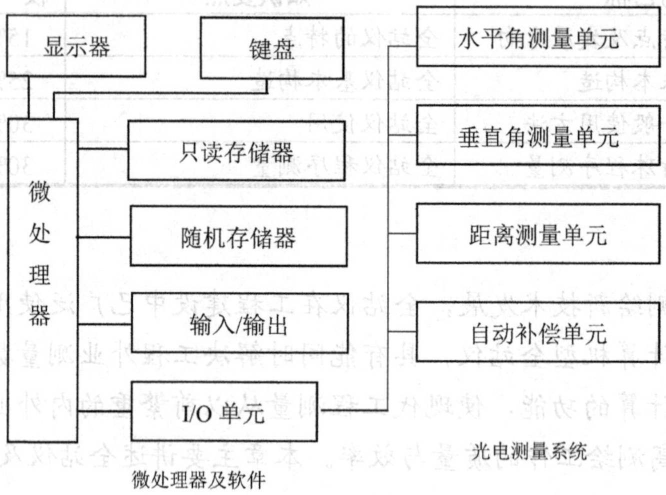

图 5-1 全站仪的两大组成部分

5.1.2 全站仪的结构类型及特点

全站仪从结构上分为积木式和整体式两大类。积木式也称组合式，其电子经纬仪和光电测距仪可分开使用，照准轴和测距轴不共轴，作业时将光电测距仪安装在电子经纬仪上，相互之间用电缆实现数据的通信，作业完成后，则可分别装箱，这种组合式的全站仪又称半站仪。因其操作烦琐，现已基本上被淘汰。整体式又称集成式，其电子经纬仪和光电测距仪共用一个光学望远镜，两种仪器整合为一体，不可分离。本章主要介绍整体式全站仪的使用。

目前，我国常用的全站仪有日本索佳(SOKKIA)公司的 SET 系列、拓普康(TOPOCON)公司的 GTS 系列、尼康(NIKON)公司的 DTM 系列、瑞士徕卡(LEICA)公司的 TPS 系列及我国的南方测绘仪器公司的 NTS 系列等。随着计算机技术的不断发展与应用以及用户的特殊要求，出现了带内存、防水型、防爆型、计算机型和马达驱动型自动照准、免棱镜测距及自动跟踪等各种类型的全站仪，使得这一最常规的测量仪器越来越满足各项测绘工作的需求，发挥更大的作用。

全站仪一般具有下列特点。

(1) 有大容量的内部存储器。

(2) 有数据自动记录装置(电子手簿)或相匹配的数据记录卡。

(3) 具有双向传输功能。不仅可将全站仪内存中数据文件传输到外部计算机，还可将外部计算机中的数据文件或程序传输到全站仪，或由计算机实时控制全站仪工作。

(4) 程序化。存储了常用的作业程序，如对边测量、悬高测量、面积测量、偏心测量等，按程序进行观测，在现场立即得出结果。

5.1.3　全站仪的精度及其等级

全站仪的精度主要是指测角精度 m_β 和测距精度 m_D。如日本拓普康公司的 GTS-710 全站仪的标称精度：测角精度 $m_\beta = 2''$，测距精度 $m_D = (2\text{mm} + 2\text{ppm} \times D)$。

我国南方测绘生产的 NTS-352 型，测角精度 $m_\beta = 2''$，测距精度 $m_D = (2\text{mm} + 2\text{ppm} \times D)$。

根据国家计量规程《全站型电子测速仪检定规程》(JJG 100—94)将全站仪精度划分为 4 个等级，见表 5-1。

表 5-1　全站仪精度等级

精度等级	测角中误差 m_β	测距中误差 m_D
I	$\lvert m_\beta\rvert \leqslant 1''$	$\lvert m_D\rvert \leqslant 2\text{mm}$
II	$1'' < \lvert m_\beta\rvert \leqslant 2''$	$2\text{mm} < \lvert m_D\rvert \leqslant 5\text{mm}$
III	$2'' < \lvert m_\beta\rvert \leqslant 6''$	$5\text{mm} < \lvert m_D\rvert \leqslant 10\text{mm}$
IV(等外级)	$6'' < \lvert m_\beta\rvert \leqslant 10''$	$10\text{mm} < \lvert m_D\rvert$

5.2　全站仪的使用

目前世界上许多著名的测绘仪器生产厂家均生产全站仪。虽然不同的全站仪，功能和操作方法有所差别，但大同小异。下面以我国自主品牌南方测绘公司生产的 NTS-352 型全站仪为例，介绍全站仪的基本操作方法以作借鉴。

5.2.1　南方 NTS-352 型全站仪的结构

1. 仪器结构

NTS-352 型全站仪的基本结构部件如图 5-2 所示。全站仪的测量模式一般有两种：一种是基本测量模式，包括角度测量模式、距离测量模式和坐标测量模式；另一种是特殊测量模式(应用程序模式)，可进行对边测量、悬高测量、面积测量、偏心测量、距离放样和坐标放样等。

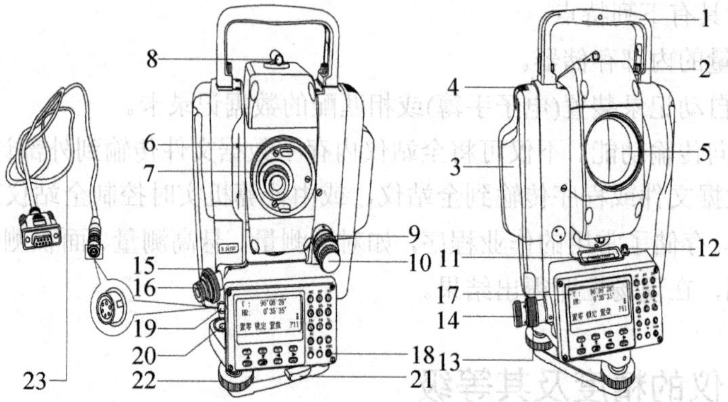

图 5-2　NTS-352 型全站仪的部件

1—提柄；2—提柄固定螺钉；3—电池；4—电池锁扣；5—物镜；6—物镜调焦螺旋；7—目镜调焦螺旋；8—粗瞄器；9—竖直制动螺旋；10—竖直微动螺旋；11—管水准器；12—管水准校正螺钉；13—水平制动螺旋；14—水平微动螺旋；15—光学对电器物镜调焦螺旋；16—光学对电器目镜调焦；17—显示屏；18—键盘；19—数据传输口；20—圆水准器；21—三角基座制动控制杆；22—脚螺旋；23—数据传输线

2. 操作面板及相应功能

全站仪测量是通过键盘来操作的，其操作面板如图 5-3 所示，相应功能见表 5-2。

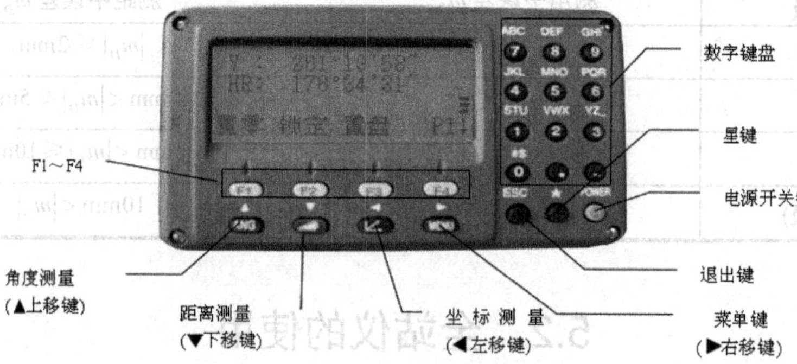

图 5-3　操作面板

表 5-2　键盘功能

按　键	名　称	功　能
ANG	角度测量键	进入角度测量模式(▲上移键)
◢	距离测量键	进入距离测量模式(▼下移键)
⇗	坐标测量键	进入坐标测量模式(◀ 左移键)
MENU	菜单键	进入菜单模式 (▶右移键)
ESC	退出键	返回上一级状态或返回测量模式

续表

按　键	名　称	功　能
POWER	电源开关键	电源开关
F1～F4	软键(功能键)	对应于显示的软键信息
0～9	数字键	输入数字和字母、小数点、负号
★	星键	进入星键模式

5.2.2 NTS-352 型全站仪的使用

1. 测量准备

将全站仪对中、整平后，按下电源开关键，即打开电源。有的仪器需要纵转 1 周，使竖盘初始化，仪器通过自检后，屏幕会显示开机默认界面。然后，显示角度测量、距离测量、坐标测量等。仪器进入参数设置状态，可进行单位设置、模式设置和其他设置。

2. 角度测量

全站仪开机后自动进入角度测量模式，若在其他测量模式时，按 ANG 键进入角度测量模式。在该模式下，水平角可以切换至天顶角、竖角、坡度等。角度测量的基本操作方法和步骤与电子经纬仪类似。当瞄准某一目标，并进行水平度盘置零或方位角设置后，转动照准部瞄准另一目标时，屏幕所显示的水平角值即为它们之间的水平夹角或该方向的方位角。角度测量模式有 3 页菜单，按 F4 键循环显示，如图 5-4 所示。其各键和显示字符的功能见表 5-3。

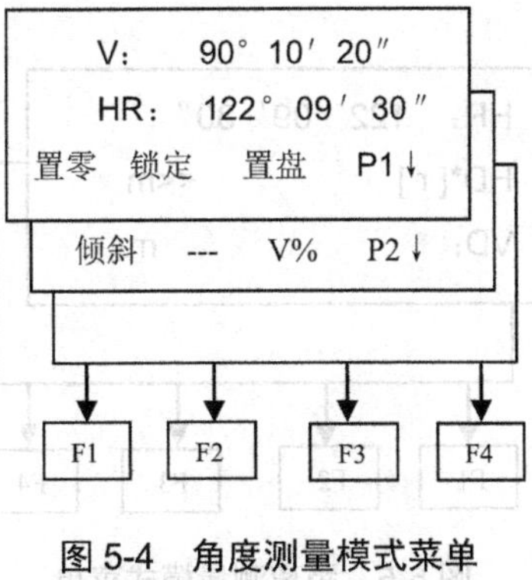

图 5-4　角度测量模式菜单

表 5-3　角度测量模式各键和显示字符的功能表

页　数	软键	显示符号	功　能
第 1 页 (P1)	F1	置零	水平角置为 0°0′0″
	F2	锁定	水平角读数锁定
	F3	置盘	通过键盘输入数字设置水平角
	F4	P1↓	显示第 2 页软键功能

续表

页　数	软键	显示符号	功　能
第 2 页 (P2)	F1	倾斜	设置倾斜改正开或关，若选择开则显示倾斜改正
	F2	—	—
	F3	V%	垂直角与百分比坡度的切换
	F4	P2↓	显示第 3 页软键功能
第 3 页 (P3)	F1	H-蜂鸣	仪器转动至水平角 0°、90°、180°、270°是否蜂鸣的设置
	F2	R/L	水平角右/左计数方向的转换
	F3	竖角	垂直角显示格式(高度角/天顶距)的切换
	F4	P3↓	显示第 1 页软键功能

全站仪可根据测量需要，进行水平角左角、右角的设置。水平角右角，即仪器右旋角，从上往下看水平度盘读数顺时针增大；水平角左角，即仪器左旋角，水平度盘读数逆时针增大。在测量模式下可进行切换，通常使用右角观测模式。

3. 距离测量

距离测量可分为 3 种测量模式，即精测模式、粗测模式和跟踪模式。一般情况下用精测模式观测，最小显示单位为 1mm，测距时间约 2.5s。粗测模式显示最小单位为 10mm，测量时间约为 0.7s。跟踪模式用于观测移动目标，最小显示单位 10mm，测量时间约 0.3s。在距离测量前，必须先进行测距模式、温度、大气压、棱镜常数等设置，然后用望远镜照准棱镜时，按◢键进入距离测量模式并开始自动测距，显示内容包括斜距(SD)、平距(HD)和高差(VD)。距离测量模式下有两页菜单，按 F4 键循环显示，如图 5-5 所示。其各键和显示字符的功能见表 5-4。

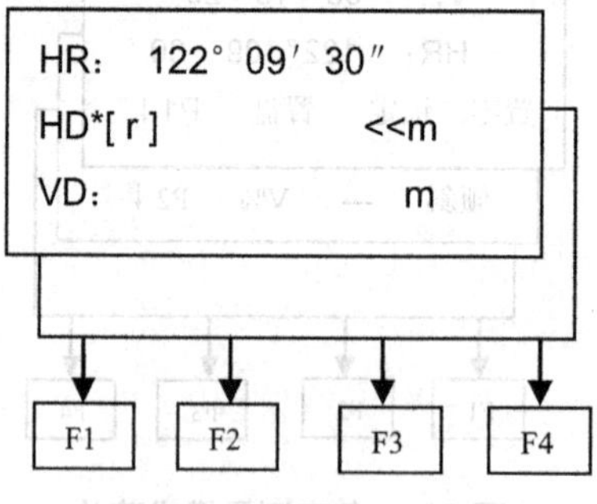

图 5-5　距离测量模式菜单

表 5-4　距离测量模式各键和显示字符的功能表

页　数	软　键	显示符号	功　能
第 1 页 (P1)	F1	测量	启动距离测量
	F2	模式	设置测距模式为(精测/跟踪)
	F3	S/A	温度、气压、棱镜常数等设置
	F4	P1↓	显示第 2 页软键功能

续表

页 数	软 键	显示符号	功 能
第 2 页 (P2)	F1	偏心	偏心测量模式
	F2	放样	距离放样模式
	F3	m/f/i	距离单位的设置(米/英尺/英寸)
	F4	P2↓	显示第 1 页软键功能

4. 坐标测量

坐标测量之前必须将全站仪进行定向，具体步骤如下。

(1) 在坐标测量模式下，输入测站点坐标。若测三维坐标，还必须输入仪器高和目标高。

(2) 输入后视点坐标或方位角。

(3) 照准后视点(定向点)，设定测站点到定向点的水平度盘读数，完成全站仪的定向。

定向完成后，就可进行点位坐标测量。照准立于待测点位的棱镜，按[坐标]键进入坐标测量模式并开始自动测量坐标。显示待测点坐标(*N*,*E*,*Z*)，即(*X*,*Y*,*H*)。距离测量模式下有 3 页菜单，按 F4 键循环显示，如图 5-6 所示。其各键和显示字符的功能见表 5-5。

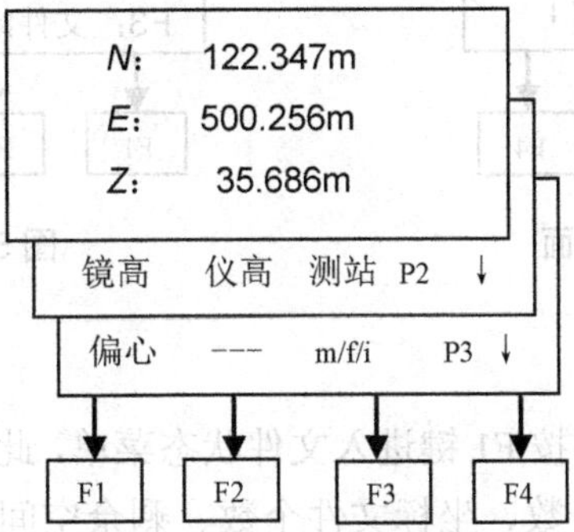

图 5-6 坐标测量模式菜单

表 5-5 坐标测量模式各键和显示字符的功能表

页 数	软 键	显示符号	功 能
第 1 页 (P1)	F1	测量	启动测量
	F2	模式	设置测距模式为“精测/跟踪”
	F3	S/A	温度、气压、棱镜常数等设置
	F4	P1↓	显示第 2 页软键功能
第 2 页 (P2)	F1	镜高	设置棱镜高度(*v*)
	F2	仪高	设置仪器高度(*i*)
	F3	测站	设置测站坐标(*X*/*Y*/*Z*；*N*/*E*/*Z*)
	F4	P2↓	显示第 3 页软键功能
第 3 页 (P3)	F1	偏心	偏心测量模式
	F2	—	—
	F3	m/f/i	距离单位的设置 (米/英尺/英寸)
	F4	P3↓	显示第 1 页软键功能

5. 星键模式设置

按下(★)进入星键模式，可对以下项目进行设置。

(1) 对比度调节。按星键后，通过按▲或▼键，可以调节液晶显示对比度。

(2) 照明。按星键后，通过按F1键选择“照明”，按F1或F2键选择开关背景光。

(3) 倾斜。按星键后，通过按F2键选择“倾斜”，按F1或F2键选择开关倾斜改正。

(4) S/A。按星键后，通过按F4键选择“S /A”，可以对棱镜常数和温度气压进行设置。

5.2.3 NTS-352 型全站仪的储存管理

在基本测量模式下，按[MENU]键进入菜单模式，如图 5-7 所示。在第一页按 F3 键进入存储管理菜单，如图 5-8 所示。在储存模式下，可对仪器内存中的数据进行以下操作。

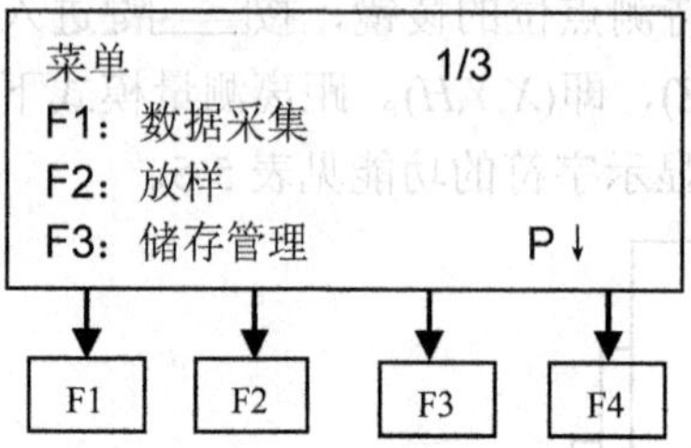

图 5-7 “菜单”界面

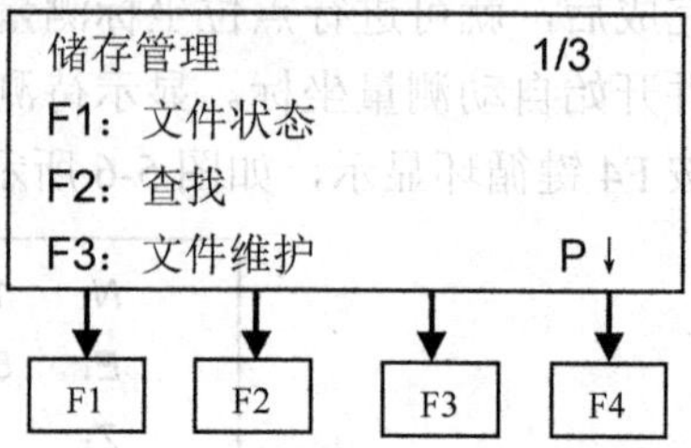

图 5-8 “储存管理”菜单

1. 显示内存状态

在“储存管理 1/3”菜单中按 F1 键进入文件状态菜单，此菜单共有两项，如图 5-9 所示。分别显示了存储的测量文件个数、坐标文件个数、剩余空间大小、测量文件中的测量数据总数、坐标文件中的坐标数据总数和剩余内存空间大小。仪器中的数据是采用文件方式管理的，文件分为数据文件和坐标文件，数据文件保存的是原始观测数据——水平度盘读数、竖直度盘读数和斜距，坐标文件保存的是点的坐标和高程。

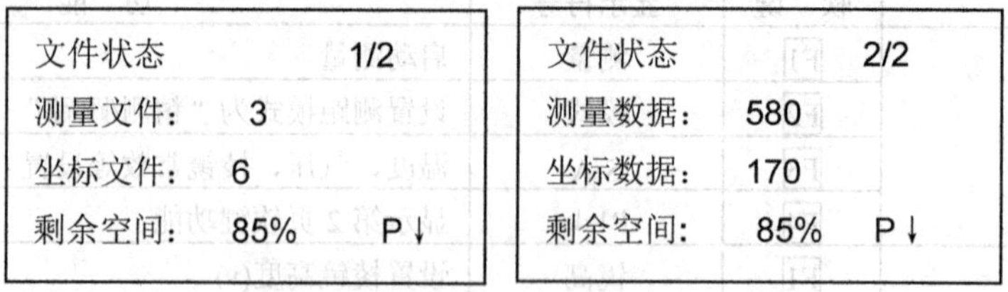

图 5-9 “文件状态”菜单

2. 查找数据

在“储存管理 1/3”菜单中按 F2 键进入“查找”菜单，此菜单共有两项，如图 5-10 所示。可进行测量数据、坐标数据和编码库的查找，根据自己需要，选择相应的查找方式。

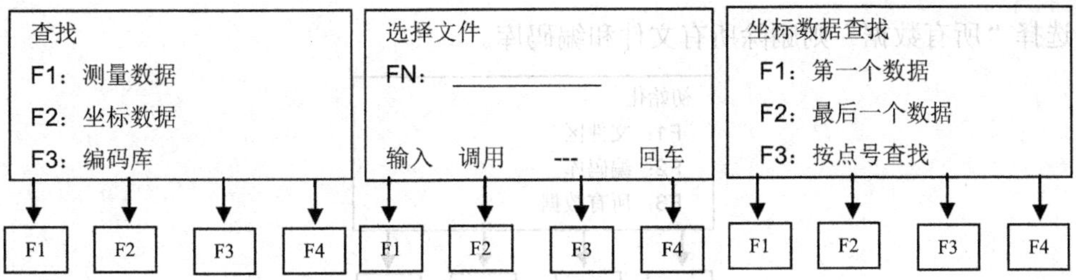

图 5-10　“查找”菜单

3. 文件维护

在“储存管理 1/3”菜单中按 F3 键进入“文件维护”菜单，从中可进行更改文件名、查找文件中的数据、删除文件的操作。

4. 输入坐标、删除坐标、输入编码

在“储存管理 2/3”菜单中，如图 5-11 所示，按 F1 键进入“输入坐标”菜单，可将坐标数据输入并存入坐标文件；按 F2 键进入“删除坐标”菜单，可删除坐标数据文件中的坐标数据；按 F3 键进入“输入编码”菜单，可将编码数据输入并存入编码库。

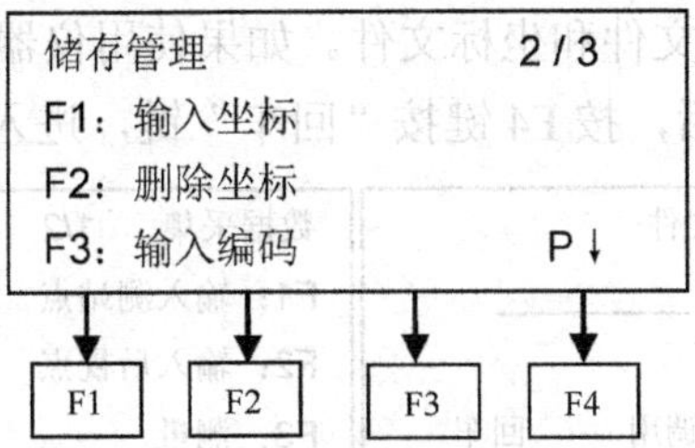

图 5-11　储存管理

5. 数据传输

在“储存管理 3/3”菜单中按 F1 键进入“数据传输”菜单，如图 5-12 所示，可实现全站仪和计算机进行数据双向传输。在传输数据时，要确保仪器中的通信参数和软件中的保持一致，并选择合适的文件夹。

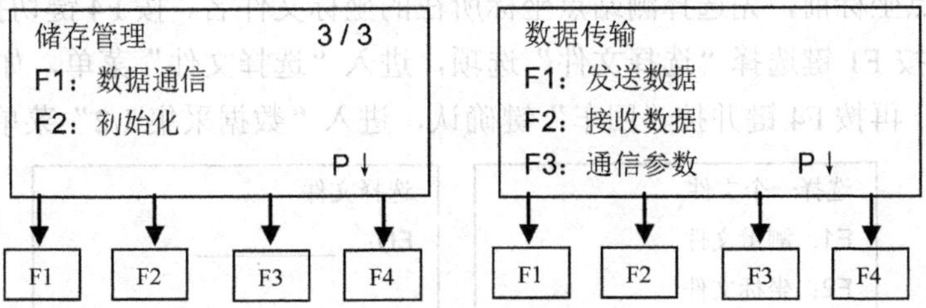

图 5-12　“数据传输”菜单

6. 数据初始化

在“储存管理 3/3”菜单中按 F2 键进入“初始化”菜单，如图 5-13 所示，可将内存初始化。选择“文件区”则删除所有测量文件和坐标文件；选择“编码区”则删除编码库数据；选择“所有数据”则删除所有文件和编码库。

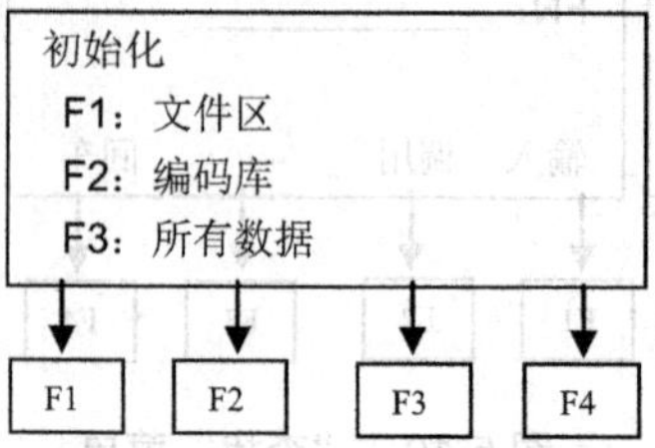

图 5-13 “初始化”菜单

5.2.4 NTS-352 型全站仪野外数据采集

全站仪野外数据采集是目前采用最为广泛的一种方法。具体操作步骤如下。

1. 创建或选择数据采集文件

在基本测量模式下，按[MENU]键进入“主菜单 1/3”模式，如图 5-14 所示。按 F1 键进入“数据采集”菜单。按 F1 键选择“输入”选项，输入要创建的文件名，仪器将自动创建两个同名文件，分别为数据文件和坐标文件。如果使用仪器内已有文件，可按 F2 键选择“调用”选项，选择已有文件后，按 F4 键按“回车”键，进入“数据采集 1/2”菜单。

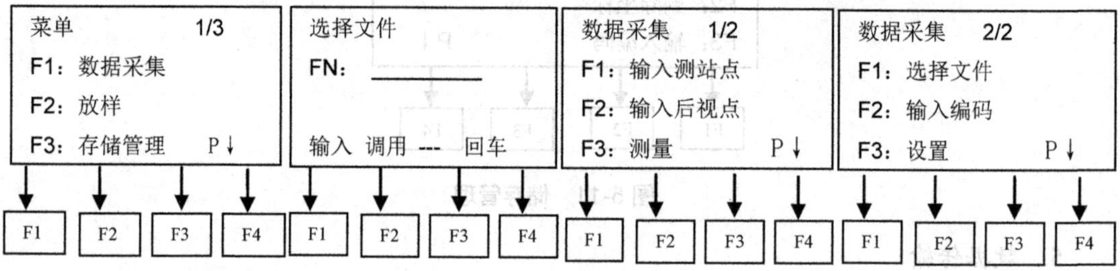

图 5-14 “数据采集”菜单

2. 设置测站点

输入测站点坐标前，先选择测站点坐标所在的坐标文件名。按 F4 键切换到“数据采集 2/2”菜单，在按 F1 键选择“选择文件”选项，进入“选择文件”菜单，如图 5-15 所示，选择一个文件。再按 F4 键并按“回车”键确认，进入“数据采集 1/2”菜单。

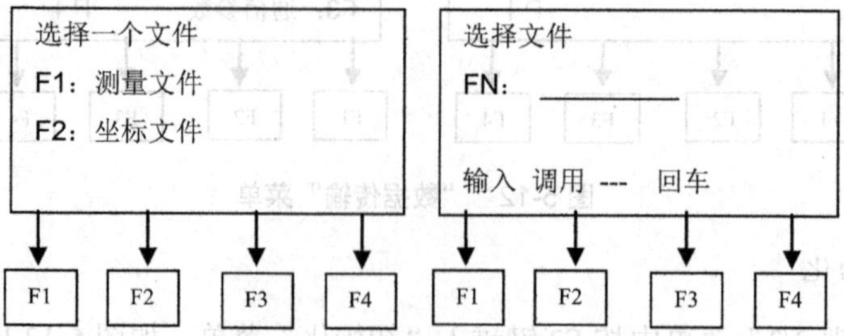

图 5-15 “选择文件”菜单

按 F1 键选择“输入测站点坐标”选项，如图 5-16 所示，输入光标“->”停在“点号”上，可以选择“输入”项直接输入，或者选择“查找”从文件中查找，完成后，输入光标“->”自动下移到下一行，直至输完仪器高。按 F3 键“记录”选项，仪器将显示测站点的坐标，供用户确认，按 F3 键选择“是”，进入下一页菜单，继续选择“是”，即完成测站点的设置。

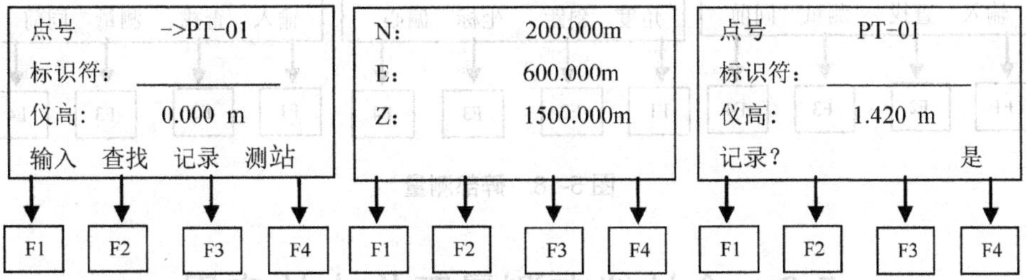

图 5-16　设置测站点

3. 设置后视点

同输入测站点方法相同，先输入后视点坐标或者选择坐标文件。确认了后视点的坐标文件后，在“数据采集 1/2”菜单中，按 F2 键进入图 5-17 所示菜单，按 F1 键选择“输入”，分别输入后视点名、编码、镜高，或者按 F4 键选择“后视”调用文件。完成后，按 F3 键“测量”选项，将仪器照准后视点，选择“角度”“斜距”“坐标”其中一种测量模式进行测量，然后返回“数据采集 1/2”菜单。

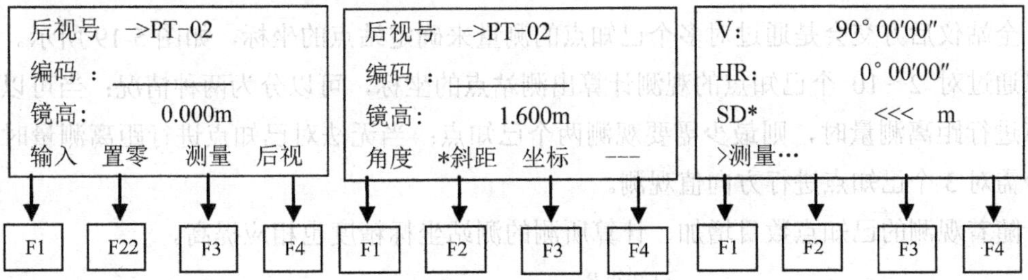

图 5-17　设置后视点

4. 碎部点测量

进行碎部点测量时，先选择储存文件，方法同前，并在“数据采集 2/2”菜单中，按 F3 键进入“设置”选项，对碎步测量的“测距模式”“测量次数”“储存设置”进行设置。再返回“数据采集 1/2”菜单，按 F3 键进入“测量”选项，如图 5-18 所示。输入碎部点点号、编码、镜高后，照准碎部点，按 F3 键“测量”选项选择测量方式进行测量，碎部点号自动累加。

5.2.5　数据通信

测量结束后，使用通信电缆连接全站仪和计算机 COM 端口，打开绘图软件(如南方

CASS)，通过绘图数据菜单相应的窗口将数据传输到计算机上，一般保存为.DAT 格式，做进一步处理。坐标传输的方法和要求可参见前面的数据传输。

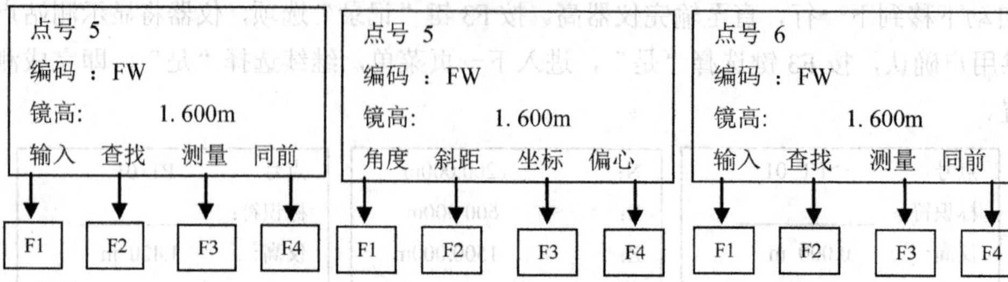

图 5-18 碎部测量

5.3 全站仪在测量工作中的应用

全站仪除了角度测量、距离测量和坐标测量外，还装载了一些其他的应用程序，可以直接获取待定点的三维坐标。本节主要介绍几种应用程序的测量原理，其具体的作业步骤可参阅相应仪器的使用手册。

5.3.1 后方交会测量

全站仪后方交会是通过对多个已知点的测量来确定站点的坐标，如图 5-19 所示。仪器可以通过对 2～10 个已知点的观测计算出测站点的坐标，可以分为两种情况：当可以对已知点进行距离测量时，则最少需要观测两个已知点；当无法对已知点进行距离测量时，则最少需对 3 个已知点进行方向值观测。

随着观测的已知点数目增加，计算所测的测站坐标精度也相应提高。

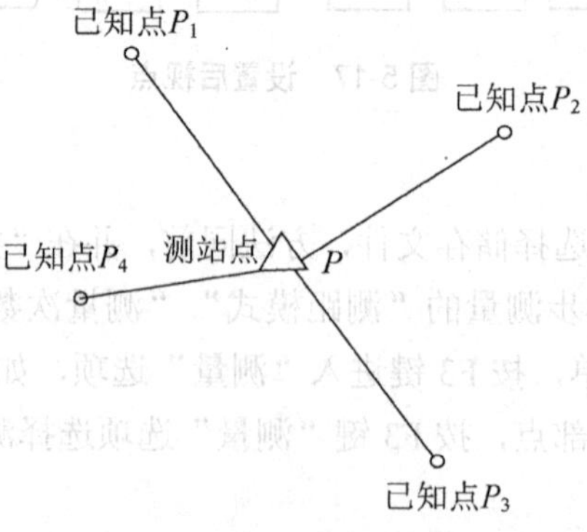

图 5-19 后方交会

1. 计算公式

设已知点的坐标为$(x_{P_i}, y_{P_i}, z_{P_i})$，则测站点的坐标为$(x_P, y_P, z_P)$，则有

$$S_{PP_i}=\sqrt{(x_{P_i}-x_P)^2+(y_{P_i}-y_P)^2+(z_{P_i}-z_P)^2}$$

$$\alpha_{P_iP}=\arctan\frac{y_{P_i}-y_P}{x_{P_i}-x_P} \tag{5-1}$$

由于在式(5-1)中含有 3 个未知数(测站点坐标)，因此，采用后方交会时，至少需要 3 个观测值(距离、方向)才能计算出测站点的三维坐标。

2. 坐标计算

测站点的 x、y 坐标可以通过列出角度及边长的残差方程，采用最小二乘法进行平差计算，z 坐标是通过计算平均值求得。

5.3.2　放样测量

放样测量主要用于在实地上测设所需点位。在放样测量中，可以通过对反射棱镜位置的水平角、竖直角、距离及坐标进行测量，则在仪器显示屏上显示预先输入待放样值与实测值之差，并指挥反射棱镜到达待放样点位置。放样测量一般使用盘左位置进行。

1. 距离放样

距离放样是根据某一参考方向转过的水平角度和至测站点的距离来设定所需求的点位，如图 5-20 所示。

2. 坐标放样

坐标放样主要用于在实地上测设出所要求的点位，是在输入待放样点坐标的基础上，计算出放样时所需的水平角和距离值，并储存在仪器内部存储器中，借助角度放样和距离放样的功能设定待放样点的位置，如图 5-21 所示。

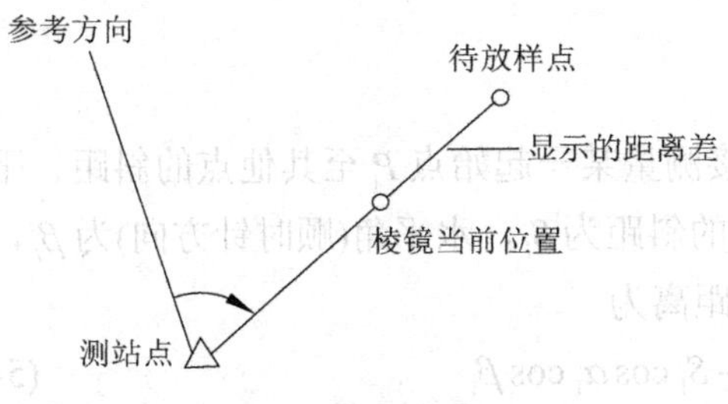

图 5-20　距离放样

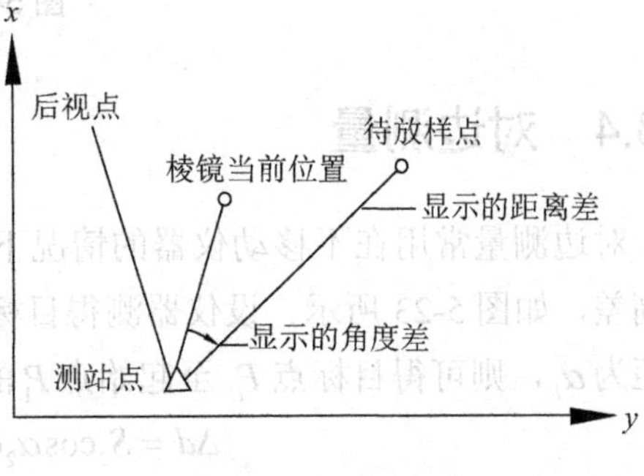

图 5-21　坐标放样

5.3.3　偏心测量

偏心测量常用于测定测站点至通视(无法设置棱镜)点或者是测站点至不通视点间的距

离和角度。测量时，将棱镜设于待测点(目标点)附近，通过测定测站至棱镜(偏心点)间距离和角度来测定出测站至测点(目标点)间的距离和角度。一般有 3 种偏心测量方法。

1. 单距偏心测量

当偏心点设于目标点的左侧或者右侧时，应使偏心点与目标点的连线和偏心点与测站点的连线形成的夹角大约为 90°；当偏心点设于目标点的前侧或者后侧时，应使其位于测站点与目标点的连线上，此时的夹角为 0°，如图 5-22(a)所示。

2. 角度偏心测量

将偏心点设于尽可能靠近目标点的左侧或者右侧，使偏心点至测站点的水平距离与目标点至测站点的水平距离相等，如图 5-22(b)所示。

3. 双距偏心测量

将偏心点 A、B 设在由目标点引出的直线上，通过对偏心点 A、B 的测量，并输入 B 点与目标点的距离来定出目标点，如图 5-22(c)所示。

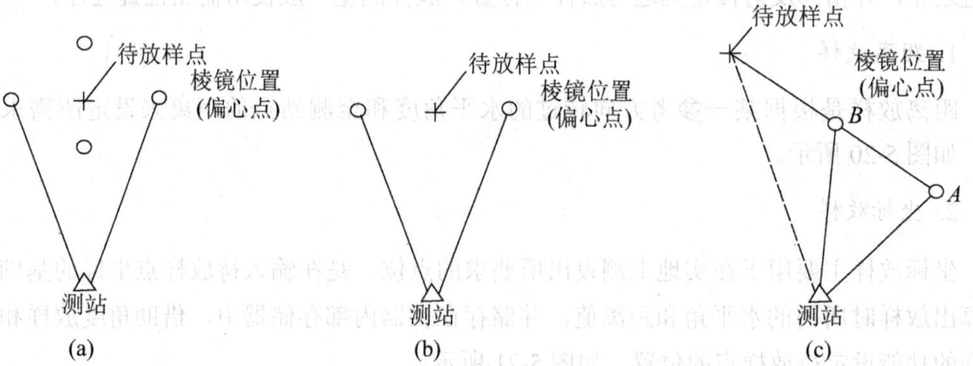

图 5-22　偏心测量

5.3.4　对边测量

对边测量常用在不移动仪器的情况下，间接测量某一起始点 P_1 至其他点的斜距、平距和高差，如图 5-23 所示。设仪器测得目标点 P_i 的斜距为 S_i，水平角(顺时针方向)为 β_i，天顶距为 α_i，则可得目标点 P_i 至起始点 P_1 的水平距离为

$$\Delta d = S_2\cos\alpha_2\cos\beta_2 - S_1\cos\alpha_1\cos\beta_1 \quad (5-2)$$

目标点 P_i 至起始点 P_1 的高差为

$$\Delta h = S_2\sin\alpha_2 - S_1\sin\alpha_1 \quad (5-3)$$

故目标点 P_i 至起始点 P_1 的斜距为

$$\Delta S = \sqrt{(\Delta d)^2 + (\Delta h)^2} \quad (5-4)$$

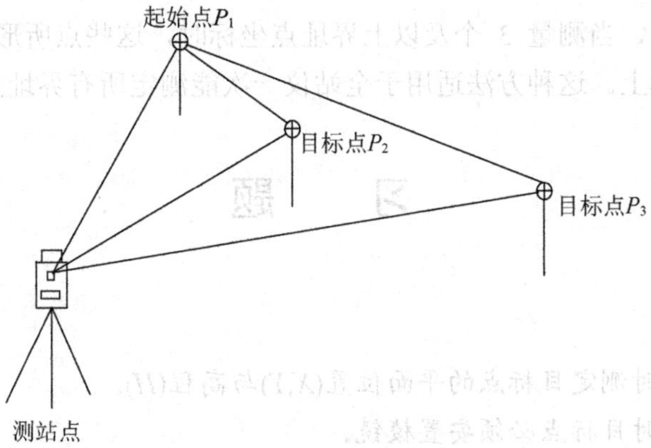

图 5-23　对边测量

5.3.5　悬高测量

悬高测量就是测定空中某点距地面的高度。如图 5-24 所示，这种测量常用于不能设置棱镜的目标(如高压线、桥梁、高大建筑物等)的高度测量。其目标高的计算公式为

$$\begin{aligned} h_{\mathrm{T}} &= h_1 + h_2 \\ h_2 &= S\sin\theta_{Z_1}\cot\theta_{Z_2} - S\cos\theta_{Z_1} \end{aligned} \tag{5-5}$$

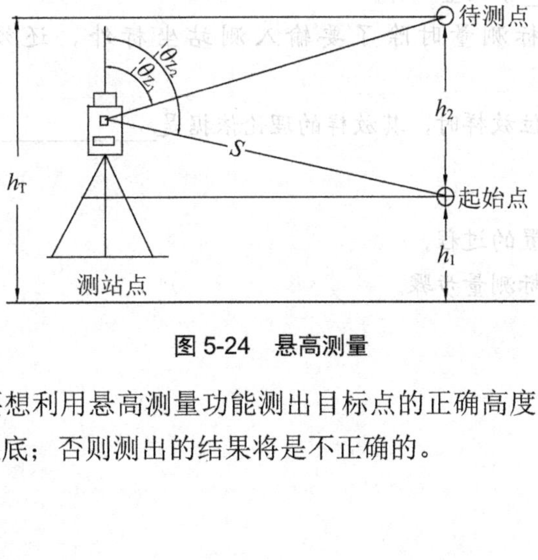

图 5-24　悬高测量

值得注意的是，要想利用悬高测量功能测出目标点的正确高度，必须将反射棱镜恰好安置在被测目标点的天底；否则测出的结果将是不正确的。

5.3.6　面积测量

面积测量即测定某一多边形地块的面积，常常用于土方测算、地籍调查、城市规划以及资产估算等领域。全站仪面积测量是利用全站仪采集到的各地块界址点坐标，根据全站仪内部程序，采用公式计算面积。计算面积的方法有两种：第一种是利用坐标数据文件计算面积，即全站仪依次采集相邻界址点坐标并存入一坐标文件，再调用坐标文件数据计算面积，这种方法适用于全站仪一次不能测定所有界址点坐标的情况；第二种方法是利用测

量数据直接计算面积，当测量 3 个及以上界址点坐标时，这些点所形成的面积就被计算出来，结果显示在屏幕上。这种方法适用于全站仪一次能测定所有界址点坐标。

习　题

1. 判断题

(1) 全站仪能同时测定目标点的平面位置(X,Y)与高程(H)。（　）

(2) 全站仪测量时目标点必须安置棱镜。（　）

(3) 取下全站仪电池之前应先关闭电源开关。（　）

(4) 全站仪的测距精度受到气温、气压、大气折光等因素的影响。（　）

(5) 2″级的全站仪与 2″级的经纬仪的测角精度理论上相同。（　）

2. 填空题

(1) 全站仪实质上是通过测定两点间的_______、_______以及_______并通过内置的软件来确定点位的坐标、高程等参数。

(2) 全站仪除了能进行距离测量、角度测量外，还能进行_______、_______、_______、_______等测量工作。

(3) 进行三维坐标测量时除了要输入测站坐标外，还须输入_______、_______等。

(4) 全站仪进行点位放样时，其放样的理论依据是_______法。

3. 简答题

(1) 试述全站仪安置的过程。

(2) 简述全站仪坐标测量步骤。

第6章 GNSS测量

教学目标

通过本章的学习，使学生了解 GNSS 的概念及发展；掌握 GNSS 系统的组成、GPS 卫星定位的基本原理；掌握 GNSS 测量的实施步骤。

应该具备的能力：初步具备 GNSS 外业测量方案设计及实施的能力。

教学要求

能力目标	知识要点	权　重	自测分数
掌握 GNSS 系统的组成	空间部分、地面监控部分、用户部分	20%	
掌握 GPS 定位的基本原理	绝对定位、相对定位	25%	
掌握 GNSS 测量的实施	GNSS 网的优化设计、外业观测、内业数据处理	35%	
理解 RTK 定位的原理及方法	RTK 定位的原理	20%	

导读

大地测量的发展可以追溯到两千多年以前，从人们确认地球是个圆球并测定它的大小开始，其发展大体可分为古代大地测量、经典(传统)大地测量和现代大地测量3个阶段。现代大地测量阶段从20世纪中期开始，是在电子技术和空间技术迅速发展的推动下形成的。电磁波测距仪、全站仪、电子水准仪、计算机改变了经典测量中的低精度、低效率状况。特别是以人造卫星为代表的空间科学技术的发展，使测量方式产生了革命性的改变，彻底打破了经典大地测量在定位、精度、时间、应用方面的局限性，不必要再受地面条件的种种限制。GNSS 具有全球性、全天候、高效率、多功能、高精度的特点。在用于大地定位时，测站间不要求互相通视，无须造标，不受天气条件影响。一次观测，可以获得测站点的三维坐标。该技术的广泛应用，导致传统测量的布网方法、作业手段和内外作业程序发生了根本性的变革。为现代测量提供了一种崭新的技术手段和方法。

6.1 GNSS 概述

6.1.1 GNSS 的概念

GNSS (Global Navigation Satellite System，全球导航卫星系统)泛指所有的卫星导航系统，包括全球的、区域的和增强的，如美国的 GPS、俄罗斯的 Glonass、欧洲的 Galileo、中国的北斗卫星导航系统以及相关的增强系统，如美国的 WAAS(广域增强系统)、欧洲的 EGNOS(欧洲静地导航重叠系统)和日本的 MSAS(多功能运输卫星增强系统)等，还涵盖在建和以后要建设的其他卫星导航系统。国际 GNSS 系统是个多系统、多层面、多模式的复杂组合系统。

6.1.2 GNSS 的发展

1957 年 10 月 4 日，苏联成功地发射了世界上第一颗人造地球卫星后，人们就开始利用卫星进行定位和导航的研究，人类的空间科学技术研究和应用跨入了一个崭新的时代，世界各国争相利用人造地球卫星为军事、经济和科学文化服务。1958 年，美国海军和詹斯·霍普金斯大学物理实验室为了给北极核潜艇提供全球导航，开始研制一种利用多普勒卫星定位技术进行测速、定位的卫星导航系统，称为美国海军导航卫星系统，简称 NNSS(Navy Navigation Satellite System)。由于该系统的卫星通过地极，因此又被称为“子午卫星导航系统”。

1959 年 9 月，美国发射了第一颗试验卫星，1964 年由 6 颗卫星组成的该系统建成并投入使用。1967 年 7 月，美国政府宣布 NNSS 部分解密，提供民用。由于该系统不受气象条件限制，自动化程度较高，且具有一定的定位精度，立即引起了大地测量学者的极大关注，随后进行了大量的研究和实践，取得了令人瞩目的成就。与此同时，苏联也建成了一个由 12 颗卫星组成的导航系统，简称为 CICADA。虽然子午卫星导航系统具有划时代的意义，但因其卫星数目少，轨道高度较低(平均仅 1000km)，观测时间间隔较长(平均约 1.5h)，因而不能进行三维连续导航。加之求得一次导航解所需的时间较长，不能满足军事导航的需求。从大地测量的要求来看，由于它的定位速度慢(平均观测 1～2 天)，精度较低(单点定位精度 3～5m，相对定位精度约为 1m)，因此，该系统在大地测量学和地球动力学研究方面的应用受到了极大的限制。

为了克服上述缺陷，满足军事部门和民用部门对连续实时三维导航定位的迫切要求，1973 年美国国防部开始组织陆海空三军，共同研究建立新一代卫星导航系统的计划。这就是目前所称的“授时与测距导航系统/全球定位系统”(NAVigation System Timing and Ranging/Global Positioning System，NAVSTAH/GPS)，而通常简称为“全球定位系统”(GPS)。

GPS 的建立，主要是为了满足美国军事部门高精度导航的需要，对于军事上动态目标的导航，具有十分重要的意义。正因如此，美国政府把发展 GPS 作为导航技术现代化的重要标志。近几十年来，卫星导航定位技术已经渗透到了民用经济建设和人类生活的方方面面。可以预言，卫星导航定位技术必将与移动通信技术、计算机互联网技术一起成为影响 21 世纪人类生活的三大技术。各国政府都已注意到了卫星导航定位技术在确立国家形象和国际地位中的重要意义，不惜斥巨资，争相建立自己的卫星导航定位系统。

6.1.3　全球四大卫星导航系统

1. 美国的全球卫星导航系统——GPS

全球定位系统(Global Positioning System)简称 GPS，于 1973 年由美国组织研制，1993 年全部建成。GPS 最初的主要目的是为海陆空三军提供实时、全天候和全球性的导航服务。GPS 定位系统包括三大部分：① 空间星座部分；② 地面监控部分；③ 用户设备部分。三者既有独立的功能和作用，又是有机地配合而缺一不可的整体系统。

1) 空间星座部分

空间星座部分是由空间运行的多颗卫星按一定的规则组成的 GPS 卫星星座。其由 24 颗卫星组成，其中包括 21 颗工作卫星和 3 颗随时可以启用的备用卫星。如图 6-1 所示，卫星分布在 6 个轨道面内，每个轨道面上均匀分布有 4 颗卫星。卫星轨道平面相对地球赤道面的倾角约为 55°，各轨道平面升交点的赤经相差 60°。在相邻轨道上，卫星的升交距角相差 30°。轨道平均高度约为 20200km，卫星运行周期为 11 小时 58 分。卫星的分布使得在全球任何地方、任何时间都能观测到 4 颗以上的卫星，并能保持良好的定位解算精度，提供了在时间上连续的全球导航能力。

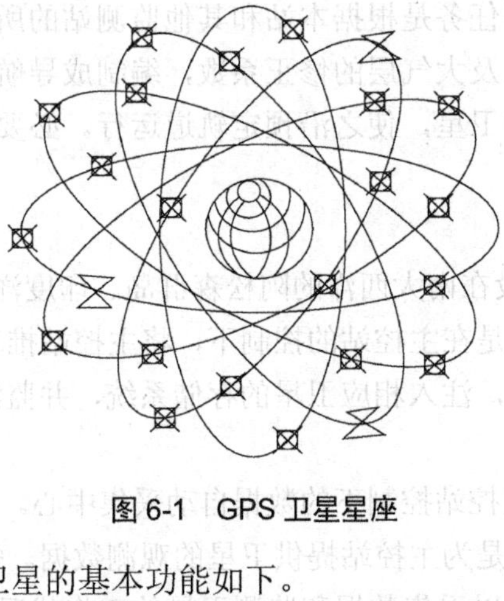

图 6-1　GPS 卫星星座

在 GPS 系统中，GPS 卫星的基本功能如下。

(1) 接收和储存由地面监控站发来的导航信息，接收并执行监控站的控制指令。

(2) 向广大用户连续发送定位信息。

(3) 卫星上设有微处理机，进行部分必要的数据处理工作。

(4) 通过星载的高精度原子钟，提供精密的时间标准。

(5) 在地面监控站的指令下，通过推进器调整卫星的姿态和启用备用卫星。

GPS 卫星广播的 GPS 信号是 GPS 定位的基础，它由一基准频率(f_0=10.23MHz)经倍频和分频产生。154 和 120 倍频后，分别形成 L 波段的两个载波频率信号(L_1=1575.42MHz，L_2=12227.60MHz)，波长分别为 19.03cm 和 24.42cm。调制在 L 载波上的信号包括 C/A 码、P 码和 D 码，其中 C/A 码和 P 码为测距码，分别为基准频率的十分频和一倍频，对应的波长为 293.1m 和 29.3m；D 码为卫星导航电文，数据率为 50b/s。若测距精度为波长的 1%，则 C/A 码和 P 码的测距精度为 2.93m 和 0.29m。

2) 地面监控部分

GPS 地面监控系统主要有分布在世界各地的 5 个地面站组成，按照其功能可以分为主控站、卫星监测站和信息注入站，其分布如图 6-2 所示。

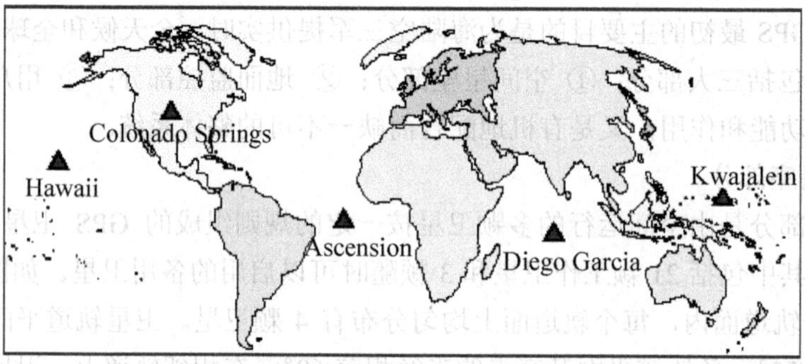

图 6-2　GPS 地面监测站

(1) 主控站。

主控站一个，设在美国本土科罗拉多州空间联合执行中心。主控站除协调和管理地面监控系统的工作外，其主要任务是根据本站和其他监测站的所有跟踪观测数据，计算各卫星的轨道参数、钟差参数以及大气层的修正系数，编制成导航电文并传送至各注入站；主控站还负责调整偏离轨道的卫星，使之沿预定轨道运行。必要时启用备用卫星以代替失效的工作卫星。

(2) 注入站。

注入站有 3 个，分别设在南大西洋的阿松森群岛、印度洋的迭哥伽西亚岛和南太平洋的卡瓦加兰岛。其主要任务是在主控站的控制下，将主控站推算和编制的卫星星历、钟差、导航电文和其他控制指令等，注入相应卫星的存储系统，并监测注入信息的正确性。

(3) 监测站。

监测站有 5 个，是在主控站控制下的数据自动采集中心。全球现有 5 个地面站均具有监测站的功能。其主要任务是为主控站提供卫星的观测数据。每个监测站均用 GPS 接收机对可见卫星进行连续观测，以采集数据和监测卫星的工作状况，所有观测数据连同气象数据传送到主控站，用以确定卫星的轨道参数。

整个 GPS 的地面监控部分，除主控站外均无人值守。各站间用现代化的通信网络联系起来，在原子钟和计算机的精确控制下，各项工作实现了高度的自动化和标准化。以上地面监控系统实际上都是由美国军方所控制。由于军方为了限制民间用户通过 GPS 所达到的实时定位精度，而对 GPS 卫星轨道精度和时钟稳定性作了有意降低(SA 政策)。为了克服 SA

政策的影响，一些国际性科研机构建立了广泛分布的全球性跟踪网络，用来精确测定 GPS 卫星的轨道供后处理之用，或计算预报星历。但是这两种星历都不是由 GPS 卫星播发给用户，而是要通过一定的信息渠道获得，有别于 GPS 卫星的广播星历。

3) 用户设备部分

用户部分包括 GPS 接收机硬件、数据处理软件和微处理机及其终端设备等。GPS 接收机是用户部分的核心，一般由主机、天线和电源三部分组成。其主要功能是跟踪接收 GPS 卫星发射的信号并进行变换、放大和处理，以便测量出 GPS 卫星信号从卫星到接收机天线的传播时间；解释导航电文，实时地计算出测站的三维位置，甚至三维速度和时间。根据用途不同，GPS 接收机可分为导航型接收机、测地型接收机和授时型接收机。

2. 俄罗斯的全球卫星导航系统——GLONASS

俄罗斯的 GLONASS(GLObal NAvigation Satellite System，全球导航卫星系统)是苏联从 20 世纪 80 年代初开始建设的与美国 GPS 系统相类似的卫星定位系统，现在由俄罗斯空间局管理。GLONASS 全球导航卫星系统的起步晚于 GPS 9 年。苏联在全面总结 CICADA 第一代卫星导航系统的优缺点的基础上，汲取美国 GPS 系统的成功经验，从 1982 年 10 月 12 日发射第一颗 GLONASS 卫星开始，到 1996 年全部建成。13 年间历经周折，期间遭遇了苏联的解体，由俄罗斯接替部署，但始终没有终止或中断 GLONASS 卫星的发射。1995 年初只有 16 颗 GLONASS 卫星在轨工作，当年又进行了 3 次成功发射，将 9 颗卫星送入轨道，完成了 24 颗工作加 1 颗备用卫星的布局。经过数据加载、调整试验，已于 1996 年 1 月 18 日整个系统正常运行。

该系统采用了 PZ-90 坐标系。系统的组成与工作原理与 GPS 相类似，也是由空间卫星星座、地面监控及用户设备三部分组成。

3. 欧盟伽利略全球卫星定位系统——GALILEO

伽利略定位系统(Galileo Satellite Positioning System)，是欧盟一个正在建造中的卫星定位系统，有“欧洲版 GPS”之称，也是继美国现有的“全球定位系统”(GPS)及俄罗斯的 GLONASS 系统外，第三个可供民用的定位系统。伽利略系统的基本服务有导航、定位、授时；特殊服务有搜索与救援；扩展应用服务系统有在飞机导航和着陆系统中的应用、铁路安全运行调度、海上运输系统、陆地车队运输调度、精准农业。伽利略计划分 4 个阶段：论证阶段(1994—2001 年)、系统研制和在轨确认阶段 (2001—2005 年)、星座布设阶段(2006—2007 年)、运营阶段(2008 年至今)。由于各种原因该计划未能按时实施。2010 年 1 月 7 日，欧盟委员会称，欧盟的伽利略定位系统从 2014 年起投入运营。

该系统由 30 颗卫星(27 颗工作+3 颗备用)组成；地面控制设施包括卫星控制中心和提供各项服务所必需的地面设施。

4. 我国的卫星导航定位系统——北斗号(COMPASS)

北斗卫星导航系统(BeiDou Navigation Satellite System)(英文简称“COMPASS”，中文音译名称“BD”或“Beidou”)是中国自主建设、独立运行，并与世界其他卫星导航系统兼容共用的全球卫星导航系统，包括北斗一号和北斗二号两代导航系统。其中北斗一号用于中国及其周边地区的区域导航系统，北斗二号是类似美国 GPS 的全球卫星导航系统。可在全球范围内全天候、全天时为各类用户提供高精度、高可靠的定位、导航、授时服务，并兼具短报文通信能力。该系统主要服务于国民经济建设，旨在为中国的交通运输、气象、石油、海洋、森林防火、灾害预报、通信、公安及国家安全等诸多领域提供高效的导航定位服务。与美国的 GPS、俄罗斯的 GLONASS、欧洲的 GALILEO 并称为全球四大卫星定位系统。2011 年 12 月 27 日，北斗卫星导航系统开始试运行服务。2020 年左右，北斗卫星导航系统将形成全球覆盖能力。

北斗二号卫星导航系统由空间段、地面段、用户段部分组成。

(1) 空间段。

空间段包括 5 颗静止轨道卫星和 30 颗非静止轨道卫星。地球静止轨道卫星分别位于东经 58.75°、80°、110.5°、140°和 160°。非静止轨道卫星由 27 颗中远轨道卫星和 3 颗同步轨道卫星组成。

(2) 地面段。

地面段包括主控站、卫星导航注入站和监测站等若干个地面站。主控站主要任务是收集各个监测站段观测数据，进行数据处理，生成卫星导航电文和差分完好性信息，完成任务规划与调度，实现系统运行管理与控制等。注入站主要任务是在主控站的统一调度下，完成卫星导航电文、差分完好性信息注入和有效载荷段控制管理。监测站接收导航卫星信号，发送给主控站，实现对卫星段跟踪、监测，为卫星轨道确定和时间同步提供观测资料。

(3) 用户段。

用户段包括北斗系统用户终端以及与其他卫星导航系统兼容的终端。系统采用卫星无线电测定(RDSS)与卫星无线电导航(RNSS)集成体制，既能像 GPS、GLONASS、GALILEO 系统一样，为用户提供卫星无线电导航服务，又具有位置报告以及短报文通信功能。按照用户的应用环境和功能，北斗用户终端机可分为基本型、通信型、授时型、指挥型和多模型用户机。

6.2 GPS 卫星定位的基本原理

6.2.1 GPS 卫星信号的组成

1. 载波信号

为提高测量精度，GPS 卫星使用两种不同频率的载波：L1 载波，波长 $\lambda = 19.03\text{cm}$，频率 $f_1 = 1575.42\text{MHz}$；L2 载波，波长 $\lambda = 24.42\text{cm}$，频率 $f_2 = 1227.60\text{MHz}$。

2. 测距码

GPS 卫星信号中有两种测距码，即 C/A 码和 P 码。

C/A 码：C/A 码是英文粗码/捕获码(Coarse/Acquisition Code)的缩写。它被调制在 L1 载波上。C/A 码的结构公开，不同的卫星有不同的 C/A 码。C/A 码是普诵用户用以测定测站到卫星间距离的一种主要的信号。

P 码：P 码的测距精度高于 C/A 码，又被称为精码，它被调制在 L1 和 L2 载波上。因美国的 AS(反电子欺骗)技术，一般用户无法利用 P 码来进行导航定位。

3. 数据码(D 码)

数据码即导航电文。数据码是卫星提供给用户的有关卫星的位置，卫星钟的性能、发射机的状态、准确的 GPS 时间以及如何从 C/A 码捕获 P 码的数据和信息。用户利用观测值以及这些信息和数据就能进行导航和定位。

6.2.2　GPS 的常用坐标系

GPS 是一个全球性的定位和导航系统，其坐标也是全球性的，为了使用方便，通常通过国际协议，确定一个协议地球坐标系(Conventional Terrestrial System)。目前，GPS 测量中所使用的协议地球坐标系称为 WGS-84 世界大地坐标系(World Geodetic System)。

如图 6-3 所示，WGS-84 世界大地坐标系的几何定义是：原点是地球的质心，*Z* 轴指向国际时间局，BIH 1984.0 定义的协议地球北极(CTP)方向，*X* 轴指向 BIH 1984.0 的零子午圈和与 CTP 相对应的赤道的交点，*Y* 轴垂直于 *ZOX* 平面且与 *Z*、*X* 轴构成右手坐标系。

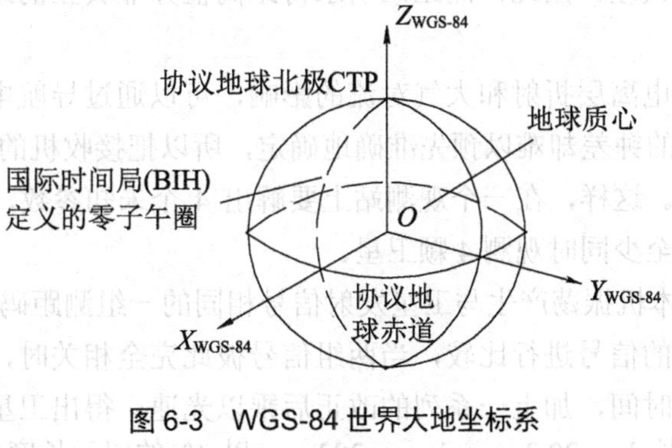

图 6-3　WGS-84 世界大地坐标系

在实际测量定位工作中，各国一般采用当地坐标系，应将 WGS-84 坐标系坐标转化为当地坐标值，目前，普遍采用的是布尔萨—沃尔夫七参数法。

6.2.3　GPS 的定位原理

GPS 定位的基本原理是空中后方交会。如图 6-4 所示，用户用 GPS 接收机在某一时刻同时接收 3 颗以上的 GPS 卫星信号，测量出测站点(接收机天线中心)至 3 颗卫星的距离 ρ_i (i=1,2,⋯)，通过导航电文可获得卫星的坐标(x_i, y_i, z_i) (i=1,2,3,⋯)，据此即可求出测站

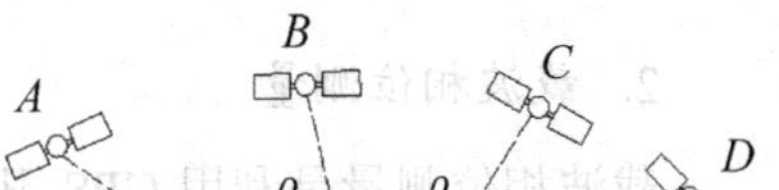

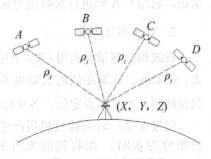

图 6-4　GPS 定位原理

点的坐标(X,Y,Z)。

$$\left.\begin{aligned}\rho_1^2&=(x_1-X)^2+(y_1-Y)^2+(z_1-Z)^2\\\rho_2^2&=(x_2-X)^2+(y_2-Y)^2+(z_2-Z)^2\\\rho_3^2&=(x_3-X)^2+(y_3-Y)^2+(z_3-Z)^2\end{aligned}\right\}\tag{6-1}$$

为了获得距离观测量，主要采用两种方法：一种是测量 GPS 卫星发射的测距码信号到达用户接收机的传播时间，即伪距测量；另一种是测量具有载波多普勒频移的 GPS 卫星载波信号与接收机产生的参考载波信号之间的相位差，即载波相位测量。采用伪距观测量定位速度最快，而采用载波相位观测量定位精度最高。

6.2.4 伪距测量与载波相位测量

1. 伪距测量

从式(6-1)可知，欲求测站点的坐标(X,Y,Z)，关键问题是要测定用户接收机天线至 GPS 卫星之间的距离。站星的距离可利用测距码从卫星发射至接收机天线所经历的时间乘以其在真空中传播速度求得。但应注意，GPS 采用的是单程测距原理，它不同于电磁波测距仪中的双程测距。这就要求卫星时钟与接收机时钟要严格同步。但实际上，两者难以严格同步，因此存在不同步误差，另外，测距码在大气中传播还受到大气电离层折射及大气对流层的影响，产生延迟误差。因此，测距码所求得距离值并非真正的站星几何距离，习惯上称其为“伪距”。

由于卫星钟差、电离层折射和大气对流的影响，可以通过导航电文中所给的有关参数加以修正，而接收机的钟差却难以预先准确地确定，所以把接收机的钟差当作一个未知数，与测站坐标一起解算。这样，在一个观测站上要解出 4 个未知参数，即 3 个点位坐标分量和 1 个钟差参数，就至少同时观测 4 颗卫星。

定位时，接收机本机振荡产生与卫星发射信号相同的一组测距码(P 码或 C/A 码)，通过延迟器与接收机收到的信号进行比较，当两组信号彼此完全相关时，测出本机信号延迟量即为卫星信号的传输时间，加上一系列的改正后乘以光速，得出卫星与天线相位中心的距离。由于测距码的波长 $\lambda_{\mathrm{P}}=29.3\mathrm{m}$，$\lambda_{\mathrm{C/A}}=293\mathrm{m}$。以 1%的码元长度估算测距分辨率，则只能分别达到 0.3m (P 码)和 3m (C/A 码)的测距精度。因此，伪距法的精度是比较低的。一般来说，利用 C/A 码进行实时绝对定位，各坐标分量精度在 5～10m 内。

2. 载波相位测量

载波相位测量是利用 GPS 卫星发射的载波作为测距信号，由于载波的波长 $\lambda_{\mathrm{L1}}=19\mathrm{cm}$，$\lambda_{\mathrm{L2}}=24\mathrm{cm}$，比测距码波长短很多，因此，对载波进行相位测量，就可能得到较高的定位测量精度，实时单点定位，各坐标分量精度在 0.1～0.3m 内。

假设在某一时刻接收机所产生的基准信号(即频率、初相都与卫星载波信号完全一致)的相位为 $\phi(\mathrm{R})$，接收到的来自卫星的载波信号的相位为 $\phi(\mathrm{S})$，二者之间的相位差为 $[\phi(\mathrm{R})-\phi(\mathrm{S})]$，已知载波的波长 λ 就可以求出该瞬间从卫星至接收机的距离，即

$$\rho = \lambda[\phi(R) - \phi(S)] = \lambda(N_0 + \Delta\phi) \qquad (6\text{-}2)$$

式中：N_0——整周数；

$\Delta\phi$——不足一整周的小数部分。

在进行载波相位测量时，仪器实际能测出的只是不足一整周的部分$\Delta\phi$，因为载波只是一种单纯的余弦波，不带有任何识别标志，所以无法知道正在量测的是第几周的信号。于是在载波信号测量中便出现了一个整周未知数N_0(又称整周模糊度)，通过其他途径解算出N_0后，就能求得卫星至接收机的距离。

6.2.5　GNSS 定位方法

GNSS 定位的方法有多种，根据接收机的运动状态可分为静态定位和动态定位，根据定位的模式又可分为绝对定位(单点)和相对定位(差分定位)，按数据的处理方式还可分为实时定位和后处理定位。

1. 绝对定位和相对定位

(1) 绝对定位。

绝对定位又称为单点定位，它是利用一台接收机观测卫星，独立地确定接收机天线在 WGS-84 坐标系的绝对位置。绝对定位的优点是只需一台接收机，如图 6-4 所示，该法外业方便，数据处理简单；缺点是定位精度低，受各种误差的影响比较大，只能达到米级。绝对定位一般用于导航和精度要求不高的场合。

(2) 相对定位。

如图 6-5 所示，用两台 GNSS 接收机分别安置在基线两端，同步观测相同的卫星，以确定基线端点在 WGS-84 坐标系统中的相对位置或基线向量(基线两端坐标差)。由于同步观测相同的卫星，卫星的轨道误差、卫星的钟差、接收机的钟差以及电离层、对流层的折射误差等对观测量具有一定的相关性，因此利用这些观测量不同组合，进行相对定位，可以有效地消除或削弱上述误差的影响，从而提高定位精度。缺点是至少需要两台精密测地型 GNSS 接收机，并要求同步观测，外业组织和实施比较复杂。

2. 静态定位和动态定位

(1) 静态定位。

静态定位就是指在进行 GNSS 定位时，认为接收机天线在整个观测过程中的位置是保持不变的。也就是在数据处理时，将接收机天线的位置作为一个不随时间变化的量。具体观测模式是一台或多台接收机在测站上进行静止观测，时间持续几分钟、几小时甚至更长。

静态定位通过大量的重复观测高精度测定 GNSS 信号传播时间，根据已知 GNSS 卫星瞬间位置，准确确定接收机的三维坐标。静态定位观测量大、可靠性强、定位精度高，是测绘工程中精密定位的基本方法。在工程测绘中，静态定位一般用于高精度定位测量。

(2) 动态定位。

动态定位就是指在进行 GNSS 定位时，认为接收机天线在整个观测过程中的位置是变化的。在进行数据处理时，将接收机天线的位置作为一个随时间变化的量。动态定位是待定点相对于周围固定点显著运动(相对于地球运动)的 GNSS 定位方法，以车辆、舰船、飞机和航天器为载体，实时测定 GNSS 信号接收机的瞬间位置。在测得运动载体实时位置的同时，测得运动载体的速度、时间和方位等状态参数，进而引导运动载体驶向预定的后续位置，这称为导航。导航就是动态定位。

3. 实时动态差分定位技术

(1) RTK 定位的概念。

实时动态差分定位技术(Real-Time Kinematic，RTK)基于载波相位差分动态相对定位技术，是 GNSS 测量技术与数据传输技术相结合的定位技术。在合适的位置上安置 GNSS 接收机和电台(称为基准站)，流动站联测已知坐标的控制点，求出观测值的校正值，并将校正值通过无线电通信技术实时发送给各流动站，对流动站接收机的观测值进行修正，以达到提高实时定位精度的目的，如图 6-6 所示。实时动态差分定位至少需要 2 台接收机，在基准站和流动站之间进行同步观测，利用误差的相关性来削弱误差影响，从而提高定位精度。其精度可达到 cm 级，单基站作用距离为 10～20km。

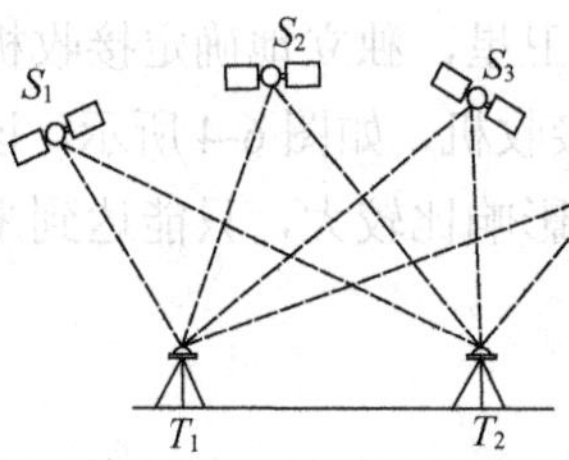

图 6-5 静态相对定位

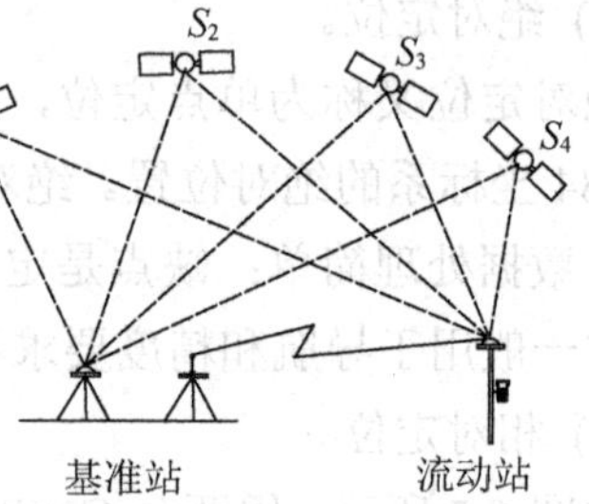

图 6-6 单基站 RTK 定位

(2) 单基站 RTK 定位系统的组成。

① 基准站。安置 GNSS 接收机和电台(无线电通信链)，接收卫星定位信息，通过电台给流动站提供实时差分修正信息。

② 流动站。GNSS 接收机随待测点位置不同而流动，接收卫星定位信息，并接收基准站传输来的修正信息进行实时定位。

③ 无线电通信链。将基准站差分修正信息传输到流动站。

(3) 网络 RTK—连续运行参考站系统 CORS。

网络 RTK 技术是通过建立多个基准站，并利用 GNSS 实时动态差分定位技术进行定位，通常也被称为多基站 RTK 技术。网络 RTK 技术是单基站 RTK 技术的改进和发展。当前，网络 RTK 技术的先进代表是连续运行参考站系统 CORS。

连续运行参考站系统 CORS 是基于若干个固定的、连续运行的 GNSS 参考站，利用计算机、数据通信和互联网(LAN/WAN)技术组成网络，实时、自动地向不同用户提供经过检验的不同类型的 GNSS 观测值(载波相位、伪距)、各种改正数、状态信息以及其他 GNSS 服务项目的系统。

连续运行参考站系统 CORS 由 GNSS 参考站子系统、通信网络子系统、数据控制中心子系统、用户应用子系统组成。

① GNSS 参考站子系统由若干个参考站组成，主要功能是全天候不间断地接收 GNSS 卫星信号，采集原始数据。

② 通信网络子系统由一条静态 IP 和若干条动态 IP 组成的互联网络以及 GSM/GPRS 无线通信网络组成，功能是实时传输各参考站 GNSS 数据至数据控制中心，并发送 RTK 改正数给流动站。

③ 数据控制中心子系统由服务器和相应的计算机软件构成，功能是控制、监控、下载、处理、发布和管理各参考站 GNSS 数据，计算 RTK 改正数，生成各种格式的改正数据。

④ 用户应用子系统由不同的 GNSS RTK 流动站组成，功能是接收 RTK 改正数并同时接收卫星数据，实时解算流动站的精确位置。

6.3 GNSS 测量的实施

GNSS 测量工作分为内业和外业两部分。内业工作主要包括 GNSS 测量的技术设计、测后数据处理及技术总结等；外业工作包括选点、建立观测标志、野外观测及成果检核等。GNSS 测量工作程序上分为 GNSS 网的技术设计、选点与建立标志、外业观测、成果检核与数据处理。

6.3.1 GNSS 测量的技术设计

GNSS 控制网的设计是进行 GNSS 测量的基础，其主要内容包括精度指标的合理确定、网的图形设计和网的基准设计等。根据不同用途，依据国家测绘局 2009 年 6 月 1 日颁布实施的《全球定位系统(GPS)测量规范》(GBT 18314—2009)及 2010 年国家建设部新发布的《全球定位系统城市测量规程》(CJJ73—1997)，恰当地确定 GNSS 网的精度等级。而 GNSS 控制网的图形布设形式设计取决于 GNSS 的测量等级，工程所要求的精度、GNSS 接收机台数及野外条件等因素。网形通常有点连式、边连式、网连式和混连式 4 种基本形式。

(1) 点连式。

点连式是指只通过一个公共点将相邻的同步图形连接在一起。点连式布网由于不能组成一定的几何图形，形成一定的检核条件，图形强度低，而且一个连接点或一个同步环发生问题，影响到后面所有的同步图形。因此这种布网形式一般不能单独使用，如图 6-7(a)所示。

(2) 边连式。

边连式是通过一条边将相邻的同步图形连接在一起。与点连式相比，边连式观测作业方式可以形成较多的重复基线与独立环，具有较好的图形强度与较高的作业效率。

(3) 网连式。

网连式就是相邻的同步图形间有 3 个以上的公共点，相邻图形有一定的重叠。采用这种形式所测设的 GNSS 网具有很强的图形强度，但作业效率很低，一般仅适用于精度要求较高的控制网。

(4) 混连式。

在实际作业中，由于以上几种布网方案存在这样或那样的缺点，一般不单独采用一种形式，而是根据具体情况，灵活地采用以上几种布网方式，称为混连式。混连式是实际作业中最常用的作业方式。

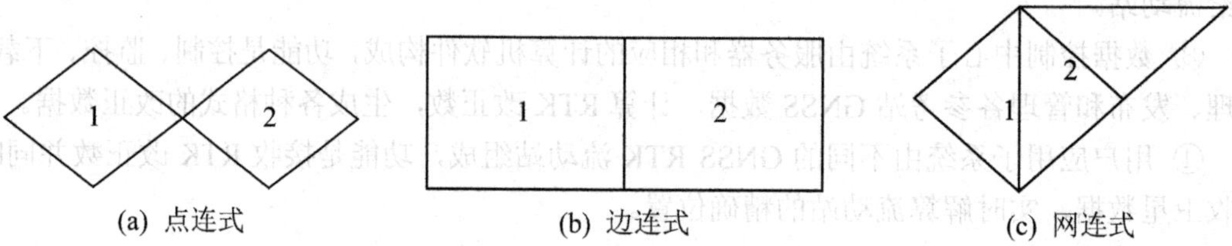

图 6-7 GNSS 布网形式

6.3.2 GNSS 网的布设原则

(1) GNSS 网一般应通过独立观测边构成闭合图形，如三角形、多边形或附合线路，以增加检核条件，提高网的可靠性。

(2) GNSS 网点应尽量与原有地面控制网点相重合。重合点一般不应少于 3 个(不足时应联测)且在网中应分布均匀，以便可靠地确定 GPS 网与地面网之间的转换参数。

(3) GNSS 网点应考虑与水准点相重合，而非重合点一般应根据要求以水准测量方法(或相当精度的方法)进行联测，或在网中设一定密度的水准联测点，以便为大地水准面的研究提供资料。

(4) 为了便于观测和水准联测，GNSS 网点一般应设在视野开阔和容易到达的地方。

(5) 为了便于用经典方法联测或扩展，可在 GNSS 网点附近布设一通视良好的方位点，以建立联测方向。方位点与观测站的距离，一般应大于 300m。

6.3.3 选点要求

由于 GNSS 测量不需要点间通视，而且网的结构比较灵活，因此选点工作较常规测量要简便。但点位选择的好坏关系到 GNSS 测量能否顺利进行，关系到 GNSS 成果的可靠性，因此，选点工作十分重要。选点前，收集有关布网任务、测区资料、已有各类控制点、卫星地面站的资料，了解测区内交通、通信、供电、气象等情况。野外选设的点位应符合下述要求。

(1) 为保证对卫星的连续跟踪观测和卫星信号的质量，要求测站上空应尽可能开阔，在 10°～15°高度角以上不能有成片的障碍物。

(2) 为减少各种电磁波对 GNSS 卫星信号的干扰，在测站周围约 200m 的范围内不能有强电磁波干扰源，如大功率无线电发射设施、高压输电线等。

(3) 为避免或减少多路径效应的发生，测站应远离对电磁波信号反射强烈的地形、地物，如高层建筑、成片水域等。

(4) 为便于观测作业和今后的应用，测站应选在交通便利，上点方便的地方。

(5) 测站应选择在易于保存的地方。

6.3.4 外业观测

1. GNSS观测准备工作

(1) GNSS接收仪的一般性检视。

其主要检查接收机各部件是否齐全、完好，紧固部件是否松动与脱落，设备的使用手册及资料是否齐全等。

(2) 通电检验。

检验的主要项目包括设备通电后有关信号灯、按键、显示系统和仪表工作情况以及自测试系统工作情况。当自测试正常后，按操作步骤进行卫星捕获与跟踪，以检验其工作情况。

(3) 试测检验。

其主要是检验接收机精度及其稳定性。试测检验是在不同长度的基线上进行，接收机所测的基线长与标准值比较，以确定接收机的精度和稳定性。一般至少每年在使用接收机前进行一次检验。

(4) 编制GNSS卫星可见性预报及观测时段的选择。

GNSS定位精度与观测卫星的几何图形有密切关系。卫星几何图形的强度越好，定位精度越高。从观测站观测卫星的高度角越小，卫星分布范围越大，则几何精度因子GDOP值越小，定位精度越高，一般要求GDOP值小于6。因此，观测前要编制卫星可见性预报，选择最佳观测时段，拟订观测计划。

2. GNSS观测工作

观测工作包括天线安置、GNSS接收仪安置与操作、气象参数测定及测站记录等。

(1) 天线安置。

天线的精确安置是实现精密定位的前提条件之一。一般情况下，天线应尽量利用三脚架安置在标志中心的垂线方向上，直接对中；天线的圆水准泡必须居中；天线定向标志线应指向正北，并顾及当地磁偏角的影响，以减弱相位中心偏差的影响，定向误差一般不应大于±5°。

天线安置后，应在各观测时段的前后各量取天线高一次。两次量高之差不应大于3mm，取平均值作为最后天线高。若互差超限，应查明原因，提出处理意见，记入观测记录。

(2) 安置GNSS接收仪。

在离天线的适当位置的地面上安放接收仪，打开电源开关，进行预热和静置。

(3) 气象参数测定。

观测的主要任务，是捕获 GNSS 卫星信号并对其进行跟踪、接收和处理信号，以获取所需的定位观测数据。接收机操作的具体方法步骤，详见仪器使用说明书。不同的接收机操作过程大体相近，其主要步骤如下。

① 开机后检查各指示灯与仪表显示是否正常，若正常则开始自测试。

② 按测量功能键，接收机开始搜索卫星，输入测站参数，等待开测命令。

接收机进入自动搜索卫星状态，控制面板上显示各通道锁住卫星总数，并显示出相应的 GDOP 值。作业员可以输入测站点的点位标识，输入天线高、数据采集间隔、高度截止角等信息后，等待各测站同步观测的命令(各测站搜索到足够数量卫星后才开始同步观测)。

③ 按测量键开始同步观测，并注意有关信息。

按测量键显示测站的地理坐标、累计数据采集时间、GDOP 值、可视卫星和锁定卫星的数量。观测过程中，通过显示屏随时了解作业进程，控制器所控制各部分的状态信息，如查看测站信息、接收卫星数量、卫星号、各通道的信噪比、实时定位的结果及其变化等情况。

(4) 观测记录与测量手簿。

观测记录由 GNSS 接收机自动形成，自动记录在存储介质(如 PCMCIA 卡等)上，其内容有 GNSS 卫星星历钟差、伪距观测值、载波相位观测值、相应的 GNSS 时。测站的信息包括观测站点点号、时段号、近似坐标、天线高等，通常是由观测人员在观测过程中手工输入接收机中的。

测量手簿在观测过程中由观测人员填写，不得测后补记。手簿的内容还包括天气状况、气象元素、观测人员等内容。

6.3.5 成果检核及数据处理

当观测任务结束后，必须在测区及时对外业观测数据进行严格的检核；并根据情况采取淘汰或必要的重测、补测措施。只有按照规范要求，对各项检核内容严格检查，确保准确无误，才能进行数据处理。

GNSS 测量数据处理是指从外业采集的原始观测数据到最终获得测量定位成果的全过程。大致可以分为数据的采集、数据的传输、数据的预处理、基线向量解算、GNSS 基线向量网平差或与地面网联合平差等几个阶段。数据处理的基本流程如图 6-8 所示。

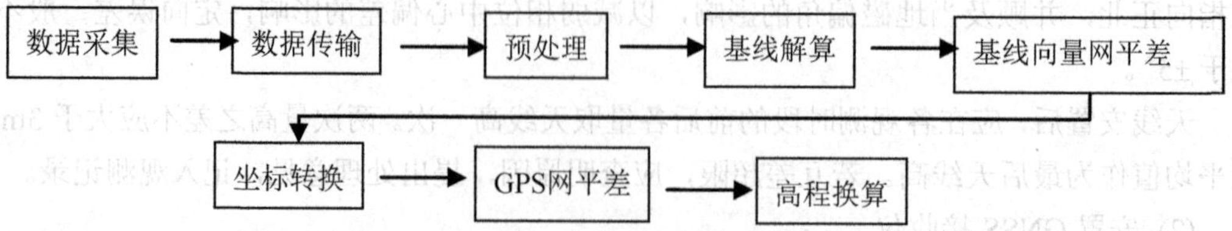

图 6-8 GNSS 数据处理的基本流程

习　题

1. 术语解释

(1) GPS
(2) 绝对定位
(3) 相对定位
(4) 伪距

2. 简答题

(1) GPS 全球定位系统的组成是什么？并简单介绍每一个组成部分。
(2) 什么是载波相位测量？为什么载波相位测量定位精度高？
(3) 绝对定位的实质是什么？为什么要至少同步观测 4 颗卫星？
(4) 何谓 RTK 技术？CORS-RTK 系统比单基站 RTK 有何优点？
(5) 简述 GNSS 测量实施步骤。

第7章　测量误差基本知识

教学目标

通过本章的学习，使学生正确理解测量误差的定义、产生及其分类；掌握几种衡量精度指标的计算方法；熟练掌握误差传播定律及其应用；正确理解最或然值及其中误差的计算方法。

应该具备的能力：会计算几种衡量精度的指标，熟练应用误差传播定律解决实际问题，会计算最或然值及其中误差。

教学要求

能力目标	知识要点	权　重	自测分数
理解测量误差的定义、产生及其分类	真误差、观测条件、等精度观测、测量误差的分类、偶然误差的特性	20%	
掌握几种衡量精度指标的计算	中误差、相对误差、极限误差	25%	
掌握误差传播律的应用	线性函数和非线性函数误差传播律的形式	30%	
掌握观测值及其最或然值精度的评定	最或然值、算术平均值的中误差	25%	

导读

测量工作是利用测绘仪器和工具在外界环境下通过人的操作完成的，测量结果中不可避免地存在测量误差。研究测量误差的目的是掌握其分布规律，通过数据处理求得观测值的最可靠值和评定观测成果精度。本章将对测量误差及其传播定律进行介绍。

7.1　测量误差及分类

7.1.1　测量误差及多余观测

对两点间的水平距离进行重复测量，即使同一个人用同一台仪器在相同的外界条件下进行观测，测得的结果也往往不相等；又如，观测一个平面三角形的 3 个内角，测得的 3 个内角之和不等于理论值 180°等。这种观测值之间或观测值与真值之间的不符现象称作测量误差。通常将观测所得的结果称为**观测值**(用 L 表示)。观测值与其真实值(用 X 表示)之差称为**真误差**。

观测者、仪器和外界环境是产生测量误差的主要因素，统称为“观测条件”。观测条件相同的观测称作等精度观测；相反，称作不等精度观测。不论观测条件如何，观测结果中都会含有误差。在观测过程中，尽量减弱其对观测结果的影响。

测量上把必须观测的量称为**必要观测量**，不必要观测的量称为**多余观测量**。如果获得一个平面三角形的 3 个内角值，至少需要观测两个内角，第三个内角可以计算出来，这两个内角值是必要观测量，而第三个为多余观测。多余观测不是必需的，而是必要的，为了检核和评定观测成果的精度，测量上必须要进行多余观测。

7.1.2　测量误差的分类

测量误差按其性质可分为系统误差和偶然误差。

1. 系统误差

在相同的观测条件下，对某未知量进行了一系列观测，如果误差出现的大小和符号均相同或按一定的规律变化，这种误差称为**系统误差**。例如，用一名义长度为 30m，而实际长度为 30.004m 的钢尺丈量某一距离，每丈量一个整尺就将产生 0.004m 的误差。丈量距离越长，丈量结果中的误差就越大，即误差与丈量长度成正比，但误差符号始终不变，这种误差就是系统误差。

系统误差对测量结果的影响具有积累性，所以对成果质量的危害较大。由于系统误差中表现出一定的规律，可以根据它的规律，采取相应措施，把它的影响尽量减弱直至消除。例如，在距离丈量中，加入尺长改正，可以消除尺长误差。也可在观测方法和观测程序上采取一定的措施来消除或减弱系统误差的影响。又如，在水准测量中，采用前后视距相等来消除视准轴与水准管轴不平行所产生的误差；在使用经纬仪测角时，采取盘左和盘右取中数的方法，来消除视准轴不垂直于横轴和竖盘指标差等所产生的误差。总之，可通过各种措施，将系统误差减少到忽略不计的程度。

2. 偶然误差

在相同的观测条件下对某个量做一系列观测，从表面上看，出现的误差值如果其大小和符号都没有什么规律性，但就大量误差的整体而言具有一定的统计规律，这类误差称作**偶然误差**。偶然误差是由人的感觉器官鉴别能力的局限性、仪器的极限精度、外界条件等共同引起的误差，其大小和符号纯属偶然。例如，用望远镜十字丝找准目标，可能偏左，也可能偏右，而且每次偏离中心线的大小也不一致，即找准误差，其属于偶然误差。

偶然误差是不可避免的，也是不能消除的，但可以采取一些措施来减弱它的影响。一般来说，系统误差根据其特性可以消减，残存的系统误差对观测成果的影响要比偶然误差小得多。因此，影响观测成果质量的主要是偶然误差。

另外，在测量工作中，除了上述两种误差外，还可能出现错误，也称作粗差，如瞄准目标、读错读数等。在测量成果中不允许错误存在。

7.1.3 偶然误差的特性

从表面上看，偶然误差好像没有任何规律，纯属一种偶然性。但是，偶然与必然是相互联系而又相互依存的，偶然是必然的外在形式，必然是偶然的内在本质。如果统计大量的偶然误差，将会发现在偶然性的表象里存在着必然性规律，而且统计的量越大，这种规律就越明显。下面通过一个实验来分析偶然误差的特性。对一个三角形的 3 个内角进行观测，由于观测误差的存在，三角形各内角的观测值之和并不等于其真值 180°。用 L 表示观测值，X 表示真值，$\varDelta$ 表示真误差，真误差的定义为观测值与真值之差，即

$$\varDelta=[L]-X=[L]-180^\circ \tag{7-1}$$

式中，$[L]=L_1+L_2+L_3$，表示三角形三内角观测值之和，符号“[ ]”等价于“$\sum$”，为高斯求和符号；180°是三角形内角和的真值。现观测了 217 个三角形，按式(7-1)可得 217 个三角形内角和的真误差(又称三角形闭合差)。现按其大小和一定的区间(本例为 3″)，将其排列于表 7-1 中。

表 7-1　偶然误差的统计

误差区间	正误差		负误差		合计	
	个数 n_i	频率 n_i/n	个数 n_i	频率 n_i/n	个数 n_i	频率 n_i/n
0″～3″	30	0.138	29	0.134	59	0.272
3″～6″	21	0.097	20	0.092	41	0.189
6″～9″	15	0.069	18	0.083	33	0.152
9″～12″	14	0.065	16	0.073	30	0.138
12″～15″	12	0.055	10	0.046	22	0.101
15″～18″	8	0.037	8	0.037	16	0.074
18″～21″	5	0.023	6	0.028	11	0.051
21″～24″	2	0.009	2	0.009	4	0.018
24″～27″	1	0.005	0	0	1	0.005
27″以上	0	0	0	0	0	0
合　计	108	0.498	109	0.502	217	1.000

由表 7-1 可以看出，偶然误差具有以下 4 个特征。

(1) 在一定的观测条件下，偶然误差的绝对值不会超过一定的限值——**有界性**。

(2) 绝对值小的误差比绝对值大的误差出现的概率大——**密集性**。

(3) 绝对值相等的正、负误差出现的机会相等——**对称性**。

(4) 在相同条件下，对一个量进行独立重复观测，其偶然误差的算术平均值随着观测次数的无限增加而趋于零——**抵偿性**，即

$$\lim_{n\to\infty}\frac{[\Delta]}{n}=0 \tag{7-2}$$

其中：$[\Delta]=\Delta_1+\Delta_2+\cdots+\Delta_n$。

表 7-1 所列的数据还可以用比较直观的直方图来表示(见图 7-1)。图中以偶然误差的大小为横坐标，以各区间内误差出现的频率 n_i/n 除以区间间隔为纵坐标。n 为总误差个数，n_i 是出现在该区间的误差个数。

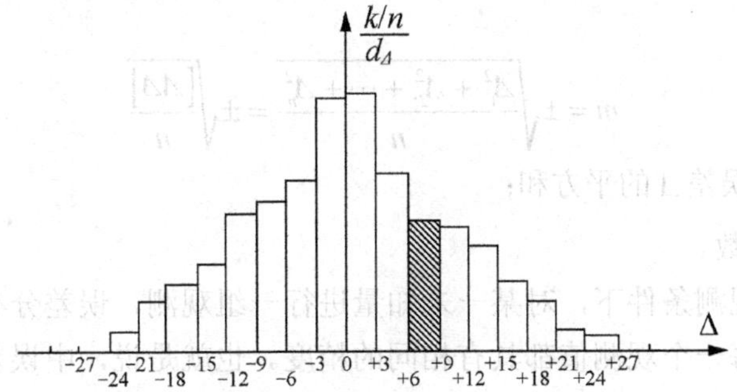

图 7-1　频率直方图

可以设想，若无限缩小误差区间，即 $d_\Delta\to 0$，则图 7-1 所示各矩形的上部折线，就趋向于一条以纵轴为对称的光滑曲线(见图 7-2)，称为**误差概率分布曲线**，简称**误差分布曲线**，在数理统计中，它服从于正态分布，从这条曲线可以更清楚地看出偶然误差的特性。

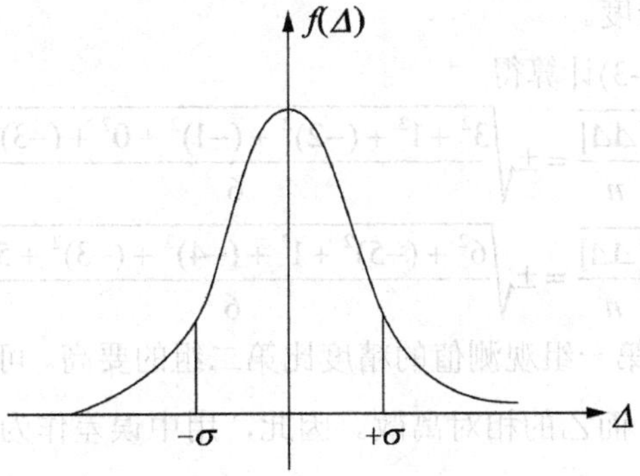

图 7-2　误差概率分布曲线

7.2　衡量精度的标准

从上述内容可知，观测值中都不可避免地含有误差，测量成果只有满足相关限差的要求才算合格；否则没有意义，应重测。因此需要用相应的标准来衡量测量成果的好坏，即观测值的精度。精度就是指误差分布的密集或离散程度。误差分布越密集，误差就越小，精度就高；反之，误差分布越离散，误差就越大，精度就低。用误差分布曲线虽然可以比较出观测值的精度，但这种方法既不方便也不实用。因此，在测量工作中需要用数字特征来反映出误差分布的离散程度，进而用它来评定观测成果的精度。测量中常采用中误差、相对误差和极限误差作为衡量精度的指标。

7.2.1 中误差

取各观测值真误差平方和的平均值的平方根作为衡量精度的标准，称其为中误差，用 m 表示，即

$$m = \pm\sqrt{\frac{\Delta_1^2 + \Delta_2^2 + \cdots + \Delta_n^2}{n}} = \pm\sqrt{\frac{[\Delta\Delta]}{n}} \tag{7-3}$$

式中：$[\Delta\Delta]$——真误差 Δ 的平方和；

n——观测次数。

由于在相同的观测条件下，对某一未知量进行一组观测，误差分布曲线唯一被确定，因此，这一组中的每一个观测值都具有相同的精度。也就是说，中误差并不是每个观测值的真误差，它是这一组真误差的代表值，代表了这一组测量中任一个观测值的精度。

【例 7-1】有甲、乙两组各自用相同的条件观测了 6 个三角形的内角，得三角形的闭合差(即三角形内角和的真误差)分别为

甲：+3″、+1″、−2″、−1″、0″、−3″。

乙：+6″、−5″、+1″、−4″、−3″、+5″。

试分析两组的观测精度。

解：用中误差公式(7-3)计算得

$$m_{甲} = \pm\sqrt{\frac{[\Delta\Delta]}{n}} = \pm\sqrt{\frac{3^2 + 1^2 + (-2)^2 + (-1)^2 + 0^2 + (-3)^2}{6}} = \pm 2.0''$$

$$m_{乙} = \pm\sqrt{\frac{[\Delta\Delta]}{n}} = \pm\sqrt{\frac{6^2 + (-5)^2 + 1^2 + (-4)^2 + (-3)^2 + 5^2}{6}} = \pm 4.3''$$

由于 $m_{甲} < m_{乙}$，所以第一组观测值的精度比第二组的要高。可以从两组的真误差列看出甲的误差分布比较集中，而乙的相对离散。因此，用中误差作为衡量精度的指标能敏感地发现大误差的存在。

在大多数情况下，真值往往是未知的，因此就不能用式(7-3)求得中误差。但是，最可靠值(最或然值)往往是容易求得的，因此在实际工作中常用“改正数”来求中误差。改正数就是最或然值与观测值之差，用 v 表示，即

$$v = x - l \tag{7-4}$$

式中：v——观测值的改正数；

l——观测值；

x——观测值的最或然值。

设对某个量进行 n 次观测，观测值为 $l_i(i=1,2,\cdots,n)$，则 n 个观测值的算术平均值就是它的最或然值，即 $x = \frac{l_1 + l_2 + \cdots + l_n}{n} = \frac{[l]}{n}$，于是，改正数为

$$v_i = x - l_i \quad (i = 1, 2, \cdots, n) \tag{7-5}$$

根据误差理论的推导(此处从略)，可得利用改正数求中误差的贝塞尔公式，即

$$m = \pm\sqrt{\frac{[vv]}{n-1}} \tag{7-6}$$

式(7-6)即为用改正数求取中误差的公式。

【例 7-2】某段距离用钢尺丈量了 6 次，观测值列于表 7-2 中。试求观测值的中误差。

表 7-2　例 7-2 的观测值

观测次序	观测值 l_i/m	改正数 $v_i = x - l_i$	v^2	中误差计算
1	48.991	−0.007	0.000049	$x = [l]/6 = 48.984\text{m}$
2	48.986	−0.002	0.000004	
3	48.982	+0.002	0.000004	$m = \pm\sqrt{\frac{[v^2]}{6-1}} = \pm 5.4\text{mm}$
4	48.987	−0.003	0.000009	
5	48.975	+0.009	0.000081	$x = 48.982m \pm 5.4\text{mm}$
6	48.983	+0.001	0.000001	
		$[v] = 0$	$[v^2] = 0.000148$	

7.2.2　极限误差

由偶然误差的特性一可知，偶然误差的绝对值不会超过一定的限值，这个限值称作**极限误差**。根据误差理论分析及实验验证，通常以 3 倍中误差作为偶然误差的极限值，也称作容许误差，即

$$\varDelta_{\text{限}} = 3m \tag{7-7}$$

由于实际工作要求不同，精度要求较高时，可采取 2 作为极限误差。在测量工作中，如果出现的误差超过了极限误差，就可以认为它是粗差，应将其剔除。

7.2.3　相对误差

真误差、中误差及极限误差都带有测量单位，统称为绝对误差。绝对误差可用于衡量那些如角度、方向等其误差与观测值大小无关的观测值的精度。但在某些测量工作中，绝对误差不能全面反映出观测精度。例如，用钢尺丈量长度分别为 100m 和 200m 的两段距离，若观测值的中误差都是±2cm，显然不能认为两者的精度相等，后者要比前者的精度高。因此，这时采用相对误差来反映实际测量的精度。相对误差(用 K 表示)等于中误差的绝对值与相应观测值之比。相对误差一般用分子为 1 的分式表示，且分母要取整。

7.3 误差传播定律

在测量工作中，有一些量并非是直接观测值计算出来的，即未知量是观测值的函数。例如，用水准仪测量两点间的高差 h，是通过后视读数 a 和前视读数 b 来求得，即 $h=a-b$。由于直接观测值不可避免地含有误差，因此有直接观测值求得的函数值，必定受到影响而产生误差，这种现象称作**误差传播**。描述观测值的中误差与观测值函数的中误差之间的关系的定律称作**误差传播定律**。下面直接给出线性与非线性函数关系的误差传播公式。

7.3.1 线性函数

设有函数

$$z = k_1x_1 \pm k_2x_2 \pm \cdots \pm k_nx_n \tag{7-8}$$

式中：k_1，k_2，…，k_n——常数；

$x_1, x_2, \cdots$，x_n ——独立观测值。

设观测值中误差分别为 $m_1, m_2, \cdots, m_n$，则函数值 z 的中误差为

$$m_z^2 = (k_1m_1)^2 + (k_2m_2)^2 + \cdots + (k_nm_n)^2 \tag{7-9}$$

即线性函数中误差的平方等于各观测值的中误差与相应系数乘积的平方和。式(7-9)中当 $m_1 = m_2 = \cdots = m_n$ 时，$m_z = m\sqrt{n}$。

7.3.2 非线性函数

设有函数

$$Z = f(x_1,\ x_2, \cdots,\ x_n) \tag{7-10}$$

式中：x_1，x，…，x_n ——独立观测值。

观测值中误差分别为 m_1，m_2，…，m_n，则函数值 z 的中误差为

$$m_z^{\ 2} = \left(\frac{\partial f}{\partial x_1}\right)^2 m_1^{\ 2} + \left(\frac{\partial f}{\partial x_2}\right)^2 m_2^{\ 2} + \cdots + \left(\frac{\partial f}{\partial x_n}\right)^2 m_n^{\ 2} \tag{7-11}$$

式中：$\frac{\partial f}{\partial x_i}$——函数对各个变量的偏导数，当观测值给定时，则 $\frac{\partial f}{\partial x_i}$ 是确定的常数。

式(7-11)说明，一般函数中误差的平方，等于该函数对每个观测值所求得的偏导数与相应观测值中误差乘积的平方和。

在应用误差传播定律时，首先依题意列出函数式，根据函数式判断函数的类型，再根据不同类型的函数的误差传播定律计算函数的中误差。另外，在计算时要保证单位的一致性。

按上述方法可导出倍数函数以及和差函数的中误差公式，如表 7-3 所列，计算时可直接应用。

表 7-3　常用函数的中误差公式

函 数 式	函数的中误差
倍数函数 $z = kx$	$m_z = km_x$
和差函数 $z = x_1 \pm x_2 \pm \cdots \pm x_n$	$m_z = \pm\sqrt{m_1^2 + m_2^2 + \cdots + m_n^2}$

7.3.3　误差传播定律的应用

【例 7-3】在比例尺为 1∶1000 的地形图上，量得两点的长度为 d=48.2mm，其中误差 m_d=±0.2mm，试求该两点的实际距离 D 及其中误差 m_D。

解：函数关系式为 $D=Md$，属倍数函数，其中 M=1000 是地形图比例尺分母。

$$D = Md = 1000 \times 48.2 = 48200(\text{mm}) = 48.2\text{m}$$

$$m_D = Mm_d = 1000 \times (\pm 0.2) = \pm 200(\text{mm}) = \pm 0.2\text{m}$$

两点的实际距离结果可写为 D=48.2m±0.2m。

【例 7-4】水准测量中，已知后视读数 a=1.526m，前视读数 b=2.785m，中误差分别为 m_a=±3mm，m_b=±4mm。试求两点的高差及其中误差。

解：函数关系式为 $h=a-b$，属和差函数，得

$$h = a - b = 1.526 - 2.785 = -1.259\text{m}$$

$$m_h = \pm\sqrt{m_a^2 + m_b^2} = \pm\sqrt{3^2 + 4^2} = \pm 5\text{mm}$$

两点的高差结果可写为 h=−1.259m±5mm。

【例 7-5】在斜坡上丈量距离，测得其斜距为 L=247.50m±0.05m，倾斜角α=10°34′00″±30″，试求水平距离 D 及其中误差 m_D。

解：首先列出函数式 $D = L\cos\alpha$

水平距离

$$D = 247.50 \times \cos 10°34'00'' = 243.303(\text{m})$$

这是一个非线性函数，所以对函数式进行全微分，各偏导值如下：

$$\frac{\partial D}{\partial L} = \cos 10°34'00'' = 0.9830$$

$$\frac{\partial D}{\partial \alpha} = -L \cdot \sin 10°34'00'' = -247.50 \times \sin 10°34'00'' = -45.3864$$

列出函数的中误差形式，为了单位的统一，应将 m_α'' 化为以弧度为单位，即除以 ρ''（ρ''=206265″），则由式(7-11)得

$$m_D=\pm\sqrt{\left(\frac{\partial D}{\partial L}\right)^2 m_L{}^2+\left(\frac{\partial D}{\partial \alpha}\right)^2\left(\frac{m_\alpha}{\rho}\right)^2}$$

$$=\pm\sqrt{0.9830^2\times 0.05^2+(-45.3864)^2\times\left(\frac{30''}{206265''}\right)^2}=\pm 0.05(\mathrm{m})$$

故得 D=243.30m±0.05m。

7.4 算术平均值及其中误差

7.4.1 算术平均值

等精度直接观测值的最或然值即是各观测值的算术平均值。用误差理论证明如下。

设对某未知量进行了一组等精度观测，其观测值分别为 L_1、L_2、…、$L_n(i=1,2,\cdots,n)$，该量的真值为 X，各观测值的真误差为 $\varDelta_1$、$\varDelta_2$、…、$\varDelta_n$，则根据真误差的定义得

$$\varDelta_i=L_i-X \quad (i=1,2,\cdots,n)$$

将各式两边求并除以次数 n，得

$$\frac{[\varDelta]}{n}=\frac{[L]}{n}-X$$

根据偶然误差的第四个特性有 $\lim\limits_{n\to\infty}\frac{[\varDelta]}{n}=0$，因此 $\lim\limits_{n\to\infty}\frac{[L]}{n}=X$。

由此可见，当观测次数 n 趋近于无穷大时，算术平均值就趋向于未知量的真值。当 n 为有限值时，算术平均值最接近于真值，因此在实际测量工作中，将观测值的算术平均值作为观测的最后结果。

7.4.2 精度评定

当观测量的真值已知时，可根据式(7-3)来计算观测值的中误差。在实际工作中，观测量的真值一般是不易求得的，因此在多数情况下只能根据式(7-6)按观测值的改正数来计算中误差。

最或然值 x 与各观测值 L_i 之差称为观测值的改正数，即

$$v_i=x-L_i \quad (i=1,2,\cdots,\ n)$$

在等精度观测中，最或然值 x 是各观测值的算术平均值，即 $x=\frac{[L]}{n}$，所以

$$[v]=\sum_i^n(x-L_i)=n\frac{[L]}{n}-[L]=0 \tag{7-12}$$

式(7-12)是改正数的一个重要特征，用来检核改正数计算的正确性。

根据贝塞尔公式(7-6)，观测值的中误差 $m=\pm\sqrt{\frac{[vv]}{n-1}}$ 。

最或然值 x 为各观测值的算术平均值，即 $x=\frac{[L]}{n}=\frac{1}{n}L_1+\frac{1}{n}L_2+\cdots+\frac{1}{n}L_n$ 。

根据误差传播定律，可得出算术平均值的中误差 M 为

$$M^2=\left(\frac{1}{n^2}m^2\right)\cdot n=\frac{m^2}{n}$$

故

$$M=\frac{m}{\sqrt{n}}=\pm\sqrt{\frac{[vv]}{n(n-1)}} \tag{7-13}$$

由式(7-13)可以看出，算术平均值的中误差是观测值中误差的 $1/\sqrt{n}$ 倍，这说明算术平均值的精度比观测值的精度要高，且与观测次数的平方根成反比，即观测次数越多，精度越高。所以多次观测取其平均值，是提高观测结果精度的有效方法。但当 n 达到一定数值后，再增加观测次数，提高精度的效果就不太明显了。故不能单纯靠增加观测次数来提高测量成果的精度，而应设法提高单次观测的精度，如使用精度较高的仪器、提高观测者的技能或在较好的外界条件下进行观测等。

【例 7-6】已知用经纬仪对某角等精度观测了 6 次，其观测值见表 7-4。试求观测值的最或然值、观测值的中误差以及最或然值的中误差。

表 7-4　算术平均值及其中误差的计算

观 测 值	改正数 $v('')$	vv	
L_1=65°32′20″	−1.8″	3.24	
L_2=65°32′18″	−0.2″	0.04	$m=\pm\sqrt{\frac{[vv]}{n-1}}=\pm\sqrt{\frac{27.14}{6-1}}=\pm2.33''$
L_3=65°32′21″	−2.8″	7.84	
L_4=65°32′19″	−0.7″	0.49	$M=\frac{m}{\sqrt{n}}=\pm\frac{2.33''}{\sqrt{6}}=\pm0.95''$
L_5=65°32′16″	2.3″	5.29	
L_6=65°32′15″	3.2″	10.24	
$x=[L]/n$=65°32′18.2″	$[v]$=0	$[vv]$=27.14	

习　题

1. 术语解释

(1) 等精度观测

(2) 中误差

(3) 相对误差

(4) 极限误差

2. 简答题

(1) 测量误差的分类。

(2) 简述偶然误差的特性。

(3) 简述中误差、相对误差和极限误差的定义及其计算。

3. 计算题

(1) 如图 7-3 所示，高差观测值 h_1=15.752m±5mm，h_2=7.305m±3mm，h_3=9.532m±4mm，试求 A 到 D 间的高差及中误差。

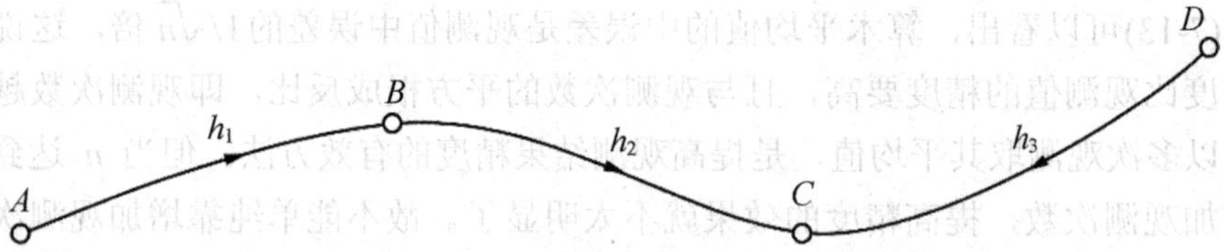

图 7-3 计算图

(2) 对某线段丈量了 6 次，观测结果为 48.554m、48.529m、48.537m、48.548m、48.551m、48.542m。试计算该线段的最或然值及其中误差。

第8章 小地区控制测量

教学目标

通过本章的学习，使学生了解导线布设的基本形式，掌握导线测量的施测方法及内业计算，掌握 GNSS 控制测量的常用方法及相关技术要求，理解三角高程测量的基本原理，掌握 GPS 高程拟合测量的方法。

应该具备的能力：初步具备导线测量的能力，能够独立进行导线内业计算及测量精度分析；具备利用 GNSS 测量的方法进行控制测量的能力。

教学要求

能力目标	知识要点	权 重	自测分数
掌握导线布设的基本形式	附合导线、闭合导线、支导线	10%	
掌握导线测量的方法	勘踏选点、埋点、观测	15%	
掌握导线内业计算的方法	角度闭合差、坐标闭合差的计算与调整	45%	
掌握高程控制测量的方法	水准测量、三角高程测量、GPS 拟合	30%	

导读

测量工作包括测定和测设。无论是测定还是测设，都要遵循“**从整体到局部、由高级到低级、先控制后碎部**”的三原则。其目的在于控制测量误差的积累，分析整体成果质量，保证测量结果精度均匀。

测量工作实施时，依据相应的测量技术规范，首先要在整个测区范围内踏勘，选定足够数量、具有控制意义的地面点，这些具有控制意义的点称作**控制点**，按照规范要求埋设标志并构成几何图形，该几何图形称作**控制网**，形成整个测区的框架，其后利用一定的测量手段进行观测，通过内业计算确定这些点的平面位置和高程。这种对控制网进行布设、观测、计算等工作称作**控制测量**。利用这些控制点可以测定其他地面点的坐标或进行施工放样，控制测量是一切测量工作的基础。

8.1 概　述

依控制网的功能可分为平面控制网和高程控制网。测定控制点平面位置 (x,y) 的工作，称为**平面控制测量**。测定控制点高程 (H) 的工作，称为**高程控制测量**。

8.1.1 平面控制测量的分类及技术要求

平面控制网按控制区域大小和作用的不同，可分为国家平面控制、小区域平面控制和工程平面控制。

传统的平面控制测量主要采用三角网测量和导线测量。三角网测量是在地面建立一系列的控制点，构成相互连接的若干三角形，组成各种各样的网状或锁状结构，如图 8-1 所示。根据测量元素不同分为三角网测量、三边网测量、边角网测量。三角网是测量三角形的内角(水平角)和必要的起算边长(水平距离)，利用起算数据通过计算确定控制点的平面坐标；三边网是测量三角形的所有边；边角网既测量内角又测量边长。导线测量是将相邻控制点用折线连接起来，构成多边形网络(称为导线网)，如图 8-2 所示。测量边长(水平距离)和相邻边所夹的水平角，利用起算数据通过计算确定控制点的平面坐标。

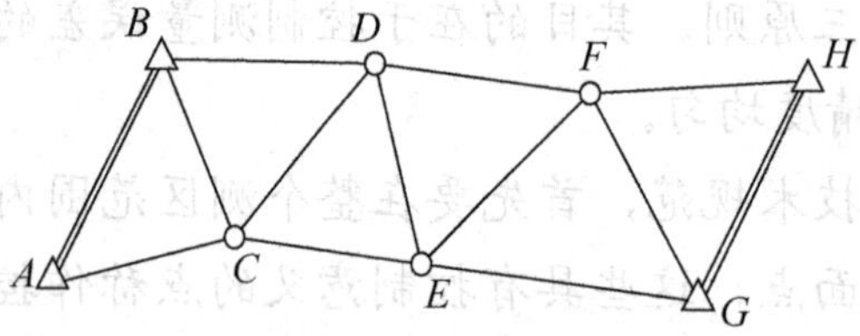

图 8-1　三角网测量

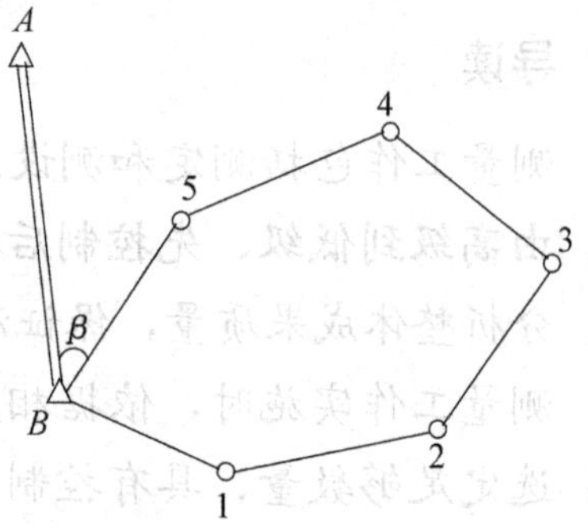

图 8-2　导线测量

现在采用全球卫星定位系统 GNSS 技术进行平面控制测量，在卫星信号接收欠佳的地区采用导线测量，而较少使用三角形网测量。

1. 国家平面控制

国家平面控制网是在全国范围内统一建立的控制网，是确定全国范围内地貌地物平面位置的坐标体系，按控制等级和施测精度分为一、二、三、四等网。目前，国家平面控制网中含三角点、导线点共 154348 个，构成 1954 年北京坐标系、1980 年国家大地坐标系两套坐标系统。国家平面控制网主要通过精密三角测量的方法，按先高级后低级、逐级加密的原则建立。它是全国各种比例尺测图的基本控制和各项工程基本建设的依据，并为研究地球的形状和大小、军事和科学研究及地震预报等提供重要的研究资料。

近些年来，GPS 技术已经得到了广泛的应用。我国从 20 世纪 90 年代初开始建立了一系列 GPS 控制网：一是国家测绘局于 1991—1995 年布设的国家高精度 GPS A、B 级网；二是中国人民解放军总参谋部测绘局于 1991—1997 年布设的全国 GPS 一、二级网；三是中国地震局、中国人民解放军总参谋部测绘局、中国科学院和国家测绘局等部门于 1998—2000 年共同建立的“中国地壳运动观测网络”。为了整合 3 个覆盖全国(除台湾省)的 GPS 控制网的整体效益和不兼容性，于 2000—2003 年进行整体平差处理，建立统一的、高精度的国家 GPS 大地控制网，共获得 2524 个 GPS 控制点成果，命名为“2000 年国家 GPS 大地控制网”，为全国三维地心坐标系统提供了高精度的坐标框架，为全国提供了高精度的重力基准。

2. 小区域平面控制

在小区域内建立的平面控制网，称为小区域平面控制网，一般指方圆 10～15km 的范围。在这个范围内，水准面可视为水平面，直接利用观测数据在水平面上计算出控制点的直角坐标。在建立小区域平面控制网时，应尽量与已有国家或城市控制网联测，将国家或城市控制点坐标作为小区域控制网的起算数据。如果测区附近无高级控制点，或者不便联测时，也可建立独立平面控制网。在小区域单纯以大比例尺地形图测绘为目的时，图根等级可作首级控制。

测图控制点的密度要满足测图要求，密度依测图方法不同而异。一般地区控制点密度见表 8-1，城镇建筑区控制点根据需要布设，密度将成倍增加。小区域平面控制所适用的方法主要是 GNSS 静态测量、GNSS RTK 测量、导线测量等。

表 8-1　一般地区测图控制点密度

测图比例尺	图幅尺寸/cm	每幅图控制点数/个		
		GNSS RTK 测图	全站仪测图	经纬仪模拟测图
1∶500	50×50	1	2	8
1∶1000	50×50	1～2	3	12
1∶2000	50×50	2	4	15
1∶5000	40×40	3	6	30

注：表中数量包含加密图根控制点在内的所有解析控制点。

3. 工程平面控制

在工程建设区域为满足 1∶5000～1∶500 大比例尺地形图测绘和工程施工放样需要，布设工程平面控制网。工程平面控制网的建立依据现行《工程测量规范》(GB 50026—2007)，在国家高等级控制点的控制之下，根据建设区域范围的大小，布设不同的等级。GNSS 技术是工程控制的首选方法，其精度等级划分为二、三、四等和一、二级。在卫星信号欠佳或通视困难的地区采用导线测量，导线测量精度等级划分为三、四等和一、二、三级。三角形网测量分为二、三、四等和一、二级。在高等级控制点的基础上进行图根控制点加密。

《工程测量规范》(GB 50026—2007)对 GNSS 测量、三角形网测量和导线测量的主要技术要求参见表 8-2～表 8-4。实际工作中，对于一些建立了测绘标准(规范)体系的工程建设领域，进行控制测量时，执行相应的专业测绘标准。例如，城市建设执行《城市测量规范》(CJJ T8—2011)，城市轨道交通工程建设执行《城市轨道交通工程测量规范》(GB 50308—2008)，公路工程建设执行《公路勘测规范》(JTG C10—2007)和《公路勘测细则》，水利水电工程建设执行《水利水电工程测量规范(规划设计阶段)》(SL 197—2013)和《水利水电工程施工测量规范》(DL/T 5173—2003)。

表 8-2　GNSS 测量控制网主要技术要求

等级	平均边长 /km	固定误差 A/mm	比例误差系数 B/(mm/km)	约束点间相对中误差	约束平差后最弱边相对中误差
二等	9	10	2	1/250000	1/120000
三等	4.5	10	5	1/150000	1/70000
四等	2	10	10	1/100000	1/40000
一级	1	10	20	1/40000	1/20000
二级	0.5	10	40	1/20000	1/10000

表 8-3　三角测量的主要技术要求

等　级	平均边长 /km	测角中误差/(")	起始边边长相对中误差	最弱边边长相对中误差	测 回 数			三角形最大闭合差/(")
					DJ1	DJ2	DJ6	
二等	9	±1	≤1/250000	≤1/120000	12	—	—	±3.5
三等	4.5	±1.8	≤1/150000	≤1/70000	6	9	—	±7
四等	2	±2.5	≤1/100000	≤1/40000	4	6	—	±9
一级小三角	1	±5	≤1/40000	≤1/20000	—	2	4	±15
二级小三角	0.5	±10	≤1/20000	≤1/10000	—	1	2	±30

注：当测区测图的最大比例尺为 1∶1000 时，一、二级小三角的边长可适当放大，但最大长度不应大于表中规定的 2 倍。

表 8-4　导线测量的主要技术要求

等级	导线长度 /km	平均长度/km	测角中误差/(″)	测距中误差/mm	测距相对中误差	测回数			方位角闭合差/(″)	相 对闭合差
						DJ1	DJ2	DJ6		
三等	14	3	±1.8	±20	≤1/150000	6	10		$\pm3.6\sqrt{n}$	≤1/55000
四等	9	1.5	±2.5	±18	≤1/80000	4	6		$\pm5\sqrt{n}$	≤1/35000
一级	4	0.5	±5	±15	≤1/30000		2	4	$\pm10\sqrt{n}$	≤1/15000
二级	2.4	0.25	±8	±15	≤1/14000		1	3	$\pm16\sqrt{n}$	≤1/10000
三级	1.2	0.1	±12	±15	≤1/7000		1	2	$\pm24\sqrt{n}$	≤1/5000
图根	≤aM		首级 20 加密 30		≤1/4000		1	1	首级$\pm40\sqrt{n}$ 加密$\pm60\sqrt{n}$	1/5000a

注：1. 表中 n 为测站数。

2. 当测区测图的最大比例尺为 1∶1000 时，一、二、三级导线的平均边长及总长可适当放长，但不应大于规定的 2 倍。

3. aM, M 是比例尺分母，一般情况下 a 取 1，当最大测图比例尺为 1∶1000 或 1∶500 时，a 取 1～2。

8.1.2 平面控制测量的分类及技术要求

1. 国家高程控制

在全国范围内采用水准测量方法建立的高程控制网称为**国家水准网**。国家水准网分为 4 个等级，逐级控制，逐级加密。各等级水准路线，要求自身构成闭合环线，或附(闭)合于高级水准点。一、二等水准网是国家高程控制的基础，通常沿铁路、公路或河流布设成闭合或附合路线，用一、二等水准测量的方法施测，其成果还是研究地球形状和大小的重要数据。另外，根据重复测量结果可以研究地壳的垂直形变，而这也是地震预报研究的重要数据。国家三、四等水准网是在一、二等水准网基础上的加密，且直接为地形测绘和工程建设提供控制点高程。

2. 小区域高程控制

在小区域建立高程控制网，应根据测区的面积大小和工程技术要求，采用分级建立的方法。一般情况下，以高等级水准点为基础，在整个测区建立三(四)等水准网，再用五等水准测量加密点高程。GNSS 高程测量、全站仪三角高程测量也是常用技术。

3. 工程高程控制

依据《工程测量规范》(GB 50026—2007)，工程高程控制测量分为二、三、四、五等和图根 5 个等级。一般采用水准测量技术进行。全站仪三角高程测量技术和 GNSS 高程测量技术可以代替四等及其以下等级。首级控制的等级需根据工程建设范围的大小、精度要求的高低确定。以等级水准点为基础进行图根点高程加密。《工程测量规范》(GB 50026—2007)对各等级水准测量的主要技术要求见表 8-5。

表 8-5 水准测量的主要技术要求

等级	每千米高差全中误差/mm	路线长度/km	水准仪的型号	水准尺	观测次数		往返较差、附合或环线闭合差	
					与已知点联测	附合或环线	平地/mm	山地/mm
二等	±2	—	DS1	铟瓦	往返各一次	往返各一次	$\pm 4\sqrt{L}$	—
三等	±6	≤50	n	铟瓦	往返各一次	往一次	$\pm 12\sqrt{L}$	$\pm 4n$
			n	双面		往返各一次		
四等	±10	≤16	DS3	双面	往返各一次	往一次	$\pm 20\sqrt{L}$	$\pm 6n$
五等	±15	—	DS3	单面	往返各一次	往一次	$\pm 30\sqrt{L}$	—

注：1. 节点之间或节点与高级点之间，其路线的长度不应大于表中规定的 0.7 倍。

2. L 为往返测段，附合或环线的水准路线长度(单位为 km)；n 为测站数。

8.2 导线测量

在进行小区域平面控制测量工作中，由于导线的布设形式灵活，通视方向要求较少，适用于布设在建筑物密集区、道路、管线、隧道等带状施工区及井下平面测量。随着光电测距仪和全站仪的日益普及，导线测量已成为建立小区域平面控制网的主要方式，特别是在图根控制测量中应用更为广泛。

8.2.1 导线的布设形式

导线可根据距离测量方法分为钢尺量距导线、光电测距导线，通常根据测区的不同情况和要求及导线点的连接关系，其布设主要有附合导线、闭合导线和支导线 3 种形式。

1. 附合导线

如图 8-3 所示，从一高级控制点 B 和已知方向 AB 出发，经过各导线点后，最后附合到另一个高级控制点 C 和已知方向 CD 上构成一折线的导线，称为**附合导线**。

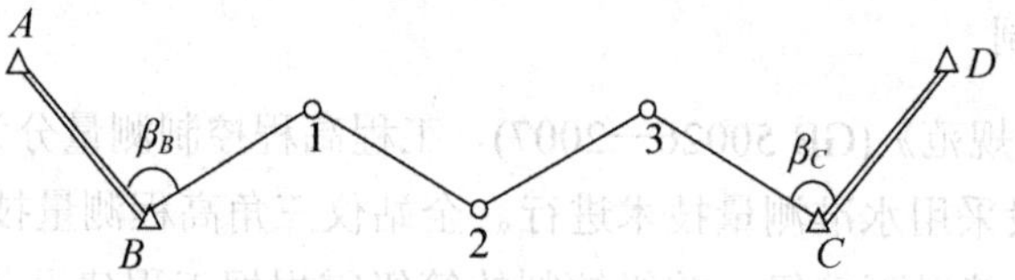

图 8-3 附合导线

2. 闭合导线

如图 8-4 所示，由已知高级控制点 B 和已知方向 AB 出发，经过各导线点后，最终仍回到 B 点，形成一个闭合多边形，称为**闭合导线**。

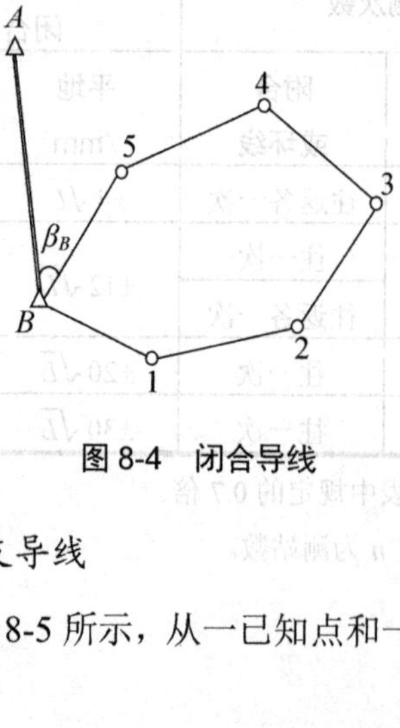

图 8-4 闭合导线

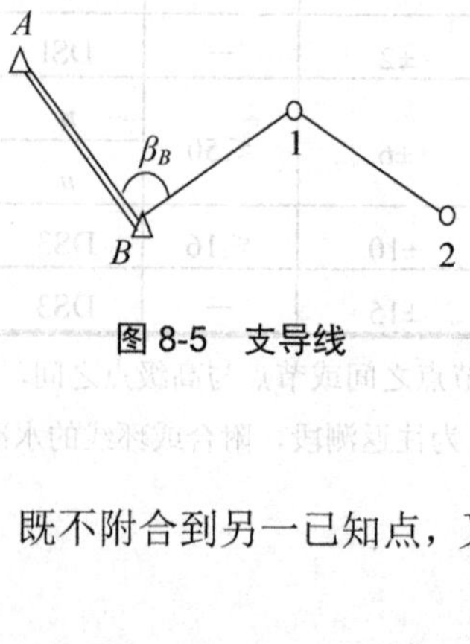

图 8-5 支导线

3. 支导线

如图 8-5 所示，从一已知点和一个已知方位角出发，既不附合到另一已知点，又不回到原起始点的导线，称为**支导线**。支导线由于缺少检核条件，因此在地面较少使用。在特殊情况下非用不可时，一般不得超过 3 条边，并需往返测量。但在井下由于受条件限制，多在巷道中布设支导线并用往返测量来检查其正确性，或采用陀螺定向边以检查测角的正确性和控制方向误差累积。

8.2.2 导线的外业工作

导线外业测量的工作包括踏勘选点、建立标志、测角、量边和起始方位角测定。

1. 踏勘选点和建立标志

在踏勘选点前，应调查收集测区已有地形图和高一级控制点的成果资料，把控制点展绘在地形图上，然后在地形图上拟定导线的布设方案，最后到野外去踏勘，实地核对、修改、落实点位。如果测区没有地形图资料，则需详细踏勘现场，根据已知控制点的分布、测区地形条件及测图和施工需要等具体情况，合理地选定导线点的位置。

实地选点时，应注意下列几点。

(1) 相邻点间通视良好，地势较平坦，便于测角和量距。

(2) 点位应选在土质坚实处，便于保存标志和安置仪器。

(3) 视野开阔，便于施测碎部。

(4) 导线各边的长度应大致相等，除特别情形外，对于二、三级导线，其边长应不大于 350m，也不宜小于 50m，平均边长参见表 8-4。

(5) 导线点应有足够的密度，且分布均匀，便于控制整个测区。

导线点选定后应埋设标志，临时性导线点可用较长的木桩打入地下，永久性的导线点可用长水泥桩或石桩埋入地下，也可利用地面上固定的标志，导线点应进行编号。在桩上钉一小钉或刻上十字表示点位，在桩顶或侧面写上编号，如图 8-6～图 8-8 所示，并应画一草图，草图标明导线点位置和导线点周围地物，以便寻找，称之为**点之记**，如图 8-8 所示。

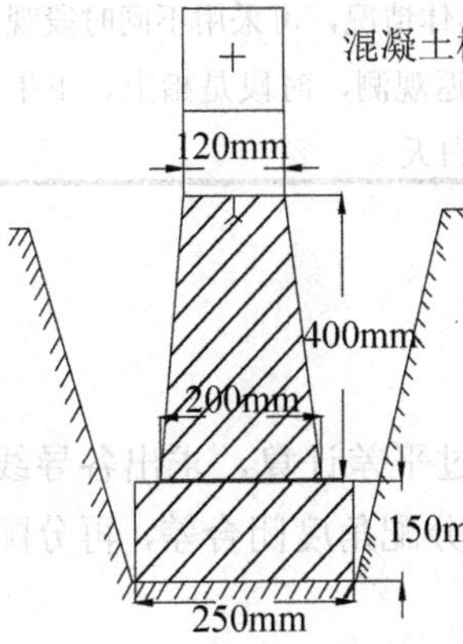

图 8-6　永久导线点

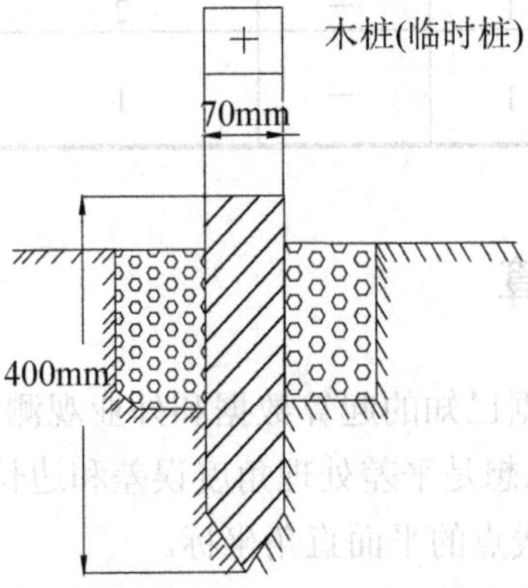

图 8-7　临时导线点

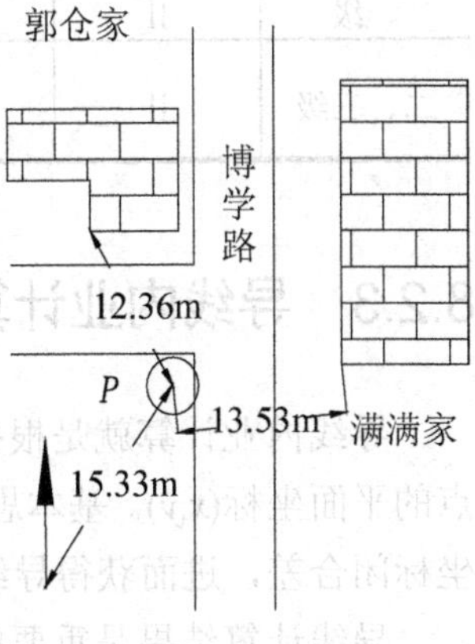

图 8-8　点之记

2. 测角

导线角度测量分为转折角测量和连接角测量。一般采用全站仪、电子经纬仪和光学经纬仪用测回法测量，两个以上方向组成的角也可用方向法。用测回法施测导线左角(位于导线前进方向左侧的角)或右角(位于导线前进方向右侧的角)。一般在附合导线或支导线中，是测量导线的左角，在闭合导线中均测右角。若闭合导线按顺时针方向编号，则其右角就是内角。不同等级的导线的测角主要技术要求已列入表 8-4。对于图根导线，一般用 DJ6 型光学经纬仪观测一个测回。若盘左、盘右测得角值的较差不超过40″，则取其平均值作为一测回角值。在导线与高级控制点连接时，要加测连接角，若导线为独立系统，则需用罗盘仪或其他方法测定起始边方位角。

3. 量边

导线边长可用光电测距仪测定，测量时要同时观测竖直角，供倾斜改正之用。若用钢尺丈量，钢尺必须经过检定。对于一、二、三级导线，应按钢尺量距的精密方法进行丈量。对于图根导线，用一般方法往返丈量，取其平均值，并要求其相对误差不大于 1/3000。钢尺量距结束后，应进行尺长改正、温度改正和倾斜改正，3 项改正后的结果作为最后成果。测量规程中对于各等级导线边的要求如表 8-6 所示。

表 8-6 各等级平面控制网测距边测距的技术要求

控网等级	测距仪	观测次数		总测回数	备 注
		往	返		
二等	I	1	1	6	①II 表示为须用精度等级≤±(5mm+3ppm·D)的 II 级测距仪。 ② 一测回是指照准目标一次，一般读数 4 次，可根据仪器出现的离散程度和大气透明度作适当增减。往返测回数各占总测回数一半。 ③ 根据具体情况，可采用不同时段观测代替往返观测，时段是指上、下午或不同的白天
	II			8	
三等	I	1	1	4	
	II			6	
四等	I	1	1	2	
	II			4	
一级	II	1	—	2	
二、三级	II	1	—	1	

8.2.3 导线内业计算

导线内业计算就是根据已知的起算数据和外业观测结果，通过平差计算，求出各导线点的平面坐标(x,y)。基本思想是平差处理角度误差和边长误差，先分配角度闭合差，再分配坐标闭合差，进而获得导线点的平面直角坐标。

导线计算结果是重要的技术资料，计算过程必须规范，要在统一的表格内进行。计算前应当全面检查导线测量外业记录成果是否齐全，有无记错、算错，成果是否符合精度要求，计算数据是否正确无误，然后绘制导线略图，并标注导线实测边长、转折角、连接角和初始坐标，以方便进行导线坐标的计算。

1. 导线坐标计算基本公式

1) 坐标方位角的推算

如图 8-9 所示，已知直线 AB 的坐标方位角为α_{AB}，B 点处的转折角为β，当β为左角时，则直线 BC 的坐标方位角α_{BC}为

$$\alpha_{BC}=\alpha_{AB}+\beta-180^\circ \tag{8-1}$$

当β为右角，则直线 BC 的坐标方位角α_{BC}为

$$\alpha_{BC}=\alpha_{AB}-\beta+180^\circ \tag{8-2}$$

综合式(8-1)和式(8-2)可得方位角推算的一般公式为

$$\alpha_{前}=\alpha_{后}\pm\beta\mp180^\circ \tag{8-3}$$

在使用式(8-3)推算导线坐标方位角时，β为左角时，其前符号取“+”，β为右角时，其前符号取“−”。若出现推算的坐标方位角$\alpha_{前}$大于 360°，则应减去 360°，如果出现负值，则应加上 360°，$\alpha_{后}$是指导线前进方向的方位角。

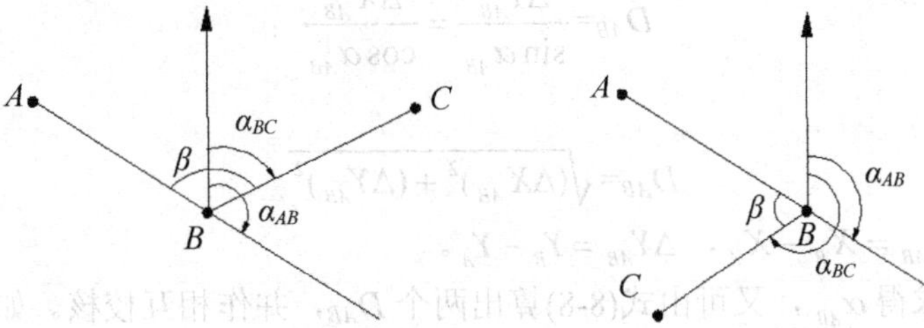

图 8-9　坐标方位角推算

2) 坐标正算公式

根据已知点的坐标、观测边的长度及其坐标方位角计算未知点的坐标，称作坐标正算。如图 8-10 所示，设 A 为已知点，B 为未知点，当 A 点的坐标 X_A、Y_A 和边长 D_{AB}、坐标方位角α_{AB}均为已知时，则可求得 B 点的坐标 X_B、Y_B。由图可知

$$\left.\begin{aligned}X_B&=X_A+\Delta X_{AB}\\Y_B&=Y_A+\Delta Y_{AB}\end{aligned}\right\} \tag{8-4}$$

其中，坐标增量的计算公式为

$$\left.\begin{aligned}\Delta X_{AB}&=D_{AB}\cdot\cos\alpha_{AB}\\\Delta Y_{AB}&=D_{AB}\cdot\sin\alpha_{AB}\end{aligned}\right\} \tag{8-5}$$

式中，ΔX_{AB}、ΔY_{AB}的正负号应根据$\cos\alpha_{AB}$、$\sin\alpha_{AB}$的正负号决定，所以式(8-4)又可写成

$$\left.\begin{aligned}X_B&=X_A+D_{AB}\cdot\cos\alpha_{AB}\\Y_B&=Y_A+D_{AB}\cdot\sin\alpha_{AB}\end{aligned}\right\} \tag{8-6}$$

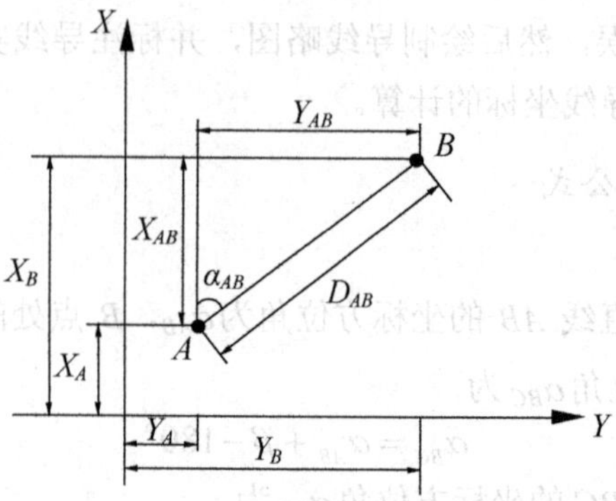

图 8-10　导线坐标正算示意图

3) 坐标反算公式

根据直线两端点坐标计算直线的边长和坐标方位角，称作**坐标反算**。如图 8-10 所示，若设 A、B 为两已知点，其坐标分别为 X_A、Y_A 和 X_B、Y_B 则可得

$$\tan\alpha_{AB}=\frac{\Delta Y_{AB}}{\Delta X_{AB}} \tag{8-7}$$

$$D_{AB}=\frac{\Delta Y_{AB}}{\sin\alpha_{AB}}=\frac{\Delta X_{AB}}{\cos\alpha_{AB}} \tag{8-8}$$

或

$$D_{AB}=\sqrt{(\Delta X_{AB})^2+(\Delta Y_{AB})^2} \tag{8-9}$$

上式中，$\Delta X_{AB}=X_B-X_A$，$\Delta Y_{AB}=Y_B-Y_A$。

由式(8-7)可求得 α_{AB}，又可由式(8-8)算出两个 D_{AB}，并作相互校核。如果仅尾数略有差异，就取中数作为最后的结果。需要指出的是：按式(8-7)计算出来的坐标方位角是有正负号的，因此，还应按坐标增量 ΔX 和 ΔY 的正负号最后确定 AB 边的坐标方位角。即若按式(8-7)计算的坐标方位角为

$$\alpha'=\arctan\frac{\Delta Y}{\Delta X} \tag{8-10}$$

则 AB 边的坐标方位角 α_{AB} 应为：

在第Ⅰ象限，即当 $\Delta X>0$，$\Delta Y>0$ 时，$\alpha_{AB}=\alpha'$。

在第Ⅱ象限，即当 $\Delta X<0$，$\Delta Y>0$ 时，$\alpha_{AB}=180^\circ-\alpha'$。

在第Ⅲ象限，即当 $\Delta X<0$，$\Delta Y<0$ 时，$\alpha_{AB}=180^\circ+\alpha'$。

在第Ⅳ象限，即当 $\Delta X>0$，$\Delta Y<0$ 时，$\alpha_{AB}=360^\circ-\alpha'$。

2. 附合导线坐标计算

附合导线是布设在两个已知点间的一种导线形式，现有一导线如图 8-11 所示。A、B、C、D 是国家高等级控制点，由 B 点经一系列观测附合到 C 点，B、C 两点坐标及观测转折角如图 8-11 所示。

1) 角度闭合差的计算与分配

根据式(8-3)，推算 CD 边坐标方位角为

$$\alpha'_{CD}=\alpha_{AB}+\sum_{i=1}^{n}\beta_i-n\times180^\circ \tag{8-11}$$

由于测角误差的存在，导致推算值α'_{CD}和实际值α_{CD}之间存在差值，该值称为附合导线的**方位角闭合差**，用f_β表示，则有

$$f_\beta=\alpha'_{CD}-\alpha_{CD} \tag{8-12}$$

图根导线角度闭合差为

$$f_{\beta容}=\pm60''\sqrt{n} \tag{8-13}$$

角度闭合差的大小反映出测角的精度。若$f_\beta\geqslant f_{\beta容}$，表明角度观测误差超限，要重新测量角度；若$f_\beta<f_{\beta容}$，表明角度测量成果符合要求，只需对各转角进行闭合差调整。由于导线测量中各角度值属于等精度观测，故角度闭合差的分配原则为：用左角推算方位角时，将角度闭合差f_β反符号平均分配给各观测角；用右角推算方位角时，将角度闭合差f_β同符号平均分配给各观测角。不能均分时将余数凑整依次分配在相邻边较短的大角上，使改正后的方位角值等于实际值。最后计算α'_{CD}和α_{CD}，并以是否相等作为检核。

$$v_i=-\frac{f_\beta}{n} \tag{8-14}$$

则改正以后的水平转角$\beta_{i改}$等于实测水平角与对应水平角改正数之和，即

$$\beta_{i改}=\beta_i+v_i \tag{8-15}$$

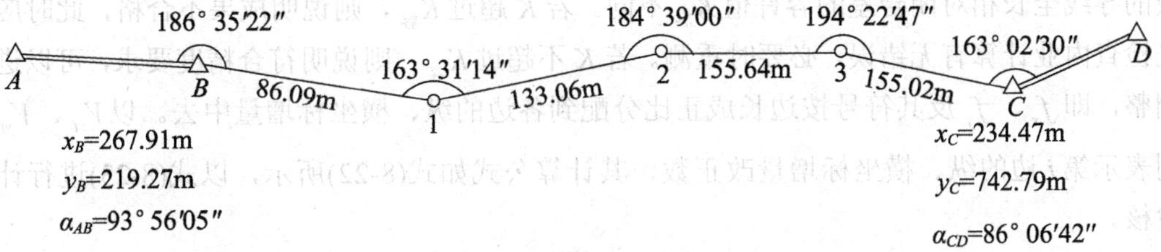

图 8-11　图根附合导线略图

2) 导线坐标方位角的推算与坐标增量计算

根据起始边的已知坐标方位角及改正后角值推算其他各导线边的坐标方位角，然后根据各边实测边长计算各边的坐标增量，具体计算方法参见前节坐标计算的基本式(8-2)～式(8-6)的内容。

3) 坐标增量闭合差的计算与调整

由式(8-5)可知，在导线前进方向上第i点与相邻j点之间的坐标增量为

$$\left.\begin{aligned}\Delta X_{ij}&=D_{ij}\cdot\cos\alpha_{ij}\\ \Delta Y_{ij}&=D_{ij}\cdot\sin\alpha_{ij}\end{aligned}\right\} \tag{8-16}$$

各坐标增量的总和理论上应该等于终点坐标与起始点坐标之差，即

$$\left.\begin{aligned}\sum\Delta x_{理}&=x_{终}-x_{始}=x_C-x_B\\ \sum\Delta y_{理}&=y_{终}-y_{始}=y_C-y_B\end{aligned}\right\} \tag{8-17}$$

但实际上由于量边的误差和角度闭合差调整后的残余误差，往往使$\sum\Delta x_{测}$和$\sum\Delta y_{测}$与

理论值不等，而产生纵坐标增量闭合差 f_x 与横坐标增量闭合差 f_y，按式(8-16)计算 $\Delta x_{测}$ 和 $\Delta y_{测}$，即

$$\left.\begin{aligned} f_x &= \sum \Delta x_{测} - \sum \Delta x_{理} \\ f_y &= \sum \Delta y_{测} - \sum \Delta y_{理} \end{aligned}\right\} \tag{8-18}$$

将式(8-17)代入式(8-18)得

$$\left.\begin{aligned} f_x &= \sum \Delta x_{测} - (x_{终} - x_{始}) \\ f_y &= \sum \Delta y_{测} - (y_{终} - y_{始}) \end{aligned}\right\} \tag{8-19}$$

由于坐标增量闭合差的存在，使得推算得到的导线点与已知点不重合，推算点与已知点的距离称为**导线全长闭合差**，用 f_D 表示为

$$f_D = \sqrt{f_x^2 + f_y^2} \tag{8-20}$$

由于 f_D 值的大小与导线长度有关，因此，仅从 f_D 值的大小还不能显示导线测量的精度，应当将 f_D 与导线全长 $\sum D$ 相比，化为分子为 1 的分数，即导线全长相对闭合差 K 来表示导线测量的精度，即

$$K = \frac{f_D}{\sum D} = \frac{1}{\sum D / f_D} \tag{8-21}$$

以导线全长相对闭合差 K 来衡量导线测量的精度，K 的分母越大，精度越高。不同等级的导线全长相对闭合差的容许值 $K_{容}$ 不同。若 K 超过 $K_{容}$，则说明成果不合格，此时应首先检查内业计算有无错误，必要时重测。若 K 不超过 $K_{容}$，则说明符合精度要求，可以进行调整，即 f_x、f_y 反其符号按边长成正比分配到各边的纵、横坐标增量中去。以 V_{xi}、V_{yi} 分别表示第 i 边的纵、横坐标增量改正数，其计算公式如式(8-22)所示，以式(8-23)进行计算检核。

$$\left.\begin{aligned} V_{xi} &= -f_x / \sum D \cdot D_i \\ V_{yi} &= -f_y / \sum D \cdot D_i \end{aligned}\right\} \tag{8-22}$$

$$\left.\begin{aligned} \sum V_x &= -f_x \\ \sum V_y &= -f_y \end{aligned}\right\} \tag{8-23}$$

进而计算各导线边改正后坐标增量，如式(8-24)所示，以式(8-25)进行计算检核。

$$\left.\begin{aligned} \Delta X_{i改} &= \Delta X_i + V_{\Delta X_i} \\ \Delta Y_{i改} &= \Delta Y_i + V_{\Delta Y_i} \end{aligned}\right\} \tag{8-24}$$

$$\left\{\begin{aligned} \sum \Delta X_{i改} &= 0 \\ \sum \Delta Y_{i改} &= 0 \end{aligned}\right. \tag{8-25}$$

4) 导线点坐标计算

根据起点已知坐标及改正后增量，按式(8-26)依次推算各导线点坐标值。最后推算到已知终点的坐标，看其坐标值是否一致，以作计算校核。

$$\left.\begin{aligned} X_i &= X_{i-1} + \Delta X_{i-1改} \\ Y_i &= Y_{i-1} + \Delta Y_{i-1改} \end{aligned}\right\} \tag{8-26}$$

【例 8-1】 现有一附合导线，如图 8-11 所示，具体坐标计算过程见表 8-7。

表 8-7 附合导线坐标计算表

点号	转折角(左角) 观测值 /(° ′ ″)	转折角(左角) 改正后值 /(° ′ ″)	方位角 /(° ′ ″)	边长 /m	坐标增量值 Δx / m	坐标增量值 Δy / m	改正后增量 $\Delta x'$ / m	改正后增量 $\Delta y'$ / m	坐标 x / m	坐标 y / m
1	2	3	4	5	6	7	8	9	10	11
A										
			93 56 05							
B	−3 186 35 22	186 35 19							267.91	219.27
			100 31 24	86.09	0 −15.72	−1 +84.64	−15.72	+84.63		
1	−4 163 31 14	163 31 10							252.19	303.90
			84 02 34	133.06	0 +13.81	−1 +132.34	+13.81	+132.33		
2	−3 184 39 00	184 38 57							260.00	436.23
			88 41 31	155.64	−1 +3.55	−2 +155.60	+3.54	−155.58		
3	−3 194 22 47	194 22 43							269.54	591.81
			103 04 15	155.02	−1 −35.06	−2 +151.00	−35.07	+150.98		
C	−3 163 02 30	163 02 27							234.47	742.79
			86 06 42							
D										
$\sum$	892 10 53	892 10 37		529.81	−33.42	+523.58	−34.44	523.52		
辅助计算	$f_\beta = \alpha'_{CD} - \alpha_{CD} = +16''$　$f_{\beta容} = \pm 60''\sqrt{n} = \pm 60''\sqrt{5} = \pm 134''$　$f_\beta < f_{\beta容}$ $f_x = \sum \Delta x' - (x_C - x_B) = +0.02\text{m}$　$f_y = \sum \Delta y' - (y_C - y_B) = +0.06\text{m}$ $f = \sqrt{f_x^2 + f_y^2} = 0.06\text{m}$ $K = \dfrac{f}{\sum D} = \dfrac{0.06}{529.81} \approx \dfrac{1}{8800} < \dfrac{1}{2000}$									

3. 闭合导线坐标计算

闭合导线的计算与附合导线的计算方法基本相同，也要同时满足角度闭合条件和坐标闭合条件。但具体计算公式与附合导线略有不同。下面就不同之处逐一介绍。

1) 角度闭合差的计算与调整

闭合导线测的是内角，在几何上属于多边形，其闭合条件理论值满足 n 边形内角和条件，即

$$\sum \beta_{理} = (n-2) \times 180° \tag{8-27}$$

角度闭合差为

$$f_\beta = \sum \beta_{测} - \sum \beta_{理} = \sum \beta_{测} - (n-2) \cdot 180° \tag{8-28}$$

各级导线角度闭合差的允许值是不同的，若闭合差大于允许值则成果不合格。应仔细检查原始记录，分析原因，有目的地返工。若 $f_\beta \leqslant f_{\beta允}$，可将闭合差按“反符号、平均分配”的原则对角度进行改正。若角度改正数不恰为整秒数，可酌情调整凑整。使改正后的内角和为 $(n-2)\times 180^\circ$，以作计算检核。

2) 坐标增量闭合差的计算与调整

闭合导线的起始点为同一个点，所以坐标增量理论值为零，即

$$\left.\begin{aligned}\sum \Delta X_{理} = 0\\ \sum \Delta Y_{理} = 0\end{aligned}\right\} \tag{8-29}$$

由于误差的存在使 $\sum \Delta X_{测}$ 和 $\sum \Delta Y_{测}$ 不等于零，而产生坐标增量闭合差，分布用 f_x 和 f_y 表示，即

$$\left.\begin{aligned}f_x = \sum \Delta x_{测}\\ f_y = \sum \Delta y_{测}\end{aligned}\right\} \tag{8-30}$$

坐标闭合差是否满足精度的判断，坐标闭合差增量的调整与分配，最后坐标的计算方法同附合导线。

【例 8-2】 现有一闭合导线，如图 8-12 所示，具体坐标计算过程见表 8-8。

表 8-8 闭合导线坐标计算表

点号	转折角(右角) 观测值 /(° ′ ″)	转折角(右角) 改正后值 /(° ′ ″)	方位角 /(° ′ ″)	边长 /m	坐标增量值 Δx/m	坐标增量值 Δy/m	改正后增量 $\Delta x'$/m	改正后增量 $\Delta y'$/m	坐标 x/m	坐标 y/m
1	2	3	4	5	6	7	8	9	10	11
A									536.27	328.74
			48 43 18	115.10	−0.02 +75.93	0.02 +86.50	+75.91	+86.52		
1	+12 97 03 00	97 03 12							612.18	415.26
			131 40 06	100.09	−0.02 −66.54	0.02 +74.77	−66.56	+74.79		
2	+12 105 17 06	105 17 18							545.62	490.05
			206 22 48	108.32	−0.02 −97.04	0.02 −48.13	−97.06	−48.11		
3	+12 101 46 24	101 46 36							448.56	441.94
			284 36 12	94.38	−0.02 +23.80	0.01 −91.33	+23.78	−91.32		
4	+12 123 30 06	123 30 18							472.34	350.62
			341 05 54	67.58	−0.01 +63.94	0.01 −21.89	+63.93	−21.88		
A	+12 112 22 24	112 22 36							536.27	328.74
			48 43 18							
1										
$\sum$	539 59 00	540 00 00		485.47	+0.09	−0.08	0.00	0.00		

辅助计算：

$\sum \beta_{测} = 539°59'00''$，$\sum D = 485.47\text{m}$，$\sum \beta_{理} = (n-2)\times 180^\circ = (5-2)\times 180^\circ = 540°00'00''$

$f_\beta = \sum \beta_{测} - \sum \beta_{理} = -60''$　　$f_{\beta容} = \pm 60''\sqrt{n} = \pm 60''\sqrt{5} = \pm 134''$　　$f_\beta < f_{\beta容}$

$f_x = \sum \Delta x_{测} = +0.09\text{m}$　　$f_y = \sum \Delta y_{测} = -0.08\text{m}$　　$f = \sqrt{f_x^2 + f_y^2} = 0.12\text{m}$

$K = \dfrac{f}{\sum D} = \dfrac{0.12}{485.47} \approx \dfrac{1}{4046} < \dfrac{1}{2000}$

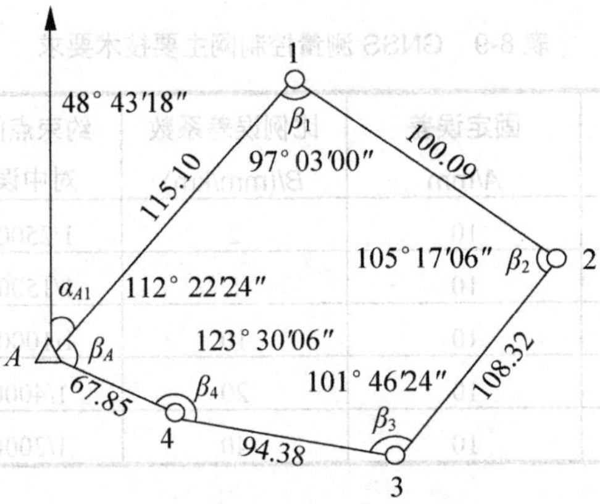

图 8-12　闭合导线示意图

8.3　GNSS 小区域控制测量

利用 GNSS 进行平面控制测量时，高等级控制测量常用的是静态相对(快速静态相对)技术。当前，随着 GNSS 连续运行参考站系统 CORS 在国内许多省市和城市建成，使网络 RTK 技术成为小区域进行控制测量的主要方法。

8.3.1　GNSS 静态相对测量

静态相对(快速静态相对)技术是将两台或多台 GNSS 接收机分别安置在不同控制点上，同步接收 GNSS 卫星信号。将载波相位观测值进行线性组合后差分(单差、双差和三差)，以消除卫星钟差、削弱电离层和对流层延迟影响，消除整周模糊度，从而解算出 WGS-84 坐标系下的高精度基线，进行基线向量网平差、地面用户网联合平差，最终得到控制点在用户坐标系下的坐标。

目前，利用 GNSS 进行平面控制测量时，可用 GPS 卫星系统，也可用双卫星系统(BDS+GPS)和多卫系统(BDS+GPS+GLONASS)。利用 GNSS 静态相对测量技术进行控制测量一般分为 3 个主要步骤：技术设计、外业实施和数据处理。

1. GNSS 控制网的技术设计

GNSS 控制网的技术设计主要依据测量规范和用户要求，结合测区实际地形条件进行。《工程测量规范》(GB 50026—2007)关于 GNSS 测量控制网的主要技术要求和 GNSS 控制测量作业的基本技术要求，参见表 8-9 和表 8-10。

表 8-9 GNSS 测量控制网主要技术要求

等级	平均边长/km	固定误差 A/mm	比例误差系数 B/(mm/km)	约束点间相对中误差	约束平差后最弱边相对中误差
二等	9	10	2	1/250000	1/120000
三等	4.5	10	5	1/150000	1/70000
四等	2	10	10	1/100000	1/40000
一级	1	10	20	1/40000	1/20000
二级	0.5	10	40	1/20000	1/10000

表 8-10 GNSS 测量控制测量作业的基本技术要求

等级		二等	三等	四等	一级	二级
接收机类型		双频	双频/单频	双频/单频	双频/单频	双频/单频
接收机标称精度		10mm+2ppm	10mm+5ppm	10mm+5ppm	10mm+5ppm	10mm+5ppm
观测量		载波相位	载波相位	载波相位	载波相位	载波相位
卫星高度角/(°)	静态	≥15	≥15	≥15	≥15	≥15
	快速静态				≥15	≥15
有效卫星数	静态	≥5	≥5	≥4	≥4	≥4
	快速静态				≥5	≥5
观测时段长度/min	静态	30～90	20～60	15～45	10～30	10～30
	快速静态				10～15	10～15
数据采样间隔/s	静态	10～30	10～30	10～30	10～30	10～30
	快速静态				5～15	5～15
几何图形强度因子 PDOP		≤6	≤6	≤6	≤8	≤8

1) 基准设计

GNSS 静态相对测量得到的是 WGS-84 坐标系下控制点间的基线向量，而我国现通常需要 1980 年西安坐标系或 1954 年北京坐标系，今后更多需要 2000 年国家大地坐标系(CGCS2000)或用户独立坐标系下的坐标。基准设计就是明确 GNSS 测量成果所采用的坐标系统和起算数据。必要的平面起算数据是两个高等级控制点的坐标，在实施时，一般不应少于 3 个。采用的坐标系统尽量与测区已有坐标系统一致。若采用独立坐标系，则要收集以下参数：参考椭球体名称、中央子午线经度、纵横坐标加常数、坐标系的投影面、起算点坐标、测区平均高程异常等。为了将 GNSS 控制点的大地高转换成工程需要的正常高，应在测区内均匀联测若干控制点的水准高差，并求得这几个控制点的正常高程。

2) 网形设计

因为 GNSS 控制点精度与网形关系不大，所以 GNSS 控制网形设计比较方便、灵活，主要取决于观测卫星与测站点间构成的几何网形、观测的载波相位信号质量和数据处理模型。因此，GNSS 控制网形设计主要考虑具体工程对控制点位置的要求。在网形设计时要考虑到观测时段、同步观测等几个基本概念，具体见表 8-11。N 台接收机静态同步观测，构成的同步图形如图 8-13 所示。在同步图形中可以选择独立基线(边)$N-1$ 条参与构网。

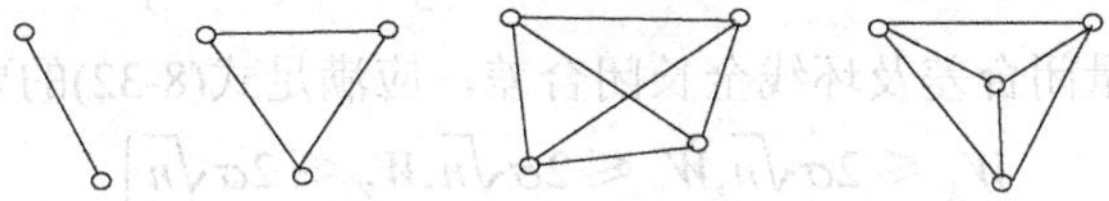

(a) N=2　(b) N=3　(c) N=4

图 8-13　N 台接收机构成的同步图形

表 8-11　GNSS 网形设计时要考虑的相关基本概念

名　词	含　义
观测时段	接收机从卫星信号开始接收到终止接收的连续观测时间段
同步观测	两台或两台以上的接收机，同时对同一组卫星观测
同步观测环	3 台或 3 台以上接收机同步观测所获得的基线向量构成的闭合环，简称同步环
独立基线	由 N 台接收机同步观测，基线向量总数 $J=N(N-1)/2$，其中相互独立的基线向量个数为 $N-1$
独立观测环	由独立观测所获得的基线向量构成的闭合环，简称独立环
异步观测环	有非同步观测基线向量的多边形闭合环，简称异步环
重复基线	同一条基线若观测了多个时段，则这个基线就有多个结果

网形设计就是把独立基线连在一起构成 GNSS 网。为了保证测量成果的精度和可靠性，有效地发现粗差，网中的独立基线必须构成一些几何图形(环形或附合线路)，形成几何检核条件。同步观测基线间的连接方式，有点连式、边连式、网连式和混连式，具体参见 6.3.1 小节中图 6-7。根据设备条件、精度要求、地形条件等综合考虑，二、三等 GNSS 网可以设计成以三角形为基础的边连式、网连式、混连式。四等和一、二级 GNSS 网也可以按快速静态相对观测设计成星形网，如图 8-14 所示。

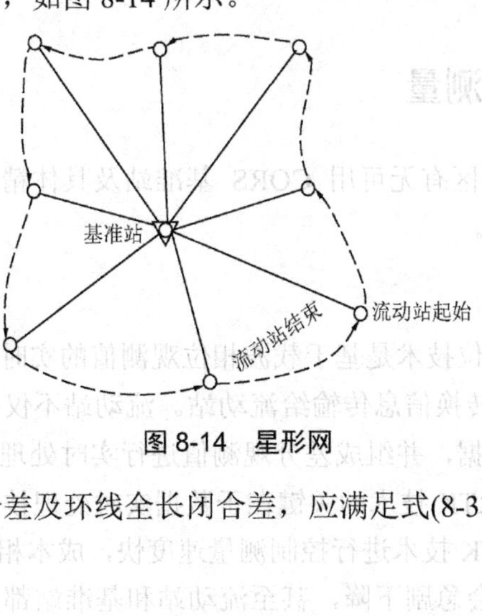

图 8-14　星形网

同步环各坐标分量闭合差及环线全长闭合差，应满足式(8-31)的要求，即

$$\left.\begin{aligned} W_X \leqslant \frac{\sigma}{5}\sqrt{n}, W_Y \leqslant \frac{\sigma}{5}\sqrt{n}, W_Z \leqslant \frac{\sigma}{5}\sqrt{n} \\ W = \sqrt{W_X^2 + W_Y^2 + W_Z^2} \leqslant \frac{\sigma}{5}\sqrt{3n} \end{aligned}\right\} \tag{8-31}$$

异步环各坐标分量闭合差及环线全长闭合差，应满足式(8-32)的要求，即

$$\left.\begin{aligned} W_X \leqslant 2\sigma\sqrt{n}, W_Y \leqslant 2\sigma\sqrt{n}, W_Z \leqslant 2\sigma\sqrt{n} \\ W = \sqrt{W_X^2 + W_Y^2 + W_Z^2} \leqslant 2\sigma\sqrt{3n} \end{aligned}\right\} \tag{8-32}$$

$$\sigma = \sqrt{A^2 + (Bd)^2} \tag{8-33}$$

在式(8-31)～式(8-33)中，σ (mm)为基线长度中误差，A(mm)为接收机固定误差，B(mm/km)为接收机比例误差系数，d (km)为基线长度，n 为闭合环中的基线个数。

网形设计之后，编制完成技术设计书。技术设计书主要反映测区概况和工程具体技术要求、测量作业依据的规范和标准、测区已有的测绘资料(包括平面和高程点起算数据、坐标系统和高程基准名称及参数)、布网方案、选点和埋设标石的要求、GNSS 网观测技术要求和观测计划、数据处理方法、技术人员和设备保障、提交成果目录等。

2. GNSS 静态相对测量外业实施

依据技术设计书要求，进行实地选点和标石埋设。标石经过稳定期后，组织外业观测。GNSS 控制点实地选点的基本要求参见 6.3.3 小节中的内容。

外业观测有安置 GNSS 接收机、接收观测数据和外业检核等工作环节，具体见 6.3.4 小节中的要求。

3. GNSS 静态相对测量数据处理

GNSS 静态相对测量数据处理是指从外业原始数据传输到最终获得控制点坐标成果的整个过程，包括数据预处理、基线向量网无约束平差(三维自由网平差)和约束平差(地面网联合平差)几个步骤。通常用随机软件进行，也可使用专用软件。

8.3.2 GNSS RTK 测量

RTK 测量可以结合测区有无可用 CORS 基准站及具体精度要求选取单基站 RTK 或 CORS 网络 RTK 两种方式。

1. 单基站 RTK 测量

GNSS 单基站 RTK 定位技术是基于载波相位观测值的实时动态定位技术。基准站通过数据链将其观测值和坐标转换信息传输给流动站。流动站不仅接收来自基准站的信息，还要采集 GNSS 卫星观测数据，并组成差分观测值进行实时处理，得到流动站厘米级精度的三维坐标。GNSS 单基站 RTK 技术的关键在于数据实时处理技术和数据传输技术。

利用 GNSS 单基站 RTK 技术进行控制测量速度快，成本相对低廉。然而，随着流动站远离基准站，其点位精度会急剧下降，甚至流动站和基准站都失去通信。双频接收机的作

用范围一般为 15km。在测区大的情况下，为了保证点位精度而不得不经常搬站，地形起伏较大时，还得在较高的开阔处设置无线电中继站协同工作。

GNSS 单基站 RTK 技术目前使用的接收设备一般是 GNSS 双频接收机，定位精度为平面10mm + 1ppm，高程10mm + 1ppm。用于四等以下控制测量，无级差、等精度。

2. GNSS 网络 RTK 测量—连续运行参考站系统 CORS

CORS 是若干个固定的、连续运行的 GNSS 参考站，利用计算机、数据通信和互联网(LAN/WAN)技术组成网络，实时、自动地向不同用户提供经过检验的不同类型的 GNSS 观测值(载波相位、伪距)、各种改正数、状态信息以及其他 GNSS 服务项目的系统。

GNSS 连续运行参考站系统 CORS 在控制测量方面的应用：除了后处理方式进行高等级控制测量外，更主要的是利用 RTK 技术进行控制测量。目前，RTK 技术可用于四等以下控制测量。

8.4　高程控制测量

高程控制测量精度等级的划分，依次为一、二、三、四、图根等。各等级高程控制宜采用水准测量，四等及四等以下等级可采用电磁波测距三角高程测量，图根水准测量也可采用 GPS 拟合高程测量。首级高程控制网的等级，应根据工程规模、控制网的用途和精度要求合理选择。首级网应布设为环形网，加密网宜布设成附合路线或节点网。测区的高程系统，宜采用 1985 年国家高程基准。在已有高程控制网的地区测量时，可沿用原有的高程系统；当小测区联测有困难时，也可采用假定高程系统。

8.4.1　三、四等水准测量

三、四等水准测量是高程控制测量中最常用的方法，具体操作方法请参见 3.5 节的三、四等水准测量。

8.4.2　三角高程测量

在山区或高层建筑物上，若用水准测量传递高差，则困难大且速度慢，这时可考虑采用三角高程测量的方法测定两点间的高差。根据测量距离的方法不同，三角高程测量分为测距仪三角高程测量和经纬仪三角高程测量两种，前者可以代替四等水准测量。有关研究表明，精密全站仪三角高程测量可代替国家一、二等水准测量；后者主要用于山区或丘陵区的图根控制测量或地形测图。现在全站仪比较普及，该方法已经很少使用。

1. 三角高程测量的原理

三角高程测量是根据测站点与待测点两点间的水平距离和测站向目标点所观测的竖直角来计算两点间的高差。如图 8-15 所示，已知 A 点的高程 H_A，要测定 B 点的高程 H_B，可安置全站仪(或经纬仪配合测距仪)于 A 点，量取仪器高 i_A；在 B 点安置棱镜，量取其高度(称为棱镜高) v_B；用全站仪中丝瞄准棱镜中心，测定竖直角 α；再测定 AB 两点间的水平距离 D(注：全站仪可直接测量平距)，则 AB 两点间的高差计算式为

$$h_{AB} = D \cdot \tan\alpha + i_A - v_B \tag{8-34}$$

如果用经纬仪配合测距仪测定两点间的斜距 D' 及竖直角 α，则 AB 两点间的高差计算式为

$$h_{AB} = D' \cdot \sin\alpha + i_A - v_B \tag{8-35}$$

以上两式中，为仰角时 $\tan\alpha$ 或 $\sin\alpha$ 为正，为俯角时为负。求得高差 h_{AB} 以后，按式(8-36)计算 B 点的高程，即

$$H_{AB} = H_A + h_{AB} \tag{8-36}$$

在三角高程测量式(8-34)、式(8-35)的推导中，假设大地水准面是平面(见图 8-15)，但事实上大地水准面是一曲面，在第 1 章中已介绍了水准面曲率对高差测量的影响，因此由三角高程测量式(8-34)、式(8-35)计算的高差应进行地球曲率影响的改正，称为球差改正。另外，由于视线受大气垂直折光影响而成为一条向上凸的曲线，使视线的切线方向向上抬高，测得竖直角偏大，因此还应进行大气折光影响的改正，称为气差改正。综合以上两点，最后结果应加入球气差改正 f，即

$$f = 0.43 \times D^2 / 2R \tag{8-37}$$

式中：D 为水平距离，以 km 为单位；R 为地球平均曲率半径。

因此，三角高程测量的计算公式可写为

$$h_{AB} = D \cdot \tan\alpha + i_A - v_B + f \tag{8-38}$$

为了消除或减弱地球曲率和大气折光的影响，三角高程测量一般应进行对向观测，亦称直、反觇观测。三角高程测量对向观测，所求得的高差若符合要求，取两次高差的平均值作为最终高差。

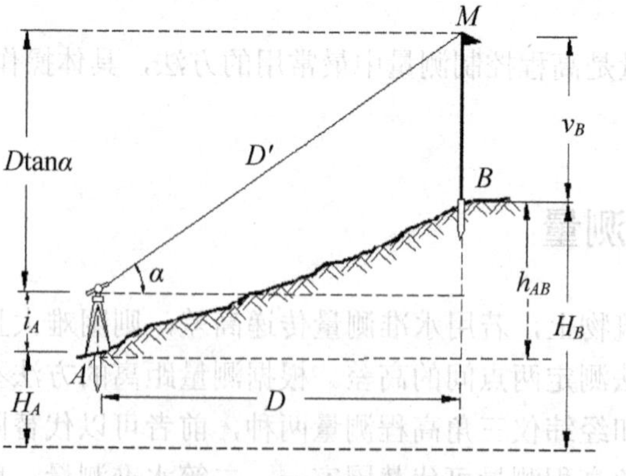

图 8-15 三角高程测量原理

2. 三角高程测量的观测与计算

1) 三角高程测量外业实施

三角高程测量中，竖直角观测测回数与限差应满足表 8-12 的要求。

表 8-12　竖直角观测测回数与限差

项　目	一、二、三级导线		图根导线
	DJ2	DJ6	DJ6
测回数	1	2	1
各测回竖直角互差	15″	25″	25″
各测回指标差互差	15″	25″	25″

(1) 如图 8-15 所示，将安置经纬仪在测站 A 上，用钢尺量仪器高 i 和觇标高 v，分别量两次，取其平均值记入表 8-13 中。

(2) 用十字丝的中丝瞄准 B 点觇标顶端，盘左、盘右观测，读取竖直度盘读数 L 和 R，计算出垂直角 α 记入表 8-13 中。

(3) 然后用测距仪(或全站仪)测定两点间斜距 D (或平距 D)。

(4) 将经纬仪搬至 B 点，同法对 A 点进行观测。

2) 三角高程测量计算

一测站上三角高程的计算按照式(8-38)进行，如表 8-13 所示。

表 8-13　三角高程测量高差计算　　单位：m

测站点	A	B	B	C
目标点	B	A	C	B
水平距离 D	457.265	457.265	419.831	419.831
竖直角 α	−1°32′59″	+1°35′23″	−2°11′01″	+2°12′55″
测站仪器高 i	1.465	1.512	1.512	1.563
目标棱镜高 v	1.762	1.568	1.623	1.704
球气差改正 f	0.014	0.014	0.012	0.012
单向高差 h	−12.654	+12.648	−16.107	+16.111
平均高差	−12.651		−16.109	

8.4.3 GPS 拟合高程测量

GPS 拟合高程测量，仅适用于平原或丘陵地区五等及五等以下等级高程测量。GPS 拟合高程测量宜与 GPS 平面控制测量同时进行。GPS 测量原理及实施可参见有关章节。

1. GPS 拟合高程测量的主要技术要求

(1) GPS 网应与四等或四等以上的水准点联测。联测的 GPS 点应均匀分布在测区四周或测区中心。若测区为带状地形，则分布于测区两端及中部。

(2) 联测点数，宜大于选用计算模型中未知参数个数的 1.5 倍，点间距宜小于 10km；地形高差变化较大的地区，应适当增加联测点数。

(3) 地形地势变化明显的大面积测区，宜采用分区拟合的方法。

(4) 天线高应在观测前后各量测 1 次，取其平均值作为最终高度。

2. GPS 拟合高程计算

GPS 拟合高程计算，应符合下列规定。

(1) 充分利用当地的重力大地水准面模型或资料。

(2) 应对联测的已知点高程进行可靠性检验，并剔除不合格点。

(3) 对于地形平坦的小测区，可采用平面拟合模型；对于地形起伏较大的大面积测区，宜采用曲面拟合模型；对拟合高程模型应进行优化。

(4) GPS 点的高程计算，不宜超出拟合高程模型所覆盖的范围。

对 GPS 点的拟合高程成果，应进行检验。检测点数不少于全部高程点的 10%且不少于 3 个点；高差检验可采用相应等级的水准测量方法或电磁波测距三角高程测量方法进行抽检，其高差较差不应大于 $30\sqrt{D}$mm (D 为参考站到检查点的距离，单位为 km)。

8.5 案例分析

项目名称：西部××铁路控制网建设

在新建××铁路线上，已有首级控制网数据。有一隧道长 12km，平均海拔为 800m，进出洞口以桥梁和另外两标段的隧道相连。为保证双向施工，需在首级控制测量基础上，按 GPS C 级网要求布设隧道地面施工控制网和按二等水准测量要求对进洞口和出洞口进行高程联测。现有仪器设备：单、双频 GPS 各 6 台套、S3 光学水准仪 5 台、数字水准仪 2 台(0.3mm/km)、2″全站仪 3 台。软件：GPS 数据处理软件、水准测量平差软件。

1. 在现场采集数据之前，需要做哪些准备工作？

准备工作包括资料收集、现场踏勘、选点埋石、方案设计。资料收集：设计单位提供的首级控制网数据、测区周边国家高等级的平面控制点和水准点。现场踏勘：对测区的人文风俗、自然地理条件、交通运输、气象情况等进行调查。查勘控制点的完好性和可利用性。选点埋石：在进出洞口处各埋设 3 个平面控制点，进洞点和方位点之间要通视，如边长小于 500m 应设强制对中观测墩。每个洞口处埋设两个水准点。按规范要求进行埋石。方案设计：根据现场踏勘情况和工程要求，编制观测方案，确定所用设备、人员编制和作业时间。

2. 为满足工程需要，应选用哪些设备进行测量？并写出观测方案。

选用 6 台双频 GPS 接收机和两台数字水准仪。6 台双频 GPS 接收机分别安置在进出洞口处的平面控制点上进行同步观测，观测时间不小于 90min，有效观测卫星数不少于 5 个，观测数据应经同步环、异步环基线检验。两台数字水准仪由两个作业组按二等水准测量要求进行测量。最大视线长 50m，前后视距较差不大于 1m，较差累积不大于 3m。往返较差和附合闭合差不大于 $4\sqrt{L}$ 。

3. 最终提交的成果应包括哪些内容？

提交的成果包括技术设计书、仪器检验校正资料、控制网网图和点之记、控制测量外业观测资料控制测量计算及成果资料、所有测量成果及图件的电子文件、技术总结报告。

习　　题

1. 填空题

(1) 导线的布设形式为________、________、________。

(2) 导线测量的外业工作包括________、________、________。

(3) 高程控制测量的常用方法有________、________。

(4) GPS 定位系统由________、________、________几部分组成。

(5) 目前常用的交会测量的方法有________、______、______。

2. 选择题

(1) 导线的布置形式有(　　)。

A. 一级导线、二级导线、图根导线

B. 单向导线、往返导线、多边形导线

C. 闭合导线、附合导线、支导线

(2) 导线测量外业工作不包括的一项是(　　)。

A. 选点　　B. 测角　　C. 测高差　　D. 量边

(3) 导线测量的外业工作是(　　)。

A. 选点、测角、量边

B. 埋石、造标、绘草图

C. 距离丈量、水准测量、角度测量

(4) 以下(　　)是导线测量中必须进行的外业工作。

A. 测水平角　　B. 测高差　　C. 测气压　　D. 测垂直角

(5) 由两点坐标计算直线方位角和距离的计算称为(　　)。

A. 坐标正算　　B. 坐标反算　　C. 导线计算　　D. 水准计算

(6) 导线计算中所使用的距离应该是(　　)。

A. 任意距离均可　　B. 倾斜距离

C. 水平距离　　D. 大地水准面上的距离

(7) 闭合导线在 X 轴上的坐标增量闭合差(　　)。

A. 为一不等于 0 的常数　　B. 与导线形状有关

C. 总为 0　　D. 由路线中两点确定

(8) 导线角度闭合差的调整方法是将闭合差反符号后(　　)。

A. 按角度大小成正比例分配

B. 按角度个数平均分配

C. 按边长成正比例分配

(9) 导线坐标增量闭合差的调整方法是将闭合差反符号后(　　)。

A. 按角度个数平均分配

B. 按导线边数平均分配

C. 按边长成正比例分配

3. 简答题

(1) 导线测量内业计算步骤包括哪几项？

(2) 如何进行三角高程测量的观测与计算？

(3) GPS 定位系统由哪几部分组成？各部分的作用是什么？

(4) GPS 系统的定位原理是什么？

(5) GPS 控制网的布设原则是什么？

(6) 什么是坐标反算？它是如何实现的？

(7) 简要说明附合导线和闭合导线在内业计算上的不同点。

(8) 在导线测量中，如果一个转折角或一条边长有误，如何检查错误可能发生之处？

4. 计算题

(1) 如图 8-16 所示，已知 AB 边的坐标方位角 $\alpha_{AB}=137°48'$，各观测角标在图中，推算 BC、CD、DE、EA 各边的方位角。

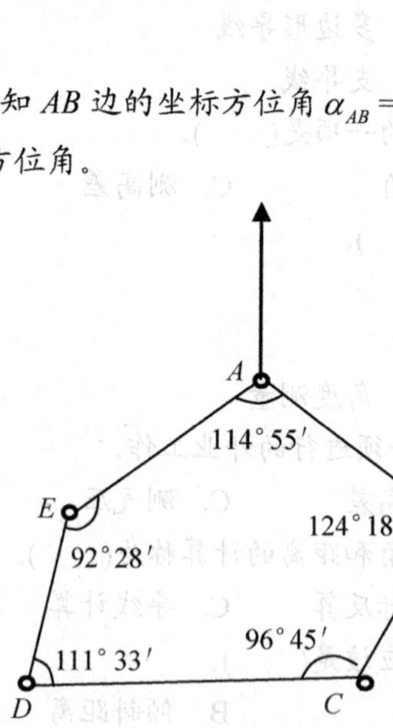

图 8-16　各边方位角度数

(2) 按表 8-14 所列的数据，计算图 8-17 中闭合导线各点的坐标值。已知 $f_{\beta容}=\pm 40''\sqrt{n}$，$K_{容}=1/2000$。

表 8-14　闭合导线坐标计算

点号	角度观测值(右角) /(° ′ ″)	坐标方位角 /(° ′ ″)	边长/m	坐标 x/m	坐标 y/m
1				5000.00	5000.00
		69 45 00	109.85		
2	139 05 00				
			120.57		
3	94 15 54				
			152.46		
4	88 36 36				
			153.74		
5	122 39 30				
			173.67		
1	95 23 30				

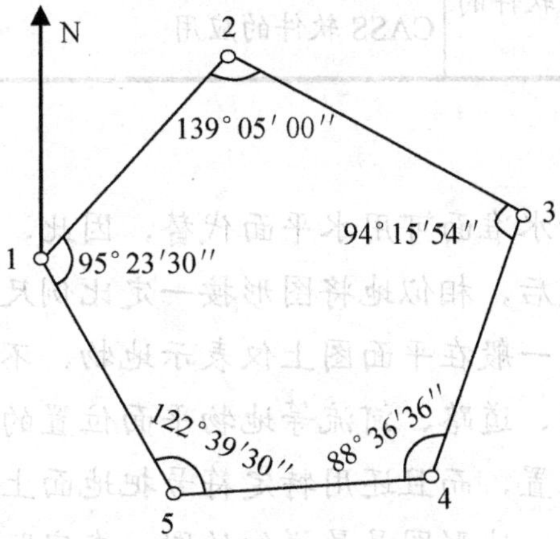

图 8-17　导线测量示意图

第 9 章　数字地形图测绘

教学目标

通过本章的学习，使学生在认识地形图的基础上，能够掌握地面数字地形图测绘的方法。

应该具备的能力：具有运用全站仪或 GNSS RTK 法进行野外数据采集的能力，具备用数字测图软件绘制数字地形图的初步能力。

教学要求

能力目标	知识要点	权　重	自测分数
掌握地形图的基本知识	比例尺、比例尺精度、地形图符号	15%	
掌握地貌的表示方法	等高线的概念及特点	25%	
掌握地面数字地形图测绘的方法	全站仪和 GNSS RTK 野外数据采集	30%	
掌握数字地形图内业成图软件的应用	CASS 软件的应用	30%	

导读

在小区域内，由于水准面可用水平面代替，因此，将地面的点位和图形垂直投影到水平面上，然后，相似地将图形按一定比例尺缩小绘在图纸上，这样制成的图称为平面图。一般在平面图上仅表示地物，不表示地貌。如在工程建设中使用的只表示房屋、道路、河流等地物平面位置的图就是平面图。如果图上不仅表示出地物的位置，而且还用特定符号把地面上高低起伏的地貌表示出来，这种图称为地形图。地形图是最详细的图，在实际工程应用过程中，从勘察设计到建筑施工，地形图都是必备的资料。因此，认识地形图，并掌握现代数字地形图测绘的基本方法是相关工程技术人员需具备的基本技能。

9.1　地形图的基本知识

9.1.1　比例尺与比例尺精度

1. 比例尺种类

绘制各种图时，实地的形状必须经过缩小后才能绘在图纸上。图上一线段的长度 d 与地面上相应线段的水平距离 D 之比，称为地形图的比例尺。

常见的比例尺类型有数字比例尺和图示比例尺。

1) 数字比例尺

凡比例尺用分子为 1，分母为整数的分数表示的，称为数字比例尺。设图上的线段长度为 d，地面上相应线段的水平长度为 D，M 为比例尺的分母，则图的数字比例尺为

$$\frac{d}{D}=\frac{1}{D/d}=\frac{1}{M}$$

2) 直线比例尺

在图上绘制一条线段，将其分成若干段，并将其代表的实地长度标注上，可将图上量取的长度与之比较得出实地距离，这种比例尺称为直线比例尺。如图 9-1 所示，在直线上截取若干基本单位(如 2cm)，将左端的基本单位再十等分(如 2mm)。对于某种比例尺，如 1∶1000 比例尺，直线上每 2cm 及 2mm 分别相当于地面 200m 及 20m。利用直线比例尺，可以量取图上两点间所代表的实地距离。

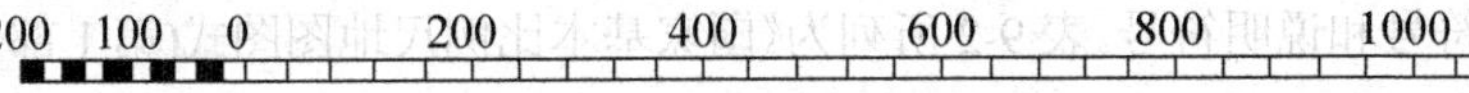

图 9-1　直线比例尺示意图

地形图按比例尺的不同，可以分为大、中、小 3 种。1∶500、1∶1000、1∶2000、1∶5000 的地形图，称为大比例尺图；1∶1 万、1∶2.5 万、1∶5 万、1∶10 万的地形图，称为中比例尺图；把 1∶20 万、1∶50 万、1∶100 万的地形图，称为小比例尺地形图。本章主要叙述大比例尺地形图的测绘方法。

2. 比例尺精度

正常人眼在图上能分辨两点的最小距离为 0.1mm，因此定义相当于图 0.1mm 的实地水平距离，称为比例尺精度，如 1∶1000 地形图比例尺精度为 0.1×1000 =0.1m。几种常用的比例尺精度列于表 9-1 中。

表 9-1　比例尺的精度

比例尺	1∶500	1∶900	1∶2000	1∶5000	1∶9000
比例尺的精度/m	0.05	0.1	0.2	0.5	1.0

比例尺精度，既是测图时确定测距准确度的依据，又是选择测图比例尺的因素之一。例如，在比例尺 1∶2000 测图时，根据比例尺精度，可以概略地确定测距精度应为 0.2m，这是比例尺精度的第一个用途。第二个用途就是初步确定测图比例尺，例如要求在图上能反映地面上 0.2m 的精度，因此，选用测图的比例尺不得小于 1∶2000。比例尺越大，图上所表示的地物和地貌越详细，精度就越高，但是测绘工作量会大大增加。因此，应按工程建设项目不同阶段的实际需要选择用图比例尺。

9.1.2 地形图符号

地形测量工作者的任务，就是把错综复杂的地形测量出来，并用最简单、明显的符号表示在图纸上，最后完成一张与实地相似的地形图。上述符号称为**地形图符号**。地形图符号可分为地物符号、地貌符号和注记符号三大类。地形图符号的大小和形状，均视测图比例尺的大小不同而异。各种比例尺地形图的符号、图廓形式、图上和图边注记字体的位置与排列等，都有一定的格式，总称为**图式**。为了统一全国所采用的图式以及用图的方便起见，国家测绘总局制定了几种比例尺地形图图式，以供全国各测绘单位使用。图式中除地物符号外，还有地貌符号和注记符号。现将地物符号、地貌符号和注记符号分别说明如下。

1. 地物符号

地物符号种类繁多，按符号的几何性质可分为面状符号、线状符号和点状符号；按符号与地图比例尺的关系可分为依比例符号、半依比例符号和不依比例符号；按符号的定位性质可分为定位符号和说明符号。表 9-2 所列为《国家基本比例尺地图图式(第 1 部分)：1∶500、1∶1000、1∶2 000 地形图图式》(GB/T 20257.1—2007)中部分地物符号摘录。

1) 比例符号

将地物的外部轮廓依测图比例尺缩绘于图上的相似图形，称为依比例尺符号，如房屋、湖泊等，依比例符号能正确反映地物的平面位置、形状和大小。

2) 非比例符号

由于地物较小，若按测图比例尺缩绘于图上仅为一个点，此时只能在点位上按规定配置一形象符号来表示，该符号称为**非比例符号**，如控制点、电杆、路灯等。不依比例符号只能表示地物的中心位置，而不能反映其形状大小。

3) 线状符号

长度按比例绘制，宽度却无法按比例画出的带状地物符号，称为**线状比例符号**，如道路、渠道、通信线、围墙等。这类符号只能表示地物的长度，而不能表示其宽度。

应当指出，有些地物除用一定的符号表示外，还要加说明，如流向符号、各种植被填绘符号等；用来说明地物名称或数量特征的文字、数字称为注记符号，如街道、道路、村庄名称，路宽、水深、高程注记等。没有说明或注记符号的地形图将使人无法理解和不能使用。

表 9-2　1：500、1：1000、1：2000 地形图符号

名　称	图　例	名　称	图　例	名　称	图　例
不埋石图根点	D036 / 77.69	水准点	H037 / 87.292	卫星定位等级点	B015 / 76.582
房屋		建筑物下通道		栅栏、栏杆	
在建房屋	建	台阶		篱笆	
破坏房屋		围墙		铁丝网	
窑洞		围墙大门		矿井	
蒙古包		长城及砖石城堡(小比例)		盐井	
悬空通廊		长城及砖石城堡		油井	油
露天采掘场	石	塔形建筑物		水塔	
饲养场(温室、花房)	牲(温室、花房)	体育场	体育场	地道及天桥	
高于地面的水池	水　水	游泳池	泳	铁路信号灯	
低于地面的水池	水	喷水池		高速公路及收费站	收费站
有盖的水池	水	假山石		一般公路	
肥气池		岗亭岗楼		建设中的公路	
雷达站、卫星地面接收站		电视发射塔	TV	大车路、机耕路	
乡村小路		涵洞		铁路桥	
人行桥		铁索桥		架空输电线	

2. 地貌符号

地貌是指地球表面(包括海底)的各种高低起伏形态。总体上，地貌可以归纳为山地、高原、盆地、丘陵和平原 5 种基本类型。在大比例尺地形图上，地貌主要采用等高线表示地貌，部分特殊地貌采用特殊地貌符号来表示，如冲沟、陡崖等。

1) 等高线表示地貌的原理

地面上高程相等的各相邻点连成的闭合曲线称为等高线。用等高线表示地貌的原理如图 9-2 所示，假设用间隔(高差)相等的水平面去切某一座山体，将切得的截口线沿铅垂线投影到地图制图面上，并按制图比例尺缩绘，便形成一组闭合曲线。在同一条曲线上各点高程相等，即为**等高线**。

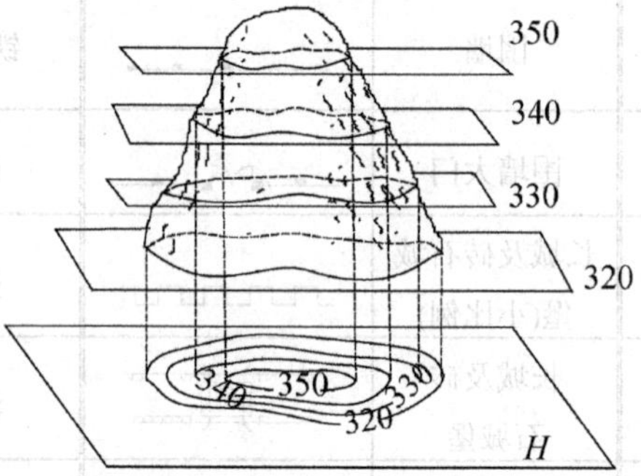

图 9-2 等高线投影示意图

相邻等高线之间的高差称作等高距，用 h 表示。相邻等高线之间的水平距离称作等高线平距，常以 d 表示。根据等高线表示地貌的原理，在同一临地形图中基本等高距是固定的。因此，等高线平距与其地面坡度的大小成反比。

用等高线表示地貌时，对于等高距的选择，具有重要意义。若选择的等高距过大，则不能精确地表示地貌的形状；如等高距过小，虽能较精确地表示地貌，但这不仅会增大工作量，而且还会影响图的清晰度，给使用地形图带来不便。因此，在选择等高距时，应结合图的用途、比例尺以及测区地形坡度的大小等多种因素综合考虑。表 9-3 所列为大比例尺地形测量规范中关于等高距的规定。

表 9-3 大比例尺地形图等高距的规定

比例尺 \ 等高距/m \ 地形类型	平 地	丘 陵 地	山地和高山地
1∶1000	0.5	1	1
1∶2000	0.5	1	2
1∶5000	1	2	5

2) 等高线的分类

为了更好地表示地貌特征，便于识图、用图，地形图上主要采用下列 4 种等高线。

(1) 首曲线。在地形图中，按选定的基本等高距描绘的等高线，称为**首曲线**。如图 9-3 中的 100m、102m、104m 等的等高线。

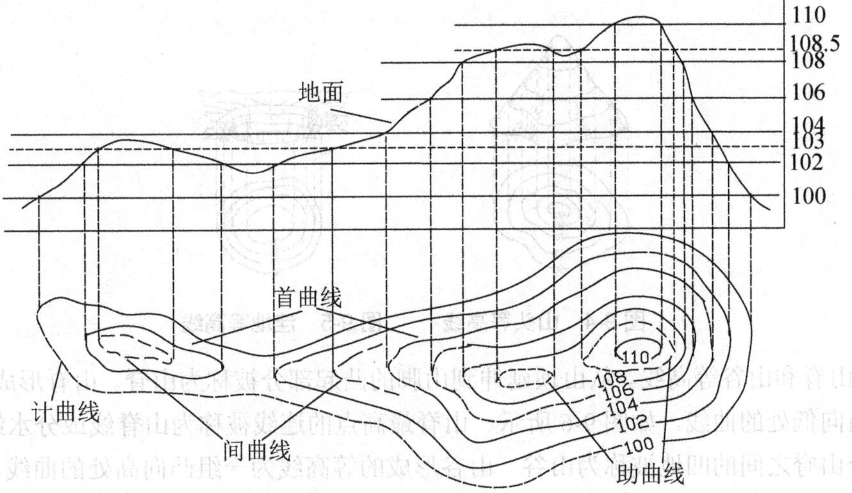

图 9-3　等高线的种类

(2) 计曲线。从高程起算面开始，每隔 4 条首曲线加粗描述的等高线，称为**计曲线**。如图 9-3 中的 100m、110m 的等高线。

(3) 间曲线。用基本等高距绘制等高线不足以反映局部地貌特征时，利用 1/2 基本等高距表示的等高距，称为**间曲线**。间曲线不一定闭合，一般为线粗 0.15mm，线型为间隔 1.0mm、长度 6.0mm 的长虚线。如图 9-3 中的 103m 的等高线。

(4) 辅助等高线。当间曲线仍不足以显示局部地貌特征时，按 1/4 基本等高距描绘的等高线，称为**助曲线**。

助曲线一般用短虚线表示，如图 9-3 中的 108.5m 的等高线。

3) 等高线的特性

根据等高线表示地貌的原理，总结得出等高线具有以下几个基本特性。

(1) 等高性。位于同一条等高线上各点的高程都相等。

(2) 闭合性。等高线是一条闭合的曲线，它若不在本幅图内闭合，就延伸或迂回到其他图幅内闭合。

(3) 非交性。不同高程的等高线不能相交也不能重合，只有通过绝壁处的等高线才会重合，通过悬崖时等高线才会相交。

(4) 密陡疏缓性。等高距一定时，等高线越密表示地势越陡，等高线越稀表示地势越平缓。

(5) 正交性。等高线与山脊线(分水线)、山谷线(集水线)正交。

(6) 一致性。在同一幅地形图中所有等高线的基本等高距保持一致。

4) 几种典型地貌的基本形态及其等高线

(1) 山头和洼地等高线。山头与洼地的等高线均为一组形状相似的闭合曲线，须根据等高线上的高程注记进行区分。内圈等高线高程值高于外圈时，表示山头，如图 9-4 所示；而内圈等高线高程值低于外圈时，表示洼地，如图 9-5 所示。当等高线上没有标注高程值，为了区分这两种地貌，可沿等高线值降低的方向绘一短线，表示坡度方向，这些短线也称为**示坡线**。

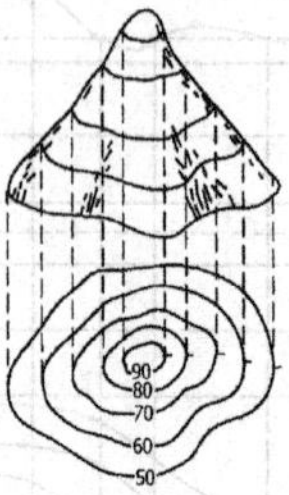

图 9-4　山头等高线

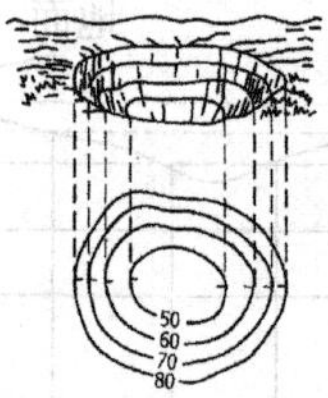

图 9-5　洼地等高线

(2) 山脊和山谷等高线。从山顶延伸到山脚的凸起部分被称为**山脊**。山脊形成的等高线为一组凸向低处的曲线，如图 9-6 所示。山脊最高点的连线被称为**山脊线**或**分水线**。

两个山脊之间的凹地被称为山谷。山谷形成的等高线为一组凸向高处的曲线，如图 9-6 所示。山谷中最低点的连线被称为**山谷线**或**集水线**。

(3) 鞍部等高线。鞍部是指两山顶之间的低地部分，如图 9-7 所示。鞍部形成的等高线是两组相对的山脊与山谷等高线的组合。

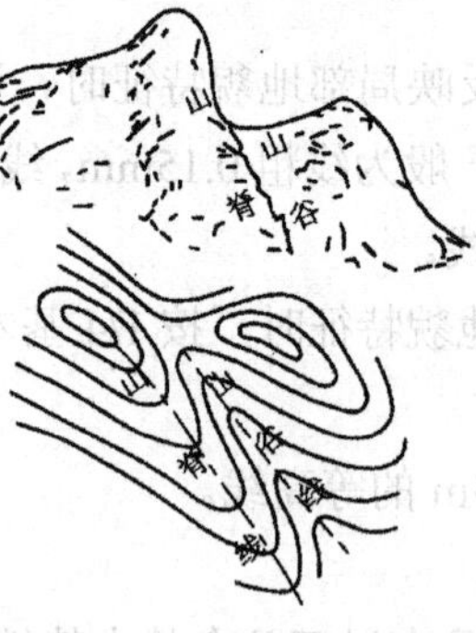

图 9-6　山脊、山谷等高线

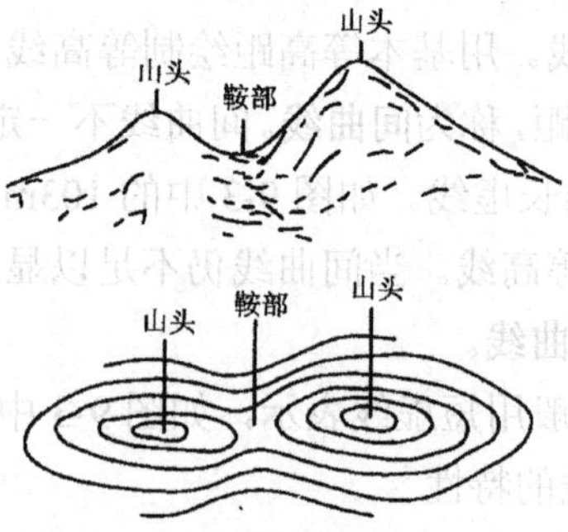

图 9-7　鞍部等高线

(4) 其他特殊地貌。其他特殊地貌主要是指崩塌残蚀地貌、人工地貌及其他地貌等。地形图图式中将崩塌残蚀地貌分为崩崖、滑坡、陡崖、陡石山与露岩地、冲沟、干河床与干涸湖、岩溶漏斗 7 类；将人工地貌分为斜坡、陡坎、梯田坎 3 类；其他地貌主要包括山洞与溶洞、独立石、石堆、石垄、土堆、坑穴、乱掘地、地裂缝 8 类。

上述特殊地貌仅用等高线无法表示清楚，采用相应的特殊地貌符号配合等高线表示，其具体表示方法可参阅《国家基本比例尺地图图式(第 1 部分)：1∶500、1∶1 000、1∶2 000 地形图图式》(GB/T 20257.1—2007)。

山顶点、盆地中心最低点、鞍部最低点、谷口点、山脚点、坡度变换点等，这些都称为**地貌特征点**。这些特征点和特征线就构成地貌的骨架。在地貌测绘中，立尺点就应选择在这些特征点上。

综合上述典型地貌的等高线表示方法，进行组合可表达复杂的综合地貌，图 9-8 所示为综合地貌及其等高线表示的示意图。

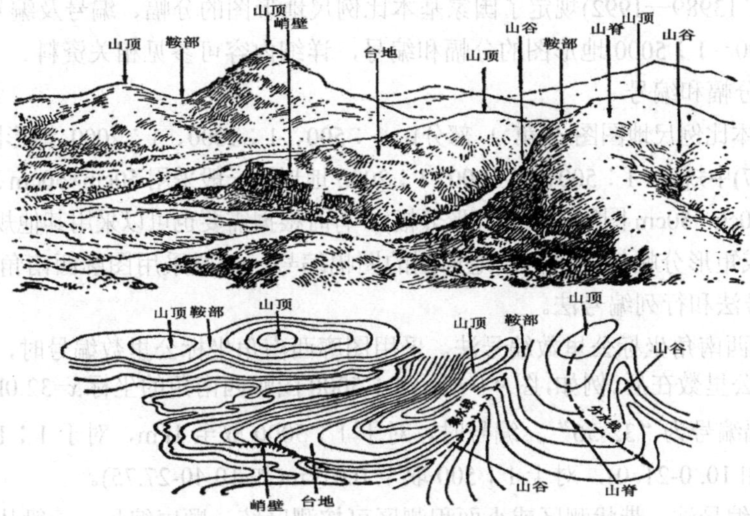

图 9-8　地形素描图与等高线地形图对照

3. 注记符号

注记符号是地物符号和地貌符号的补充说明，如城镇、铁路等的名称，以及河流的流向及流速。注记符号可用文字、数字或线段表示。

9.1.3　地形图的图幅、分幅、图号和图廓

1. 图幅与分幅

图的量词为“幅”，一张地形图称为一幅地形图。

图幅指图的幅面大小，即一幅图所测绘地貌、地物的范围。图幅形状有梯形和矩形两种，其确定图幅大小、方法各不相同。其中大比例尺地形图矩形图幅大小及其代表的实地面积列于表 9-4 中。

表 9-4　大比例尺图的图幅大小

比 例 尺	图幅大小/cm×cm	实地面积/km^2	每平方公里的幅数
1∶5000	40×40	4	1/4
1∶2000	50×50	1	1
1∶1000	50×50	0.25	4
1∶500	50×50	0.0625	16

1) 梯形分幅和编号

梯形分幅法是按经纬线进行分幅，我国国家基本比例尺地形图的分幅和编号，采用梯形分幅和编号方法，1993 年 7 月 1 日开始实施的国家标准《国家基本比例尺地形图分幅和编号》(GB/T 13989—1992)规定了国家基本比例尺地形图的分幅、编号及编号应用的公式，适用于 1∶100～1∶5000 地形图的分幅和编号，详细内容可参见相关资料。

2) 矩形分幅和编号

《国家基本比例尺地图图式(第 1 部分)：1∶500、1∶1000、1∶2000 地形图图式》(GB/T 20257.1—2007)中规定，1∶500、1∶1000、1∶2000 地形图一般采用 50cm×50cm 或 50cm× 40cm 的矩形分幅(50cm×50cm 图幅也叫正方形分幅)，有时根据需要也可以采用其他规格分幅。

正方形或矩形分幅的大比例尺地形图的图幅编号，一般采用图廓西南角坐标数，也可选用顺序编号法和行列编号法。

(1) 图廓西南角坐标公里数编号法。采用图廓西南角坐标公里数编号时，x 坐标公里数在前，y 坐标公里数在后。例如，图 9-9 所示 1∶5000 图幅西南角的坐标 x=32.0km，y=56.0km，因此，该图幅编号为“32-56”。编号时，对于 1∶5000 取至 1km，对于 1∶1000、1∶2000 取至 0.1km(如 10. 0-21. 0)，对于 1∶500 取至 0.01km(如 10.40-27.75)。

(2) 顺序编号法。带状测区或小面积测区可按测区统一顺序编号，一般从左到右，从上到下用阿拉伯数字 1、2、3、…编定，如图 9-10 中的新镇-8(新镇为测区代号)。

(3) 行列编号法。行列编号法一般是以字母(如 A、B、C、 D、…)为代码的横行由上到下排列，以阿拉伯数字为代号的纵列从左到右排列来编定的。先行后列，如图 9-11 中的 C-4。

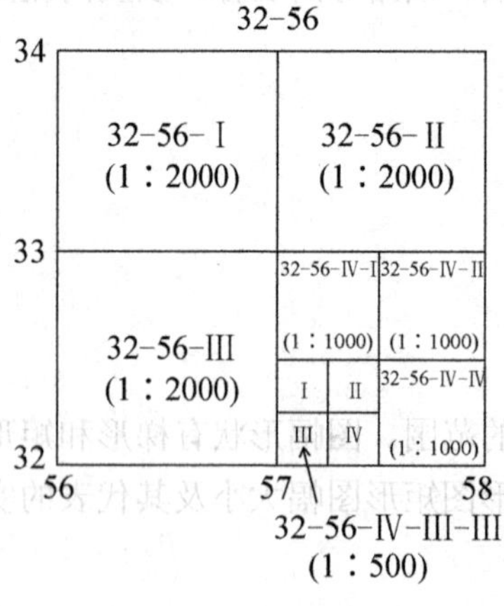

图 9-9 大比例尺地形图矩形分幅

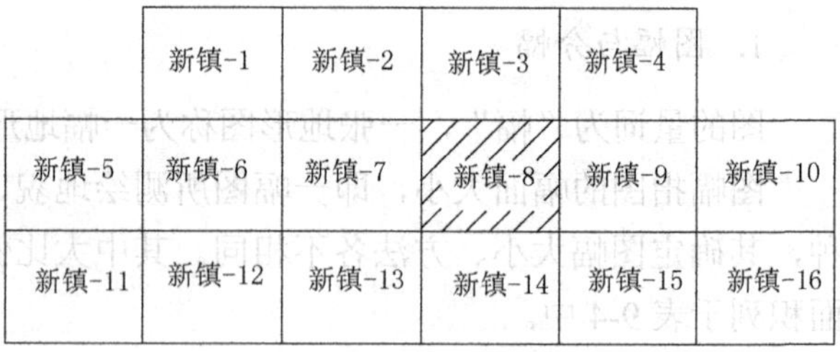

图 9-10 顺序编号法

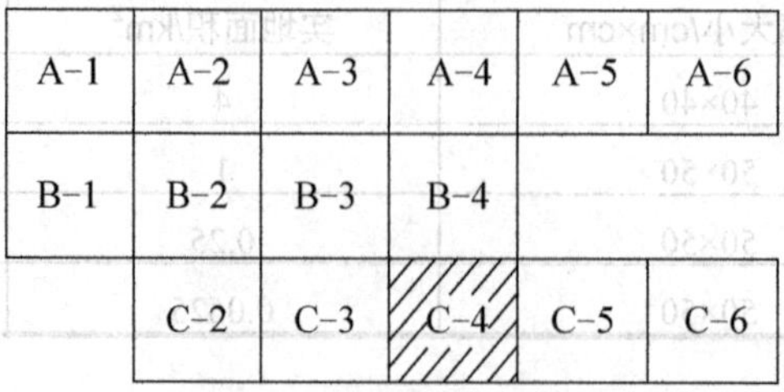

图 9-11 行列编号法

(4) 以 1∶5000 编号为基础并加罗马数字的编号法。

如图 9-9 所示，以 1∶5000 地形图西南坐标公里数为基础图号，后面再加罗马数字Ⅰ、Ⅱ、Ⅲ、Ⅳ组成。一幅 1∶5000 地形图可分成 4 幅 1∶2000 地形图，其编号分别为 32-56-Ⅰ、32-56-Ⅱ、32-56-Ⅲ及 32-56-Ⅳ。一幅 1∶2000 的地形图又分成 4 幅 1∶1000 地形图，其编号为 1∶2000 图幅编号后再加罗马数字Ⅰ、Ⅱ、Ⅲ、Ⅳ。1∶500 地形图按同样方法编号。注意罗马数字Ⅰ、Ⅱ、Ⅲ、Ⅳ排列均是先左后右，不是顺时针排列。

2. 图名

一般地形图的图名，用本幅图内最大的城镇、村庄、名胜古迹或突出的地物、地貌的名称来表示，图名写在图幅上方中央，如图 9-12 所示。

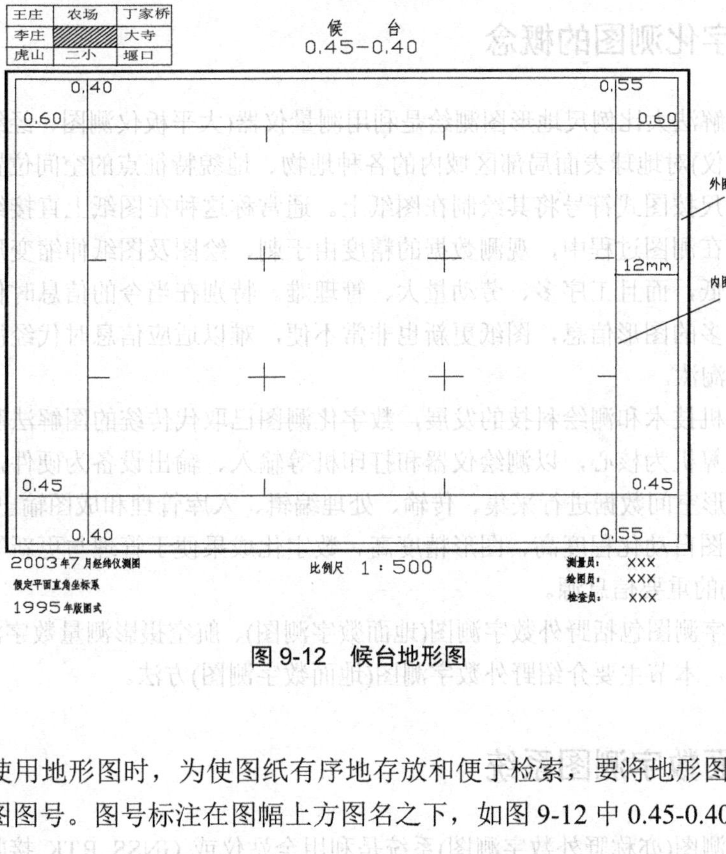

图 9-12　候台地形图

3. 图号

在保管、使用地形图时，为使图纸有序地存放和便于检索，要将地形图进行编号。此编号称为地形图图号。图号标注在图幅上方图名之下，如图 9-12 中 0.45-0.40。

4. 接图表

接图表是本幅图与相邻图幅之间位置关系的示意图，供查找相邻图幅之用。接图表的位置是在图幅左上方，它给出了与本幅相邻 8 幅图的图名，见图 9-12。

5. 图廓

图廓有内、外图廓之分。内图廓线就是测量边界线。内图廓之内绘有 10cm 间隔互相垂直交叉的短线，称为坐标格网。矩形图幅内图廓线也是公里格网线。梯形分幅图廓线为经纬线。因受子午线收敛角影响，经纬线方向与坐标网格方向不一致。故在 1∶10 万及其以下比例尺地形图图廓内既有公里格网又有经纬线，大于 1∶5 万比例尺地形图上则不绘经纬线。其图廓点坐标用查表方法找出。外图廓线是一幅图最外边纽界线，以粗实线表示。有的地形图(如 1∶1 万、1∶2.5 万图)在内外图廓线间尚有一条分图廓线。在外图廓线与内图廓线空白处，与坐标格网线对应地写出坐标值，见图 9-12。

外图廓线外，除了有接图表、图名、图号，还应注明测量所用的平面坐标系、高程坐标系、比例尺、测绘日期和测绘单位等。

9.2 数字地形图测绘

9.2.1 数字化测图的概念

传统的图解法大比例尺地形图测绘是利用测量仪器(大平板仪测图、经纬仪测图、小平板仪配合经纬仪)对地球表面局部区域内的各种地物、地貌特征点的空间位置进行测定，并以一定的比例尺按图式符号将其绘制在图纸上。通常称这种在图纸上直接绘图的工作方式为白纸测图。在测图过程中，观测数据的精度由于刺、绘图及图纸伸缩变形等因素的影响会有较大的降低，而且工序多、劳动量大、管理难。特别在当今的信息时代，纸质地形图已难以承载更多的图形信息，图纸更新也非常不便，难以适应信息时代经济建设的需要，现已经基本被淘汰。

随着计算机技术和测绘科技的发展，数字化测图已取代传统的图解法测图。**数字化测图**是以电子计算机为核心，以测绘仪器和打印机等输入、输出设备为硬件，在测绘软件的支持下，对地形空间数据进行采集、传输、处理编辑、入库管理和成图输出的一整套过程。该方法具有测图自动化程度高、图形精度高、数字化成果便于管理与更新等优点，是地理信息系统(GIS)的重要信息源。

广义的数字测图包括野外数字测图(地面数字测图)、航空摄影测量数字测图、纸质地形图的数字化等。本节主要介绍野外数字测图(地面数字测图)方法。

9.2.2 地面数字测图系统

地面数字测图(亦称野外数字测图)系统是利用全站仪或 GNSS RTK 接收机在野外直接采集有关地图信息，并将其传输到便携式计算机中，经过测图软件进行数据处理，形成地图数据文件，最后由数控绘图仪输出地形图。其基本系统构成如图 9-13 所示。

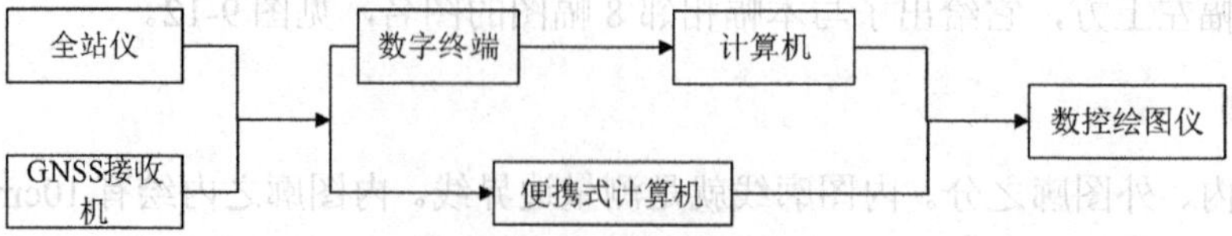

图 9-13　地面数字测图系统

9.2.3　地面数字测图作业模式的基本过程与方法

大比例尺地形图是各部门进行规划、设计、施工、管理、科研和教学的基本依据之一，在工程等领域有着广泛的应用。野外数字测图技术主要用于测绘大比例尺数字地形图、数字地籍图、数字房产图和数字管线图等。

数字测图作业通常分为野外数据采集和内业数据处理编辑两大部分。野外数据采集通常利用全站仪或 GNSS RTK 接收机等测量仪器在野外直接测定地形特征点的位置，并记录地物的连接关系及其属性，为内业成图提供必要的信息，是数字测图基础性工作，直接决定成图质量和效率。

地面数字测图的外业数据采集按使用仪器的不同，主要有全站仪法和 GNSS RTK 法两种方式；按采集数据是否采用编码方案可分为有码作业和无码作业两种模式；按野外采集数据是否现场绘图可分为测记法和电子平板法两种方式。

数字测图的内业必须借助专业的数字测图软件完成，数字测图软件是数字测图系统中重要的组成部分。目前，国内市场上技术比较成熟的数字测图软件主要有“数字化地形地籍成图系统 CASS”系列、SV300 系列、SCS 系列以及一些 GIS 软件的数字测图子系统等。

1. 数据编码方案

采用有码作业模式时，需对野外采集碎部点数据进行编码，以达到计算机自动成图的目的。编码方法可以依据《基础地理信息要素分类与代码》(GB/T 13923—2006)进行编码，也可以采用其他编码方式。

《基础地理信息要素分类与代码》(GB/T 13923—2006)和《城市基础地理信息系统技术规范》(CJJ 100—2004)中规定，比例尺为 1∶500、1∶1000、1∶2000 的代码位数是 6 位十进制数字码，分别为按数字顺序排列的大类、中类、小类和子类码，具体代码结构如图 9-14 所示。图 9-14 中，左起第一位为大类码；第二位为中类码，是在大类基础上细分形成的要素码；第三位、第四位为小类码，是在中类基础上细分形成的要素码；第五位、第六位为子类码，是在小类码基础上细分形成的要素码。每一位代码均用 0～9 表示。例如，大类中，1 为定位基础(含测量控制点和数学基础)；2 为水系；3 为居民地及设施；4 为交通；5 为管线；6 为境界与政区；7 为地貌；8 为植被与土质。8 个大类中大比例尺地形图的基础地理信息要素部分代码的示例见表 9-5。

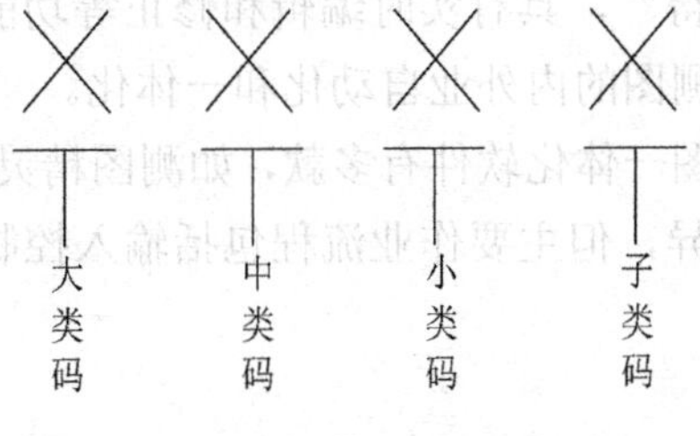

图 9-14　基础地理信息要素代码分类

表 9-5 1：500、1：1000、1：2000 地形图基础地理信息要素部分代码

分类代码	要素名称	分类代码	要素名称
100000	定位基础	310000	居民地
110000	测量控制点	310100	城镇、村庄
110101	大地原点	310300	普通房屋
…		310500	高层房屋
110103	图根点	310600	棚房
110202	水准点	311002	地下窑洞
110300	卫星定位控制点	340503	邮局
…	…	380201	围墙
300000	居民地及设施	380403	凉台

由于国家标准地形要素分类与编码问世较晚，且记忆与使用不方便，目前的数字测图系统多采用以前各自设计的编码方案。

例如，CASS 9.0 中的野外操作码由描述实体属性的野外地物码和一些描述连接关系的野外连接码组成。CASS 9.0 专门有一个野外操作码定义文件 jcode. def，该文件是用来描述野外操作码与 CASS 9.0 内部编码的对应关系的，用户可编辑此文件使之符合自己的要求。CASS 9.0 野外操作码具体规则可参阅 CASS 9.0 说明书。

采用无码作业时，则不需编码，直接以点号(点名)形式记录数据即可，在内业数据处理时计算机无法自动绘图。

2. 测记法和电子平板法野外数据采集模式

测记法就是用全站仪或 GNSS RTK 在野外测量地形特征点的点位，用仪器内存储器记录测点的定位信息，用草图、笔记或简码记录绘图信息，到室内将测量数据传输到计算机，经人机交互编辑成图。由于野外作业时间短，而测记法操作方便，因此是测绘人员常采用的作业方法。采用全站仪法或 GNSS RTK 采集数据时，都有无码作业和简码作业之分。

电子平板法数字测图就是将装有测图软件的便携机或掌上计算机通过专用电缆与全站仪或 GNSS RTK 连接，把测定的碎部点数据实时地传输到计算机并展绘在计算机屏幕上，用软件的绘图功能，现场边测边绘。电子平板法数字测图的特点是直观性强，在野外作业现场实时成图，“所测即所得”，具有实时编辑和修正等功能，若出现错误时，可以及时发现，立即修改，实现数字测图的内外业自动化和一体化。

野外测绘数据采集及成图一体化软件有多款，如测图精灵(Mapping Genius)。不同的测图系统，操作方法上有所差异，但主要作业流程包括输入控制点坐标、设置通信参数、碎部测图等。

9.3　地面数字测图前的准备工作

测图前的准备工作主要有控制测量、仪器器材与资料准备、测区划分、人员配备等。

9.3.1　控制测量

数字测图既可采用传统的先控制测量后碎部测图、从整体到局部的作业方法，也可采用图根控制测量与碎部测量同步进行的“一步测量法”。但对于大面积的高等级控制测量，一般仍遵循从整体到局部、分级布设逐级加密的测量原则。

控制测量包括平面控制测量和高程控制测量。其作业方法、精度要求与白纸测图法中的控制测量基本相同。由于数字测图主要采用全站仪和 GNSS RTK 采集数据，测站点到地物、地形点的距离即使为 1km，也能保证测量精度，故对图根点密度要求已不是很严格，大大低于白纸测图的要求。一般以在 500m 以内能测到碎部点为原则。通视条件好的地方，图根点可稀疏些；地物密集、通视困难的地方，图根点可密些。

在实际作业中采用全站仪采集数据，通常用“辐射法”直接测定图根控制点。辐射法就是在某一通视良好的等级控制点上安置全站仪，用极坐标测量方法，按全圆方向观测方式直接测定周围几个图根点坐标，点位精度可在 1cm 以内。该法最后测定的一个点必须与第一个点重合，以检查仪器是否变动。重合误差应小于图根点精度。

另外，对于小面积或局部区域，有些数据采集软件有“一步测量法”功能，不需要单独进行图根控制测量。这样在一定程度上可提高外业的工作效率。如图 9-15 所示，*A*、*B*、*C*、*D* 为已知点，1、2、3、…为图根导线，1′、2′、3′、…为碎部点，一步测量法作业步骤如下。

(1) 将全站仪置于 *B* 点，先后视 *A* 点，再照准 1 点测水平角、垂直角和距离，可求得 1 点坐标。

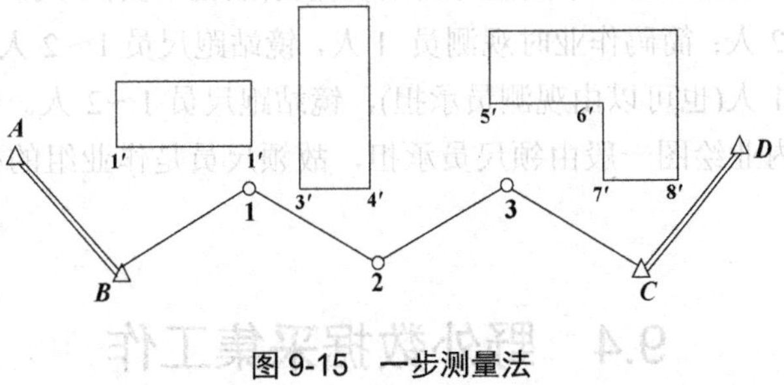

图 9-15　一步测量法

(2) 不搬运仪器，再施测 *B* 站周围的碎部点 1′、2′、3′、…根据 *B* 点坐标可得到碎部点的坐标。

(3) *B* 站测量完毕，仪器搬到 1 点，后视 *B* 点，前视 2 点，测角、测距，得 2 点坐标(近似坐标)，再施测 1 点周围碎部点，根据 1 点坐标可得周围碎部点坐标(近似坐标)。

同理，可依次测得各导线点坐标和该站周围的碎部点坐标，但要注意及时勾绘草图、标注点号。

(4) 待测至 C 点，则可由 B 点起至 C 点的导线数据，计算附合导线闭合差，并对导线进行平差处理。然后利用平差后的导线坐标，再重新改算各碎部点的坐标。

9.3.2 仪器器材与资料准备

实施数字测图前，应根据作业单位的具体情况和相应的作业方法准备好仪器、器材、控制成果和技术资料。仪器、器材主要包括全站仪、GNSS 接收机、对讲机、充电器、电子手簿或便携机、备用电池、通信电缆、反光棱镜、皮尺或钢尺、草图本、工作底图等。

目前数字测图系统在野外进行数据采集时，若采用测记法时要求绘制较详细的草图。绘制草图采取现场绘制，也可以在工作底图上进行，底图可以用旧地形图、晒蓝图或航片放大影像图。在数据采集之前，最好提前将测区的全部已知成果输入电子手簿、全站仪或便携机，以方便调用。若采用简码作业或者电子平板测图，可省去绘制草图。

9.3.3 测区划分

为了便于多个作业组作业，在野外采集数据之前，通常要对测区进行“作业区”划分。数字测图不需按图幅测绘，而是以道路、河流、沟渠、山脊线等明显线状地物为界，将测区划分为若干个作业区，分块测绘。对于地籍测量来说，一般以街坊为单位划分作业区。分区的原则是各区之间的数据(地物)尽可能地独立(不相关)，并各自测绘各区边界的路边线或河边线。对于跨区的地物，如电力线等，应测定其方向线，供内业编绘。

9.3.4 人员配备

一个作业小组一般需配备：草图法时测站观测员(兼记录员) 1 人，镜站跑尺员 1～2 人，领尺(绘草图)员 1～2 人；简码作业时观测员 1 人，镜站跑尺员 1～2 人；电子平板作业时观测员 1 人，绘图员 1 人(也可以由观测员承担)，镜站跑尺员 1～2 人。领尺员负责画草图或记录碎部点属性。内业绘图一般由领尺员承担，故领尺员是作业组的核心成员，需技术全面的人担任。

9.4 野外数据采集工作

9.4.1 全站仪野外数据采集

全站仪法野外数据采集是目前地面数字测图中较为常用的方法。全站仪野外数据采集碎部点坐标的基本原理类似于传统测绘方法，是采用极坐标法和三角高程测量。

不同品牌的全站仪操作方法虽有差异，但基本原理相同，数据采集程序基本一致。具体步骤如下。

(1) 在已知点(等级控制点、图根点或支站点)上安置全站仪，量取仪器高，若使用电子手簿，连接好电子手簿。

(2) 启动全站仪和电子手簿，对仪器的有关参数进行设置，如外界温度、大气压、反射棱镜常数、仪器的比例误差系数等。

(3) 调用全站仪中数据采集程序，输入测站点、后视定向点坐标等数据，进行定向并复测后视点，还可以复测第三个已知点，将其测量值与已知坐标值相比较，要求二者差值在限差以内，否则需要查找问题，主要是检查已知点和定向点的坐标值是否输错、已知点成果表是否抄错、成果计算是否有误、仪器设备是否有故障等。

(4) 定向检查通过后，即可开始数据采集。另外，若已知点上通视条件较差或不便于架设仪器，可选择通视良好、测图范围广的地点安置全站仪，利用全站仪中后方交会的功能进行自由设站，先测算出测站点的坐标，再以该点作为已知点进行数据采集。

9.4.2 GNSS RTK 野外数据采集

利用 GNSS RTK 法进行数据采集，碎部点测量较为简便，主要是在测量前对仪器和控制软件需要正确的设置。现以南方 S82 RTK 为例，介绍具体的操作步骤。

(1) 安装基准站。

基准站的架设包括 GNSS 天线的安装、电台天线的安装以及 GNSS 天线、电台天线、基准站接收机、数传电台、蓄电池之间电缆连线的连接。架设时，对于电台模式，发射天线要远离 GNSS 接收机 3m 以上，并注意各个脚架的稳固性，避免被大风刮倒的可能性。

选择基准站的位置有下列要求。

① 周围应便于安置和操作仪器，视野开阔，视场内障碍物的高度角不宜超过 15°。

② 远离大功率无线电发射源(如电视台、电台、微波站等)，其距离不小于 200m，远离高压输电线和微波无线电信号传送通道，其距离不得小于 50m。

③ 附近不应有强烈反射卫星信号的物体，如大型建筑物等。

④ 远离人群以及交通比较繁忙的地段，避免人为的碰撞或移动。

(2) 新建、保存任务。

选择“文件”中的“新建任务”命令，输入新任务名，选择工作的坐标系统及需要描述的情况，保存新任务。

(3) 配置坐标系统。

根据测量任务的要求和当地的投影带及投影标高情况，在手簿中选择或输入正确的坐标系统、椭球参数等，其操作为：配置→仪器设置→基准站设置，弹出如图 9-16 所示的对话框。

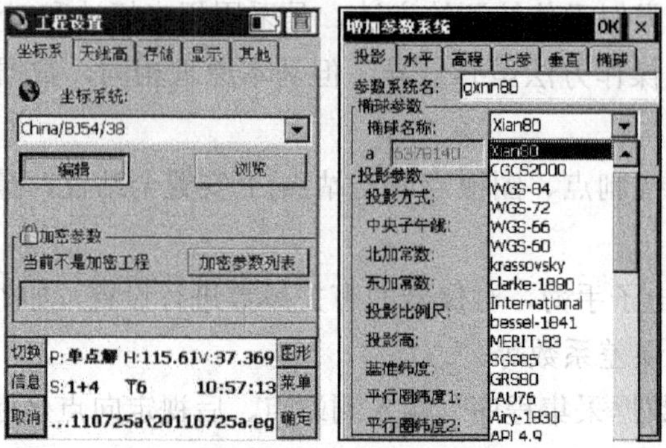

图 9-16 坐标系统配置

(4) 设置基准站。

选择：配置中的仪器设置→基准站设置→基站参数选项，如图 9-17 所示。

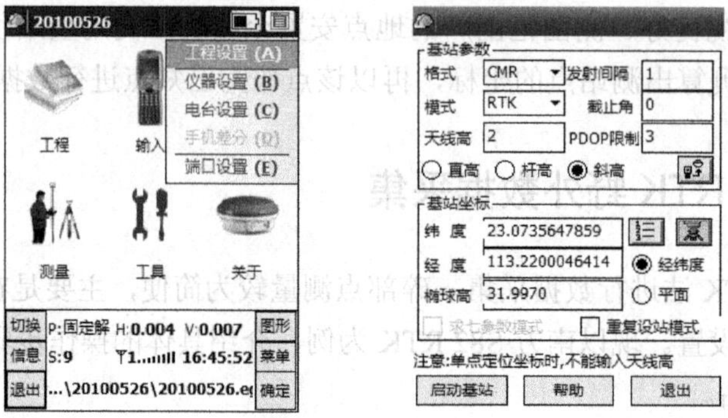

图 9-17 基准站设置

“广播格式”一般设为 CMR(可选 RTCA 或 RTCM)，差分模式主要有 RTK 和 RTD 两种，RTK 主要是用于厘米级的仪器的定位差分模式，如南方的 S82、S86 等，RTD 主要用于亚米级的仪器的定位差分模式，如南方的 S750 等。“发射间隔”为默认值，“高度角”限制默认为 10°，“PDOP 值”默认为 3，“天线高度”为实测的斜高。用户可以根据作业时的实际情况适当地改动各选项值。

(5) 启动基准站。

一般的基站参数设置只需设置差分格式就可以了，设置完成后单击右边的按钮，基站就设置完成了。相应设置完毕后，单击 Yes 按钮确定并退出，软件提示“基准站启动成功！”后完成操作，如图 9-18 所示。

(6) 设置移动站。

选择：配置→仪器设置→移动站设置选项，如图 9-19 所示。解算精度水平默认为 high(窄带解)，也可以在此改成 common(宽带解)或是 Low，这里的选择取决于测量的工作环境和测量结果的精度要求。high 为通用的解模式，但是当测量工作环境不是很好(如对卫星信号有遮挡的树林或树丛中；移动距离操作 10km 以上)且对测量结果精度要求不高的情况下(common 的固定解精度要比 high 的固定解精度低 2～3cm)，可以选择 common，这样得到固定解的速度加快。Low 一般不用。差分数据格式要和基准站保持一致，后面还有 NetWork Mode、SBAS Control 和 GLONASS，一般都用上面的默认选项，SBAS 指的是差分卫星，做 RTK 的时候一般不启动这项功能，GLONASS 指是否启用俄罗斯 GLONASS 卫星。“天线高度”为对中杆的长度。

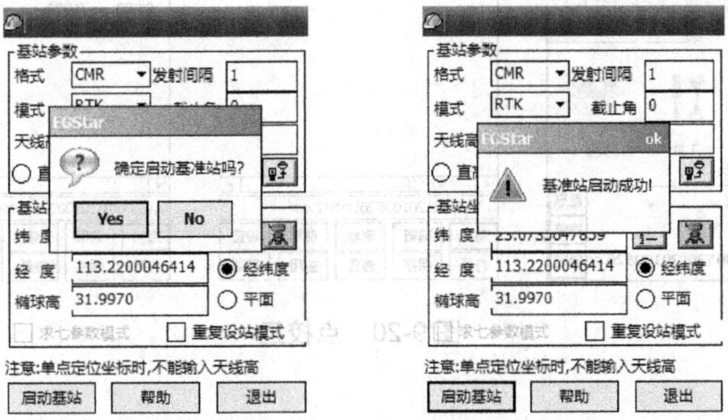

图 9-18　基准站设置成功

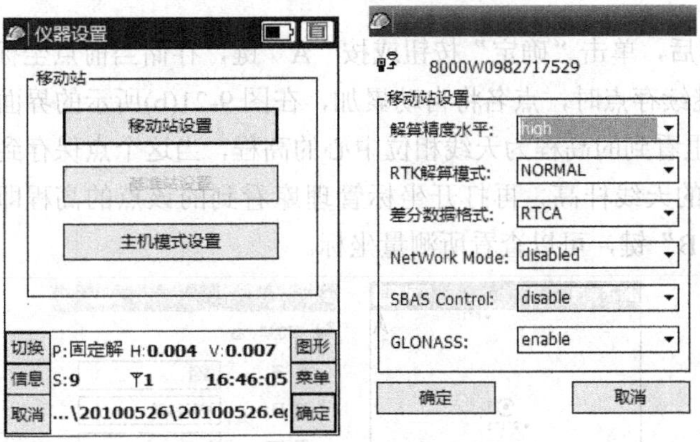

图 9-19　移动站设置

(7) 启动移动站。

移动站设置完毕后选择：测量→启动移动站接收机。如果无线电和卫星接收正常，流动站开始初始化，软件的显示顺序为：串口无数据→开始初始化→浮动→固定，当得到固定解后才可以进行测量工作；否则测量精度比较低。

(8) 点校正。

点校正的目的是求解 WGS-84 坐标与当地坐标之间的转换参数。通常情况下，在新测区首次开展测量工作时，选择 3 个以上已知点进行观测，利用观测值和已知值进行点校正，求得坐标转换参数，同一作业采用统一的转换参数。

选择：输入→校正向导，则弹出如图 9-20 所示对话框。

在“网格点名称”选项中输入已知点的点名及其当地坐标系中的平面坐标与高程；在“GPS 点名称”选项中输入相应点的点名及其 WGS-84 坐标。校正方法一般选择“水平与垂直”，然后单击“确定”按钮。依次输入其他已知点的点号与坐标，输入完毕后选择“计算”，“计算”的结果为坐标系转换残差，若残差偏大，需要检查坐标输入是否错误或改换其他已知点，最后将点校正后的参数应用于当前测量任务。

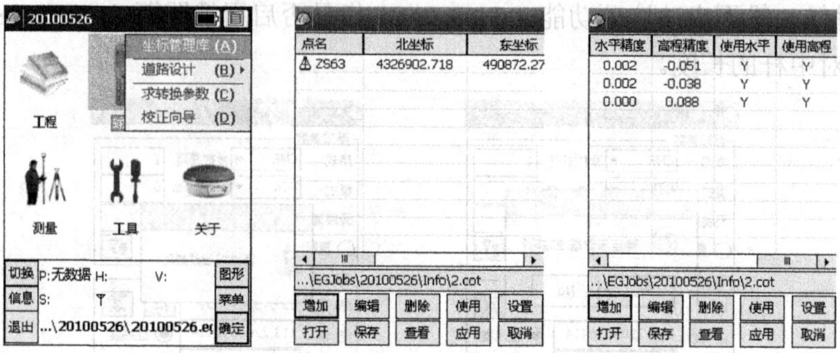

图 9-20　点校正

(9) 测量。

当屏幕显示得到固定解后，即可开始测量。选择“测量”→“点测量”命令，如图 9-21(a)所示。

当显示固定解后，单击“确定”按钮或按“A”键，存储当前点坐标，输入天线高，如图 9-21(b)所示。继续存点时，点名将自动累加，在图 9-21(b)所示的界面中可以看到高程值为“**55.903**”，这里看到的高程为天线相位中心的高程，当这个点保存到坐标管理库以后软件会自动减去 2m 的天线杆高，再打开坐标管理库看到的该点的高程即为测量点的实际高程。连续按两次“B”键，可以查看所测量坐标。

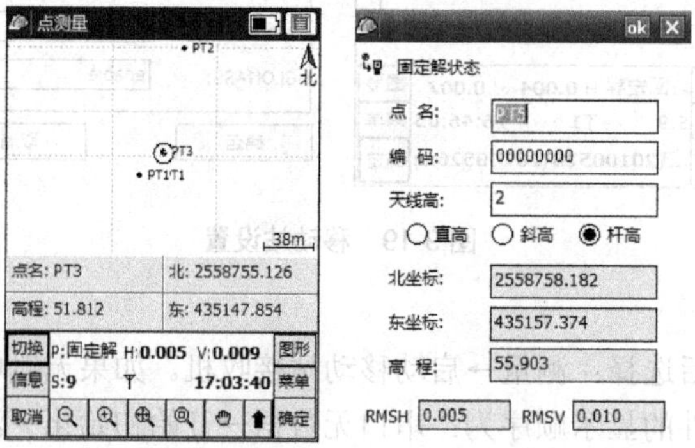

(a)　　　　　　(b)

图 9-21　碎部点测量

9.5　地面数字测图的内业

目前，国内市场上技术比较成熟的数字测图软件有很多，本节主要以南方测绘仪器公司的 CASS 9.0 成图系统为例，介绍数字测图内业数据处理与绘图工作的方法。

9.5.1　CASS 9.0 软件操作界面

CASS 地形地籍成图软件是基于 AutoCAD 平台的数字测图系统，具有完备的数据采集、数据处理、图形生成、图形编辑、图形输出等功能，能方便、灵活地完成数字测图工作，广泛用于地形地籍成图、工程测量、GIS 空间数据建库等领域。CASS 9.0 是 CASS 软件的最新升级版本，由软件光盘和一个加密狗构成。CASS 9.0 的安装应该在完成 AutoCAD 的安装并运行一次后进行。图 9-22 所示为 CASS 9.0 的操作界面。

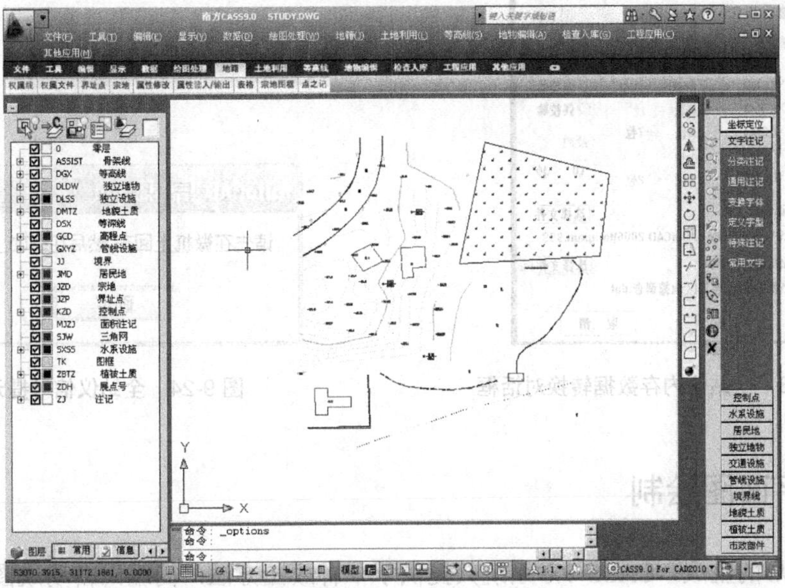

图 9-22　CASS 9.0 操作界面

9.5.2　数据传输与参数设置

数据传输的功能是完成电子手簿或全站仪与计算机之间的数据相互传输。为了实现电子手簿或全站仪与计算机之间的正常通信，数据传输前要对全站仪、电子手簿、计算机进行参数设置，使其保持一致。全站仪(或 GPS RTK 接收机)到计算机的数据传输步骤如下。

(1) 硬件连接。

选择正确的数据线和端口将全站仪与计算机进行连接，查看仪器的相关通信参数，打开计算机进入 CASS 9.0 系统。

(2) 通信参数设置。

执行 CASS 9. 0“数据”→“读取全站仪数据”菜单命令，在弹出的对话框中(见图 9-23)选择相应型号的仪器(如 NTS-320)，选择通信参数(通信端口、波特率、校验位、数据位、停止位)，使其与全站仪内部通信参数保持一致，选择文件保存位置、输入文件名，并选中“联机”复选框。

(3) 数据传输。

单击图 9-23 中的“转换”按钮即弹出如图 9-24 所示对话框，按对话框提示顺序操作，命令区便逐行显示点位坐标信息，直至通信结束。CASS 9.0 中坐标数据文件以*. DAT 格式存储，每一行为一个碎部点坐标，其格式为：

1 点点名，1 点编码，1 点 Y(东)坐标，1 点 X(北)坐标，1 点高程

…

N 点点名，N 点编码，N 点 Y(东)坐标，N 点 X(北)坐标，N 点高程

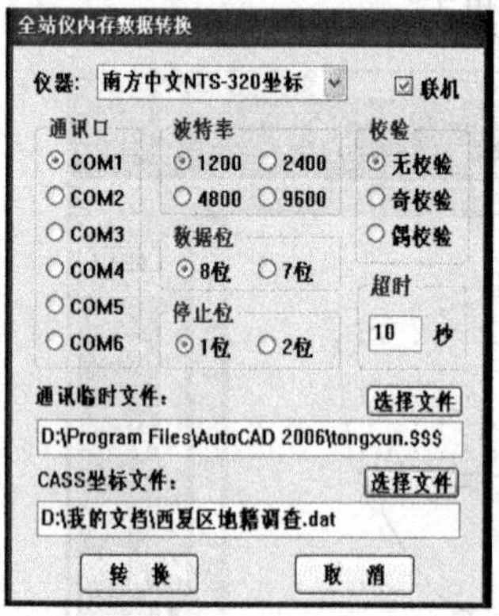

图 9-23 全站仪内存数据转换对话框

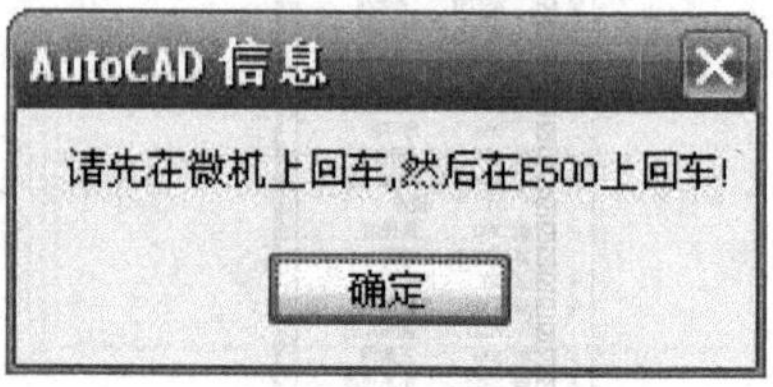

图 9-24 全站仪信号提示

9.5.3 平面图绘制

对于图形的生成，CASS 9.0 系统共提供了 7 种成图方法：简编码自动成图、编码引导自动成图、测点点号定位成图、坐标定位成图、测图精灵测图、电子平板测图、数字化仪成图，其中前 4 种成图法适用于测记式测图法；测图精灵测图法和电子平板测图法在野外直接绘出平面图。对于测记式无码作业模式，主要使用测点点号定位成图和坐标定位成图两种方法。

1. 测点点号法定位成图

(1) 打开“展点”是把坐标数据文件中的各个碎部点点位及其相应属性(如点号、代码或高程等)显示在屏幕上。此时应展野外测点点号。

在“绘图处理”下拉菜单中选择“野外测点点号”命令，系统提示“输入要展出的坐标数据文件名”(如 D:\SURVEY\CXT. DAT)。选中文件后单击“打开”按钮，则数据文件中所有点以注记点号形式展现在屏幕上。展点前，命令行窗口将要求输入测图比例尺，输入比例尺分母后按 Enter 键即可。

(2) 选择“测点点号”屏幕菜单在屏幕右侧的一级菜单“定位方式”中选取“测点点号”，系统将弹出一个对话框，提示选择点号对应的坐标数据文件名(依然是 D:\SURVEY\CXT. DAT)。选中外业所测的坐标数据文件并单击“打开”按钮后，系统将所有数据读入内存，以便依照点号寻找点位。此时命令行显示：

读点完成！共读入 189 个点。

(3) 绘平面图屏幕菜单将所有地物要素分为 11 类，如文字注记、控制点、地籍信息、居民地等，此时即可按照其分类分别绘制各种地物。

2. 坐标定位法成图

坐标定位成图法操作类似于测点点号定位成图法。所不同的是，绘图时点位的获取不是通过输入点号而是利用“捕捉”功能直接在屏幕上捕捉所展的点，故该法较测点点号定位成图法更方便。其具体的操作步骤如下。

(1) 展点。

(2) 选择“坐标定位”。屏幕菜单操作同测点点号法定位成图。

(3) 绘制平面图。绘图之前要设置捕捉方式，有几种方法可以设置。如选择“工具”下拉菜单中“物体捕捉模式”的“节点”，以“节点”方式捕捉展绘的碎部点，也可以右击状态栏上的“对象捕捉”进行设置，取消与开启捕捉功能可以直接按键盘上的 F3 键进行切换。绘图方法同“测点点号定位法成图”。

需要指出的是，上述绘图方法一般并不单独使用，而是相互配合使用。

9.5.4　等高线绘制与编制

完整表示地表形状的地形图，包括准确的地物位置和地表起伏。地形图中，地形起伏通常是用等高线来表示的。常规的平板测图中，等高线由手工描绘，虽然比较光滑，但精度较低。而在数字测图系统中，等高线由计算机自动绘制，不仅光滑且精度较高。数字地形图绘制，通常在绘制平面图的基础上再绘制等高线。

绘制等高线的基本步骤：① 建立数字地面模型(构建三角网)；② 修改三角网；③ 绘制等高线；④ 等高线注记与修剪。

9.5.5　地物地貌的编辑与整饰输出

CASS 系统提供了用于绘图和注记的“工具”、编辑修改图形的“编辑”和编辑地物的“地物编辑”等下拉菜单，对地物和地貌符号进行注记和编辑。完整的图形要素编辑完成后，进行图幅的整饬与输出。

1. 图形分幅与图幅整饰

(1) 图形分幅。图形分幅前，首先应了解图形数据文件中的最小坐标和最大坐标。同时应注意 CASS 9.0 下信息栏显示的坐标为 y 坐标(东方向)、x 坐标(北方向)。

执行“绘图处理”→“批量分幅”命令，命令行提示：

请选择图幅尺寸：(1) 50 *50 (2) 50 *40 <1>：按要求选择，直接按 Enter 键默认选(1)。

请输入分幅图目录名：输入分幅图存放的目录名，按 Enter 键，如输入 d:\ SURVEY\digs\ 。

输入测区一角：在图形左下角单击。

输入测区另一角：在图形右上角单击。

此时，在所设目录下就生成了各个分幅图，自动以各个分幅图的左下角的东坐标和北坐标结合起来命名，如“31.00 ～53.00”、“31.00～53.50”等。如果未输入分幅图目录名时直接按 Enter 键，则各个分幅图自动保存在安装 CASS 9.0 的驱动器的根目录下。

(2) 图幅整饰打开各分幅图形，并执行“文件”→“加入 CASS 9.0 环境”命令。选择“绘图处理”→“标准图幅”命令，显示对话框，如图 9-25 所示。输入图幅的名字、邻近图名、测量员、绘图员、检查员，在左下角坐标的“东”“北”栏内输入相应坐标，如“53000, 31000”(最好拾取)。“删除图框外实体”复选框若选中则可删除图框外实体，最后单击“确定”按钮即完成图幅整饰。

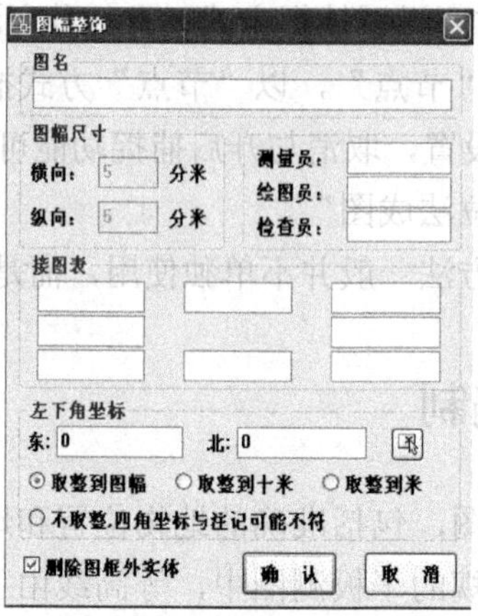

图 9-25 “图幅整饰”对话框

图廓外的单位名称、成图时间、地形图图式和坐标系统、高程基准等可以在加框前统一定制，即在“CASS 9.0 参数设置\图框设置”对话框中依实际情况填写，也可以直接打开图框文件，如打开“CASS 9.0\BLOCKS\AC50TK. DWG”文件，利用“工具”菜单的“文字”项的“写文字”“编辑文字”等功能，依实际情况编辑修改图框图形中的文字，不改名存盘，即可得到统一定制的图框。

2. 绘图输出

地形图绘制完成后，利用绘图仪、打印机等设备输出。执行“文件”→“绘图输出”菜单命令，在二级菜单里可完成相关打印设置，并打印出图。

习 题

1. 填空题

(1) 地物符号包括_______、_______以及_______。地貌符号主要是用_______来表示的。

(2) 等高线的种类包括_______、________、_______和________。

(3) 示坡线一般绘制在某些等高线的斜坡________的方向上。

(4) 在同一张地形图上，两相邻等高线间平距越小，说明坡度________。

(5) 大比例尺是比例尺分母________，在图上表示地面图形会较________。

(6) 辨认等高线是山脊还是山谷，其方法是________________。

2. 简答题

(1) 何谓比例尺精度？在实际应用中有何参考价值？

(2) 何谓等高线？等高线有哪些特点？等高距、等高线平距与地面坡度三者之间的关系怎样？

(3) 地面数字测图前要做哪些准备工作？

(4) 简述数字化测图方法的野外操作步骤。

(5) 简述利用 CASS 软件绘制地形图的基本过程。

第二篇 工程应用篇

第10章 工 程 测 设

教学目标

通过本章的学习，使学生进一步理解测定和测设的含义及区别，掌握已知水平距离、水平角和高程的测设方法，掌握测设直线坡度线的方法，掌握点的平面位置测设方法。

应该具备的能力：能自主完成各种测设数据的计算和检核，并能够在工程实践中根据现场情况综合应用各种测设方法。

教学要求

能力目标	知识要点	权 重	自测分数
掌握已知水平距离、水平角和高程的测设	水平距离、水平角和高程的测设方法	50%	
掌握直线坡度线的测设	坡度线的定义及放样方法	20%	
掌握平面点位的测设方法	4种传统方法、全站仪法及RTK法	30%	

导读

各种工程建设都需要在设计完成后通过工程施工来实现。施工阶段的测量工作称为施工测量。施工测量主要是将设计图纸上建筑物、构筑物的平面位置和高程，按设计要求用测量仪器以一定的精度和方法在地面上确定下来，并设置标志作为施工的依据，这一过程叫作**放样**，也称为**测设**。

施工放样同样也要遵循“从整体到局部，先控制后碎部”的原则。放样开始之前首先要建立施工控制网，即平面控制网和高程控制网，然后根据控制网确定建筑物的主轴线，进而进行细部测设。

施工放样根据建筑物的等级、大小、结构形式、建筑材料和施工方法的不同，设置相应的精度要求。通常，工业建筑放样的精度高于民用建筑，钢结构建筑物放样的精度高于钢筋混凝土建筑物，装配式建筑物放样的精度高于非装配式建筑物，高层建筑物放样的精度高于低层建筑物，吊装施工方法的放样精度高于现场浇筑施工方法。在实际施工中，如果放样精度选择过高，则会增加难度，降低工作效率，延缓工期。如果放样精度选择过低则会影响建筑物的质量安全，造成重大隐患。施工测量贯穿于整个施工过程，所以要求工作人员必须了解设计内容、使用性质及精度要求等相关信息。

10.1 测设的基本工作

工程测设是把相应建(构)筑物的设计点位在实地标定出来的过程。测设点位包括测设水平距离、测设水平角、测设高程 3 个方面。

10.1.1 水平距离测设

水平距离测设是从地面上已知点开始，沿已知方向标定出另一点的位置，使两点间的水平距离等于已知距离。测设时按距离长短及精度要求的不同，分为一般测设方法和精密测设方法。

1. 一般测设方法

当测设场地较平整、距离不太长时，可用钢尺从已知点开始，根据给定的距离，沿已知方向确定直线终点，打下木桩，在桩顶做出标记。为了校核应返测一次，若两次点位的相对误差在限差(1/5000～1/3000)以内，取其平均值。以其平均值为准，在原方向线的木桩上向内或向外改动并做出标记，作为直线的终点。

如图 10-1 所示，A 为已知始点，A 至 B 为已知方向，D 为已知水平距离，P' 为第一次测设所定的端点，P'' 为第二次测设所定的端点，则 P' 和 P'' 的中点 P 即为最后所定的端点。AP 即为所要测设的水平距离 D 。

图 10-1 距离测设的一般方法

2. 精密测设方法

当测设场地高差起伏较大、距离又较长时，可采用测距仪(或全站仪)配合钢尺“逐点趋近法”进行放样。如图 10-2 所示，方法是将测距仪安置于地面上已知点 A，照准给定方向，指挥棱镜安放于确定的方向线上一点 B，先测出距离值 D'，并得出改正值 $\Delta D = D' - D$，当

ΔD 较大时，可根据 ΔD 的符号和大小沿 AB 方向向内或向外移动棱镜，直至 $\Delta D < 20$ cm，此时用钢尺沿确定方向从安放棱镜点丈量 ΔD，得到放样点位 B'，将棱镜移至该点，再测出距离值，并计算改正值，直到满足精度要求为止。

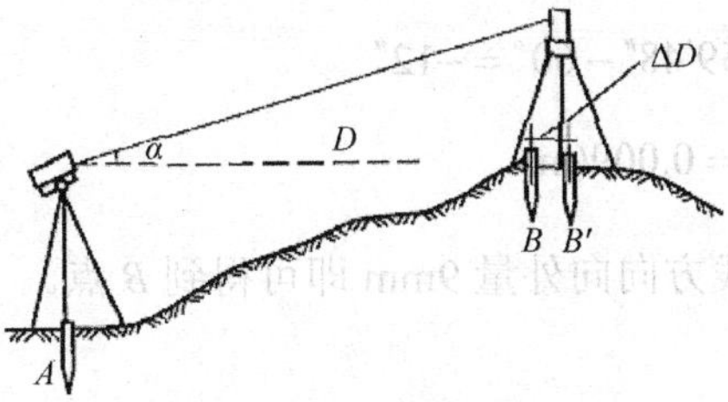

图 10-2　距离测设的精密方法

10.1.2　水平角测设

水平角测设就是在地面上确定一方向，使该方向与已知方向所夹的水平角等于给定的水平角度。测设时按精度要求的不同，也分为一般测设方法和精密测设方法。

1. 一般测设方法

设地面上已有 OA 方向，如图 10-3 所示，在 O 点测设第二方向 OB，使 $\angle AOB = \beta$。测设时，将经纬仪安置于 O 点上，首先用盘左位置照准 A 点，且配置水平度盘为 $0°0'xx''$，旋转照准部使度盘读数为 $\beta + 0°0'xx''$，在视线方向上定出 B' 点，然后倒转望远镜变为盘右位置，同法在地面上定出 B'' 点，取 B' 和 B'' 的中点 B，则 $\angle AOB$ 就是要测设的水平角。这种方法称为正倒镜分中法。

2. 精密测设方法

当水平角测设的精度要求较高时，可采用垂线改正法。如图 10-4 所示，在 O 点安置经纬仪，先按一般方法测设出 β 角，在地面上定出下点 B'，然后对 $\angle AOB'$ 进行多测回观测(一般测 4 个测回)，取平均值得 β'，则改正值 $\Delta\beta = \beta' - \beta$，即可根据 $\Delta\beta$ 和 OB' 的长度，计算出垂直改正距离 d，见式(10-1)，由 B' 开始作 OB 的垂线，在垂线方向上量取 d，确定出 B 点，$\angle AOB$ 即为欲测设的 β 角。

$$d = OB' \times \frac{\beta''}{\rho''} \tag{10-1}$$

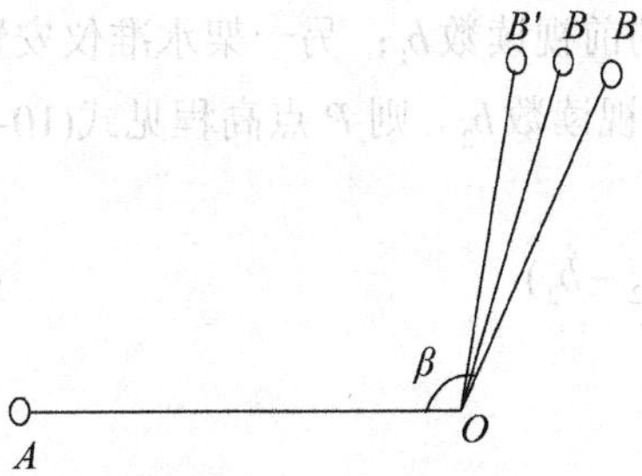

图 10-3　水平角测设

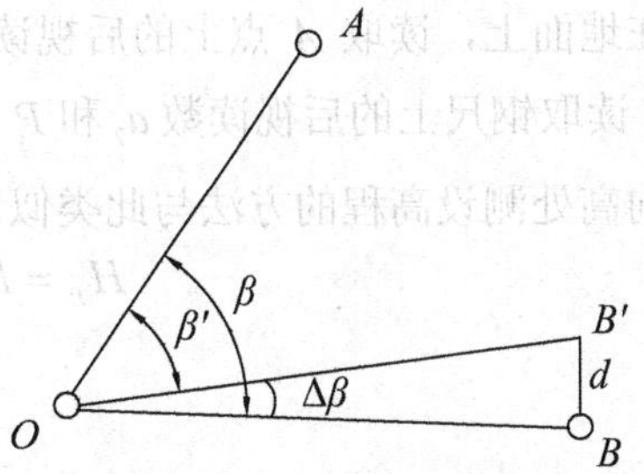

图 10-4　水平角精密测设

【例 10-1】欲放样 $\angle AOB = 60^\circ$，先按一般方法放样出 $\angle AOB'$，然后在 O 点安置经纬仪，对 $\angle AOB'$ 进行 4 个测回的观测，其平均值为 $59^\circ 59'48''$，设 OB =150 m。试计算垂线改正值 d 。

解： $\Delta\beta = \beta' - \beta = 59^\circ 59'48'' - 60^\circ = -12''$

$$d = 150 \times \frac{12''}{206265''} = 0.009(\mathrm{m})$$

所以，在 B' 点上沿垂线方向向外量 9mm 即可得到 B 点。

10.1.3 高程测设

高程测设就是放样出地面上确定点位的高程，使其高程等于设计高程值。

1. 高程放样

把设计高程放样到已知点位上，是根据附近的水准点用水准测量的方法，在已知点位上标出设计高程的位置。方法是将水准仪安置于水准点和放样高程的点位之间，观测水准点上水准尺的读数 a，计算出视线高 $H_i = H_{BM} + a$ ，利用视线高和设计高程计算出放样点位水准尺的放样数据 $b = H_i - H_{设}$ ，然后在放样点位上竖立水准尺，通过上下移动，使其水准尺读数等于 b，此时水准尺底端位置即为设计高程位置。

【例 10-2】如图 10-5 所示，已知点 A 的高程为 $H_A = 81.256\mathrm{m}$ ，欲测设 P 点的设计高程为 $H_P = 82.300\mathrm{m}$ 。安置水准仪于 A 、P 之间，后视 A 点上的水准尺读数 $a = 1.385\mathrm{m}$ ；计算视线高 H_i 和在 P 点上水准尺应有的读数 b。

解： $H_i = H_A + a = 81.256\mathrm{m} + 1.385\mathrm{m} = 82.641\mathrm{m}$

$$b = H_i - H_{设} = H_i - H_P = 82.641\mathrm{m} - 82.300\mathrm{m} = 0.341\mathrm{m}$$

2. 高程传递放样

高程放样中，有时放样点与已知水准点的高差特别大，因水准尺长度有限，中间又不便于安置水准仪来转站观测，这时需先把高程传递到坑底或高处的临时水准点上，这种工作称作**高程的传递**，然后再用临时水准点进行放样。如图 10-6 所示，设 A 为地面上的已知水准点，欲将高程传递到坑底的临时水准点 P 上，先在基坑边埋设一吊杆，上面悬挂钢尺并使零点向下，在钢尺下部挂一个 1～2kg 的重锤。观测时用两架性能相同的水准仪，一架安置在地面上，读取 A 点上的后视读数 a_1 和钢尺上的前视读数 b_1；另一架水准仪安置在坑底部，读取钢尺上的后视读数 a_2 和 P 点水准尺上的前视读数 b_2，则 P 点高程见式(10-2)。从低处向高处测设高程的方法与此类似。

$$H_P = H_A + (a_1 - b_1) + (a_2 - b_2) \tag{10-2}$$

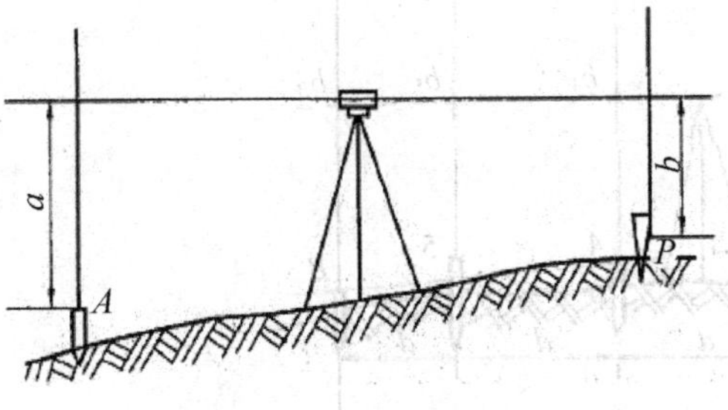

图 10-5　高程测设

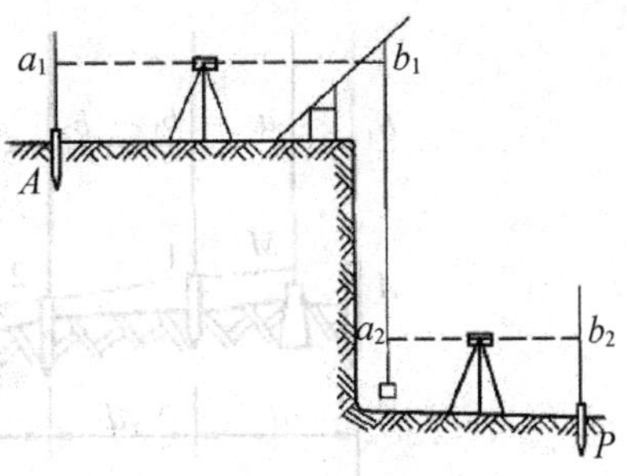

图 10-6　高程传递放样

10.2　已知坡度线的测设

坡度线测设是根据附近水准点的高程、设计坡度和坡度线端点的设计高程，用高程测设方法将坡度线上各点设计高程标定在地面上的测量工作。它常用于场地平整工作及管道铺设及修筑道路等线路工程中。坡度线的测设，可根据坡度大小不同和场地条件不同，选用水平视线法和倾斜视线法。

1. 水平视线法

如图 10-7 所示，A、B 为设计坡度线的两个端点，A 点设计高程为 $H_A = 56.487\text{m}$，坡度线长度(水平距离) $D = 110\text{m}$，设计坡度为 $i = -1.5\%$，要求在 AB 方向上每隔距离 $d = 20\text{m}$ 打一个木桩，并在木桩上定出一个高程标志，使各相邻标志的连线符合设计坡度。设附近有一水准点 M，其高程为 $H_M = 56.128\text{m}$，测设方法如下。

① 在地面上沿 AB 方向，依次测设间距为 d 的中间点1、2、3、4、5，在点上打好木桩。

② 计算各桩点的设计高程。

先计算按坡度 i 或每隔距离 d 相应的高差

$$h = i \times d = -1.5\% \times 20 = -0.3(\text{m})$$

再计算各桩点的设计高程，其中

第一点：$H_1 = H_A + h = 56.487 + (-0.3) = 56.187(\text{m})$

第二点：$H_2 = H_1 + h = 56.187 + (-0.3) = 55.887(\text{m})$

……

同法算出其他各点设计高程为 $H_3 = 55.587\text{m}$，$H_4 = 55.287\text{m}$，$H_5 = 54.987\text{m}$，最后根据 H_5 和剩余的距离计算 B 点设计高程，即

$$H_B = 54.987 + (-1.5\%) \times (110 - 100) = 54.837(\text{m})$$

注意，B 点设计高程也可用式(10-3)算出，即

$$H_B = H_A + i \times D \tag{10-3}$$

用来检核上述计算是否正确。例如，这里为 $H_B = 56.487 + (-1.5\%) \times 110 = 54.837(\text{m})$，说明高程计算正确。

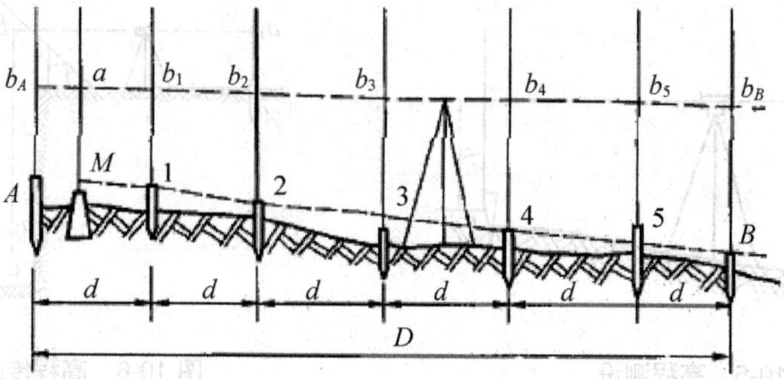

图 10-7　水平视线法

③ 在与各点通视，距离相近的位置安置水准仪，后视水准点上的水准尺，设读数 $a=0.866\text{m}$，先计算仪器视线高为

$$H_{视}=H_M+a=56.128+0.866=56.994(\text{m})$$

再根据各点设计高程，依次根据 $b_{应}=H_{视}-H_{设}$ 计算测设各点时的应有前视读数，例如 A 点为

$$b_A=H_{视}-H_A=56.994-56.487=0.507(\text{m})$$

其他各点为：$b_1=0.807\text{m}$，$b_2=1.107\text{m}$，$b_3=1.407\text{m}$，$b_4=1.707\text{m}$，$b_5=2.007\text{m}$，$b_B=2.157\text{m}$。

④ 水准尺依次贴靠在各木桩的侧面，上下移动尺子，直至水准尺读数为相应的读数 b_i 时，沿尺底在木桩上画一横线，该线即在 AB 坡度线上。也可将水准尺立于桩顶上，读前视读数 b'，再根据应读读数和实际读数的差 $z=b-b'$，用小钢尺自桩顶往下量取高度 i_z 画线即可。

2. 倾斜视线法

倾斜视线法是根据视线与设计坡度线平行时，其竖直距离处处相等的原理，来确定设计坡度线上各点高程位置的一种方法，它适用于地面坡较大且设计坡度与地面自然坡度较一致的地段。如图 10-8 所示，A、B 为设计坡度线的两个端点，A 点设计高程为 $H_A=132.600\text{m}$，坡度线长度(水平距离)为 $D=80\text{m}$，设计坡度为 $i=-10\%$，附近有一水准点 M，其高程为 $H_M=131.958\text{m}$，测设方法如下。

① 根据 A 点设计高程、坡度 i 及坡度线长度 D，计算 B 点设计高程，即

$$H_B=H_A+iD=132.600+(-10\%)\times 80=124.600(\text{m})$$

② 按测设已知高程的一般方法，将 A、B 两点的设计高程测设在地面的木桩上。

③ 在 A 点(或 B 点)上安置水准仪，使基座上的一个脚螺旋在 AB 方向上，其余两个脚螺旋的连线与 AB 方向垂直，粗略对中并调节与 AB 方向垂直的两个脚螺旋基本水平，量取仪器高 z (设 $z=1.453\text{m}$)。通过转动 AB 方向上的脚螺旋和微倾螺旋，使望远镜十字丝横丝对准 B 点(或 A 点)水准尺上等于仪器高(1.453m)处，此时仪器的视线与设计坡度线平行，同一点上视线比设计坡度线高 1.453m。

④ 在 AB 方向的中间各点 1、2、3、…的木桩侧面立水准尺，上下移动水准尺，直至尺

上读数等于仪器高 1.453m 时，沿尺底在木桩上画线，则各桩画线的连线就是设计坡度线。

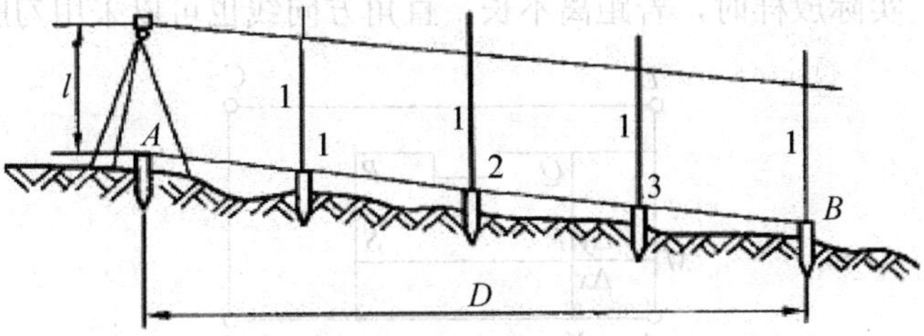

图 10-8　倾斜视线法

当坡度较大时，测设中间点的高程可以用经纬仪代替水准仪，旋转望远镜的微动螺旋就能迅速、准确地使视线对准 B 桩水准尺读数为仪器高 i 处，此时视线平行于设计坡度线。其后，按上述水准仪的操作方法可测设得中间点的桩位。如果测设时难以使桩顶高程正好等于设计高程，可以使桩顶高程与设计高程差一整分米数，并将其差值注在桩上。

10.3　平面点位的测设

测设点的平面位置是距离放样和水平角放样的联合应用，应根据控制网的布设形式和控制点的分布、建筑物的类型、地形情况及仪器设备等，选用方便合适的测设方法。一般的测设方法有直角坐标法、极坐标法、角度交会法和距离交会法等。目前，由于全站仪和 GPS 的普遍应用，放样的方法也发生了较大的变化，在工程施工中，一般以全站仪坐标法放样和 GPS(RTK)放样为主。

10.3.1　直角坐标法

(1) 适用情形。

在工民建施工中，当施工场地已布设了矩形控制网时，采用直角坐标法放样点位比较方便；当建筑物主轴线已经放样出来，细部点位的放样可以采用直角坐标法测设，从而保证细部点间的放样精度较高。

(2) 放样数据计算。

如图 10-9 所示，A、B、C、D 为控制点，P 为欲放样点，直角坐标法的放样数据即为 P 点相对于控制网点 A 的坐标增量。其计算公式为式(10-4)，即

$$\begin{cases}\Delta x = X_P - X_A \\ \Delta y = Y_P - Y_A\end{cases} \tag{10-4}$$

(3) 放样步骤。

实地放样时，先在 A 点安置经纬仪，瞄准 D 点，在此方向上自 A 点放样距离 Δx 得点 M；

再在 M 点安置经纬仪，瞄准 A(或 B)点，放样直角方向线，在此方向上再放样距离 Δy，即得到 P 点的位置。实际放样时，若距离不长，直角方向线也可以采用勾股定理得到。

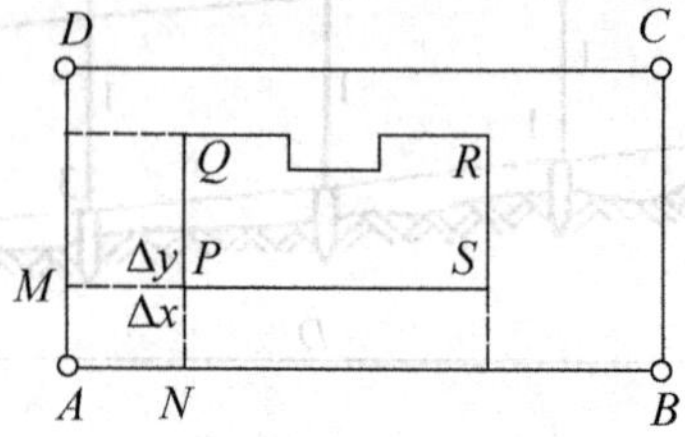

图 10-9　直角坐标法

10.3.2　极坐标法

(1) 适用情形。

控制点与被放样点间应通视良好，当采用钢尺量距时，施工场地应便于量距。随着测距仪和全站仪的广泛应用，建筑物主轴线的放样多采用极坐标法。

(2) 放样数据计算。

如图 10-10 所示，A、B 点是现场已有的两个控制点，P 为待测设的点，极坐标法放样数据即为水平角 β 和水平距离 d，可由坐标反算方法求出，其计算公式为式(10-5)，即

$$\begin{cases} \beta = \alpha_{AP} - \alpha_{AB} \\ d = \sqrt{(x_P - x_A)^2 + (y_P - y_A)^2} \end{cases} \tag{10-5}$$

式中：α_{AP}，α_{AB}——直线 AP 和 AB 的坐标方位角。

(3) 放样步骤。

实地放样时，在 A 点安置经纬仪瞄准 B 点，先放样出水平角 β，在此方向上自 A 点放样距离 d 即可得点 P。若采用全站仪放样，则不需计算出水平角和水平距离值，只需将控制点和被放样点的坐标置入全站仪中，按全站仪放样的操作方法放样出 P 点。

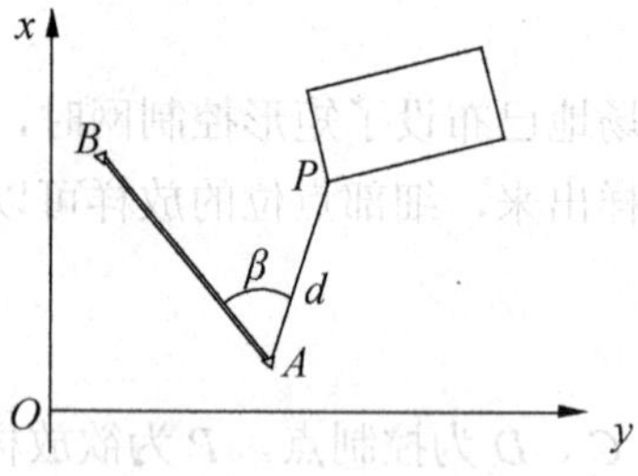

图 10-10　极坐标法测设

10.3.3　角度交会法

(1) 适用情形。

在控制点与被放样点间通视良好，但量距困难的情况下宜采用角度交会法。为了保证

放样点的精度，交会角不应小于 30°和大于 150°。因为角度交会实际操作烦琐，随着测距仪和全站仪的广泛应用，角度交会法逐渐被淘汰。

(2) 放样数据计算。

如图 10-11 所示，设 A、B、C 为控制点，P 为放样点，角度交会法放样 P 点，可由夹角 β_1 和 β_2 来确定。为了校核和提高放样精度，再用第三个方向进行交会，放样数据即为水平角 β_1、β_2 和 β_3。放样数据可由坐标反算求出，其计算公式为式(10-6)，即

$$\begin{cases}\beta_1=\alpha_{AB}-\alpha_{AP}\\ \beta_2=\alpha_{AP}-\alpha_{BA}\\ \beta_3=\alpha_{CP}-\alpha_{CB}\end{cases} \tag{10-6}$$

式中：α——各直线的坐标方位角。

(3) 放样步骤。

实地放样时，在控制点 A、B、C 上各安置一架丝纬仪，依次以 AB、BA、CB 为起点，分别放样水平角 β_1、β_2 和 β_3，由观测者指挥在其方向交点位置打上大木桩即放样出 P 点。

理论上 3 条方向线应该交于一点，但由于测量误差的影响，如图 10-11 所示，而形成一个示误三角形，当误差在允许范围内，可取示误三角形内切圆的圆心作为 P 点位置。实践表明，选择较理想的交会角(70°～110°)，用两个方向交定点，精度高于用 3 个方向出现示误三角形，取其内切圆的圆心，第三个方向只起校核作用。

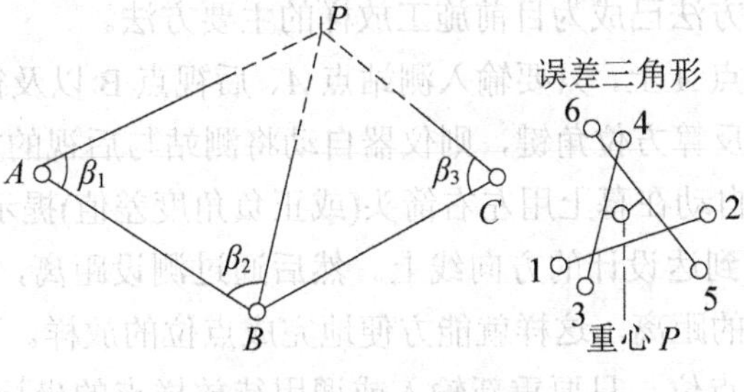

图 10-11　角度交会法

10.3.4　距离交会法

(1) 适用情形。

控制点与放样点间距不大，且量距方便的情况适用。有时候根据已有建筑物的特征点进行放样时，也可采用距离交会法。

(2) 放样数据计算。

如图 10-12 所示，设 A、B 为控制点，P 为放样点，采用距离交会法放样 P 点，可由 P 点到控制点 A 和 B 的水平距离来确定。放样数据即为水平距离 D_1 和 D_2，其计算公式为式(10-7)，即

$$\begin{cases}D_1=\sqrt{(x_P-x_A)^2+(y_P-y_A)^2}\\ D_2=\sqrt{(x_P-x_B)^2+(y_P-y_B)^2}\end{cases} \tag{10-7}$$

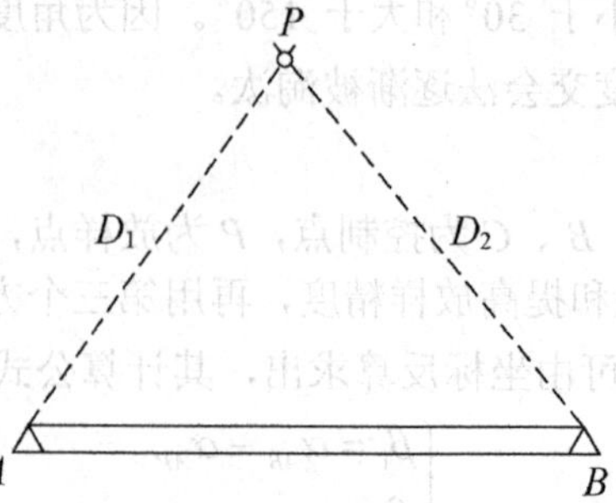

图 10-12　距离交会法

(3) 放样步骤。

放样时，以控制点 A、B 为圆心，分别以 D_1 和 D_2 为半径在地面上画圆弧，其交点即为 P 点的位置。

10.3.5　全站仪坐标放样法

全站仪坐标放样法充分利用了全站仪测角、测距和计算一体化的特点，只需知道待放样点的坐标，不需事先计算放样要素，就可在现场放样，而且操作十分方便。目前全站仪的使用已十分普及。该方法已成为目前施工放样的主要方法。

全站仪架设在已知点 A 上，只要输入测站点 A、后视点 B 以及待放样点 P 的三点坐标，瞄准后视点定向，按下反算方位角键，则仪器自动将测站与后视的方位角设置在该方向上。然后按下放样键，仪器自动在幕上用左右箭头(或正负角度差值)提示，应该将仪器往左或右旋转，这样就可使仪器到达设计的方向线上。然后通过测设距离，仪器自动提示棱镜前后移动，直到放样出设计的距离，这样就能方便地完成点位的放样。

若需要放样下一个点位，只要重新输入或调用待放样点的坐标即可，按下放样键后，仪器会自动提示旋转的角度和移动的距离。

10.3.6　GPS(RTK)放样法

GPS(RTK)需要一台基准站接收机和一台或多台流动站接收机，以及用于数据传输的电台。RTK 定位技术是将基准站的相位观测数据及坐标信息通过数据链方式及时传送给动态用户，动态用户将收到的数据链连同自采集的相位观测数据进行实时差分处理，从而获得动态用户的实时三维位置。动态用户再将实时位置与设计值相比较，进而指导放样。

GPS(RTK)的作业方法和作业流程如下。

(1) 收集测区的控制点资料。

任何测量工程进入测区，首先一定要收集测区的控制点坐标资料，包括控制点的坐标、等级、中央子午线、坐标系等。

(2) 求定测区转换参数。

GPS(RTK)测量是在 WGS-84 坐标系中进行的，而各种工程测量和定位是在当地坐标或我国的 1954 年北京坐标系或 1980 年西安坐标系上进行的，这之间存在坐标转换的问题。GPS 静态测量中，坐标转换是在事后处理的，而 GPS(RTK)是用于实时测量的，要求立即给出当地的坐标，因此，坐标转换工作更显重要。

(3) 工程项目参数设置。

根据 GPS 实时动态差分软件的要求，应输入的参数有当地坐标系的椭球参数、中央子午线、测区西南角和东北角的大致经纬度、测区坐标系间的转换参数、放样点的设计坐标。

(4) 野外作业。

将基准站 GPS 接收机安置在参考点上，打开接收机，除了将设置的参数读入 GPS 接收机外，还要输入参考点的当地施工坐标和天线高，基准站 GPS 接收机通过转换参数将参考点的当地施工坐标化为 WGS-84 坐标，同时连续接收所有可视 GPS 卫星信号，并通过数据发射电台将其测站坐标、观测值、卫星跟踪状态及接收机工作状态发送出去。流动站接收机在跟踪 GPS 卫星信号的同时，接收来自基准站的数据，进行处理后获得流动站的三维 WGS-84 坐标，再通过与基准站相同的坐标转换参数将 WGS-84 转换为当地施工坐标，并在流动站的手控器上实时显示。接收机可将实时位置与设计值相比较，以达到准确放样的目的。

习　　题

1. 术语解释

(1) 水平距离测设

(2) 水平角测设

(3) 高程测设

2. 简答题

(1) 测设平距时都有哪些方法？各有什么特点？

(2) 测设点的平面点位时都有哪些方法？各有什么适用条件？

3. 计算题

(1) 在地面上用已知尺长方程为 $l_t = 30 + 0.006 + 1.25\times10^{-5}\times(t-20)\times30\text{m}$ 的钢尺测设一段 48.000m 的水平距离 AB，测设时温度为 12.5℃，所施于钢尺的拉力与鉴定时的拉力相同，又测得 AB 两点间的桩顶高差为 0.540m，试计算测设时用该尺在地面上应量出的长度。

(2) 如图 10-13 所示，欲利用龙门板 A 的 ±0.000m 标高线，测设标高为 −5.2m 的基坑水平桩 B，设 T 为基坑边的转点水平桩，将水准仪安置在 A、T 两点之间，后视 A 的读数为 1.128m，前视 T 的读数为 2.967m；再将水准仪搬进坑内设站，把水准尺零端与 T 转点水平桩的上边对齐、倒立，后视其读数为 2.628m，在坑内 B 处直立水准尺，请问其前视读数为多少尺底才是欲测设的标高线?

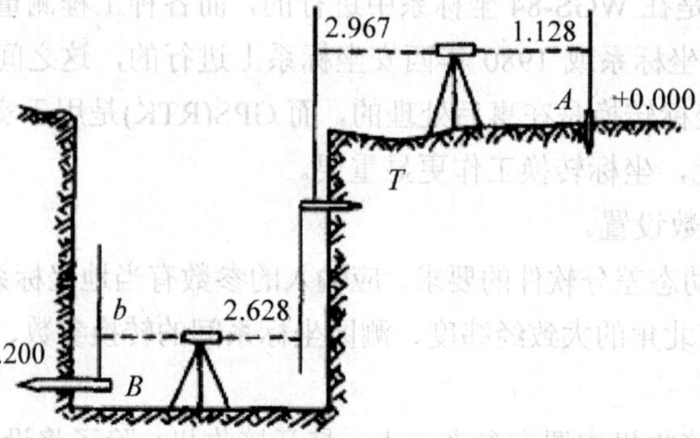

图 10-13　龙门板

(3) A、B 为控制点，其坐标 $X_A = 485.389\text{m}$，$Y_A = 620.832\text{m}$ $X_B = 512.815\text{m}$，$Y_B = 882.320\text{m}$。P 为待测设点，其设计坐标为 $X_P = 704.485\text{m}$，$Y_P = 720.256\text{m}$，计算用极坐标法测设所需的测设数据，并说明测设步骤。

第 11 章　地形图应用

教学目标

通过本章的学习，使学生在纸质地图上提取所需要的坐标、角度、距离等信息，并能进行纵断面和土方量的相关计算。能利用 CASS 软件对数字地形图提取所需的数字信息。

应该具备的能力：具备 CASS 软件的操作能力。

教学要求

能力目标	知识要点	权　重	自测分数
能对地形图进行识读	图廓信息、地物、地貌识读	10%	
地形图应用基本知识	坐标、距离高程、坡度的获取	20%	
地形图在工程中的应用	纵断面图　土方量计算	30%	
数字地形图的应用	距离、坐标、土方量计算、断面图绘制	40%	

导读

在三峡水利枢纽工程建设过程中，高强度土方开挖、填筑与支护施工技术及管理水平得到了迅猛发展，其中三峡永久船闸开挖工程具有典型的代表性意义。

三峡永久船闸地面工程土石方开挖总量为 4196 万 m^3，合同工期为 21 个月，月最大开挖强度为 165 万 m^3；船闸二期地面开挖工程，共完成土石方开挖 2268 万 m^3，闸槽顶以下直立墙基岩开挖月高峰强度达 60 万 m^3。船闸地面工程土石方开挖量占三峡工程土石方开挖总量的 40%，其岩石开挖量占三峡工程岩石开挖总量的 60%。工期紧、强度高，持续高强度土石方开挖施工技术是施工中主要难题之一。

高精度的计算土石方量，对于工程预算具有重要意义。那么如何计算土石方量呢？这就需要依据地形图。地形图中包含有丰富的自然、人文和社会经济信息，因此根据地形图可以提取有效的数据和信息，为工程勘测、设计、规划、施工等提供基础。合理、正确地应用地形图，是测量人员的必备技能之一。

11.1 地形图的识读

地形图上的主要内容是用各种线画符号和文字注记所表示的地物和地貌，通过这些符号和注记认识地球表面的自然形态，全面了解制图区域的地理概况、各要素的相互关系。为了正确应用地形图，首先必须看懂地形图。

11.1.1 图廓外附注的识读

依据地形图图廓，可以掌握地形图的图名、图号、比例尺、坐标系统、高程系统、等高距、测图单位、测图人员等相关信息。根据比例尺可以反映地物和地貌的详略情况；依据测图时间，可以判读地形图的新旧程度；依据地形图的图名和图廓坐标可以确定地形图所在的位置，如图 11-1 所示。

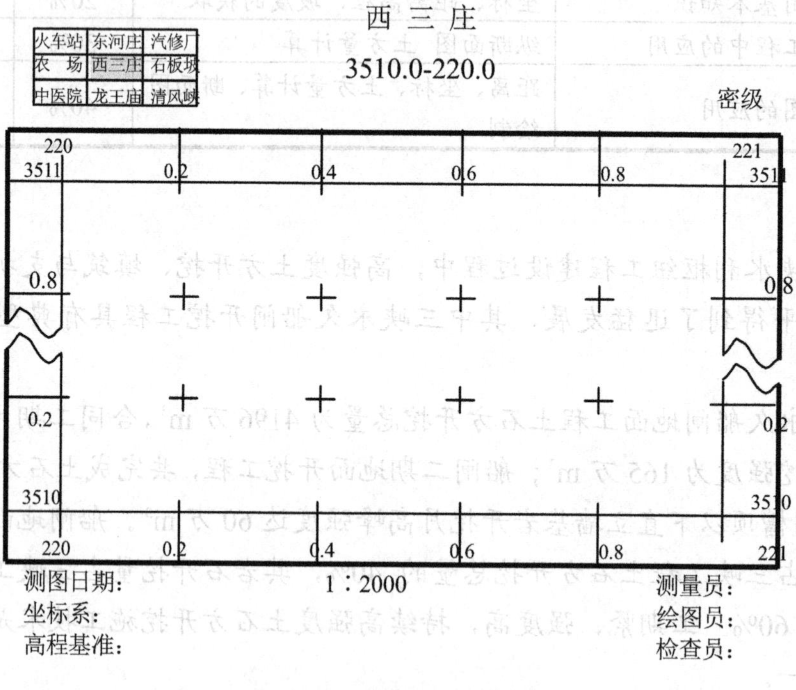

图 11-1 地形图图廓示意图

11.1.2 地物和地貌的识读

对于地物的识读，主要依靠地物符号。因此一定要熟悉地物符号的表示方法。根据图上的地物符号和位置，即可以判读区域内各种地物的分布情况。在实际应用过程中地物的阅读主要包括控制点、居民地、工业建筑、独立地物、道路、管线和植被等。

对于地貌的判读，主要依据等高线和地性线。首先根据地性线，对地形图中的地貌有一个全面的认识；然后根据等高线的疏密程度及其分布变化情况分析坡度变化，逐步识别山头、鞍部等典型地貌的位置，如图 11-2 所示。

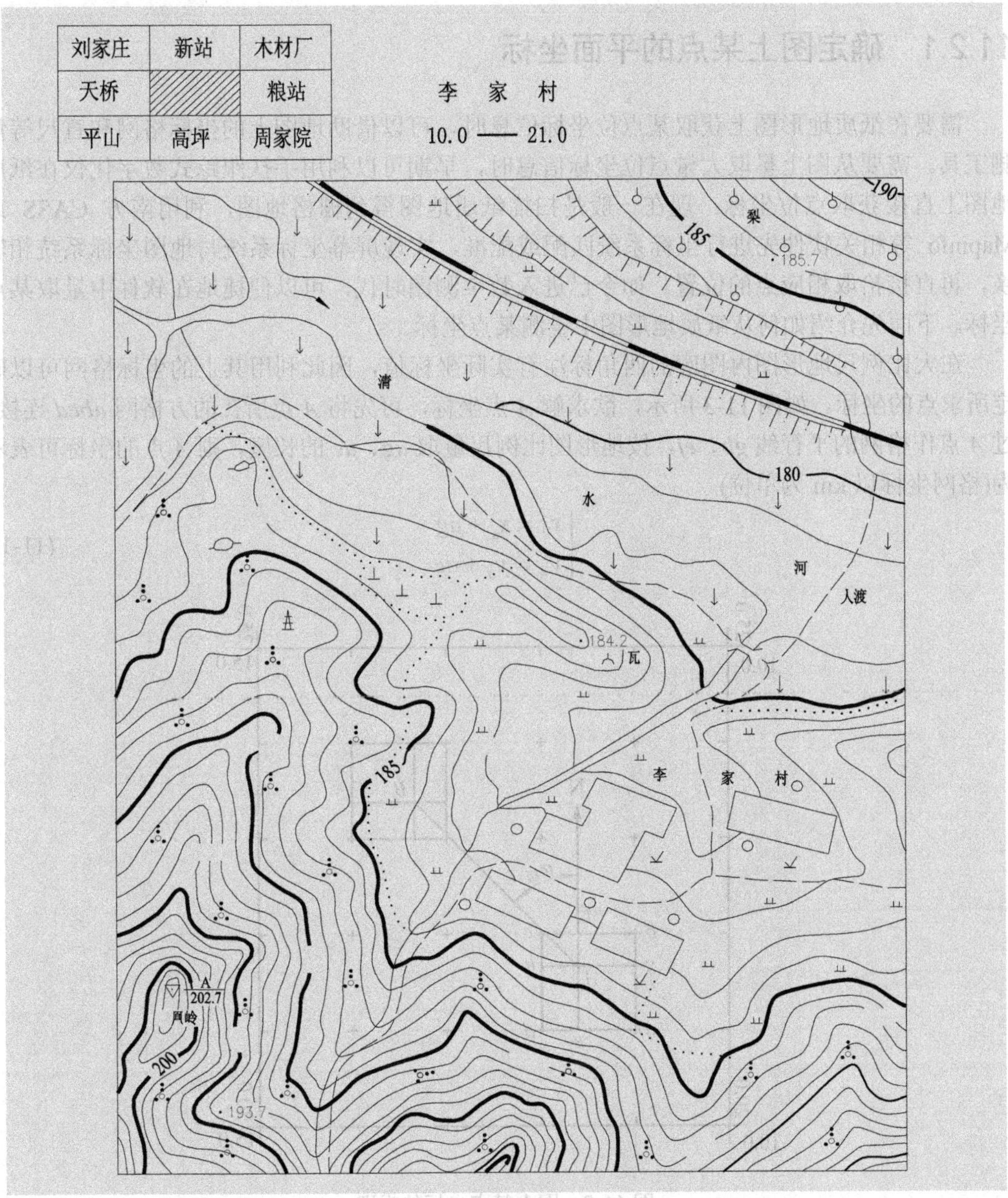

图 11-2 地物和地貌的判读

11.2 地形图的一般应用

11.2.1 确定图上某点的平面坐标

需要在纸质地形图上获取某点位坐标信息时，可以借助地图上的坐标格网和直尺等量测工具。需要从图上量取大量点位坐标信息时，早期可以利用手扶跟踪式数字化仪在纸质地图上直接获取点位坐标；现在一般是扫描纸质地图得到栅格地图，利用南方 CASS 或 Mapinfo 等相关软件先进行坐标系统匹配或配准，实现屏幕坐标系统与地图坐标系统相转换，再直接拾取相应点的位置。如今已进入数字测图时代，可以便捷地在软件中量取某点坐标。下面先介绍如何从纸质地形图中量测某点坐标。

在大比例尺地形图内图廓的四角标注有实际坐标值，因此利用其上的坐标格网可以确定所求点的坐标。如图 11-3 所示，欲求解 A 点坐标，可先将 A 点所在的方格网 $abcd$ 连接。过 A 点作格网的平行线 gb、ef，按地形图比例尺量取 ag、ae 的长度，则 A 点的坐标可表示为(格网坐标以 km 为单位)

$$\begin{cases} x_A = x_a + ag \\ y_A = y_a + ae \end{cases} \tag{11-1}$$

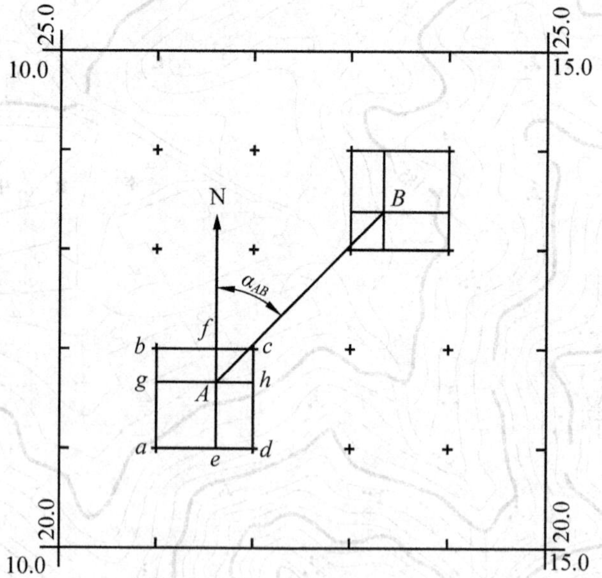

图 11-3 图上某点坐标的求取

如果需要考虑图纸伸缩变形，则 A 点的坐标可按照式(11-2)计算，即

$$\begin{cases} x_A = x_a + \dfrac{10}{ab} \cdot ag \cdot M \\ y_A = y_a + \dfrac{10}{ad} \cdot ae \cdot M \end{cases} \tag{11-2}$$

式中：ab，ag，ad，ae——图上量取的长度；ab、ad 单位为 cm，ag、ae 单位为 mm；

M——比例尺分母。

11.2.2　确定图上两点间的距离

1. 求两点间的水平距离

如图 11-3 所示，欲量取 AB 间的水平距离，可用图解法和解析法求取。

(1) 图解法。在地形图上用卡规卡出 AB 的图上距离和图示比例尺进行比较，可得到其水平距离。或用直尺量取 AB 的图上距离 d_{AB}，再乘以比例尺分母 M 换算出相应的实地水平距离 D_{AB}，如式(11-3)所示，或直接用三棱比例尺量取直线长度。若是数字地形图，可利用相关软件直接获得直线距离信息。

$$D_{AB} = d_{AB}M \tag{11-3}$$

(2) 解析法。如图 11-3 所示，欲求 AB 两点间的距离和坐标方位角，可根据式(11-2)求出 A、B 两点的坐标，进而利用式(11-4)计算出两点间的水平距离 D_{AB}，该距离已消除了图纸伸缩的影响。

$$D_{AB} = \sqrt{(x_B - x_A)^2 + (y_B - y_A)^2} \tag{11-4}$$

2. 求曲线的水平距离

在地形图应用中，经常要量算道路、河流、境界线、地类界等不规则曲线的长度，可将曲线分解为一段段的直线段，分别量测其长度再累加即为曲线长度。若在电子地图上，可以利用软件中相关工具来量测，也是同样道理量取其长度。若距离量测精度要求不高时，也可以利用一条弹性不大的棉线，沿曲线敷设，在始终点做好标记，再拉直棉线用直尺量测两点间长度。

3. 求地面点的倾斜距离

通常情况下，量测两点之间距离是指水平距离，当需要两点间的倾斜距离即地表距离时，可按上述方式先量测两点的水平距离 D，再根据两点间的坡度角 α，即可计算其倾斜距离，即 $S = \dfrac{D}{\cos\alpha}$。

11.2.3　确定直线的方向

1. 图解法

如图 11-3 所示，欲求 AB 边方位角 α_{AB}，可先通过 A 点作北方向线 N，若精度要求高时，可在地形图上直接用量角器量测 α_{AB}。若是电子地图，可利用软件中提供的量角工具，如 AutoCAD 中“标注”工具条中“角度”工具来量取 α_{AB}。

2. 解析法

根据式(11-2)，先求出 A、B 两点的坐标 (X_A,Y_A)、(X_B,Y_B)，再用式(11-5)可计算出 AB 的坐标方位角 α_{AB}，计算时要注意判断 α_{AB} 的象限。当已知两点坐标，或直线较长，或两点在不同图幅中时，比较适合使用解析法。

$$\alpha_{AB} = \arctan\frac{Y_B - Y_A}{X_B - X_A} \tag{11-5}$$

11.2.4 确定点的高程

地形图上某点的高程可利用等高线求取。若待求点恰好位于某条等高线上，则该点的高程就等于该等高线的高程；否则需采用比例内插的方法确定。

如图 11-4 所示，P 点的高程值为 $H_P = 27\text{m}$，而 k 点位于 27m 和 28m 两条等高线之间，可过 k 点作一条大致垂直于相邻等高线的线段 mn，交两根等高线于 m、n 点，从图上量得距离 $mn = d$，$\overline{mk} = d_1$，设等高距为 h，则 k 点的高程为

$$H_k = H_m + \frac{d_1}{d}h \tag{11-6}$$

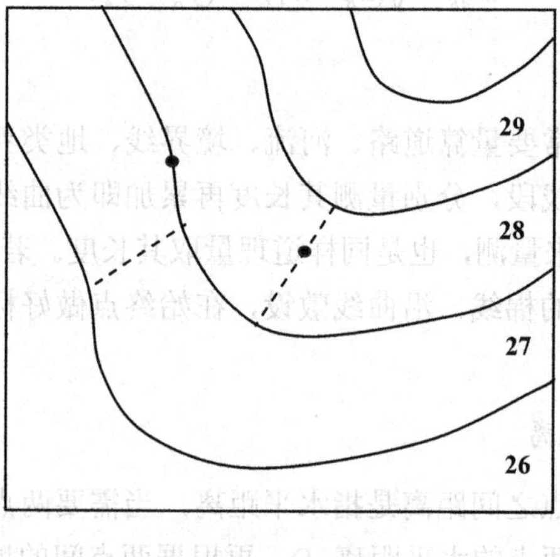

图 11-4 图上点的高程求取

11.2.5 确定两点间的坡度

坡度是指某直线两端点间的高差与其水平距离的比值。如图 11-4 所示，若要求取直线 AB 两点间的坡度，则在地形图上量得 A、B 两点的水平距离 D 和高差 h 后，两点间的坡度 i 为

$$i = \frac{h}{D} = \frac{H_B - H_A}{dM} \tag{11-7}$$

式中：d——A、B 两点间的图上距离，m；

　　M——比例尺分母。

11.3　地形图在工程建设中的应用

11.3.1　按设计线绘制纵断面图

在进行铁路、公路、隧道和管线等线路工程设计时，为了概预算工程量和坡度控制，需要根据地形图绘制纵横断面图，更直观、量化地掌握线路的纵横起伏情况。

如图 11-5(a)所示，欲沿 AB 方向绘制纵断面图。首先在地形图上连接 A、B 两点，并依次标记直线与各等高线的交点，记为 1、2、…、18。在绘图纸上绘制相互垂直的两直线，水平线代表横轴，表示距离；垂直线代表纵轴，表示高程。在地形图上自 A 沿 AB 方向依次量取 A 点至各交点的距离，并求出各交点高程。根据各交点的位置和高程在图 11-5(b)中依次表示出，用光滑的曲线依次连接，即可得到 AB 方向的断面图。为了更好地反映地面的起伏变化高程比例尺，可以扩大为水平距离的 10～20 倍。

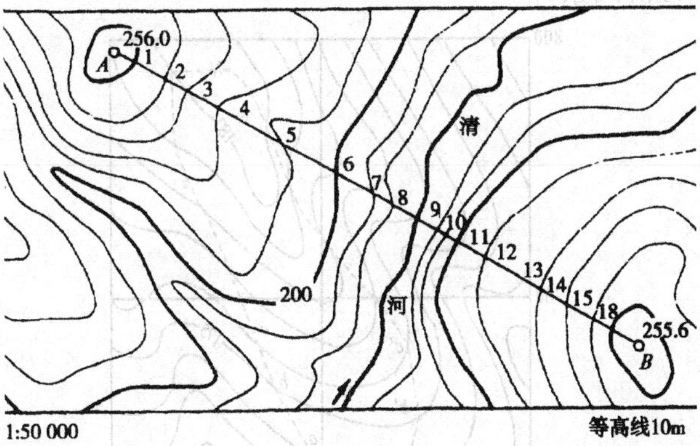

(a) 地形图

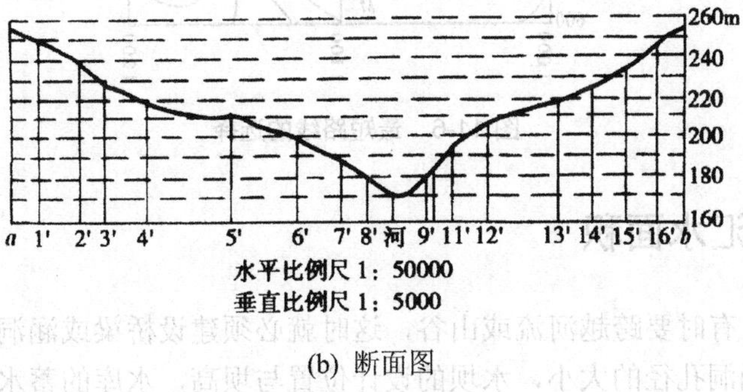

(b) 断面图

图 11-5　断面图绘制

专业绘制地形图的软件，大多带有绘制断面图的程序，如CASS，在电子地形图上利用软件工具条中绘制断面图的程序，拾取数字地形图上设计线路的两端点，即可显示断面图，便捷、精度高。

11.3.2 在地形图上按限制坡度选择最短线路

在道路方案设计时，往往要求根据地形图选择某一限制坡度的线路，选定最短路线。

如图 11-6 所示，地形图的比例尺为 1∶1000，等高距为 1m，欲在山下 M 点和山上 N 点间设计一条公路，设计坡度不大于 5%。若要根据以上要求选择最短路线，首先按设计坡度计算出相邻等高线在地形图中的最短平距，有

$$d=\frac{h}{iM}=\frac{1}{0.05\times1000}=0.02(\text{m})$$

然后以 M 点位圆心，以 2cm 为半径画圆弧，交 174m 等高线于 a 点；然后以 a 点为圆心，以 2cm 为半径画圆弧，交 175m 等高线于 b 点；以此类推，直到 N 点。将各交点依次连接，即可得到符合要求的路线。

但在实际应用过程中，可能出现线路不唯一的情况。此时，最优路线在确定的时候要综合考虑各种工程和经济因素。

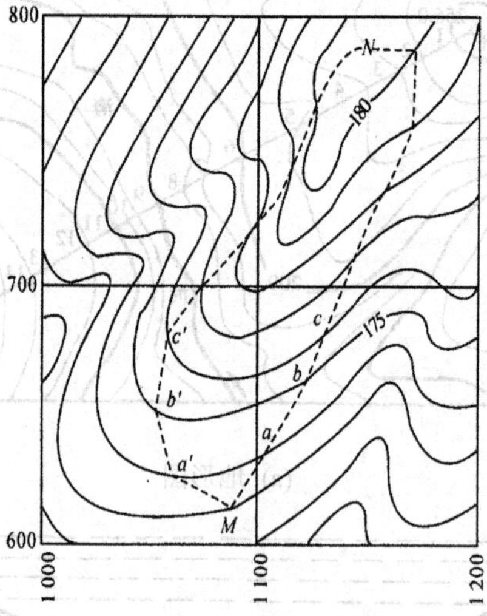

图 11-6　最短路线的选择

11.3.3 确定汇水面积

修筑道路时，有时要跨越河流或山谷，这时就必须建设桥梁或涵洞，兴修水库必须筑坝拦水。桥梁、涵洞孔径的大小，水坝的设计位置与坝高，水库的蓄水量等，需要根据汇集于这个地区的水流量来确定。汇集水流量的面积称为汇水面积。由于雨水是沿山脊线(分水线)向两侧山坡分流，所以汇水面积的边界线是由一系列的山脊线连接而成的。如图 11-7 所示，一条公路经过山谷，拟在 A 处架桥或修涵洞，其孔径大小应根据流经该处的流水量

决定，而流水量又与山谷的汇水面积有关。由山脊线和公路上的线段所围成的封闭区域 *BCDHEF* 的面积，就是这个山谷的汇水面积。量出该面积的值，再结合当地的气象水文资料，便可进一步确定流经公路 *A* 处的水量，为桥梁或涵洞的孔径设计提供依据。确定汇水面积的边界线时，应注意以下两点。

(1) 边界线(除公路 *BF* 段外)应与山脊线一致，且与等高线垂直。

(2) 边界线是经过一系列的山脊线、山头和鞍部的曲线，并在河谷的指定断面闭合。

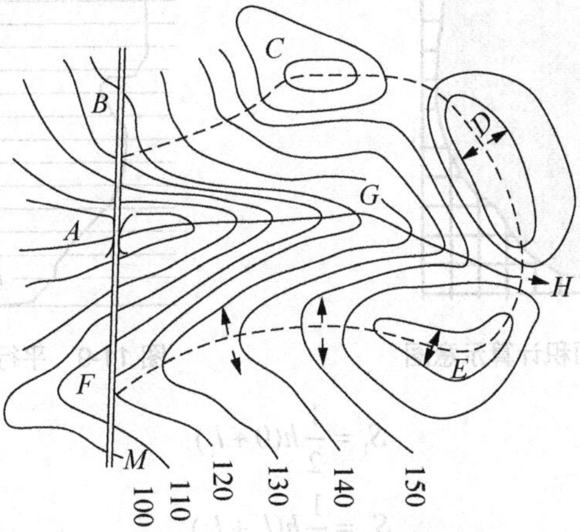

图 11-7　确定汇水面积

11.3.4　面积的量算

在工程建设、城市规划、地籍测量中常需要在地形图上量算一定轮廓范围的面积。面积计算的正确与否关系到有关各方的利益，尤其是社会发展的今天，人们对面积的关注程度超出了以往任何时候，作为一个测绘工作者，要正确对待面积量算。只有通过选用适当的计算方法和正确的计算程序，才能保证计算结果的客观、公正和准确。

利用地形图量算面积的方法有透明方格纸法、平行线法、解析法、电子求积仪法和屏幕数字化法。

1. 透明方格纸法

如图 11-8 所示，若要计算图中曲线内的面积，先将毫米透明方格网纸覆盖在图形上，然后数出图形内完整的方格数 n_1 和不完整的方格数 n_2。则曲线内面积 S 的计算公式为

$$S=\left(n_1+\frac{1}{2}n_2\right)\frac{M^2}{10^6} \tag{11-8}$$

式中：M ——比例尺分母；

S——面积，m^2。

2. 平行线法

如图 11-9 所示，为求出曲线所围成的面积，可在其上面绘制间隔为 h 的平行线，并使

两条平行线和图形边缘相切。此时，相邻平行线间的图形可近似看作梯形。用尺子分别量出各平行线在曲线内的长度分别为l_1，l_2,…，l_n，则各梯形的面积可表示为

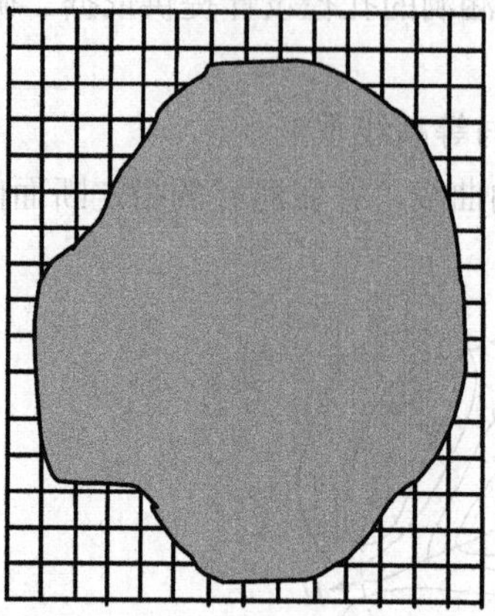

图 11-8　方格纸法面积计算示意图

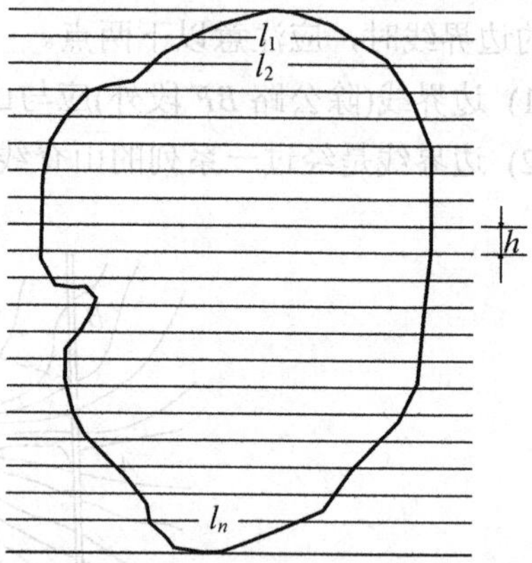

图 11-9　平行线法面积计算示意图

$$S_1=\frac{1}{2}h(0+l_1)$$

$$S_2=\frac{1}{2}h(l_1+l_2)$$

$$\vdots$$

$$S_n=\frac{1}{2}h(l_{n-1}+l_n)$$

$$S_{n+1}=\frac{1}{2}h(l_n+0)$$

则总面积为

$$S=S_1+S_2+\cdots+S_{n+1}=h(l_1+l_2+\cdots+l_n) \tag{11-9}$$

3. 解析法

如果图形边界为任意多边形，且各顶点的平面坐标已经在图上量出或已经在实地测定，则可以利用多边形各顶点的坐标，用解析法计算出面积。

在图 11-10 中，1、2、3、4 为多边形的顶点，其平面坐标已知，则该多边形的每一条边及其向 y 轴的坐标投影线(图中虚线)和 y 轴都可以组成一个梯形，多边形的面积 A 就是这些梯形面积的和或差，其计算公式为

$$\begin{aligned}A&=\frac{1}{2}[(x_1+x_2)(y_2-y_1)+(x_2+x_3)(y_3-y_2)-(x_3+x_4)(y_3-y_4)-(x_4+x_1)(y_4-y_1)]\\&=\frac{1}{2}[x_1(y_2-y_4)+x_2(y_3-y_1)+x_3(y_4-y_2)+x_4(y_1-y_3)]\end{aligned}$$

对于任意 n 边形，可写出下列按坐标计算面积的通用公式，即

$$A=\frac{1}{2}\sum_{i=1}^{n}y_i(x_{i-1}-x_{i+1})\text{ 或 }A=\frac{1}{2}\sum_{i=1}^{n}x_i(y_{i+1}-y_{i-1}) \tag{11-10}$$

使用式(11-10)时应注意以下几点。

(1) 各顶点应按顺时针编号。

(2) 当 x 或 y 的下标为 0 时，应以 n 代替，出现 n+1 时，以 1 代替。

(3) 作为检核，计算时各坐标差之和应等于零。

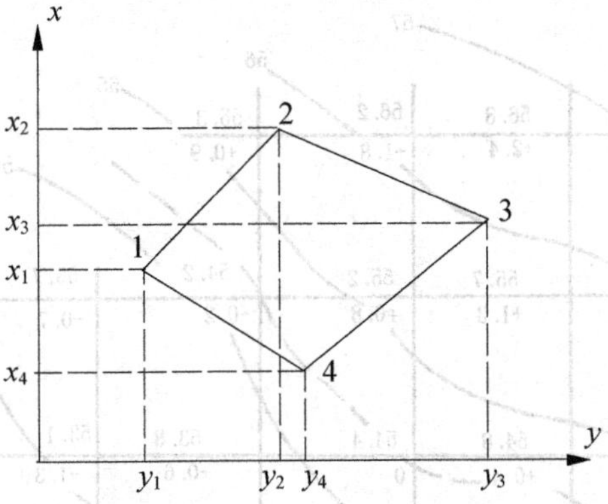

图 11-10　坐标计算法面积计算示意图

4. 电子求积仪法

图 11-11 所示为电子求积仪，是用电子技术测量图形面积的仪器。此仪器可提供 9 种面积单位，较容易地完成单位与比例间的换算，并且能够自动定位、累积测量，测量纵横比例尺不同的图形面积，进行累积平均值的演算，存储测量值，测定面积的精度可达到 1/500。

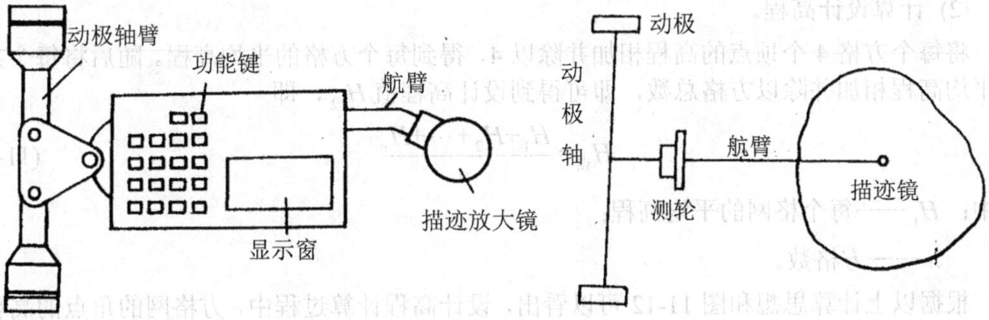

图 11-11　电子求积仪

11.3.5　土石方量计算

工程建设中，除需要对建筑物做出合理的平面布置外，还需要对土地进行平整。

土地平整工作中，常常进行土石方量的预算，即利用地形图进行填方和挖方的计算。在众多计算方法中，方格网法应用最为广泛。

如图 11-12 所示，假设将原地形按照填挖平衡的原则平整为水平面，其步骤如下。

(1) 在地形图上绘制方格网。

在地形图上待平整场地的区域上绘制方格网，格网边长依地形情况和挖、填土石方计算的精度要求而定，一般为 10m 或 20m。如图 11-12 所示，图中方格为 10m×10m。各方格顶点号注于方格网点的左下角，横坐标用阿拉伯数码自左到右递增，纵坐标用大写字母顺序自下(上)而上(下)递增。方格网绘制完成后，即可根据地形图上的等高线，利用内插法求出每一方格顶点的高程，并标注在相应方格的右上角。

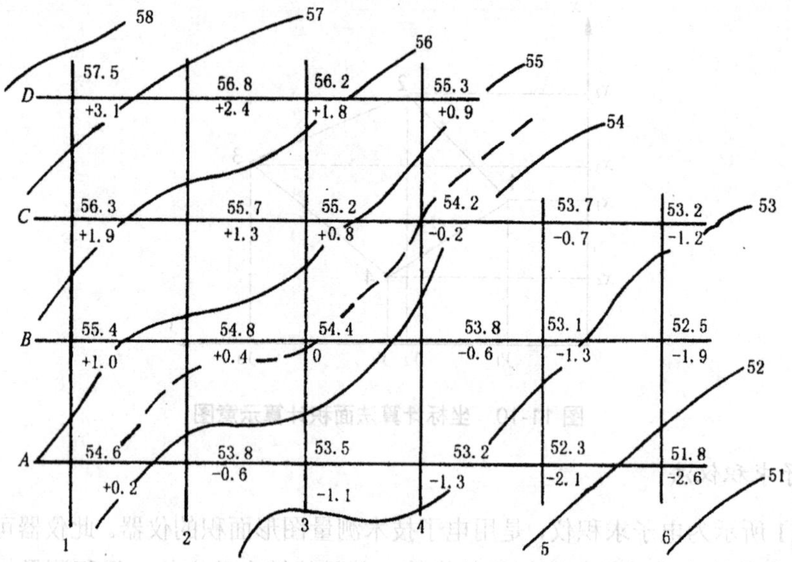

图 11-12 方格网法土石方量计算

(2) 计算设计高程。

将每个方格 4 个顶点的高程相加并除以 4，得到每个方格的平均高程。随后将每个方格的平均高程相加并除以方格总数，即可得到设计高程值 $H_{设}$，即

$$H_{设}=\frac{H_1+H_2+\cdots+H_n}{n} \tag{11-11}$$

式中：H_i——每个格网的平均高程；

n——方格数。

根据以上计算思想和图 11-12 可以看出，设计高程计算过程中，方格网的角点的高程只用到一次(如 A_1、D_1 等)；边点的高程用到两次(如 B_1、C_1 等)；拐点的高程用到 3 次(如 C_4)；中间点的高程用到 4 次(如 B_2、C_3 等)。因此，设计高程的计算公式可进一步化为

$$H_{设}=\frac{\sum H_{角}+2\sum H_{边}+3\sum H_{拐}+4\sum H_{中}}{4n} \tag{11-12}$$

将各方格网顶点的高程值代入式(11-12)，即可求得设计高程值 54.4m。根据地形图的高程值内插出 54.4m 的等高线(图 11-12 中所示虚线)。此等高线又被称为填挖边界线。

(3) 计算各方格顶点的填、挖高度。

根据各方格网顶点的高程和设计高程值，即可计算出每一方格网顶点的填、挖高度，有

填(挖)高度=地面高度-设计高度

正值表示挖方，负值表示填方。将所得的填挖方值标在相应格点的右下方。

(4) 计算填、挖土石方量。

由于角点、边点、拐点、中点的填挖高度分别代表 1/4 、2/4、3/4、4/4 个方格面积的平均填挖高度，因此填挖方量的计算公式为

角点：填(挖)方高度×1/4 方格面积

边点：填(挖)方高度×2/4 方格面积

拐点：填(挖)方高度×3/4 方格面积

中点：填(挖)方高度×4/4 方格面积

总挖(填)方量=[(角点挖(填)高度总和+边点挖(填)高度总和×2+拐点挖(填)高度总和×3+中点挖(填)高度总和×4)×方格面积]

11.4 数字地形图在工程中的应用

前面几节是介绍纸质地形图在工程建设方面的应用，随着计算机制图学的发展以及全站仪在测图中的广泛使用，数字测图已经逐步取代以手工描绘为主的平板仪测图。采用数字地形图进行工程规划设计，极大地提高了设计效率和精度。下面以数字化测图软件 CASS 2008 为例，介绍数字地形图在工程建设中的应用。

11.4.1 用数字地形图查询基本几何要素

基本几何要素的查询包括指定点坐标、两点间距离及直线的方位、线长、实体面积等。

1. 查询指定点坐标

执行下拉菜单中的“工程应用→查询指定点坐标”命令，选取所要查询的点即可，也可先进入点号定位方式，再输入要查询的点号，如图 11-13 所示。

2. 查询两点距离及直线的方位

执行下拉菜单中的“工程应用”→“查询两点距离及方位”命令，分别选取所要查询的两点，也可先进入点号定位方式，再输入两点的点号。CASS 2008 所显示的坐标为实地坐标，因此所显示的两点间的距离为实地距离，如图 11-14 所示。

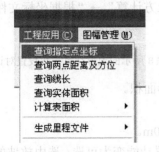

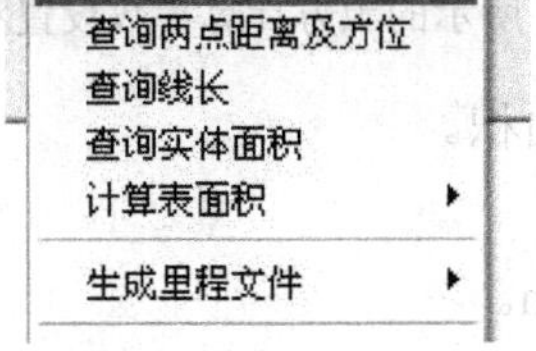

图 11-13　坐标查询

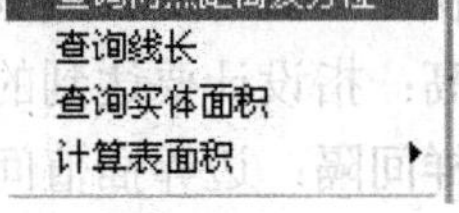

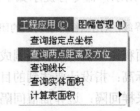

图 11-14　距离与方位查询

3. 查询线长

执行下拉菜单中的“工程应用”→“查询线长”命令，选取图上曲线即可，如图 11-15 所示。

4. 查询实体面积

执行下拉菜单中的“工程应用”→“查询实体面积”命令，选取待查询的实体的边界线即可，要注意实体应该是闭合的，如图 11-16 所示。

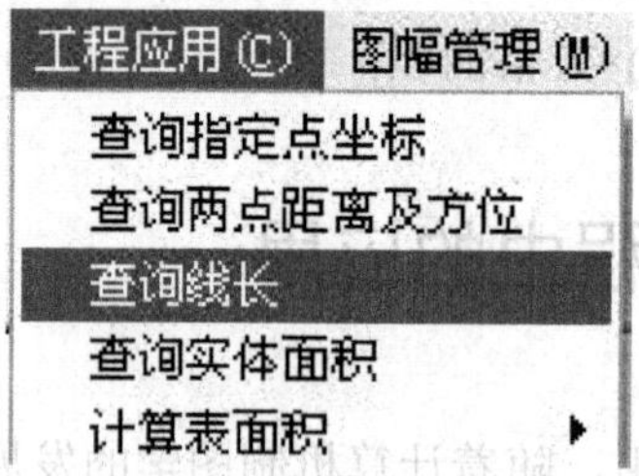

图 11-15 线长查询

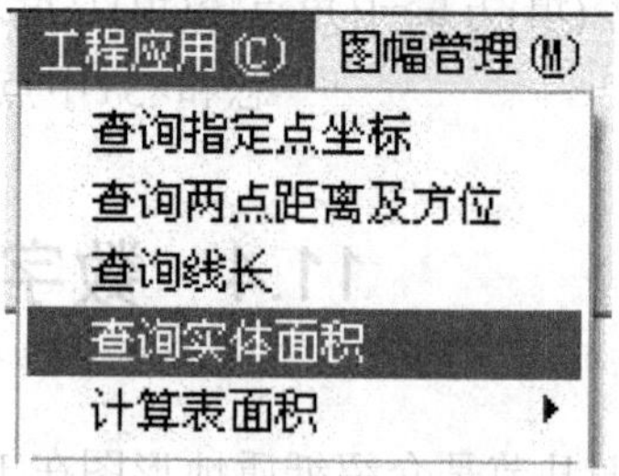

图 11-16 实体面积查询

11.4.2 利用数字地形图计算土方量

如图 11-17 所示，土方量计算方法有 5 种：DTM 法土方计算、断面法土方计算、方格网法土方计算、等高线法土方计算和区域土方量平衡计算。

1. DTM 法土方计算

由 DTM 模型来计算土方量是根据实地测定的地面点坐标(*X*,*Y*,*Z*)和设计高程，通过生成三角网来计算每一个三棱锥的填挖方量，最后累计得到指定范围内填方和挖方量，并绘出填挖方分界线。

DTM 法土方计算方法有 3 种方式：坐标文件计算法、图上高程点计算法和图上三角网计算法。常用的为坐标文件计算法。

坐标文件计算法的步骤如下。

(1) 用复合线画出所要计算土方的封闭区域。

(2) 执行下拉菜单中的“工程应用”→“DTM 法土方计算”→“根据坐标文件”命令，如图 11-17 所示，命令行提示如下：

选择边界线：(用鼠标点取所画的闭合复合线，弹出图 11-18 所示的土方计算参数设置对话框。)

区域面积：该值为复合线围成的多边形的水平投影面积。

平场标高：指设计要达到的目标高程。

边界采样间隔：边界插值间隔的设定，默认值为 20m。

边坡设置：选中“处理边坡”复选框后，则坡度设置功能变为可选，选中放坡的方式(向上或向下：指平场高程相对于实际地面高程的高低，平场高程高于地面高程则设置为向下放坡)。然后输入坡度值。

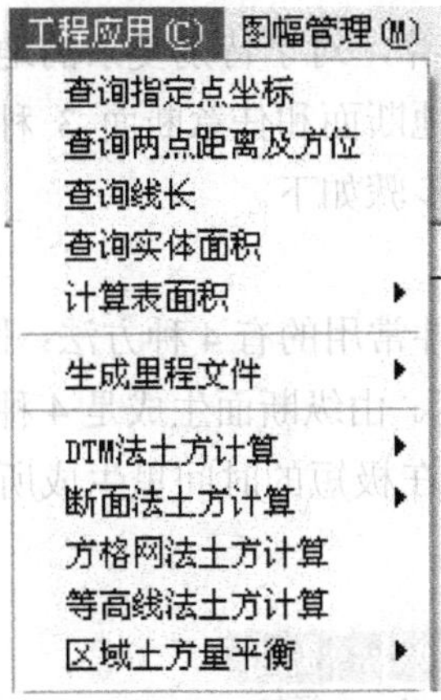

图 11-17　土方计算

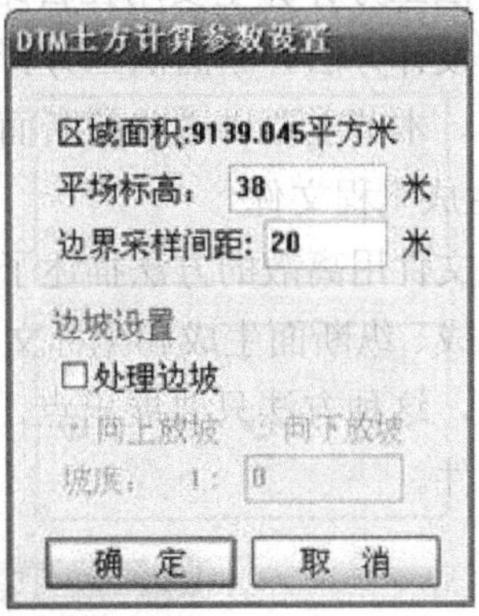

图 11-18　土方计算参数设置

设置好计算参数后屏幕上显示填挖方的提示框，命令行显示：

挖方量= ××××立方米，填方量=××××立方米

同时图上绘出所分析的三角网、填挖方的分界线(白色线条)。在屏幕上指定了表格左下角的位置后，CASS 5.0 将在指定点处绘制土方专用表格，如图 11-19 所示。

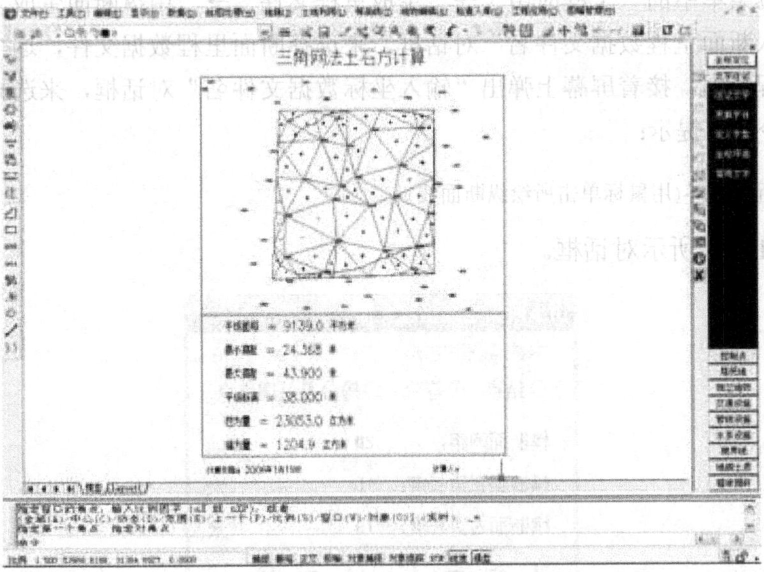

图 11-19　填挖方量计算结果表格

根据高程点计算是在屏幕上选取已展绘的高程点来计算土方量。根据图上三角网计算是在图上选取已经绘出的三角网来计算。这是与坐标文件计算法的不同之处，其他操作基本一致。

2. 断面法土方计算

断面法土方计算主要用在公路土方计算和区域土方计算，对于特别复杂的地方可以用任意断面设计方法。断面法土方计算主要有道路断面、场地断面和任意断面 3 种计算土方量的方法。本节主要讲道路的断面法土方计算，其计算的步骤如下。

1) 生成里程文件

里程文件用离散的方法描述了实际地形，生成里程文件常用的有 4 种方法：图面生成、等高线生成、纵断面生成和坐标文件生成，如图 11-20 所示。由纵断面生成是 4 种方法中速度最快的，这种方法只要展出点，绘出纵断面线，就可以在极短的时间里生成所有横断面的里程文件。

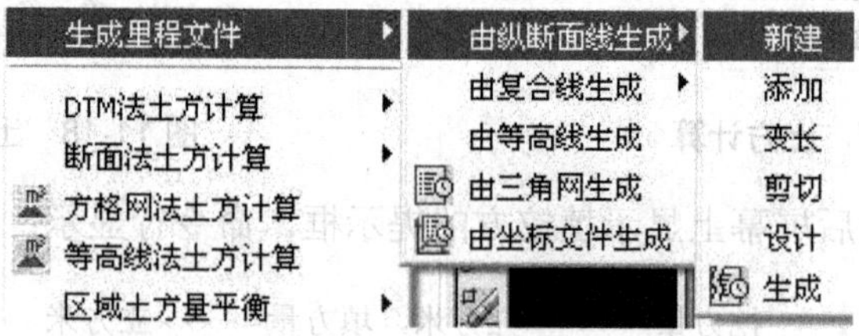

图 11-20　生成里程文件菜单

执行下拉菜单中的“工程应用”→“生成里程文件”→“由纵断面生成”命令，屏幕上弹出“输入断面里程数据文件名”对话框，来选择断面里程数据文件，这个文件将保存要生成的里程数据。接着屏幕上弹出“输入坐标数据文件名”对话框，来选择原始坐标数据文件。命令窗口提示：

请选取纵断面线：(用鼠标单击所绘纵断面线)

弹出图 11-21 所示对话框。

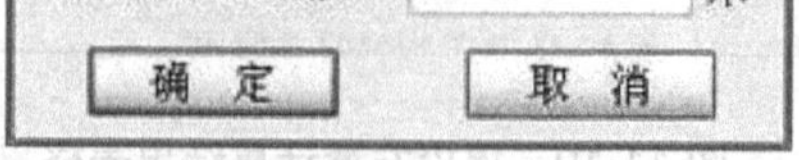

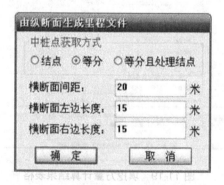

图 11-21　“由纵断面生成里程文件”对话框

输入横断面间距：两个断面之间的距离此处输入 20。

输入横断面左边长度：输入大于 0 的任意值，此处输入 15。

输入横断面右边长度：输入大于 0 的任意值，此处输入 15。

系统自动根据上面几步给定的参数在图上绘出所有横断面线，如图 11-22 所示。同时生成每个横断面的里程数，写入里程文件。

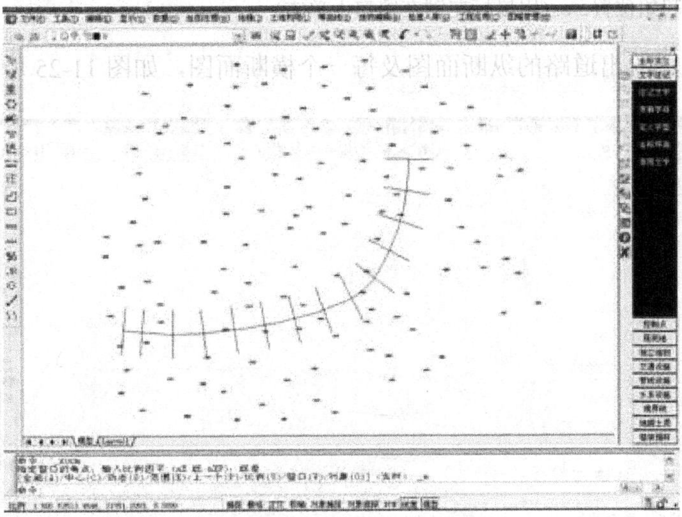

图 11-22　由纵断面生成横断面

2) 设定计算参数

执行下拉菜单中的“工程应用”→“断面法土方计算”→“道路断面”命令，如图 11-23 所示，弹出“断面设计参数”对话框，如图 11-24 所示。在该对话框中选择里程文件并输入计算参数。

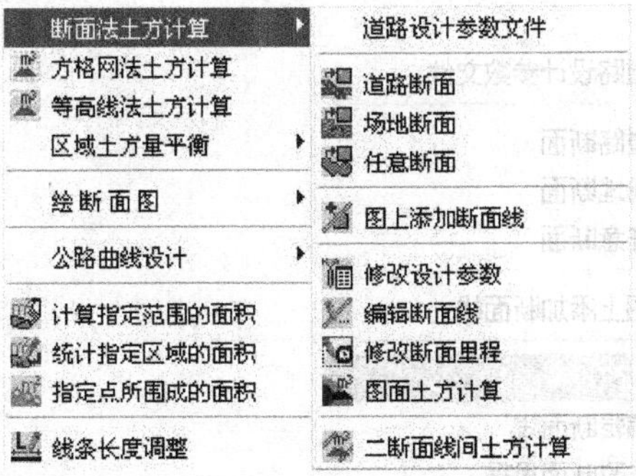

图 11-23　“断面法土方计算”子菜单

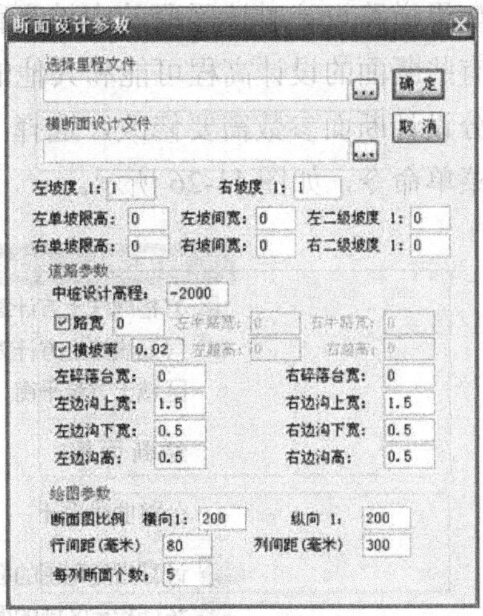

图 11-24　“断面设计参数”对话框

3) 绘制断面图

设置完对话框中的参数后，命令窗口提示：

横向比例为 1：<500>　Enter　(直接按 Enter 键使用默认值 500)

纵向比例 1：<100>　Enter

请输入隔多少里程绘一个标尺(米)<直接按 Enter 键只在两端绘标尺> Enter

指定横断面图起始位置：　(用鼠标左键在窗口上单击)

至此，图上已绘出道路的纵断面图及每一个横断面图，如图 11-25 所示。

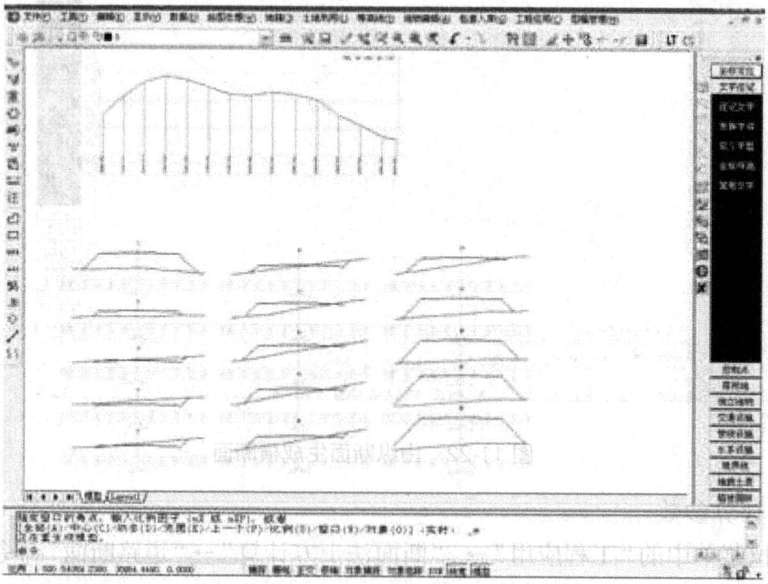

图 11-25　纵横断面图成果示意图

如果道路设计时该区段的中桩高程全部一样，就不需要下一步的编辑工作了。但实际上，有些断面的设计高程可能和其他的不一样，这样就需要手工编辑这些断面。 如果生成的部分设计断面参数需要修改，选择“工程应用”→“断面法土方计算”→“修改设计参数”菜单命令，如图 11-26 所示。

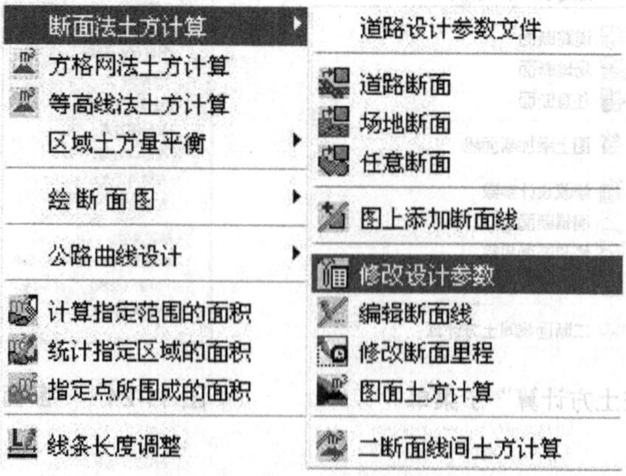

图 11-26　“修改设计参数”子菜单

4) 计算工程量

执行下拉菜单中的“工程应用”→“断面法土方计算”→“图面土方计算”命令，如图 11-27 所示。

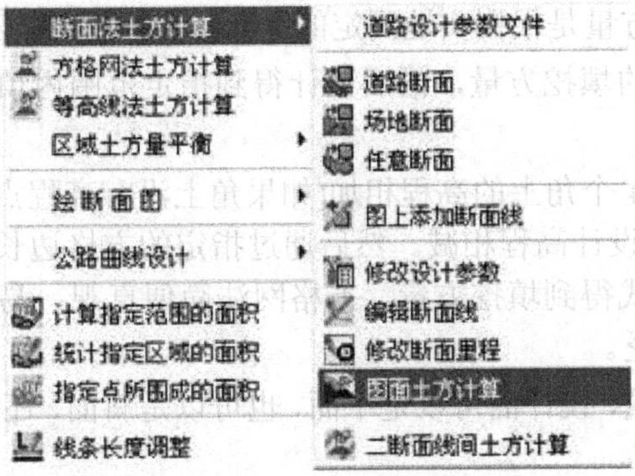

图 11-27　图面土方计算子菜单

命令行提示：

选择要计算土方的断面图：(在窗口中选择参与计算的道路横断面图)
指定土石方计算表左上角位置：在屏幕适当位置单击定点。

系统自动在图上绘出土石方计算表，如图 11-28 所示。

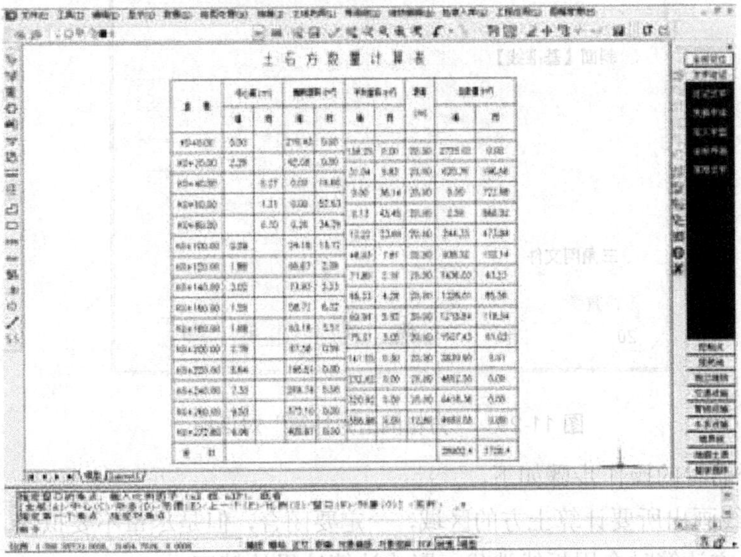

图 11-28　土石方计算表

命令行提示：

总挖方=××××立方米，总填方=××××立方米至此，该区段的道路填挖方量已经计算完成，可以将道路纵横断面图和土石方计算表打印出来，作为工程量的计算结果。

3. 方格网法土方计算

由方格网来计算土方量是根据实地测定的地面点坐标(*X*,*Y*,*Z*)和设计高程，通过生成方格网来计算每一个长方体的填挖方量，最后累计得到指定范围内填方和挖方的土方量，并绘出填挖方分界线。

系统首先将方格的 4 个角上的高程相加(如果角上没有高程点，通过周围高程点内插得出其高程)，取平均值与设计高程相减。然后通过指定的方格边长得到每个方格的面积，再用长方体的体积计算公式得到填挖方量。方格网法简便直观，易于操作，因此这一方法在实际工作中应用非常广泛。

用方格网法算土方量，设计面可以是平面，也可以是斜面，还可以是三角网，如图 11-29 所示。

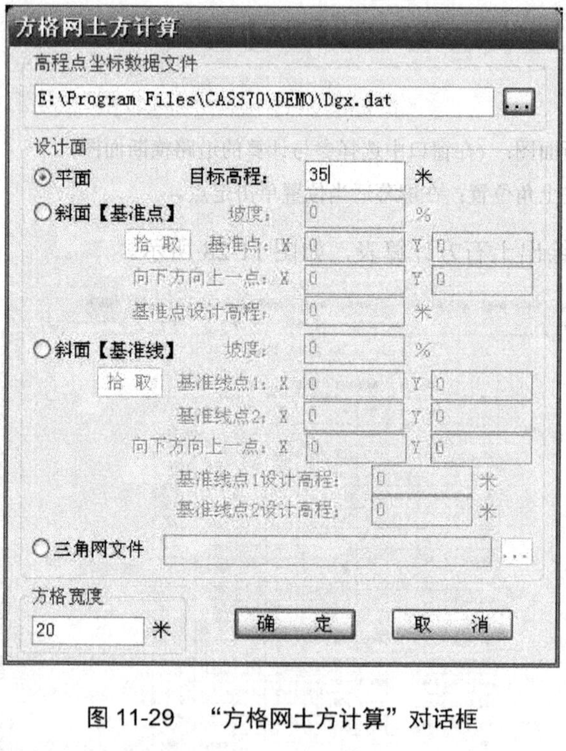

图 11-29 “方格网土方计算”对话框

设计面是平面时的操作步骤如下。

(1) 用复合线画出所要计算土方的区域，一定要闭合，但是尽量不要拟合。因为拟合过的曲线在进行土方计算时会用折线迭代，影响计算结果的精度。

(2) 选择“工程应用”→“方格网法土方”菜单命令。

命令行提示：

“选择计算区域边界线”；选择土方计算区域的边界线(闭合复合线)。

屏幕上将弹出图 11-29 所示的“方格网土方计算”对话框，在该对话框中选择所需的坐标文件；在“设计面”选项组中选中“平面”单选按钮，并输入目标高程；在“方格宽度”文本框中输入方格网的宽度，这是每个方格的边长，默认值为 20 米。由原理可知，方格的宽度越小，计算精度越高。但如果给的值太小，超过了野外采集的点的密度也是没有实际意义的。

(3) 单击“确定”按钮，命令行提示：

最小高程=××．×××，最大高程=××．×××

总填方=××××．×立方米，总挖方=×××．×立方米

同时图上绘出所分析的方格网，填挖方的分界线(绿色折线)，并给出每个方格的填挖方，每行的挖方和每列的填方。结果如图 11-30 所示。

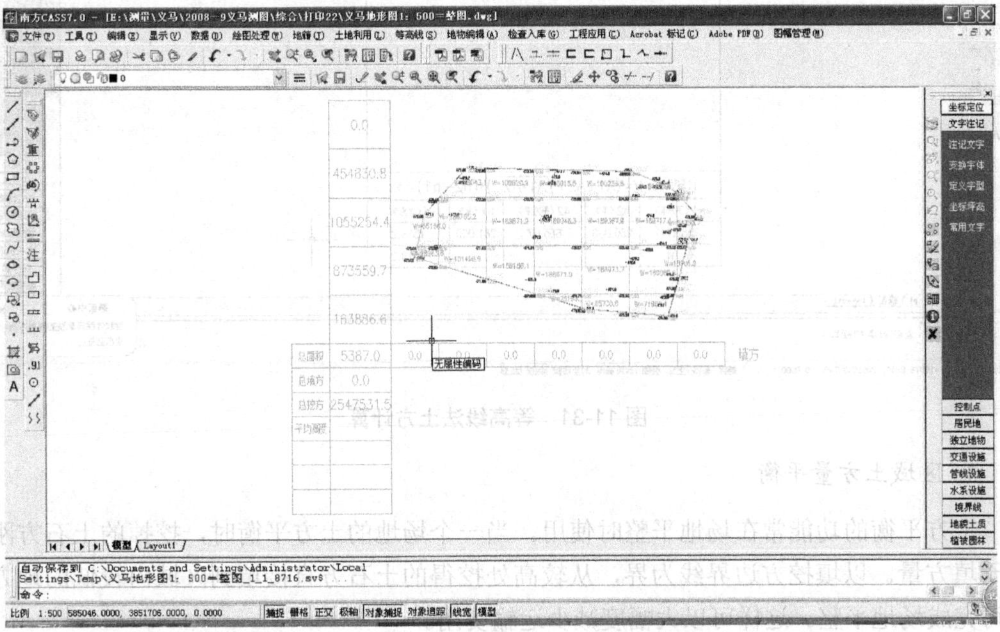

图 11-30　方格网土方计算对话框

用方格网法算土方量时，设计面也可以是倾斜的。计算的不同点是要输入设计面坡度和基准线设计高程位置，其余的操作基本一致。

4. 等高线法土方计算

用户将白纸图扫描矢量化后可以得到数字地形图，但这样的图并没有高程数据文件，所以无法用前面的几种方法计算土方量。但一般来说，这些图上都会有等高线，可以根据等高线来计算土方量。用等高线法可计算任两条等高线之间的土方量，但所选等高线必须闭合。由于两条等高线所围面积可求，两条等高线之间的高差也已知，因此可计算出这两条等高线之间的土方量。

执行下拉菜单中的“工程应用”→“等高线法土方计算”命令，屏幕提示：

选择参与计算的封闭等高线：选择参与计算的封闭等高线可逐个点取参与计算的等高线，也可按住鼠标左键拖框选取。但是只有封闭的等高线才有效。

按 Enter 键后屏幕提示：输入最高点高程：<直接按 Enter 键不考虑最高点>

请指定表格左上角位置：<直接按 Enter 键不绘制表格>（在图上空白区域单击，系统将在该点绘出计算成果表格）

窗口上自动生成等高线法计算土方成果表，如图 11-31 所示。

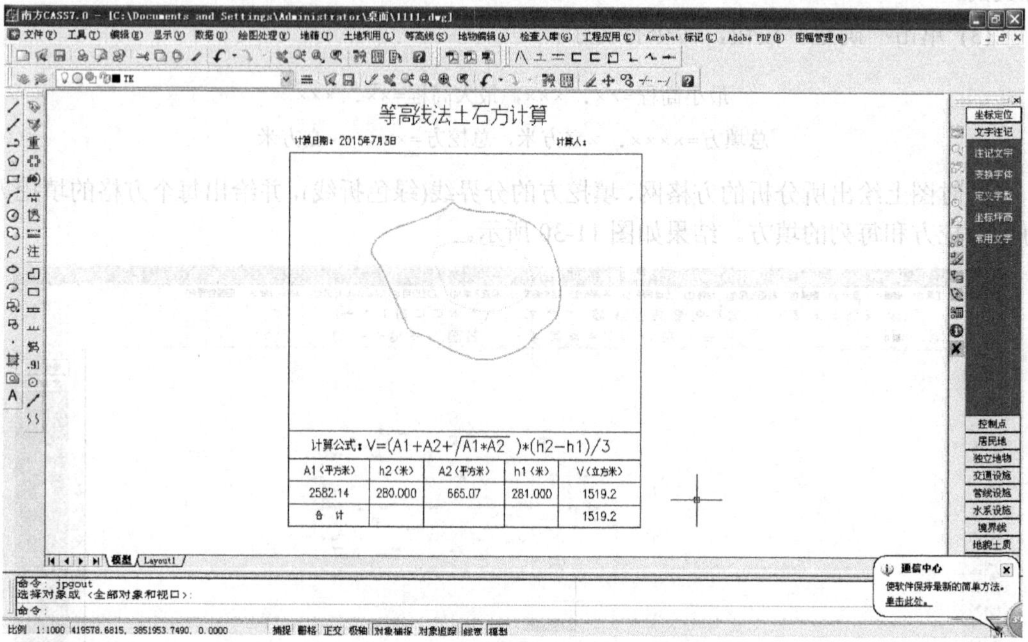

图 11-31　等高线法土方计算

4. 区域土方量平衡

土方平衡的功能常在场地平整时使用。当一个场地的土方平衡时，挖掉的土石方刚好等于填方量。以填挖方边界线为界，从较高处挖得的土石方直接填到区域内较低的地方，就可完成场地平整。这样可以大幅度减少运输费用。

(1) 图上展出点，用复合线绘出需要进行土方平衡计算的边界。

(2) 选择“工程应用”→“区域土方平衡”→“根据坐标数据文件(根据图上高程点)”菜单命令，如果要分析整个坐标数据文件，可直接按 Enter 键，如果没有坐标数据文件，而只有图上的高程点，则选择图上高程点。

(3) 命令行提示：

选择边界线点取第一步所画闭合复合线。

输入边界插值间隔(米)：<20>

这个值将决定边界上的取样密度，如前面所说，如果密度太大，超过了高程点的密度，实际意义并不大。一般用默认值即可。

(4) 如果前面选择“根据坐标数据文件”，这里将弹出对话框，要求输入高程点坐标数据文件名，如果前面选择的是“根据图上高程点”，此时命令行将提示：

选择高程点或控制点：用鼠标选取参与计算的高程点或控制点

(5) 按 Enter 键后命令行出现提示：

平场面积= ×××× 平方米

土方平衡高度= ××× 米，挖方量= ×××立方米，填方量=×××立方米

(6) 单击对话框的“确定”按钮，命令行提示：

请指定表格左下角位置：<直接按 Enter 键不绘制表格>

在图上空白区域单击，在图上绘出计算结果表格，如图 11-32 所示。

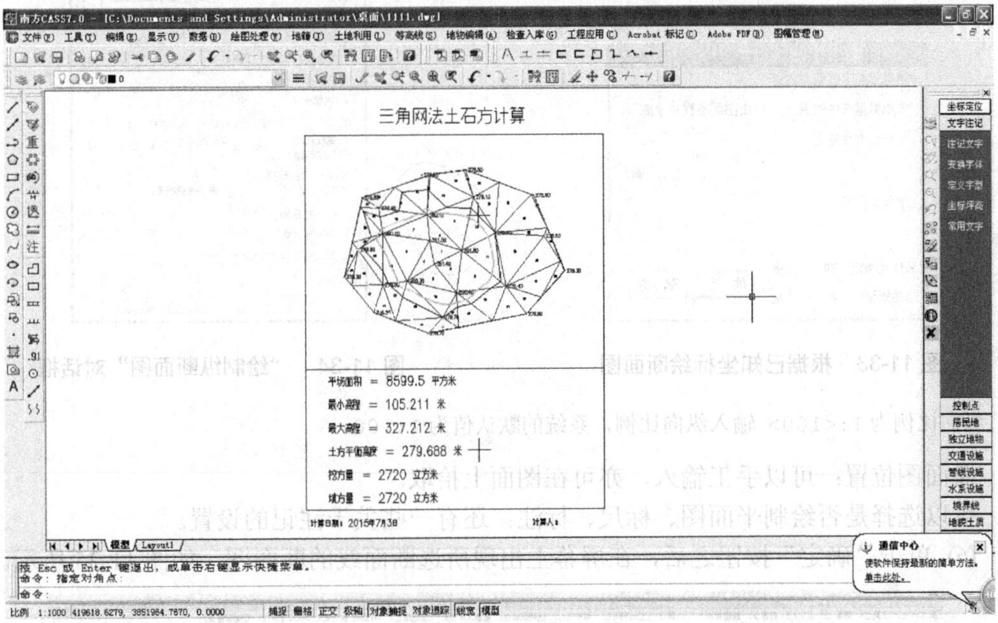

图 11-32　等高线法土方计算

11.4.3　利用数字地形图绘制断面图

利用数字地形图绘制断面图的方法有 4 种：①由坐标文件生成；②根据里程文件；③根据等高线；④根据三角网。

1. 由坐标文件生成

坐标文件指野外观测得的包含高程点文件，方法如下。

(1) 先用复合线生成断面线，选择“工程应用”→“绘断面图”→“根据已知坐标”菜单命令。

(2) 提示：选择断面线用鼠标点取上步所绘断面线。屏幕上弹出“断面线上取值”对话框，如图 11-33 所示，如果“选择已知坐标获取方式”选项组中选中“由数据文件生成”单选按钮，则在“坐标数据文件名”选项组中选择高程点数据文件。

如果选中“由图面高程点生成”单选按钮，此步则为在图上选取高程点，前提是图面

存在高程点，否则此方法无法生成断面图。

(3) 输入采样点间距：输入采样点的间距，系统的默认值为 20 米。采样点间距的含义是复合线上两顶点之间若大于此间距，则每隔此间距内插一个点。

(4) 输入起始里程<0.0> 系统默认起始里程为 0。

(5) 单击“确定”按钮之后，屏幕弹出“绘制纵断面图”对话框，如图 11-34 所示。

输入相关参数，如：

横向比例为 1:<500> 输入横向比例，系统的默认值为 1:500。

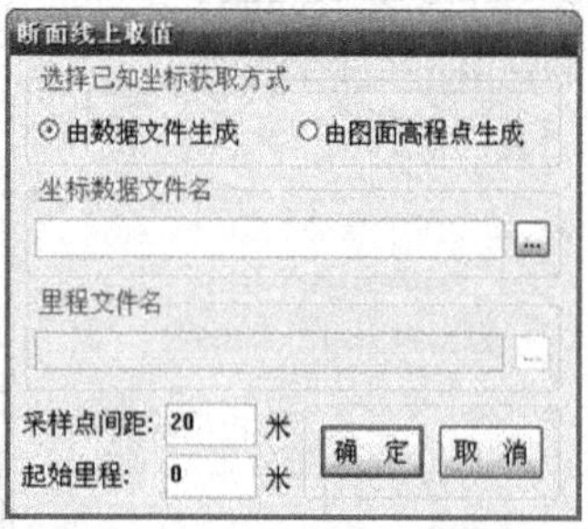

图 11-33 根据已知坐标绘断面图

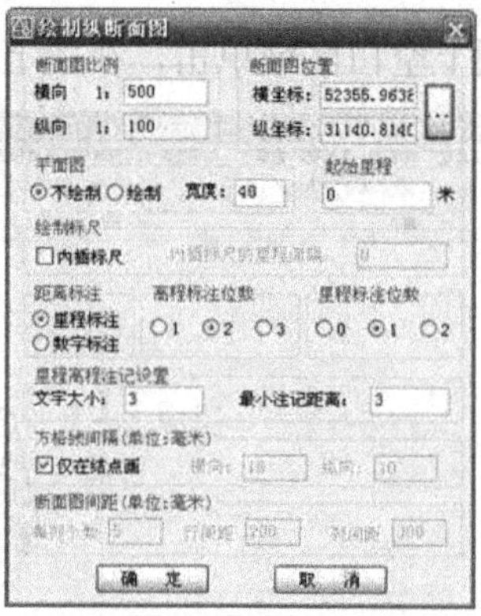

图 11-34 “绘制纵断面图”对话框

纵向比例为 1:<100> 输入纵向比例，系统的默认值为 1:100。

断面图位置：可以手工输入，亦可在图面上拾取。

可以选择是否绘制平面图、标尺、标注；还有一些关于注记的设置。

(6) 单击“确定”按钮之后，在屏幕上出现所选断面线的断面图，如图 11-35 所示。

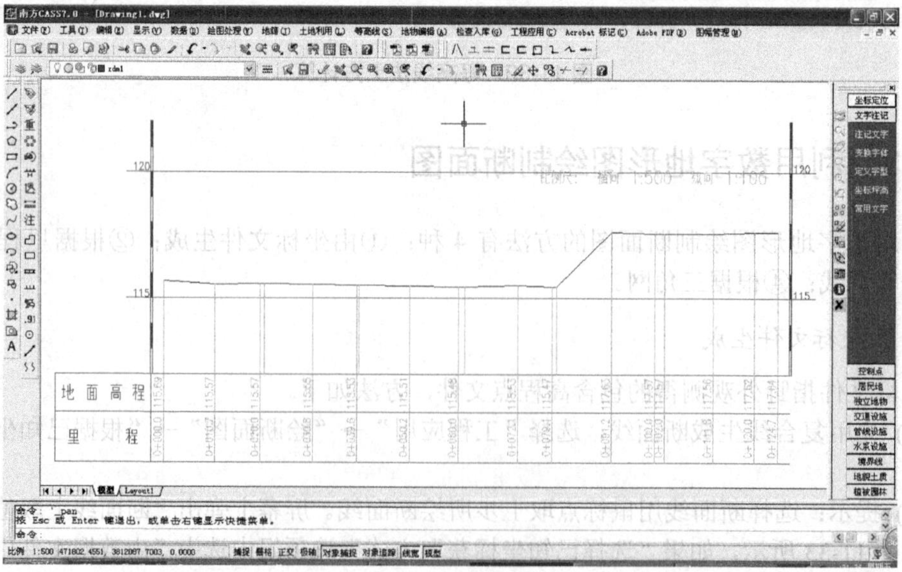

图 11-35 纵断面图

2. 根据里程文件

一个里程文件可包含多个断面的信息，此时绘制断面图就可一次绘出多个断面。

里程文件的一个断面信息内允许有该断面不同时期的断面数据，这样绘制这个断面时就可以同时绘出实际断面线和设计断面线。

3. 根据等高线

如果图面存在等高线，则可以根据断面线与等高线的交点来绘制纵断面图。

选择“工程应用”→“绘断面图”→“根据等高线”命令，命令行提示：

请选取断面线：选择要绘制断面图的断面线；

屏幕弹出“绘制纵断面图”对话框，如图 11-34 所示；操作方法同坐标文件生成。

4. 根据三角网

如果图面存在三角网，则可以根据断面线与三角网的交点来绘制纵断面图。

选择“工程应用”→“绘断面图”→“根据三角网”命令，命令行提示：

请选取断面线：选择要绘制断面图的断面线；

屏幕弹出“绘制纵断面图”对话框，如图 11-34 所示；操作方法同坐标文件生成。

11.5　地形图在土木工程中的应用

地形图在土木工程中的应用相当广泛，可以说，土木工程离不开地形图。下面主要介绍几个方面的应用。

11.5.1　建筑设计中的地形图应用

现代建筑设计要求充分考虑现场的地形特点，不剧烈改变地形的自然形态，使设计建筑物与周围景观环境比较自然地融为一体，这样既可以避免开挖大量的土方，节约建设资金，又可以不破坏周围的环境，如地下水、土层、植物生态和地区的景观环境。地形对建筑物布置的间接影响主要是自然通风和日照效果两方面。

由地形和温差形成的地形风，往往对建筑通风起主要作用，常见的有山阴风、顺坡风、山谷风、越山风和山垭风等。在不同地区的建筑物布置，需结合地形特点并参照当地气象资料加以研究，合理布置。为达到良好的通风效果，在迎风坡，高建筑物应置于坡上；在背风坡，高建筑物应置于坡下。把建筑物斜列布置在鞍部两侧迎风坡面，可充分利用垭口风，以取得较好的自然通风效果，建筑物布列在山堡背风坡面两侧和正下坡，可利用绕流和涡流获得较好的通风效果。

在平地，日照效果与地理位置、建筑物朝向和高度、建筑物间隔有关；而在山区，日照效果除了与上述因素有关外，还与周围地形、建筑物处于向阳坡或背阳坡、地面坡度大小等因素密切相关，日照效果问题就比平地复杂得多，必须对每个建筑物进行个别的具体分析来决定。

在建筑设计中，既要珍惜良田好土，尽量利用薄地、荒地和空地，又要满足投资省、工程量少和使用合理等要求。如建筑物应适当集中布置，以节省农田，节约管线和道路；建筑物应结合地形灵活布置，以达到省地、省工、通风和日照效果均好的目的；公共建筑应布置在小区的中心；对不宜建筑的区域，要因地制宜地利用起来，如在陡坡、冲沟、空隙地和边缘山坡上建设公园和绿化地；自然形成或由采石、取土形成的大片洼地或坡地，因其高差较大，可用来布置运动场和露天剧场；高地可设置气象台和电视转播站等。建筑设计中所需要的上述地形信息，大部分都可以在地形图中找到。

11.5.2 给排水设计中的地形图应用

选择自来水厂的厂址时，要根据地形图确定位置。如厂址设在河流附近，则要考虑到厂址在洪水期内不会被水淹没，在枯水期内又能有足够的水量。水源离供水区不应太远，供水区的高差不应太大。在 0.5%～1%地面坡度的地段，比较容易排除雨水。在地面坡度较大的地区内，要根据地形分区排水。由于雨水和污水的排除是靠重力在沟管内自流的，因此，沟管应有适当的坡度。在布设排水管网时，要充分利用自然地形，如雨水干沟应尽量设在地形低处或山谷线处，这样既能使雨水和污水畅通自流，又能使施工的土方量最小。在防洪、排涝、涵洞和涵管等工程设计中，经常需要在地形图上确定汇水面积作为设计的依据。

11.5.3 勘测设计中的地形图应用

在建(构)筑物、市政设施、线路工程等的勘测设计中，地形图的应用也是相当广泛的。如道路一般以平直较为理想，实际上，由于地形和其他原因的限制，要达到这种理想状态是很困难的。为了选择一条经济、合理的路线，必须进行线路勘测。线路勘测是一个涉及面广、影响因素多、政策性和技术性强的工作。在线路勘测之前，要做好各种准备工作。首先要搜集与线路有关的规划统计资料以及地形、地质、水文和气象资料，然后进行分析研究，在地形图(通常为 1∶5000 的地形图)上初选择线路走向，利用地形图对山区和地形复杂、外界干扰多、牵涉面广的段落进行重点研究。例如，线路可能沿哪些溪流，越哪些垭口；线路通过城镇或工矿区时，是穿过、靠近，还是避开而以支线连接等。研究时，应进行多种方案的比较。

习 题

1. 地形图的图外注记主要包括哪些内容？
2. 简述利用地形图确定某点的高程及两点间高差的方法。
3. 简述利用地形图确定两点间直线距离和坐标的方法。
4. 简述利用地形图确定两点间的直线坡度的方法。

第 12 章　工业与民用建筑施工测量

教学目标

通过本章的学习，使学生能够掌握建筑物定位和放线测量、基础施工测量、高层建筑物的轴线投测、厂房柱列轴线和柱基础测量、厂房构件安装测量等的基本内容和方法。

应该具备的能力：能综合应用测设的各类方法进行各种建筑物的施工测量。

教学要求

能力目标	知识要点	权　重	自测分数
了解施工测量的意义和作用	施工测量的概念	10%	
熟悉各类规范、标准	不同等级的规范对精度的要求	10%	
掌握工业建筑施工测量的过程和方法	控制测量、基础施工、构件安装测量	40%	
掌握民用建筑施工测量的过程和方法	控制测量、基础施工、墙体施工和高层建筑的施工测量	40%	

导读

建筑工程建设要经过规划设计、施工、竣工验收几个阶段，每一阶段都要进行有关的测量工作，在施工阶段所进行的测量工作称为**施工测量**。其目的就是把设计好的建筑物、构筑物的平面位置和高程，按设计要求以一定的精度测设到地面上，作为施工的依据。施工测量也必须遵循“由整体到局部，先控制后碎部”的原则，以避免测设误差的积累。其精度要求可视测设对象的定位精度和施工现场的面积大小，并参照有关测量规范加以规定。一般来说，建筑物本身各细部之间或各细部对建筑物主轴线相对位置的测设精度，应高于建筑物主轴线相对于场地主轴线或它们之间相对位置的精度。总之，一个合理的设计方案，必须通过精心施工付诸实践，故应根据测量对象所要求的精度进行测设，并随时进行必要的校核，以免产生错误。

12.1 施工控制网的测量

建筑工程施工控制网可以利用原测图控制网，但是如果原测图控制网在位置、密度和精度上都难以满足施工测量要求，则应于工程施工之前在原有测图控制网的基础上，为建筑物、构筑物的测设重新建立专门的施工控制网。施工控制网包括平面控制网和高程控制网，它是施工测量的基础。

12.1.1 平面施工控制网

在建筑场地勘测时期已建立有控制网，但由于它是为测图而建立的，并未考虑施工的要求，故其控制点的分布、密度和精度，都难以满足施工测量的要求。另外，由于平整场地时控制点大多易被破坏。因此，在施工之前，建筑场地上要重新建立专门的施工控制网。

施工控制网的布设形式，应根据建筑物的总体布置、建筑场地的大小及地形条件等因素来确定。在面积不大又不十分复杂的建筑场地上，常布置一条或几条基线，作为施工测量的平面控制，称为**建筑基线**。在大中型建筑施工场地上，施工控制网多用正方形或矩形格网组成，称为**建筑方格网**(或矩形网)。对于扩建工程或改建工程，可采用导线网。

12.1.1.1 建筑基线

建筑基线的布置应根据建筑物的分布、场地的地形和原有控制点的状况而定。建筑基线应靠近主要建筑物并与其轴线平行，以便采用直角坐标法进行测设。通常可布置成图 12-1 所示的各种形式。

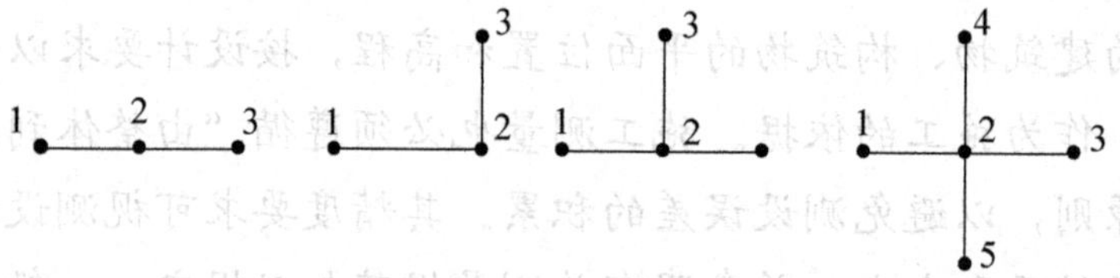

(a) 三点直线形 (b) 三点直角形 (c) 四点丁字形 (d) 五点十字形

图 12-1 建筑基线布设形式

建筑基线的布设要求如下。

(1) 主轴线应尽量位于场地中心，并与主要建筑物轴线平行，定位点应不少于 3 个，以便相互检核。

(2) 基线点位应选在通视良好和不易破坏的地方，且要设置永久性标志，如设置混凝土桩或石桩。

12.1.1.2　建筑方格网

1. 建筑方格网的坐标系统

在设计和施工部门，为了工作方便，常采用一种独立的坐标系统，称为**施工坐标系**或**建筑坐标系**，如图 12-2 所示。施工坐标系的纵轴通常用 A 表示，横轴用 B 表示，施工坐标也叫 A、B 坐标。例如，某厂房交点 P 点施工坐标为 $\frac{2A+20.00}{3B+24.00}$，即 P 点的纵坐标为 220.00m，横坐标为 324.00m。

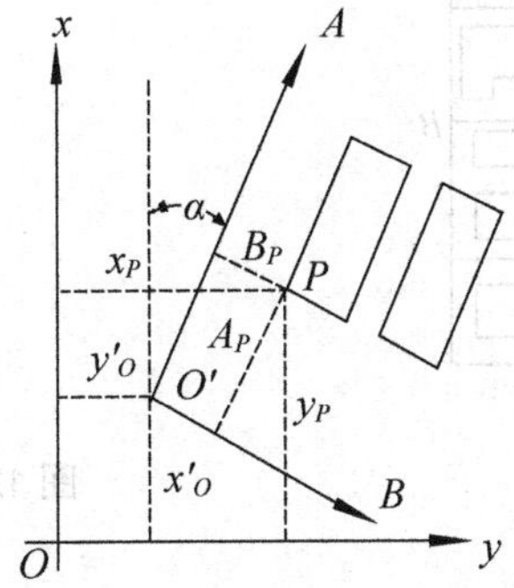

图 12-2　建筑坐标系

施工坐标系的 A 轴和 B 轴，应与厂区主要建筑物或主要道路、管线方向平行。坐标原点设在总平面图的西南角，使所有建(构)筑物的设计坐标均为正值。施工坐标系与国家测量坐标系之间的关系，可用施工坐标系原点 O' 的测量系坐标 x'_O、y'_O 及 $O'A$ 轴的坐标方位角 α 来确定。在进行施工测量时，上述数据由勘测设计单位给出。

2. 建筑方格网的布设

(1) 建筑方格网的布置和主轴线的选择。

建筑方格网的布置，应根据建筑设计总平面图上各建筑物、构筑物、道路和各种管线的布设情况，结合现场的地形情况拟定。如图 12-3 所示，布置时应先选定建筑方格网的主轴线 AB 和 CD，然后再布置方格网。方格网的形式可布置成正方形或矩形，当场区面积较大时，常分两级布设。首级可采用“十”字形、“口”字形或“田”字形，然后再加密方格网。当场区面积不大时，尽量布置成全面方格网。

布网时方格网的主轴线应布设在厂区的中部，并与主要建筑物的基本轴线平行。方格网的折角应严格成 90°。方格网的边长一般为 100～200m；矩形方格网的边长视建筑物的大小和分布而定，为了便于使用，边长尽可能为 50m 或它的整倍数。方格网的边应保证通视且便于量距和测角，点位标石应能长期保存。

(2) 确定主点的施工坐标。

如图 12-3 所示，AB、CD 为建筑方格网的主轴线，它是建筑方格网扩展的基础。A、1、O、2、B 是主轴线的定位点，称为**主点**。主点的施工坐标一般由设计单位给出，也可以在总平面图上用图解法求得一点的施工坐标后，再按主轴线的长度推算主点的施工坐标。

(3) 求主点的测量坐标。

当施工坐标系与国家测量坐标系不一致时，在施工方格网测设之前应把主点的施工坐标换算为测量坐标，以便求算测设数据。当施工坐标系如图 12-4 所示，设已知 P 点的施工坐标为 A_P 和 B_P，换算为测量坐标时，可按式(12-1)计算，即

$$\begin{cases} x_P = x'_O + A_P\cos\alpha - B_P\sin\alpha \\ y_P = y'_O + A_P\sin\alpha + B_P\cos\alpha \end{cases} \tag{12-1}$$

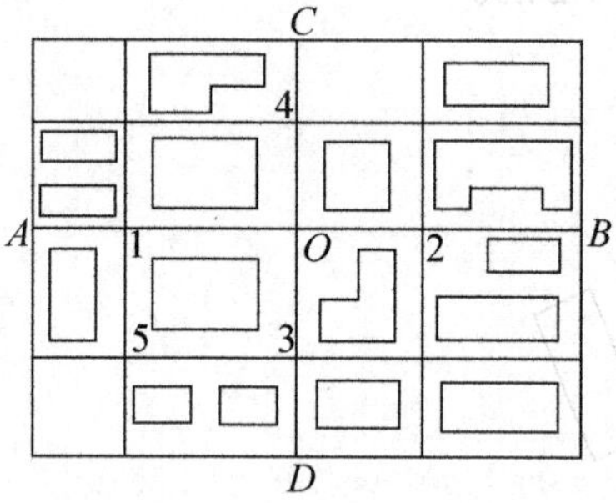

图 12-3　建筑方格网

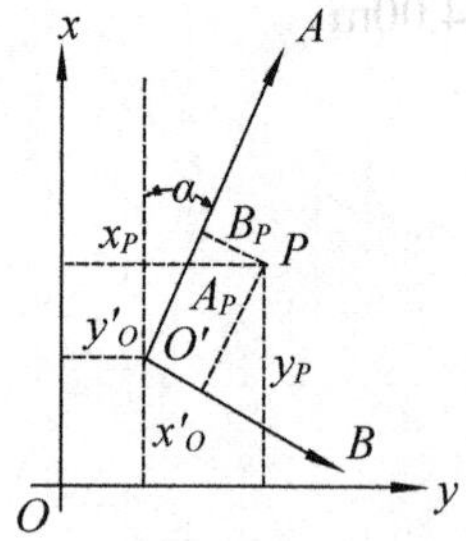

图 12-4　施工坐标系与测量坐标系

3. 建筑方格网的测设

图 12-5 中的 1、2、3 点是测量控制点，A、O、B 为主轴线的主点。首先将 A、O、B 3 点的施工坐标换算成测量坐标，再根据它们的坐标反算出测设数据 D_1、D_2、D_3 和 β_1、β_2、β_3，然后按极坐标法分别测设出 A、O、B 3 个主点的概略位置(见图 12-6)，以 A'、O'、B' 表示，并用混凝土桩把主点固定下来。混凝土桩顶部常设置一块 10cm×10cm 的铁板，供调整点位使用。由于主点测设误差的影响，致使 3 个主点一般不在一条直线上，因此需在 O' 点上安置经纬仪，精确测量 β，β 与 180°之差超过限差时应进行调整。调整时，各主点应沿 AOB 的垂线方向移动同一改正值 δ，使三主点成一直线。δ 值可按式(12-2)计算，即

$$\delta = ab\frac{180^\circ - \beta}{2\rho(a+b)} \tag{12-2}$$

式中：a——OA 的距离；

b——OB 的距离；

β——测量角值。

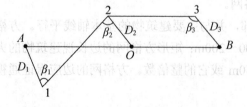

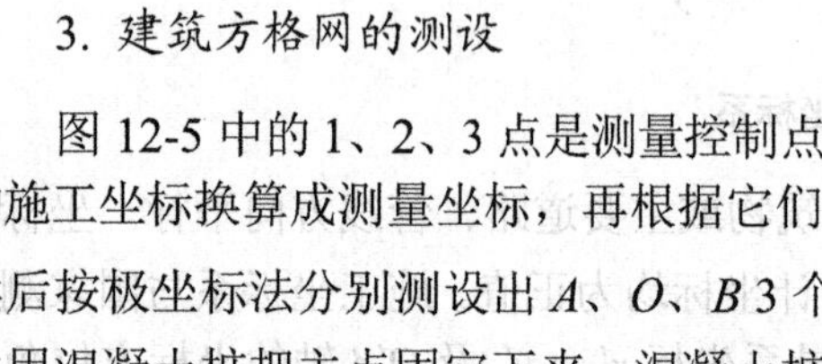

图 12-5　主轴线 AOB 测设

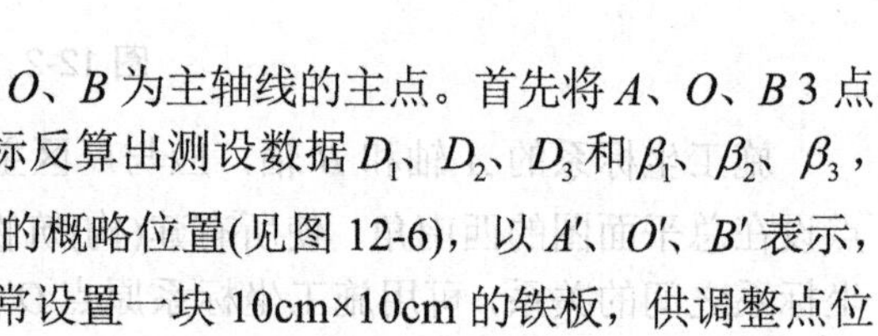

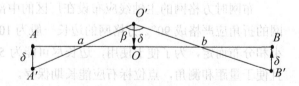

图 12-6　主轴线 AOB 的调整

A、O、B 3 个主点测设好后，将测角仪器安置在 O 点，测设与 AOB 轴线相垂直的另一主轴线 COD，如图 12-7 所示。用测角仪器照准 A 点，分别向右、向左拨角 90°，在实地

标示出 C' 点和 D' 点。然后精确测出上 $\angle AOC'$ 和 $\angle AOD'$，分别计算与 90°之差 ε_1、ε_2，并按式(12-3)计算改正值 l_1、l_2，即

$$l_1 = \frac{d_1\varepsilon_1''}{\rho''}, \qquad l_1 = \frac{d_1\varepsilon_1''}{\rho''} \tag{12-3}$$

将 C' 点沿 CO 的垂直方向移动距离 l_1，实地标示出 C 点，同法在实地标示出 D 点。然后将实测改正后的 $\angle AOC$ 和 $\angle AOD$ 作为检验。而后自 O 点起，用钢尺或测距仪沿 OA、OB、OC、OD 方向测设主轴线的长度，最后在实地标示 A、B、C、D 的点位。

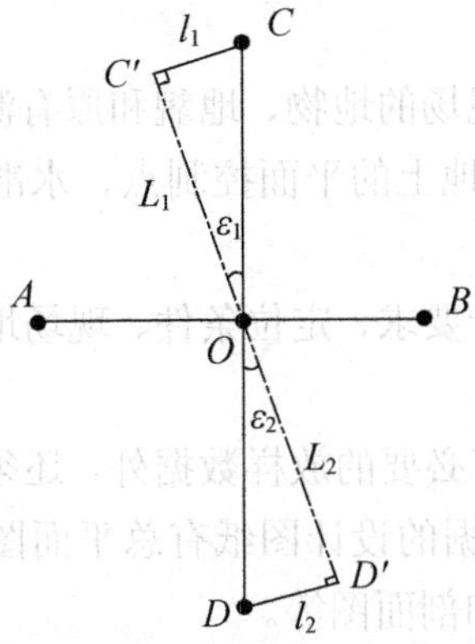

图 12-7　主轴线 *COD* 的测设与调整

12.1.2　高程施工控制网

在建筑场地上，水准点的密度应尽可能满足安置一次仪器即可测设出所需的高程点。而测绘地形图时敷设的水准点往往是不够的，因此，还需增设一些水准点。在一般情况下，建筑方格网点也可兼做高程控制点。只要在方格网点桩面上中心点旁边设置一个突出的半球状标志即可。

在一般情况下，采用四等水准测量方法测定各水准点的高程，而对连续生产的车间或下水管道等，则需采用三等水准测量的方法测定各水准点的高程。

此外，为了施工放样方便，还可在建筑物附近测设 ±0.000 高程(此高程为该建筑物底层室内地坪的设计高程)和 ±1.000 高程等。其位置多选在较稳定的建筑物墙、柱的侧面，用红油漆绘成上顶为水平线的“∇”形，其顶表示 ±0.000、±1.000 的位置。

12.2　一般民用建筑的施工测量

民用建筑按使用功能可分为住宅、办公楼、商店、食堂、俱乐部、医院和学校等。按楼层多少可分为单层、低层(2～3 层)、多层(4～8 层)和高层几种。对于不同的类型，其放样方法和精度要求有所不同，但放样过程基本相同，主要包括建筑物的定位、放线测量、基础施工测量和墙体施工测量、轴线投测与高程测设等。下面先介绍多层民用建筑施工测量

的基本方法。

12.2.1 准备工作

在施工测量之前，应做好以下准备工作。

(1) 熟悉设计图纸。设计图纸是施工测量的依据。在测设前应从设计图纸上了解施工的建筑物与相邻地物的相互关系，以及建筑物的尺寸和施工的要求等，对各设计图纸的尺寸应仔细核对，以免出现差错。

(2) 现场踏勘。目的是了解现场的地物、地貌和原有测量控制点的分布情况，并调查与施工测量有关的问题。对建筑物地上的平面控制点、水准点要进行检核，获得正确的测量起始数据和点位。

(3) 制订测设方案。根据设计要求、定位条件、现场地形和施工方案等因素制订施工放样方案，即确定适宜的放样方法。

(4) 准备测设数据。除了计算必要的放样数据外，还须从图纸上查取房屋内部的平面尺寸和高程数据。建筑物放线所依据的设计图纸有总平面图、建筑平面图、基础平面图、基础详图(即基础大样图)、立面图和剖面图等。

12.2.2 建筑物的定位

建筑物四周外轮廓主要轴线的交点决定了建筑物在地面上的位置，称为**定位点或角点**。建筑物的定位就是根据设计条件，将建筑物外廓的各轴线交点测设到地面上，作为细部轴线放线和基础放线的依据。由于设计条件和现场条件不同，建筑物的定位方法也有所不同，下面介绍 3 种常见的定位方法。

(1) 根据控制点定位。如果待定位建筑物的定位点设计坐标是已知的，且已建立施工控制网，可根据实际情况选用极坐标法、角度交会法或距离交会法来测设定位点。

(2) 根据建筑方格网和建筑基线定位。如果待定位建筑物的定位点设计坐标是已知的，且建筑场地已设有建筑方格网或建筑基线，可利用直角坐标法测设定位点。

(3) 根据与原有建筑物和道路的关系定位。如果设计图上没有提供建筑物定位点的坐标，周围也没有测量控制点、建筑方格网和建筑基线可供利用，只给出新建筑物与附近原有建筑物或道路的相互关系，可根据原有建筑物的边线或道路中心线，将新建筑物的定位点测设出来。

具体测设方法根据实际情况不同而定，但基本过程是一致的，就是在现场先找出原有建筑物的边线或道路中心线，再用经纬仪和钢尺将其延长、平移、旋转或相交，得到新建筑物的一条定位轴线，然后根据这条定位轴线，用经纬仪测设角度(一般为 90°)，用钢尺测设长度，得到其他定位轴线或定位点，最后检核 4 个大角和 4 条定位轴线长度是否与设计值一致。下面对两种情况进行具体分析。

1. 根据与原有建筑物的关系定位

如图 12-8 所示，*ABCD* 为原有建筑物，*MNQP* 为新建高层建筑，*M'N'Q'P'* 为该高层建筑的矩形控制网(在基槽外，作为开挖后在各施工层上恢复中线或轴线的依据)。

根据原有建(构)筑物定位，常用的方法有 3 种：延长线法、平行线法、直角坐标法。而由于定位条件的不同，各种方法又可分成两类：一类如图 12-8 (a)所示，它是仅以一栋原有建筑物的位置和方向为准，用各图(a)中所示的 y、x 值确定新建高层建筑物位置；另一类则是以一栋原有建筑物的位置和方向为主，再加另外的定位条件，如各图(b)中 G 为现场中的一个固定点，G 至新建高层建筑物的距离 y、x 是定位的另一个条件。

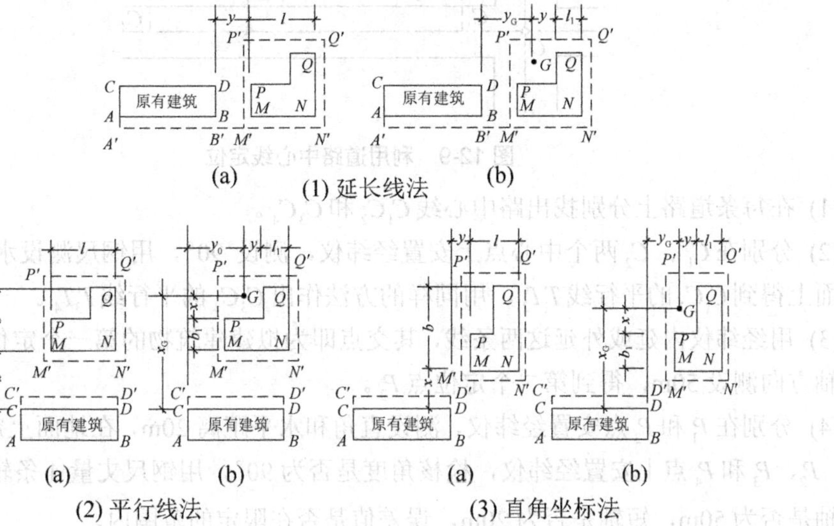

图 12-8　根据原有建筑物定位

1) 延长线法

如图 12-8(1)所示，是先根据 *AB* 边，定出其平行线 $A'B'$；安置经纬仪在 B'，后视 A'，用正倒镜法延长 $A'B'$ 直线至 M'；若为图(a)情况，则再延长至 N'，移经纬仪在 M' 和 N' 上，定出 P' 和 Q'，最后校测各对边长和对角线长；若为图(b)情况，则应先测出 G 点至 *BD* 边的垂距 yG，才可以确定 M' 和 N' 位置。一般可将经纬仪安置在 *BD* 边的延长点 B'，以 A' 为后视，测出 $\angle A'B'G$，用钢尺量出 $B'G$ 的距离，则 $yG = B'G \times \sin(\angle A'B'G - 90°)$。

2) 平行线法

如图 12-8(2)所示，先根据 *CD* 边定出其平行线 $C'D'$。若为图(a)情况，新建高层建筑物的定位条件是其西侧与原有建筑物西侧同在一直线上，两建筑物南北净间距为 x。则由 $C'D'$ 可直接测出 $M'N'Q'P'$ 矩形控制网；若为图(b)情况，则应先由 $C'D'$ 测出 G 点至 *CD* 边的垂距和 G 点至 *AC* 延长线的垂距，才可以确定 M' 和 N' 的位置，具体测法与前基本相同。

3) 直角坐标法

如图 12-8(3)所示，先根据 *CD* 边定出其平行线 $C'D'$。若为图(a)情况，则可按图示定位条件，由 $C'D'$ 直接测出 $M'N'Q'P'$ 矩形控制网；若为图(b)情况，则应先测出 G 点至 *BD* 延长线和 CD 延长线的垂距和，然后即可确定 M' 和 N' 的位置。

2. 根据与原有道路的关系定位

如图 12-9 所示，拟建建筑物的轴线与道路中心线平行，轴线与道路中心线的距离见图，测设方法如下。

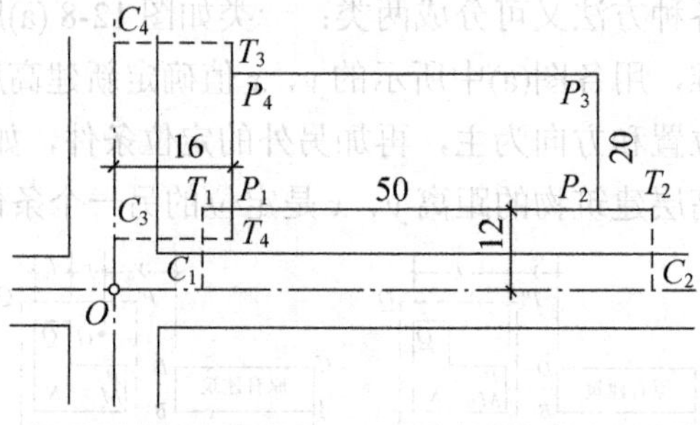

图 12-9 利用道路中心线定位

(1) 在每条道路上分别找出路中心线 C_1C_2 和 C_3C_4。

(2) 分别在 C_1、C_2 两个中心点上安置经纬仪，测设 90°，用钢尺测设水平距离 12m，在地面上得到 C_1C_2 的平行线 T_1T_2，用同样的方法作出 C_3C_4 的平行线 T_3T_4。

(3) 用经纬仪内延或外延这两条线，其交点即为拟建建筑物的第一个定位点 P_1，再从 P_1 沿长轴方向测设 50m，得到第二个定位点 P_2。

(4) 分别在 P_1 和 P_2 点安置经纬仪，测设直角和水平距离 20m，在地面上定出 P_3 和 P_4 点。在 P_1、P_2、P_3 和 P_4 点上安置经纬仪，检核角度是否为 90°，用钢尺丈量 4 条轴线的长度，检核长轴是否为 50m，短轴是否为 20m，误差值是否在限定的范围内。

12.2.3 建筑物的放线

建筑物的放线是指根据定位的主轴线桩，详细测设其他各轴线交点的位置，并用木桩(桩上钉小钉)标定出来，称为**中心桩**，并据此按基础宽和放坡宽用白灰线撒出基槽边界线。

1. 测设细部轴线交点

如图 12-10 所示，A 轴、E 轴、①轴和⑦轴是建筑物的 4 条外墙主轴线，其交点 A_1、A_7、E_1 和 E_7 是建筑物的定位点，这些定位点已在地面上测设完毕并打好桩点，各主次轴线间隔如图中所示，现欲测设次要轴线与主轴线的交点。

在 A_1 点安置经纬仪，照准 A_7 点，沿视线方向使用钢尺测设相邻轴线间的距离，定出②～⑥各轴线与 A 轴的交点，并打下木桩。在桩顶上精确画出各交点的位置，如 A_2 点，用仪器视线指挥在桩顶画一条纵线，再拉好钢尺，在读数等于轴线间距处画一条横线，两线交叉点即为 A 轴与②轴的交点 A_2。同理，可定出其余各轴线的交点桩。测设完毕后，要用钢尺检查各相邻轴线的间距是否等于设计值，且相对误差应小于 1/3000。

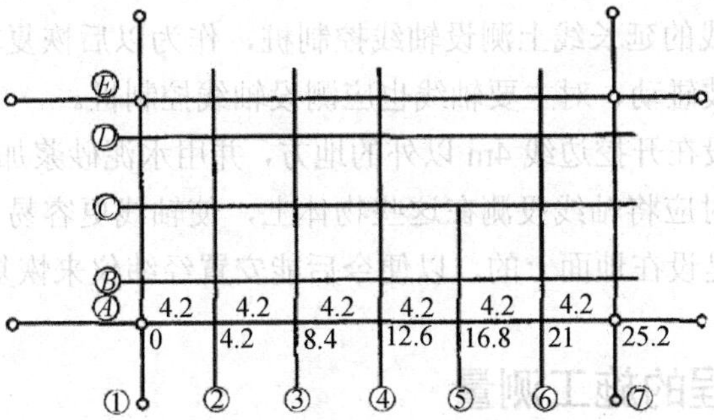

图 12-10　测设细部轴线交点

2. 引测轴线

在基槽或基坑开挖时，定位桩和细部轴线桩均会被挖掉，为了使开挖后各阶段施工能准确地恢复各轴线位置，应把各轴线延长到开挖范围以外的地方并做好标志，这个工作称为引测轴线，具体有设置龙门板和轴线控制桩两种形式。

1) 龙门板的测设

在一般民用建筑中，为了便于施工，常在基槽外一定距离处设置龙门板，如图 12-11 所示。设置龙门板的步骤和要求如下。

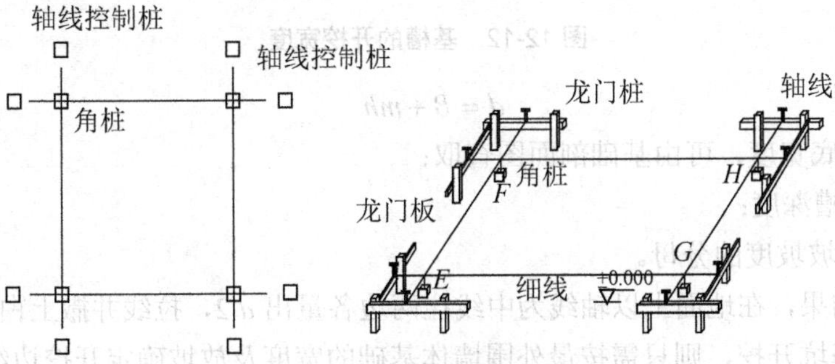

图 12-11　龙门板法

(1) 在建筑物四角和隔墙两端基槽开挖边线以外 1～1.5m 处(根据设计图纸和挖槽深度确定)设置龙门桩，龙门桩要钉得竖直、牢固，侧面与基槽平行。

(2) 根据高程控制点(水准点)，用水准仪在每个龙门桩的外侧上测设 ±0.000 标高，并画出横线标志。如果现场条件不允许，也可测设比 ±0.000 高或低一定数值的标高线，但同一建筑物最好只用一个标高。

(3) 沿龙门桩 ±0.000 标高线钉设龙门板，这样龙门板顶面的高程就在一个水平面上，龙门板标高测设的容许误差一般应在 ±5mm 以内。

(4) 在轴线交点桩上安置测角仪器，将各轴线引测到龙门板顶面上，并钉上小钉作为轴线标志，称为轴线钉。龙门板设置完毕后，利用钢尺检查各轴线钉间距，使其相对误差不应超过 1/3000。

2) 轴线控制桩的测设

由于龙门板需要较多木料，而且占用场地，使用机械开挖时容易被破坏，因此也可以在基槽或基坑外各轴线的延长线上测设轴线控制桩，作为以后恢复轴线的依据。即使采用了龙门板，为了防止被碰动、对主要轴线也应测设轴线控制桩。

轴线控制桩一般设在开挖边线 4m 以外的地方，并用水泥砂浆加固。最好是附近有固定建筑物和构筑物，这时应将轴线投测在这些物体上，使轴线更容易得到保护，但每条轴线至少应有一个控制桩是设在地面上的，以便今后能安置经纬仪来恢复轴线。

12.2.4 基础工程的施工测量

1. 基槽开挖边线放线

基础开挖前，先按基础剖面图给出的设计尺寸，计算基槽的开挖宽度 d，如图 12-12 所示。

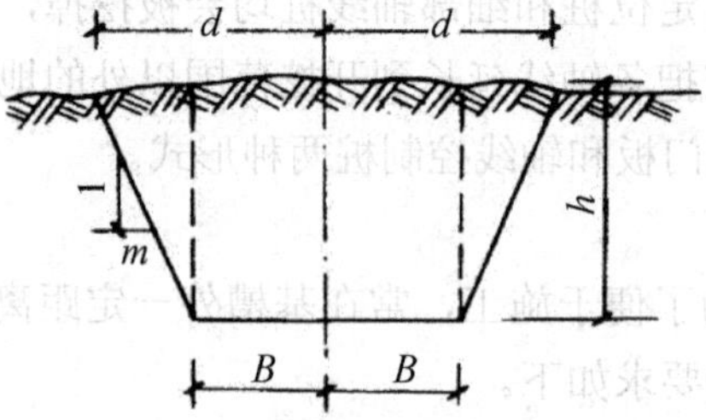

图 12-12　基槽的开挖宽度

$$d = B + mh \tag{12-4}$$

式中：B——基底宽度，可由基础剖面图查取；

h——基槽深度；

m——边坡坡度的分母。

根据计算结果，在地面上以轴线为中线往两边各量出 $d/2$，拉线并撒上白灰，即为开挖边线。如果是基坑开挖，则只需按最外围墙体基础的宽度及放坡确定开挖边线。

2. 基槽(坑)开挖深度和垫层标高控制

为了控制基槽的开挖深度，当基槽(坑)挖到离槽底 0.3～0.5m 时，在基槽(坑)边壁上每 3～5m 及转角处，应根据地面上±0.000 m 点用水准仪在槽壁上测设一些水平小木桩(称为水平桩或腰桩)，如图 12-13 所示。使木桩的上表面离槽底的设计标高为一固定值，如 0.500m 。

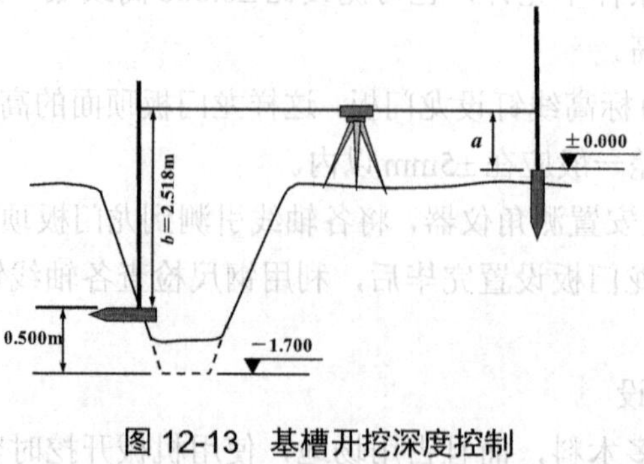

图 12-13　基槽开挖深度控制

测设时沿槽壁上下移动水准尺，当读数为 2.518m 时沿尺底水平地将桩打进槽壁，然后检核该桩的标高，如超限便进行调整，直至误差在规定范围以内。

垫层面标高的测设可以水平桩为依据在槽壁上弹线，也可在槽底打入垂直桩，使桩顶标高等于垫层面的标高。如果垫层需安装模板，可以直接在模板上弹出垫层面的标高线。

如果是机械挖土，一般是一次挖到设计槽底或坑底的标高，因此要在施工现场安置水准仪，边挖边测，随时指挥挖土机调整挖土深度，使槽底或坑底的标高略高于设计标高(一般为 10cm，留给人工清土)。挖完后，为了给人工清底和打垫层提供标高依据，还应在槽壁或坑壁上打水平桩，水平桩的标高一般为垫层面的标高。当基坑底面积较大时，为便于控制整个底面的标高，应在坑底均匀地打一些垂直桩，使桩顶标高等于垫层面的标高。

3. 基础墙标高控制

基础砌筑到距±0.000 标高一层砖时用水准仪测设防潮层的标高。防潮层做好后，根据龙门板上的轴线钉或引桩将轴线和墙边线投测到防潮层上，并将这些线延伸到基础墙的立面上，以利墙身的砌筑。

基础墙的高度是用基础皮数杆来控制的。基础皮数杆的层数从±0.000 m 向下注记，并标±0.000 m 和防潮层等的标高位置，如图 12-14 所示。

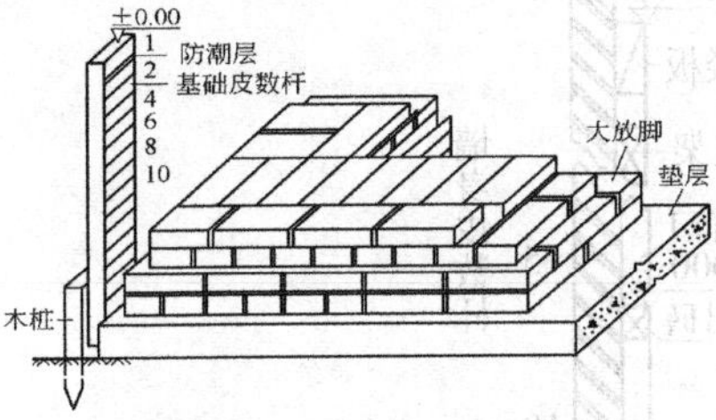

图 12-14　基础标高控制

12.2.5　墙体的施工测量

1. 墙体定位

基础工程结束后，可利用轴线控制桩或龙门板上的轴线钉和墙边线的标志，用经纬仪或用拉细线挂锤球的方法将轴线投测到基础面或防潮层上，并弹出墨线。然后用经纬仪检查外墙轴线 4 个主要交角是否等于 90°，符合要求后，把墙轴线延伸并画在外墙基础上，如图 12-15 所示，作为向上投测轴线的依据。同时还应把门窗和其他洞口的边线，也在基础外墙侧面上做出标志。

墙体砌筑前，根据墙体轴线和墙体厚度，弹出墙体边线，照此进行墙体砌筑。砌筑到一定高度后，用吊锤线将基础外墙侧面上的轴线引测到地面以上的墙体上，以免基础覆土后看不到轴线标志。如果轴线处是钢筋混凝土桩，则在拆柱模后将轴线引测到桩身上。

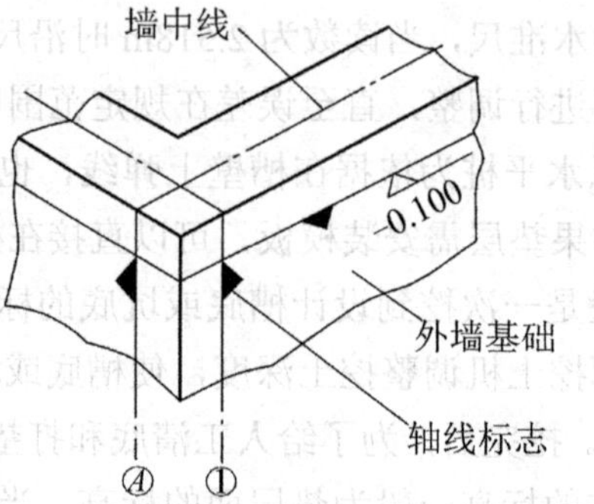

图 12-15　墙体定位

2. 墙体各部位标高控制

墙体用砖块砌筑时，其标高用“墙身皮数杆”控制，如图 12-16 所示。在皮数杆上根据设计尺寸按砖块和灰缝厚度画线，并标明门、窗、过梁、楼板等的标高位置。杆上标高注记从 ±0.000 开始，测量误差在 ±3mm 以内，然后把皮数杆上的 ±0.000 线与基础 ±0.000 线对齐，用吊锤校正并用钉钉牢，必要时可在皮数杆上加两根斜撑。以保证皮数杆的稳定。

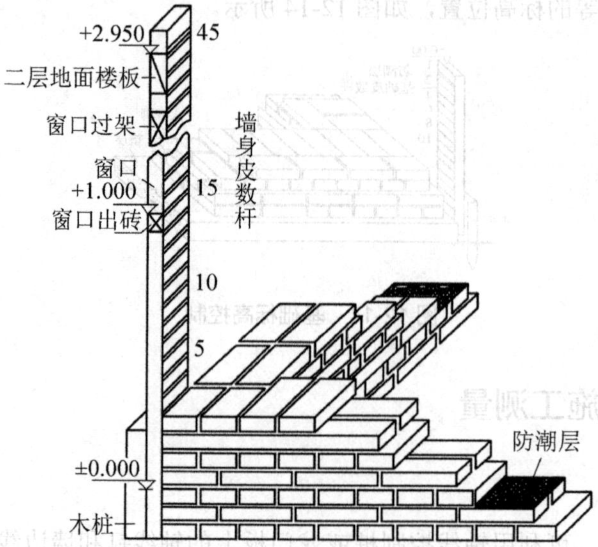

图 12-16　基础标高的控制

墙体砌筑到一定高度后(1.5mm 左右)应在内外墙面上测设出+0.50m 标高的水平墨线，成为“+50 线”。外墙的+50 线是作为向上传递楼层标高的依据，内墙的+50 线是作为室内地面施工及室内装修的标高依据。

3. 二层以上楼层墙体施工测量

1) 轴线投测

每层楼面建好后，为了保证继续往上砌筑墙体时墙体轴线均与基础轴线在同一铅垂面上，应将基础或首层墙面上的轴线投测到楼面上，并在楼面上重新弹出墙体的轴线。检查无误后，以此为依据弹出墙体边线，再往上砌筑。在这个测量工作中，从下往上进行轴线投测是关键，一般多层建筑常用吊锤线。

将较重的垂球悬挂在楼面的边缘，慢慢移动，使垂球尖对准地面上的轴线标志，或者使吊锤线下部沿垂直墙面方向与底层墙面上的轴线标志对齐，吊锤线上部在楼面边缘的位置就是墙体轴线位置，在此画一短线作为标志，便在楼面上得到轴线的一个端点，同法投测另一端点，两端点的连线即为墙体轴线。

吊锤线法受风的影响较大，楼层较高时风的影响更大，因此应在风小时作业，投测时应待吊锤稳定下来后再在楼面上定点。此外，每层楼面的轴线均应直接由底层投测上来，以保证建筑物的总竖直度。

2) 墙体标高传递

多层建筑物施工中，要由下往上将标高传递到新的施工楼层，以便控制新楼层的墙体施工，使其标高符合设计要求。标高传递一般可有以下两种方法。

(1) 利用皮数杆传递标高。

一层楼房墙体砌完并打好楼面后，把皮数杆移二层继续使用。为了使皮数杆立在同一水平面上，用水准仪测定楼面四角的标高，取平均值作为二楼的地面标高，并在立杆处绘出标高线，立杆时将皮数杆的±0.000 线与该线对齐，然后以皮数杆为标高依据进行墙体砌筑。如此，用同样方法逐层往上传递高程。

(2) 利用钢尺传递标高。

在标高精度要求较高时，可用钢尺从底层的+50 标高线起往上直接丈量，把标高传递到第二层去，然后根据传递上来的高程测设第二层的地面标高线，以此为依据立皮数杆。在墙体砌到一定高度后，用水准仪测设该层的+50 标高线，再往上一层的标高可以此为准用钢尺传递，依次类推，逐层传递标高。

12.3　高层建筑的施工测量

12.3.1　高层建筑施工测量的特点

由于高层建筑的建筑物层数多、高度高、建筑结构复杂、设备和装修标准高，特别是高速电梯的安装要求最高，因此，在施工过程中对建筑物各部位的水平位置、垂直度及轴线位置尺寸、标高等的测设精度要求都十分严格。例如，层间标高测量偏差和竖向测量偏差均要求不超过±3mm，建筑全高(H)测量偏差和竖向偏差不应超过 $3H/10000$，且 $30m < H \leqslant 60m$ 时，不应超过 ±10mm；$60m < H \leqslant 90m$ 时，不应超过 ±15mm；$H > 90m$ 时，不应超过 ±20mm 。特别是在竖向轴线投测时，对测设的精度要求极高。

另外，由于高层建筑施工的工程量大，且多设地下工程，同时一般多是分期施工，周期长，施工现场变化大，因而，为保证工程的整体性和局部性施工的精度要求，进行高层建筑施工测量之前，必须谨慎地制订测设方案，选用适当的仪器，并拟出各种控制和检测的措施以确保放样精度。

高层建筑一般采用桩基础，上部主体结构为现场浇筑的框架结构工程，而且建筑平面、立面造型既新颖又复杂多变，因而，其施工测设方法与一般建筑既有相似之处，又有其自身独特的地方，按测设方案具体实施时，务必精密计算，严格操作，并应严格校核，方可保证测设误差在所规定的建筑限差允许的范围内。

12.3.2 高层建筑基础的施工测量

(1) 测设基坑开挖边线。

高层建筑一般都有地下室，因此要进行基坑开挖。开挖前，先根据建筑物的轴线控制桩确定角桩，以及建筑物的外围边线，再考虑边坡的坡度和基础施工所需工作面的宽度，测设出基坑的开挖边线并撒出灰线。

(2) 基坑开挖时的测量工作。

高层建筑的基坑一般都很深，需要放坡并进行边坡支护加固，开挖过程中，除了用水准仪控制开挖深度外，还应经常用经纬仪或拉线检查边坡的位置，防止出现坑底边线内收，致使基础位置不够的情况出现。

(3) 基础放线及标高控制。

① 基础放线。基坑开挖完成后，有3种情况：一是直接打垫层，然后做箱形基础或筏板基础，这时要求在垫层上测设基础的各条边界线、梁轴线、墙宽线和柱位线等；二是在基坑底部打桩或挖孔，做桩基础，这时要求在坑底测设各条轴线和桩孔的定位线，桩做完后，还要测设桩承台和承重梁的中心线；三是先做桩，然后在桩上做箱形基础或筏形基础，组成复合基础，这时的测量工作是前两种情况的结合，如图12-17所示。

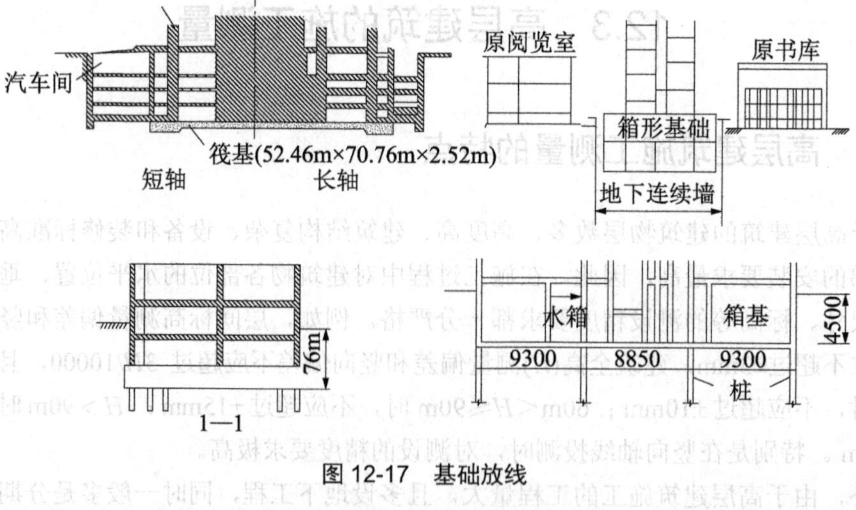

图12-17 基础放线

无论是哪种情况，在基坑下均需要测设各种各样的轴线和定位线。先根据地面上各主要轴线的控制桩，用经纬仪向基坑下投测建筑物的四大角、四轮廓轴线和其他主轴线，经认真校核后，以此为依据放出细部轴线，再根据基础图所示尺寸，放出基础施工中所需的各种中心线和边线，如桩心的交线以及梁、柱、墙的中线和边线等。

测设轴线时，有时为了通视和量距方便，不是测设真正的轴线，而是测设其平行线，这时一定要在现场标注清楚，以免用错。另外，一些基础桩、梁、柱、墙的中线不一定与建筑轴线重合，而是偏移某个尺寸，因此要认真按图施测，防止出错，如图 12-18 所示。

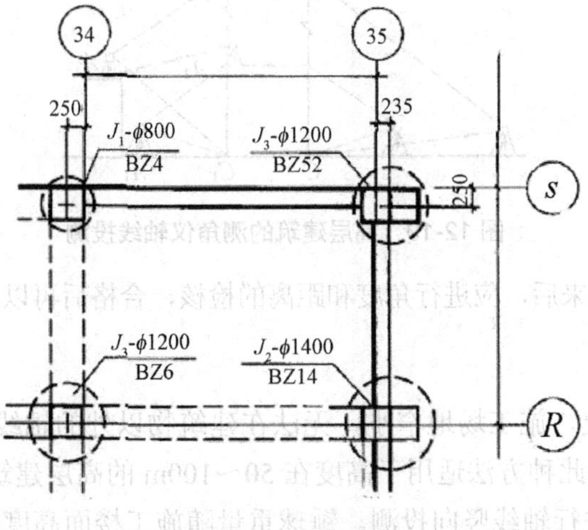

图 12-18　测设轴线

如果是在垫层上放线，可把有关轴线和边线直接用墨线弹在垫层上，由于基础轴线的位置决定了整个高层建筑的平面位置和尺寸，因此施测时要严格检核，保证精度。如果是在基坑下做桩基，则测设轴线和桩位时，宜在基坑护壁上设立轴线控制桩，以便能保留较长时间，也便于施工时用来复核桩位和测设桩顶上的承台和基础梁等。

从地面往下投测轴线时，一般是用经纬仪投测法，由于俯角较大，为了减小误差，每个轴线点均应盘左盘右各投测一次，然后取中。

② 基础标高测设。基坑完成后，应及时用水准仪根据地面上的±0.000 水平线，将高程引测到坑底，并在基坑护坡的钢板或混凝土桩上做好标高为负的整米数的标高线。由于基坑较深，引测时可多转几站观测，也可用悬吊钢尺代替水准尺进行观测。在施工过程中，如果是桩基，要控制好各桩的顶面高程；如果是箱形基础和筏形基础，则直接将高程标志测设到竖向钢筋和模板上，作为安装模板、绑扎钢筋和浇筑混凝土的标高依据。

12.3.3　高层建筑的轴线投测

高层建筑轴线投测的目的是将建筑物基础轴线向高层引测，保证各层相应的轴线位于同一竖直面内。轴线投测的方法有以下几种。

1. 测角仪投测法

当施工场地比较宽阔时，多使用此法进行竖向投测。投测时，将测角仪器(全站仪或经纬仪)安置于轴线控制桩上，分别以正、倒镜两个盘位照准建筑物底部的轴线标志，向上投测到上层楼面，取正、倒镜两次投测点的中点作为上层楼面的轴线点。

当建筑楼层增加至相当高度时，若轴线控制桩距建筑物较近，则测角仪器向上投测的仰角增大，投测精度随着仰角增大而降低，且操作不方便。因此，必须将主轴线控制桩引测到远处稳固地点或附近既有建筑顶上，以减小仰角，如图 12-19 所示。

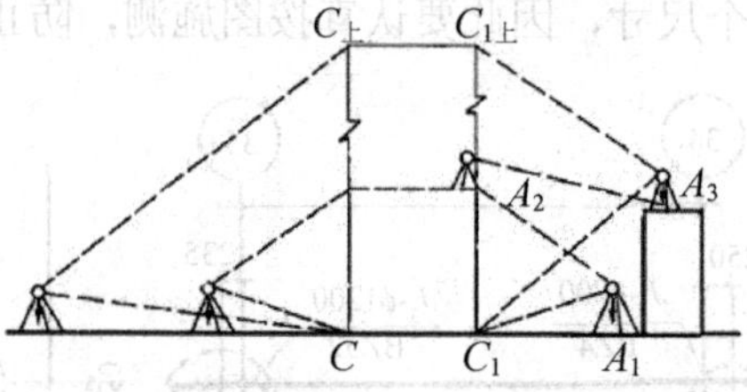

图 12-19　高层建筑的测角仪轴线投测

所有主轴线投测上来后，应进行角度和距离的检核，合格后再以此为依据测设其他轴线。

2. 吊线坠法

当周围建筑物密集，施工场地窄小，无法在建筑物以外的轴线上安置经纬仪时，可采用此法进行竖向投测。此种方法适用于高度在 50～100m 的高层建筑施工中。它是利用钢丝悬挂重锤球的方法，进行轴线竖向投测。锤球重量随施工楼面高度而异，为 15～25kg，钢丝直径为 1mm 左右。此外，为了减少风力的影响，应将吊锤线的位置放在建筑物内部。

如图 12-20 所示，事先在首层地面上埋设轴线点的固定标志，标志的上方每层楼板都预留孔洞，供吊锤线通过。投测时，在施工层楼面上的预留孔上安置挂有吊线坠的十字架，慢慢移动十字架，当吊锤尖静止地对准地面固定标志时，十字架的中心就是应投测的点，在预留孔四周做上标志即可，标志连线交点，即为从首层投上来的轴线点。同理，测设其他轴线点。

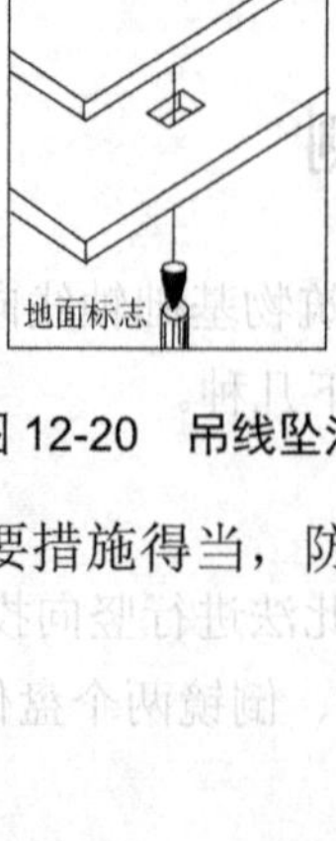

图 12-20　吊线坠法

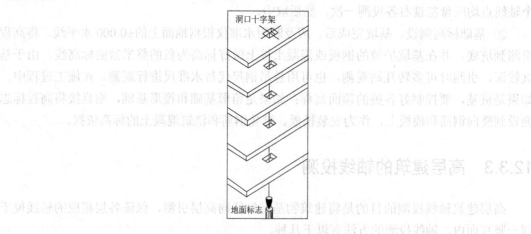

使用吊线坠法进行轴线投测，只要措施得当，防止风吹和振动，是一种既经济、简单又直观、准确的轴线投测方法。

3. 铅直仪法

铅直仪法就是利用能提供铅直向上(或向下)视线的专用测量仪器，进行竖向投测。常用的仪器有垂准经纬仪、激光经纬仪和激光铅直仪等。用铅直仪法进行高层建筑的轴线投测，具有占地小、精度高、速度快的优点，在高层建筑施工中用得越来越多。

1) 垂准经纬仪

如图 12-21 所示，该仪器的特点是在望远镜的目镜位置上配有弯曲成 90°的目镜，使仪器铅直指向正上方时，测量员能方便地进行观测。此外，该仪器的中轴是空心的，使仪器也能观测正下方的目标。

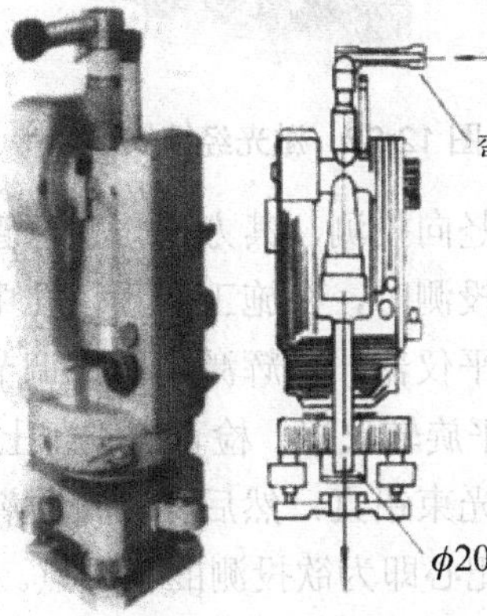

图 12-21　垂准经纬仪

使用时，将仪器安置在首层地面的轴线点标志上，严格对中整平，由弯管目镜观测，当仪器水平转动一周时，若视线一直指向一点上，说明视线方向处于铅直状态，可以向上投测。投测时，视线通过楼板上预留的孔洞，将轴线点投测到施工层楼板的透明板上定点，为了提高投测精度，应将仪器照准部水平旋转一周，在透明板上投测多个点，这些点应构成一个小圆，然后取小圆的中心作为轴线点的位置。同法用盘右再投测一次，取两次的中点作为最后结果。由于投测时仪器安置在施工层下面，因此在施测过程中要注意对仪器和人员的安全采取保护措施，防止落物击伤。如果把垂准经纬仪安置在浇筑后的施工层上，将望远镜调成铅直向下的状态，视线通过楼板上预留的孔洞，照准首层地面的轴线点标志，也可将下面的轴线点投测到施工层上来。

2) 激光经纬仪

图 12-22 所示为苏州一光生产的 J2-JDE 激光光学经纬仪，它是在望远镜筒上安装一个氦氖激光器，用一组导光系统把望远镜的光学系统联系起来，组成激光发射系统，再配上激光电源，便成为激光经纬仪。为了测量时观测目标方便，激光束进入发射系统前设有遮光转换开关。遮去发射的激光束，就可在目镜(或通过弯管目镜)处观测目标，而不必关闭电源。

图 12-22　激光经纬仪

激光经纬仪用于高层建筑轴线竖向投测，其方法与配弯管目镜的经纬仪是一样的，只不过是用可见激光代替人眼观测。投测时，在施工层预留孔中央设置用透明聚酯膜片绘制的接收靶，在地面轴线点处对中整平仪器，起辉激光器，调节望远镜调焦螺旋，使投射在接收靶上的激光束光斑最小，再水平旋转仪器，检查接收靶上光斑中心是否始终在同一点，或画出一个很小的圆圈，以保证激光束铅直，然后移动接收靶，使其中心与光斑中心或小圆圈中心重合，将接收靶固定，则靶心即为欲投测的轴线点。

3) 激光铅直仪

激光铅直仪是一种专用的铅直定位的仪器，适用于烟囱、塔架和高层建筑的竖直定位测量。它是由氦氖激光器、竖轴、发射望远镜、水准器和基座等部件组成，基本构造如图 12-23 所示。仪器竖轴是空心筒轴，将激光器安在筒轴的下端，望远镜安在上方，构成向上发射的激光铅垂仪。也可以反向安装，成为向下发射的激光铅垂仪。仪器上有两个互成 90° 的水准器，并配有专用激光电源，使用时，利用激光器底端所发射的激光束进行对中，通过调节脚螺旋使气泡严格居中。接通激光电源便可铅直发射激光束。

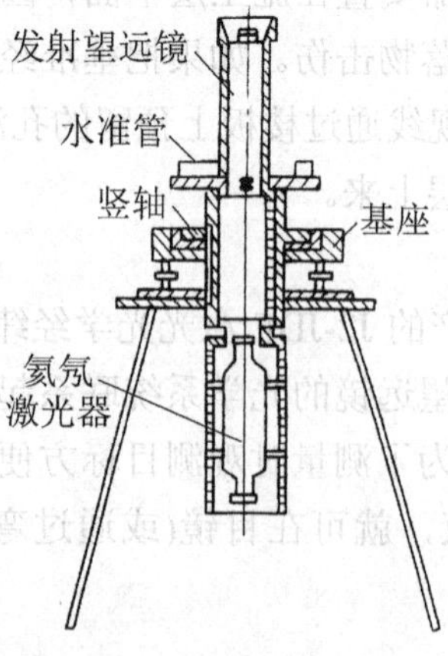

图 12-23　激光铅直仪

激光铅直仪用于高层建筑轴线竖向投测时，其原理和方法与激光经纬仪基本相同，主要区别在于对中方法。激光经纬仪一般用光学对中器，而激光铅直仪用激光管尾部射出的光束进行对中。

12.3.4　高层建筑物的高程传递

高层建筑施工中，要由下层楼面向上层传递高程，以使上层楼板、门窗、室内装修等工程的标高符合设计要求。传递高程的方法有以下几种。

(1) 利用钢尺直接丈量。

在标高精度要求较高时，可用钢尺沿某一墙角自±0.000 标高处起直接丈量，把高程传递上去。然后根据下面传递上来的高程立皮数杆，作为该层墙身砌筑和安装门窗、过梁及室内装修、地坪抹灰时控制标高的依据。

(2) 悬吊钢尺法(水准仪高程传递法)。

根据高层建筑物的具体情况也可用水准仪高程传递法进行高程传递，不过此时需用钢尺代替水准尺作为数据读取的工具，从下向上传递高程。如图 12-24 所示，由地面已知高程点 A，向建筑物楼面 B 传递高程，先从楼面上(或楼梯间)悬挂一支钢尺，钢尺下端悬一重锤。观测时，为了使钢尺稳定，可将重锤浸于一盛满油的容器中。然后在地面及楼面上各安置一台水准仪，按水准测量方法同时读取 a_1、b_1、a_2、b_2 读数，则可计算出楼面 B 上设计标高为 H_B 的测设数据 $H_B = H_A + a_1 - b_1 + a_2 - b_2$，据此可采用测设已知高程的测设方法放样出楼面 B 的标高位置。

(3) 全站仪天顶测高法。

高层建筑中的垂准孔(或电梯井等)为光电测距提供了一条从底层至顶层的垂直通道，在底层安置全站仪，将望远镜指向天顶，在各层的垂直通道上安置反射棱镜，可测得垂直距离，然后加仪器高、减棱镜常数，即可得到高差，再用水准仪测设该层设计标高线，如图 12-24(b)所示。

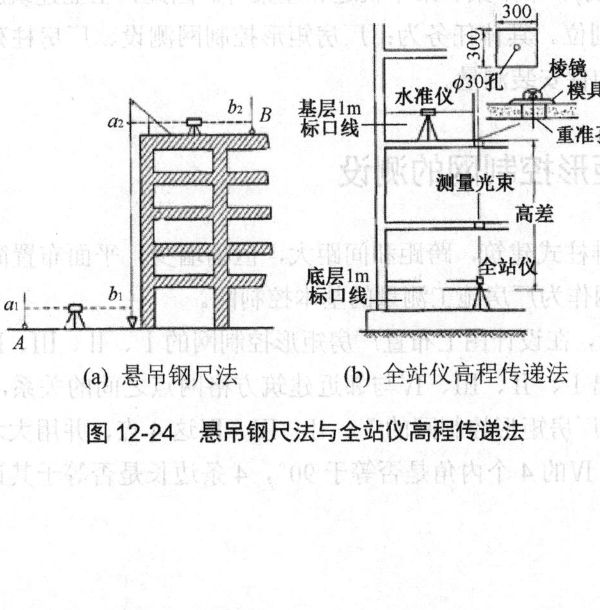

(a) 悬吊钢尺法　　(b) 全站仪高程传递法

图 12-24　悬吊钢尺法与全站仪高程传递法

12.3.5 滑模的施工测量

在高层建筑施工中，经常采用滑模施工工艺。滑模施工就是在现浇混凝土结构施工中，一次装设1m多高的模板，浇筑一定高度的混凝土，通过一套提升设备将模板不断向上提，在模板内不断绑扎钢筋和浇筑混凝土，随着模板的不断向上滑升，逐步完成建筑物的混凝土浇筑工作。在施工过程中所做的测量工作主要有铅直度和水平度的观测。

(1) 铅直度观测。

滑模施工的质量关键在于保证铅直度。可采用经纬仪投测法，但最好采用激光铅垂仪投测方法。

(2) 标高测设。

首先在墙体上测设+1.00m的标高线，然后用钢尺从标高线沿墙体向上测量，最后将标高测设在滑模的支撑杆上。为了减少逐层读数误差的影响，可采用数层累计读数的测法，如每3层读一次尺寸。

(3) 水平度观测。

在滑升过程中，若施工平台发生倾斜，则滑出来的结构就会发生偏扭，将直接影响建筑物的垂直度，所以施工平台的水平度也是十分重要的。在每层停滑间歇，用水准仪在支撑杆上独立进行两次抄平，互为校核，标注红三角，再利用红三角在支撑杆上弹设一分划线，以控制各支撑点滑升的同步性，从而保证施工平台的水平度。

12.4 工业建筑工程的施工测量

工业建筑是指各类生产用房和为生产服务的附属用房，以生产厂房为主体。工业厂房有单层和多层。一般工业厂房多采用预制构件在现场装配的方法施工。厂房的预制构件有柱子(也有现场浇筑的)、吊车梁、吊车轨道和屋架等。因此，工业建筑施工测量主要是保证这些预制构件安装到位。具体任务为：厂房矩形控制网测设、厂房柱列轴线放样、柱基施工测量及厂房预制构件安装测量。

12.4.1 厂房矩形控制网的测设

由于厂房多为排柱式建筑，跨距和间距大，但隔墙少，平面布置简单，所以厂房施工中多采用矩形控制网作为厂房施工测量的基本控制网。

如图12-25所示，在设计图上布置厂房矩形控制网的Ⅰ、Ⅱ、Ⅲ、Ⅳ这4个控制点。根据已知数据可计算出Ⅰ、Ⅱ、Ⅲ、Ⅳ与邻近建筑方格网点之间的关系，利用测角仪器和钢尺(或测距仪)测设出厂房矩形控制网的Ⅰ、Ⅱ、Ⅲ、Ⅳ这4点，并用大木桩标定。最后检查四边形Ⅰ、Ⅱ、Ⅲ、Ⅳ的4个内角是否等于90°，4条边长是否等于其设计长度。对一般厂房来说，角度误差不应超过 ±10″，边长误差不得超过 1/10000。

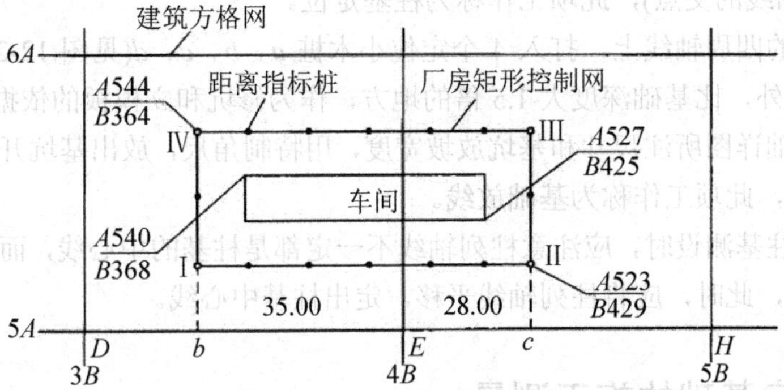

图 12-25　厂房矩形控制网

对于小型厂房，也可采用民用建筑的测设方法直接测设厂房 4 个角点，然后将轴线投测至轴线控制桩或龙门板上。

对大型或设备复杂的厂房，应先测设厂房控制网的主轴线，再根据主轴线测设厂房矩形控制网。

12.4.2　厂房柱列轴线的测设

根据厂房平面图上所注的柱间距和跨距尺寸，用钢尺沿矩形控制网各边量出各柱列轴线控制桩的位置，如图 12-26 中的1′、2′、…，并打入大木桩，桩顶用小钉标出点位，作为柱基测设和施工安装的依据。丈量时应以相邻的两个距离指标桩为起点分别进行，以便检核。柱基定位和放线步骤如下。

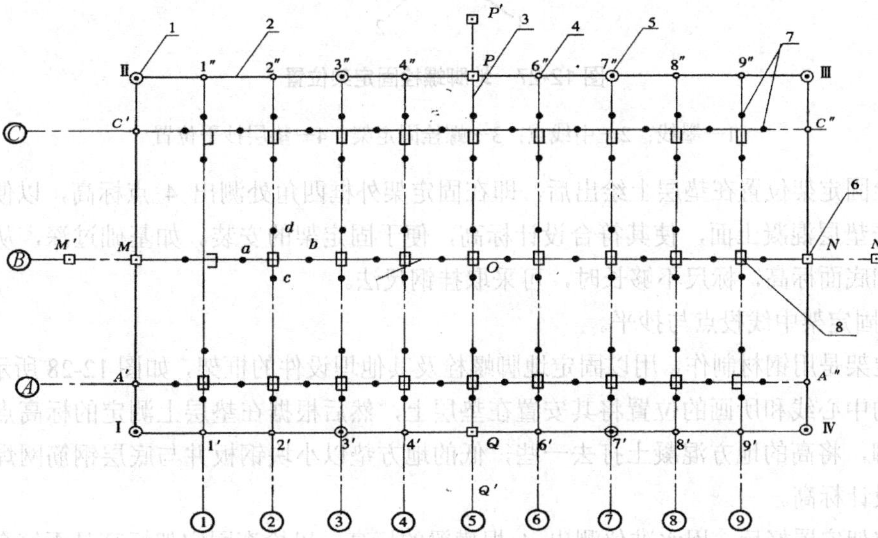

图 12-26　柱列轴线测设

(1) 安置两台经纬仪，在两条互相垂直的柱列轴线控制桩上，沿轴线方向交会出各柱基的位置(即柱列轴线的交点)，此项工作称为**柱基定位**。

(2) 在柱基的四周轴线上，打入 4 个定位小木桩 *a*、*b*、*c*、*d*(见图 12-26)，其桩位应在基础开挖边线以外，比基础深度大 1.5 倍的地方，作为修坑和立模板的依据。

(3) 按照基础详图所注尺寸和基坑放坡宽度，用特制角尺，放出基坑开挖边界线，撒出白灰线以便开挖，此项工作称为**基础放线**。

(4) 在进行柱基测设时，应注意柱列轴线不一定都是柱基的中心线，而一般立模、吊装等习惯用中心线，此时，应将柱列轴线平移，定出柱基中心线。

12.4.3 厂房基础的施工测量

1. 钢柱基础施工测量

(1) 垫层中线投点与抄平。

垫层混凝土凝固后，应在垫层面上投测中线点，并根据中线点弹出墨线，绘出地脚螺栓固定架的位置，如图 12-27 所示，以便下一步安置固定架并根据中线支立模板。投测中线时经纬仪必须安置在基坑旁(保证视线能够看到坑底)，然后照准矩形控制网上基础中心线的两端点。采用正倒镜分中法，先将经纬仪中心导入中心线内，然后进行投点。

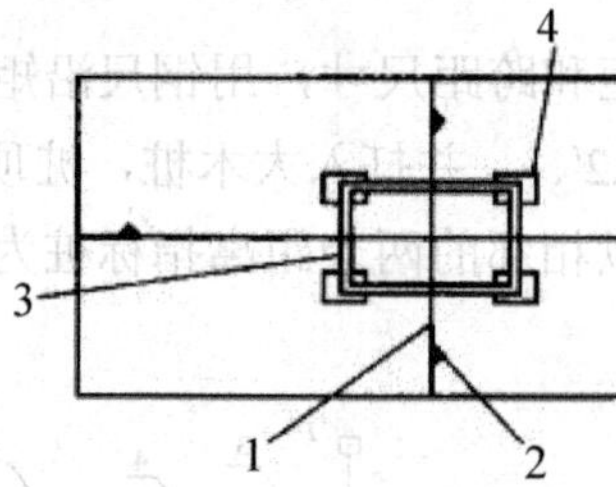

图 12-27 地脚螺栓固定架位置

1—墨线；2—中线点；3—螺栓固定架；4—垫层抄平位置

螺栓固定架位置在垫层上绘出后，即在固定架外框四角处测出 4 点标高，以便用来检查并整平垫层混凝土面，使其符合设计标高，便于固定架的安装。如基础过深，从地面上引测基础底面标高，标尺不够长时，可采取挂钢尺法。

(2) 固定架中线投点与抄平。

固定架是用钢材制作，用以固定地脚螺栓及其他埋设件的框架，如图 12-28 所示。根据垫层上的中心线和所画的位置将其安置在垫层上，然后根据在垫层上测定的标高点，借以找平地脚，将高的地方混凝土打去一些，低的地方垫以小块钢板并与底层钢筋网焊牢，使其符合设计标高。

固定架安置好后，用水准仪测出 4 根横梁的标高，以检查固定架标高是否符合设计要求，允许偏差为5mm，但不应高于设计标高。固定架标高满足要求后，将固定架与底层钢筋网焊牢，并加焊钢筋支撑。如果是深坑固定架，还应在其脚下浇筑混凝土，使其稳固。

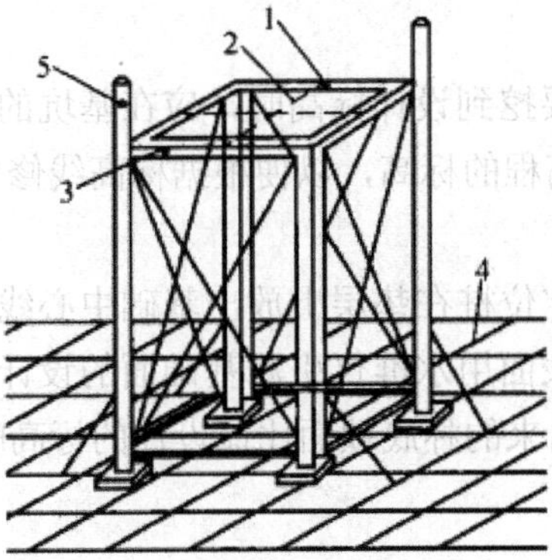

图 12-28　固定架的位置

1—固定架中线投点；2—拉线；3—横梁抄平位置；4—钢筋网；5—标高点

在投点前，应对矩形边上的中心线端点进行检查，然后根据相应两端点，将中线投测于固定架横梁上，并刻绘标志。其中线投点偏差(相对于中线端点)为±1～±2mm。

(3) 地脚螺栓的安装与标高测量。

根据垫层上和固定架上投测的中心点，把地脚螺栓安放在设计位置。为了测定地脚螺栓的标高，在固定架的斜对角处焊两根小角钢，在两角钢上引测同一数值的标高点，并刻绘标志，其高度应比地脚螺栓的设计高度稍低一些。然后在角钢上两标点处拉一细钢丝，以定出螺栓的安装高度。待螺栓安好后，测出螺栓第一丝扣的标高。地脚螺栓不宜低于设计标高，允许偏高 +5～+25mm。

2. 杯形基础施工测量

(1) 柱基础定位。

首先在矩形控制网边上测定基础中心线的端点(基础中心线与矩形边的交点)，如图 12-29 中的 *A*、*A′*和 1′等点。端点应根据矩形边上相邻两个距离指标桩，以内分法测定(距离闭合差应进行配赋)，然后用两台经纬仪分别置于矩形网上端点 *A* 和 2，分别瞄准 *A′*和 2′进行中心线投点，其交点就是②号柱基的中心。再根据基础图进行柱基放线，用灰线把基坑开挖边线在实地标出。在离开挖边线 0.5～1.0m 处方向线上打入 4 个定位木桩，钉上小钉标示中线方向，供修坑立模之用。

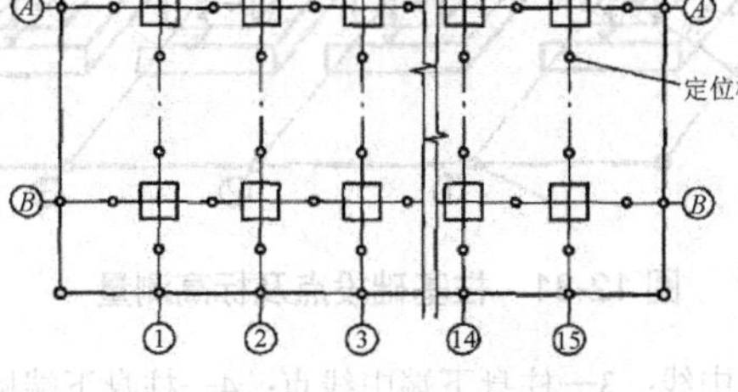

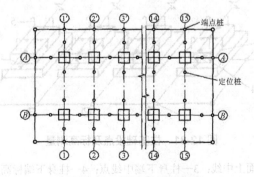

图 12-29　基础定位控制网

(2) 基坑抄平。

基坑开挖后，当基坑快要挖到设计标高时，应在基坑的四壁或者坑底边沿及中央打入小木桩，在木桩上引测同一高程的标高，以便根据标高线修整坑底和打垫层。

(3) 支立模板测量工作。

打好垫层后，根据柱基定位桩在垫层上放出基础中心线，并弹墨线标明，作为支立模板的依据。然后在模板的内表面用水准仪引测基础面的设计标高，并画线标明。在支杯底模板时，应注意使实际浇筑出来的杯底顶面比原设计的标高略低 3～5cm，以便拆模后填高修平杯底。

(4) 杯口中线投点与抄平。

在柱基拆模以后，根据矩形控制网上柱中心线端点，用经纬仪把柱中线投到杯口顶面，并绘标志标明，以备吊装柱子时使用，如图 12-30 所示。中线投点有两种方法：一种是将仪器安置在柱中心线的一个端点，照准另一端点而将中线投到杯口上；另一种是将仪器置于中线上的适当位置，照准控制网上柱基中心线两端点，采用正倒镜分中法进行投点。

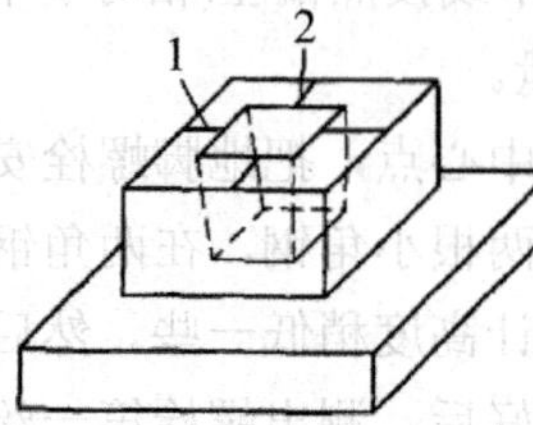

图 12-30　桩基中线投点与抄平

1—桩中心线；2—标高线

3. 混凝土基础施工测量

(1) 中线投点及标高测量。

当基础混凝土凝固拆模以后，应根据控制网上的柱子中心线端点，将中心线投测在靠近柱底的基础面上，并在露出的钢筋上抄出标高点，以供在支柱身模板时定柱高及对正中心之用，如图 12-31 所示。

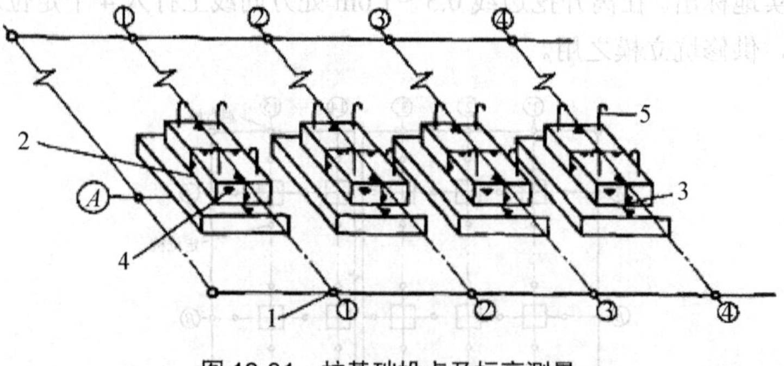

图 12-31　柱基础投点及标高测量

1—中线端点；2—基础面上中线；3—柱身下端中线点；4—柱身下端标高点；5—钢筋上标高点

(2) 柱顶及平台模板抄平。

柱子模板校正以后，应选择不同行列的两三根柱子，从柱子下面已测好的标高点，用钢尺沿柱身向上量距，引测两三个同一高程的点于柱子上端模板上。然后在平台模板上设置水准仪，以引上的任一标高点作后视，施测柱顶模板标高，再闭合于另一标高点用以校核。平台模板支好后，必须用水准仪检查平台模板的标高和水平情况，其操作方法与柱顶模板抄平相同。

(3) 柱子垂直度测量。

柱身模板支好后，必须用经纬仪检查柱子垂直度。由于现场通视困难，一般采用平行线投点法来检查柱子的垂直度，并将柱身模板校正。其施测步骤如下：先在柱子模板上端根据外框量出柱中心点，和柱下端的中心点相连弹以墨线，如图 12-32 所示。然后根据柱中心控制点 A、B 测设 AB 的平行线 $A'B'$，其间距为 1～1.5m。将经纬仪安置在 B' 点，照准 A'。此时由一人在柱上持木尺，并将木尺横放，使尺的零点水平的对齐模板上端中心线。纵转望远镜仰视木尺，若十字丝正好对准 1m 或 1.5m 处，则柱子模板正好垂直；否则应将模板向左或向右移动，达到十字丝正好对准 1m 或 1.5m 处为止。

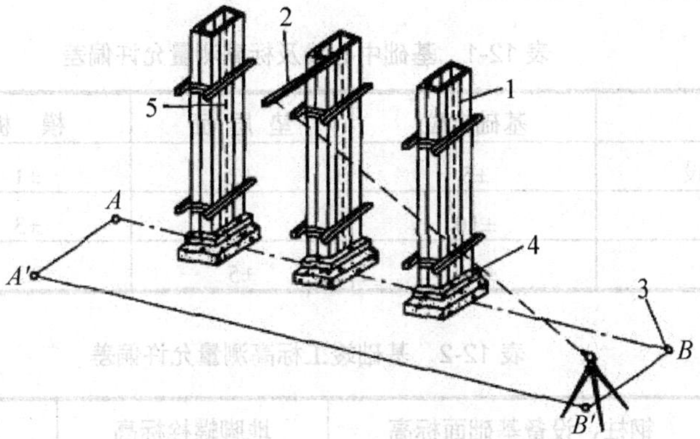

图 12-32　柱身模板校正

1—模板；2—木尺；3—柱中线控制点；4—柱下端中线点；5—柱中线

若由于通视困难，不能应用平行线法投点校正时，则可先按上述方法校正一排或一列首末两根柱子，中间的其他柱子可根据柱行或列间的设计距离丈量其长度并加以校正。

(4) 高层标高引测与柱中心线投点。

第一层柱子与平台混凝土浇筑好后，须将中线及标高引测到第一层平台上，以作为施工人员支第二层柱身模板和第二层平台模板的依据，依次类推。高层标高根据柱子下面已有的标高点用钢尺沿柱身量距向上引测。向高层柱顶引测中线，其方法一般是将仪器置于柱中心线端点上，照准柱子下端的中线点，仰视向上投点，如图 12-33 所示。若经纬仪与柱子之间距离过短、仰角过大而不便投点时，可将中线端点 A 用正倒镜分中法延长至 A'，然后置仪器于 A' 向上投点。标高引测及中线投点的测设允许偏差按下列规定：标高测量允许偏差为相对于纵横中心线投点允许偏差±5mm，且当投点高度在 5m 及 5m 以下时为±3mm，5m 以上为 5mm。

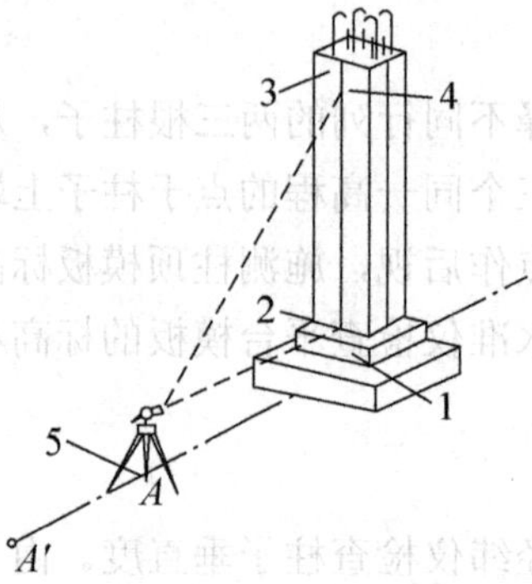

图 12-33　柱子中心线投点

1—柱子下端标高点；2—柱子下端中线点；3—柱上端标高点；4—柱上端中线投点；5—柱中心线控制点

4. 基础施工测量允许偏差

基础工程各工序中心线及标高测设的允许偏差应符合表 12-1 的规定。基础标高的竣工测量允许偏差应符合表 12-2 的规定。

表 12-1　基础中心线及标高测量允许偏差　　单位：mm

项　目	基础定位	垫 层 面	模　板	螺　栓
中心线端点测设	±5	±2	±1	±1
中心线投点	±10	±5	±3	±2
标高测设	±10	±5	±3	±3

表 12-2　基础竣工标高测量允许偏差　　单位：mm

杯口底标高	钢柱、设备基础面标高	地脚螺栓标高	工业炉基础面标高
±3	±2	±3	±3

基础中心线竣工测量的允许偏差应符合下列规定：根据厂房内、外控制点测设基础中心线的端点，其允许偏差为±1mm；基础面中心线投点允许偏差应符合表 12-3 的规定。

表 12-3　基础竣工中心线投点允许偏差　　单位：mm

预埋螺栓基础	预留螺栓孔基础	基础杯口	烟囱、烟道、沟槽
±2	±3	±3	±5

12.4.4　厂房预制构件的安装测量

工业厂房一般多采用预制构件在现场安装的方法施工。结构安装工程主要包括柱子、吊车梁、吊车轨道、屋架等的安装工作。

12.4.4.1　厂房柱子安装测量

1. 柱子安装前的准备工作

(1) 弹出柱基中心线和杯口标高线。

根据柱列轴线控制桩，用经纬仪将柱列轴线投测到每个杯形基础的顶面上，弹出墨线，当柱列轴线为边线时，应平移设计尺寸，在杯形基础顶面上加弹出柱子中心线，作为柱子安装定位的依据。根据±0.000 标高，用水准仪在杯口内壁测设一条标高线，标高线与杯底设计标高的差应为一个整分米数，以便从这条线向下量取，作为杯底找平的依据。

(2) 弹出柱子中心线和标高线。

在每根柱子的 3 个侧面，用墨线弹出柱身中心线，并在每条线的上端和接近杯口处，各画一个红“▲”标志，供安装时校正使用。从牛腿面起，沿柱子 4 条棱边向下量取牛腿面的设计高程，即为±0.000 标高线，弹出墨线，画上红“▼”标志，供牛腿面高程检查及杯底找平用。

2. 柱子吊装与校正

柱子被吊装进入杯口后，先用木楔或钢楔暂时进行固定。用铁锤敲打木楔或者钢楔，使柱在杯口内平移，直到柱中心线与杯口顶面中心线平齐，并用水准仪检测柱身已标定的标高线。

然后用两台经纬仪分别在相互垂直的两条柱列轴线上，相对于柱子的距离为 1.5 倍柱高进行柱子垂直校正测量时，应将两架经纬仪安置在柱子纵、横中心轴线上，且距离柱子约为柱高的 1.5 倍的地方，如图 12-34 所示，先照准柱底中线，固定照准部，再逐渐仰视到柱顶，若中线偏离十字丝竖丝，表示柱子不垂直，可指挥施工人员采用调节拉绳、支撑或敲打楔子等方法使柱子垂直。经校正后，柱的中线与轴线偏差不得大于±5mm；柱子垂直度容许误差为 $H/1000$，当柱高在 10m 以上时，其最大偏差不得超过±20mm；柱高在 10m 以内时，其最大偏差不得超过±10mm。满足要求后，要立即灌浆，以固定柱子位置。

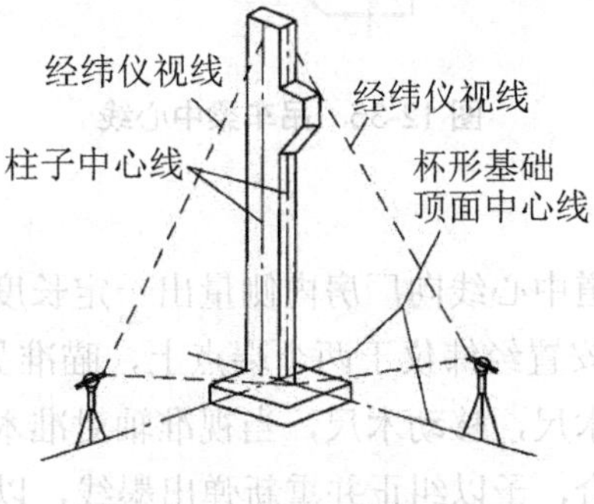

图 12-34　柱子垂直校正测量

3. 柱子安装测量技术要求

(1) 柱子中心线应与相应的柱列中心线一致，其允许偏差为 4～5mm。

(2) 牛腿顶面及柱顶面的实际标高应与设计标高一致，其允许偏差为：当柱高不大于 5m

时应不大于 ±5mm；柱高大于 5m 时应不大于 ±8mm。

(3) 柱身垂直允许误差：当柱高≤5m 时应不大于 ±5mm；当柱高在 5～10m 时应不大于 ±10mm；当柱高超过 10m 时，限差为柱高的 1‰，且不超过 20mm。

12.4.4.2 吊车梁安装测量

1. 吊车梁安装时的标高测设

吊车梁顶面标高应符合设计要求。根据 ±0.000 标高线，沿柱子侧面向上量取一段距离，在柱身上定出牛腿面的设计标高点，作为修平牛腿面及加垫板的依据，同时在柱子的上端比梁顶面高 5～10cm 处测设一标高点，据此修平梁顶面。梁顶面置平以后，应安置水准仪于吊车梁上，以柱子牛腿上测设的标高点为依据，检测梁面的标高是否符合设计要求，其容许误差应不超过 ±3mm。

2. 吊车梁安装的轴线投测

安装吊车梁前应先将吊车轨道中心线投测到牛腿面上，作为吊车梁定位的依据。

(1) 用墨线弹出吊车梁面中心线和两端中心线，如图 12-36 所示。

(2) 根据厂房中心线和设计跨距，由中心线向两侧量出 1/2 跨距 d，在地面上标出轨道中心线。

(3) 分别安置经纬仪于轨道中心线两个端点上，瞄准另一端点，图 12-35 中吊车梁中心线固定照准部，抬高望远镜将轨道中心投测到各柱子的牛腿面上。

(4) 安装时，根据牛腿面上轨道中心线和吊车梁端头中心线，两线对齐将吊车梁安装在牛腿面上，并利用柱子上的高程点，检查吊车梁的高程。

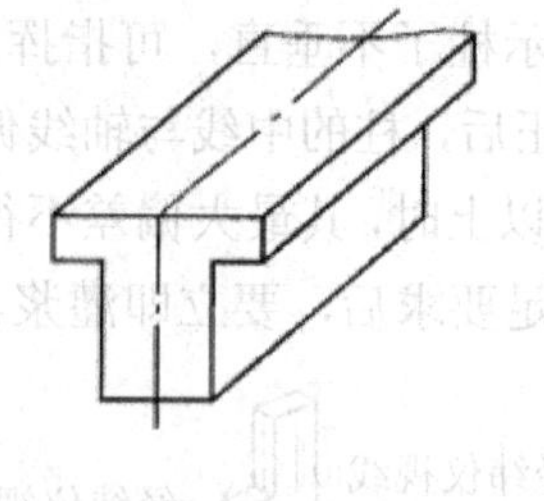

图 12-35 吊车梁中心线

3. 吊车轨道安装测量

安装前先在地面上从轨道中心线向厂房内侧量出一定长度($a = 0.5$～1.0m)，得两条平行线，称为校正线，然后分别安置经纬仪于两个端点上，瞄准另一端点，固定照准部，抬高望远镜瞄准吊车梁上横放的木尺，移动木尺，当视准轴对准木尺刻划 a 时，木尺零点应与吊车梁中心线重合，如不重合，予以纠正并重新弹出墨线，以示校正后吊车梁中心线位置。

吊车轨道按校正后中心线就位后，用水准仪检查轨道面和接头处两轨端点高程，用钢尺检查两轨道间跨距，其测定值与设计值之差应满足要求。

12.4.4.3 屋架安装测量

屋架安装是以安装后的柱子为依据，使屋架中心线与柱子上相应中心线对齐。为保证屋架竖直，可用吊垂球的方法或用经纬仪进行校正。

12.5 竣工总平面图的编绘

竣工总图是指在建筑工程项目施工完成后，对施工区域内地上、地下建(构)筑物的坐标和高程进行编绘或实测所获得的图。竣工总平面图是设计总平面图在施工后实际情况的全面反映。由于在施工过程中可能会因设计时没有考虑到的问题而使设计有所变更，所以设计总平面图不能完全代替竣工总平面图。竣工总平面图宜采用数字竣工图。

12.5.1 竣工总图编绘的目的

(1) 在施工过程中可能由于设计时没有考虑到的问题而使设计有所变更，这种临时变更设计情况必须通过测量反映到竣工总图上。

(2) 便于日后进行各种设施的管理、维修、扩建、改建、事故处理等工作，特别是地下管道等隐蔽工程的检查和维修工作。

(3) 为项目扩建提供了原有建(构)筑物、地上和地下管线及交通线路的坐标、高程等资料。

因此，竣工总图应根据设计和施工资料进行编绘。当资料不全无法编绘时，应进行实测。

12.5.2 竣工总图的编绘

竣工总平面图编制前应收集以下资料：总平面布置图、施工设计图、设计变更文件、施工检测记录、竣工测量资料、其他相关资料。编绘前，应对所收集的资料进行实地对照检核，不符之处，应实测其位置、高程及尺寸。

1. 编制规定

(1) 竣工图的比例尺，宜选用 1：500；坐标系统、标记、图例符号应与原设计图一致。

(2) 竣工图应根据施工检测记录绘制和对竣工工程现场实测其位置、高程及结构尺寸等。

(3) 竣工总图应根据设计和施工资料进行编绘。

(4) 当资料不全无法编绘时，应进行实测。对实测的变更部分，应按实测资料绘制。

(5) 当平面布置改变超过图上面积的 1/3 时，不宜在原施工图上修改和补充，应重新绘制竣工图。

2. 编制的基本要求

(1) 应绘出地面的建(构)筑物、道路、铁路、地面排水沟渠、树木及绿化地等。

(2) 矩形建(构)筑物的外墙角，应注明两个以上点的坐标。

(3) 圆形建(构)筑物，应注明中心坐标及接地处半径。

(4) 主要建筑物，应注明室内地坪高程。

(5) 道路的起终点、交叉点，应注明中心点的坐标和高程；弯道处，应注明交角、半径及交点坐标；路面，应注明宽度及铺装材料。

(6) 铁路中心线的起终点、曲线交点，应注明坐标；曲线上，应注明曲线的半径、切线长、曲线长、外矢矩、偏角等曲线元素；铁路的起终点、变坡点及曲线的内轨轨面应注明高程。

(7) 当不绘制分类专业图时，给水管道、排水管道、动力管道、工艺管道、电力及通信线路等在总图上的绘制，应符合分类专业图的规定。

12.5.3 竣工测量的实测

竣工总图的实测，宜采用全站仪测图及数字编辑成图的方法，应在已有的施工控制点上进行施测，当控制点被破坏时，应进行恢复。对已收集的资料应进行实地对照检核，满足要求时应充分利用；否则，应重新测量。

竣工测量与地形测图的方法大致相同，但竣工测量的重点是测定碎部点的坐标和高程，其主要内容包括以下几个方面。

1) 工业厂房及一般建筑

其包括房角坐标、各种管线进出口的位置和高程，并附房屋编号、结构层数、面积和竣工时间等资料。

2) 铁路与公路

其包括起终点、转折点、交叉点的坐标，曲线元素，桥涵、路面、人行道等构筑物的位置和高程。

3) 地下管网

窨井、转折点的坐标，井盖、井底、沟槽和管顶的高程，并附注管道及窨井的编号名称、管径、管材、间距、坡度和流向。

4) 架空管网

其包括转折点、节点、交叉点的坐标，支架间距，基础面高程等。

5) 特种构筑物

其包括沉淀池、烟囱、煤气罐等及其附属建筑物的外形和四角坐标，圆形构筑物的中心坐标，基础面标高，烟囱高度和沉淀池深度等。

竣工测量完成后，应提交完整的资料，包括工程的名称、施工依据和施工成果，作为编绘竣工总平面图的依据。

习　题

1. 建筑场地平面控制网的形式有哪几种？它们各适用于哪些场合？
2. 试述厂房矩形控制网的测设方法。
3. 试述厂房杯形基础定位放线的基本方法。
4. 试述柱子安装测量的方法。
5. 试述吊车梁和屋架安装测量工作的主要内容。
6. 某建筑方格网主轴线 $A—O—B$ 3 个主点初步测设后，在中间点 O 检测水平角 $\angle AOB$ 为 $179°59'36''$，已知 AO=150m，OB=100m，试计算调整数据。
7. 在安装测量前应进行哪几项测量验收工作？
8. 如何保证柱身的垂直？

第 13 章　房屋建筑变形测量

教学目标

通过本章的学习，使学生理解变形测量的目的和意义，掌握深基坑和房屋建筑沉降、水平位移、倾斜、挠度、裂缝等变形观测的要求及方法。

应该具备的能力：具备用水准测量和液体静力水准测量的方法进行沉降观测；能利用视准线法、小角法测水平位移；能对建筑物的倾斜、挠度和裂缝进行正确的观测。

教学要求

能力目标	知识要点	权　重	自测分数
了解房屋建筑变形测量的精度等级	建筑物变形测量精度等级	10%	
掌握水准测量和液体静力水准测量的方法进行沉降观测的方法	精密水准测量和液体静力水准测量	30%	
掌握视准线法、小角法测水平位移	视准线法、小角法	20%	
掌握用经纬仪进行房屋建筑和塔式建筑的倾斜观测，了解用测斜仪进行深基坑倾斜观测的方法	建筑物倾斜测量、深基坑倾斜测量	30%	
了解挠度和裂缝观测方法	挠度和裂缝观测	10%	

导读

在沉降观测中，观测点的布设起着非常重要的作用，它是沉降观测工作的基础，是能否合理、科学、准确地反映、分析、预测出整体建筑物沉降状况的关键性工作。观测点布设的优劣直接影响到观测数据能否反映出建筑物的整体沉降趋势和局部与局部间的沉降特点。

规范中对观测点如何布设是没有明确规定的，那么高层建筑物沉降观测点布设应该注意哪些问题呢？怎样布设才更合理？

13.1　概　　述

13.1.1　建筑物变形测量的定义、任务及其目的

变形测量是对建筑物(构筑物)及其地基或一定范围内岩体和土体的变形(包括水平位移、沉降、倾斜、挠度、裂缝等)进行的测量工作。变形观测的任务是通过周期性地对观测点进行重复观测，从而求得其在两个观测周期内的变量。变形观测的目的是监测建筑物在施工过程中和竣工后投入使用中的安全情况；验证地质勘查资料和设计数据的可靠程度；研究变形的原因和规律，以改进设计理论和施工方法。

13.1.2　建筑物产生变形的原因

建筑物产生变形是客观因素和主观因素两方面共同作用的结果。客观方面建筑物产生变形会因地基地质构造的差别、土壤的物理性质的差别和大气温度等不同而产生差异。主观方面过量地抽取地下水后，土壤固结，引起建筑物受基础不均匀沉陷影响以及由于设计不够合理、施工质量不达标等原因，都会产生变形。随着施工的进展，上部荷载逐渐增加，建筑物地基承受的外力不断增大，也必然会引起地基及其周围地层的变形，进而导致自身和邻近的既有建筑物产生变形。

13.1.3　变形测量的内容

变形观测的内容，应根据建筑物的性质与地基情况来定，一般包括沉降、水平位移、倾斜、挠度、裂缝、日照变形观测、风振观测和建筑场地滑坡观测等。

静态变形通常是指变形结果为某一期间内的变形值。动态变形是指在外力影响下而产生的变形，其观测结果表示建筑物在某个时刻的瞬时变形，如超高层建筑在风力作用下的摆动、重车通过桥梁时桥梁中部产生的向下弯曲等。

13.1.4　变形测量的精度要求

变形测量按不同的工程要求分为 4 个等级，如表 13-1 所示。变形控制测量的精度级别应不低于沉降或位移观测的精度级别。

表 13-1　变形测量的等级划分及精度要求

变形测量等级	沉降观测	位移观测	适用范围
	观测点测站高差中误差/mm	观测点坐标中误差/mm	
特级	±0.05	±0.03	变形特别敏感的高层建筑、工业建筑、高耸构筑物、重要古建筑、精密工程设施等
一级	±0.15	±1.0	变形比较敏感的高层建筑、高耸构筑物、古建筑、重要工程设施和重要建筑场地的滑坡监测等
二级	±0.5	±3.0	一般性的高层建筑、工业建筑、高耸构筑物、滑坡监测等
三级	±1.5	±10.0	观测精度要求较低的建筑物、构筑物和滑坡监测等

注：1. 观测点测站高差中误差，系指几何水准测量测站高差中误差或静力水准测量相邻观测点相对高差中误差。

2. 观测点坐标中误差，系指观测点相对测站点(如工作基点等)的坐标中误差、坐标差中误差以及等价的观测点相对基准线的偏差值中误差、建筑物(或构件)相对底部定点的水平位移分量中误差。

13.1.5　变形测量观测周期的确定

建筑变形测量应按确定的观测周期与总次数进行观测。变形观测周期的确定应以能系统地反映所测建筑变形的变化过程且不遗漏其变化时刻为原则，并综合考虑单位时间内变形量的大小、变形特征、观测精度要求及外界因素影响情况。

建筑变形测量的首次(即零周期)观测应连续进行两次独立观测，并取观测结果的中数作为变形测量初始值。

一个周期的观测应在短时间内完成。不同周期观测时，宜采用相同的观测网形、观测路线和观测方法，并使用同一测量仪器和设备。对于特级和一级变形观测，宜固定观测人员，选择最佳观测时段，在相同的环境和条件下观测。

13.1.6　变形测量成果的提交

每次变形观测结束后，均应及时进行测量资料的整理，以保证各项资料的完整性。建筑变形测量周期一般较长，很多情况下需要先提交阶段性成果。变形测量任务全部完成后，则应提交综合成果。

13.2　建筑物及深基坑垂直位移的测量

沉降观测是根据水准基点定期测出变形体上设置的观测点的高程变化，从而得到其下沉量。常用水准测量的方法，也可采用液体静力水准测量的方法。

13.2.1　水准测量法

1. 水准基点的布设和建立监测网

水准基点是确认固定不动且作为沉降观测高程基点的水准点。水准基点应埋设在建筑物变形影响范围之外，一般距基坑开挖边线 50m 左右，选在不受施工影响的地方。可按二、三等水准点标石规格埋设标志，也可在稳固的建筑物上设立墙上水准点。点的个数不少于 3 个。

沉降监测网一般是将水准基点布设成闭合水准路线，采用独立高程系统。通常使用 DS05 或 DS1 精密水准仪，按国家二等水准测量技术要求施测。对精度要求较低的建筑物也可按三等水准施测。监测网应经常进行检核。

2. 观测点的布设

观测点是设立在变形体上、能反映其变形特征的点。点的位置和数量应根据地质情况、支护结构形式、基坑周边环境和建筑物(或构筑物)荷载等情况而定。点位埋设合理，就可全面、准确地反映出变形体的沉降情况。

深基坑支护结构的沉降观测点应埋设在锁口梁上，一般 20m 左右埋设一点，在支护结构的阳角处和原有建筑物离基坑很近处应加密设置观测点。

建筑物上的观测点可设在建筑物四角；或沿外墙间隔 10～15m 布设，或在柱上布点，每隔 2～3 根柱设一点。烟囱、水塔、电视塔、工业高炉、大型储藏罐等高耸构筑物可在基础轴线对称部位设点，每一构筑物不得少于 4 个点。

此外，在建筑物不同结构的分界处，人工地基和天然地基的接壤处，裂缝或沉降缝、伸缩缝两侧，新、旧建筑物或高、低建筑物的交接处以及大型设备基础等也应设立观测点。

观测点应埋设稳固，不易遭破坏，能长期保存。点的高度、朝向等要便于立尺和观测。锁口梁、设备基础上的观测点，可将直径 20mm 的铆钉或钢筋头(上部锉成半球状)埋设于混凝土中作为标志(见图 13-1(a))。墙体上或柱子上的观测点，可将直径为 20～22mm 的钢筋按图 13-1(b)、(c)所示的形式设置。

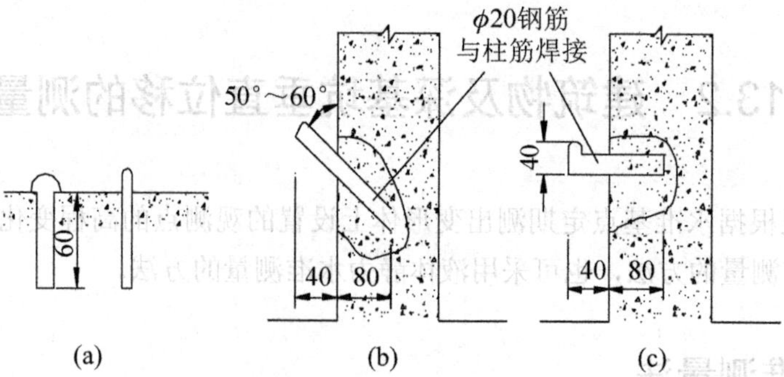

图 13-1　沉降观测点埋设(单位：mm)

3. 沉降观测

(1) 观测周期的确定。

沉降观测的周期应根据建筑物(构筑物)的特征、变形速率、观测精度和工程地质条件等因素综合考虑，并根据沉降量的变化情况适当调整。

深基坑开挖时，锁口梁会产生较大的水平位移，沉降观测周期应较短，一般每隔 1～2 天观测一次；浇筑地下室底板后，可每隔 3～4 天观测一次，至支护结构变形稳定。当出现暴雨、管涌、变形急剧增大时，要加密观测。

建筑物主体结构施工时，每 1～2 层楼面结构浇筑完观测一次；结构封顶后每两个月左右观测一次；建筑物竣工投入使用后，观测周期视沉降量大小而定，一般可每 3 个月左右观测一次，至沉降稳定。如遇停工时间过长，停工期间也要适当观测。无论何种建筑物，沉降观测次数不能少于 5 次。

(2) 沉降观测方法。

一般性高层建筑和深基坑开挖的沉降观测，通常用精密水准仪，按国家二等水准技术要求施测，将各观测点布设成闭合环或附合水准路线联测到水准基点上。为提高观测精度，观测时前、后视宜使用同一根水准尺，视线长度小于 50m，前、后视距大致相等。每次观测宜采用相同的观测路线，使用同一台仪器和水准尺，固定观测人员。为了正确地分析变形原因，观测时还应记录荷载变化和气象情况。

二等水准测量高差闭合差容许值为 $\pm 0.6\sqrt{n}$(mm) (n 为测站数)。

对于观测精度要求较低的建筑物，可采用三等水准施测，其高差闭合差容许值为 $\pm 1.4\sqrt{n}$(mm)。

4. 成果整理

每次观测结束后，应及时整理观测记录。先根据基准点高程计算出各观测点高程，然后分别计算各观测点相邻两次观测的沉降量(本次观测高程－上次观测高程)和累积沉降量(本次观测高程－第一次观测高程)，并将计算结果填入表 13-2 中。为了更形象地表示沉降、荷重和时间之间的相互关系，可绘制荷重、时间沉降量关系曲线，简称沉降曲线(见图 13-2)。

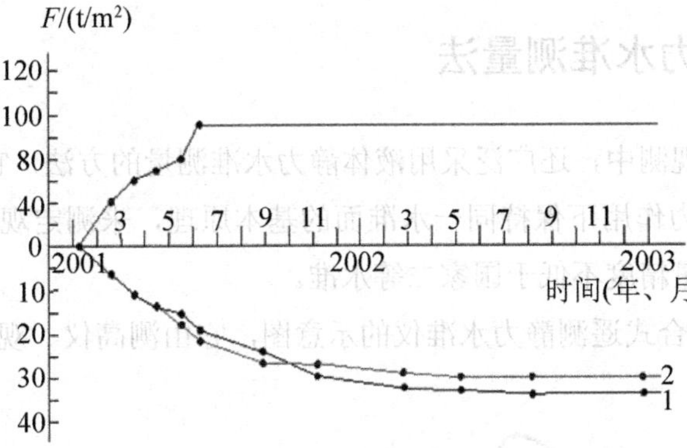

图 13-2　沉降曲线

对观测成果的综合分析评价是沉降监测一项十分重要的工作。在深基坑开挖阶段，引起沉降的原因主要是支护结构产生大的水平位移和地下水位降低。沉降发生的时间往往比水平位移发生的时间滞后 2～7 天。地下水位降低会较快地引发周边地面大幅度沉降。在建筑物主体施工中，引起其沉降异常的因素较为复杂，如勘察提供的地基承载力过高，导致地基剪切破坏；施工中人工降水或建筑物使用后大量抽取地下水，地质土层不均匀或地基土层厚薄不均，压缩变形差大，以及设计错误或打桩方法、工艺不当等都可能导致建筑物异常沉降。

由于观测存在误差，有时会使沉降量出现正值，应正确分析原因。判断沉降是否稳定，通常当 3 个观测周期的累积沉降量小于观测精度时，可作为沉降稳定的限值。

表 13-2　建筑物沉降观测成果表

工程名称：　　　　　　　　　　　　　　　　　　编号：

观测日期 形象进度							
序　号	初次高程/m	第二次高程/m	本次下沉量/mm	下沉速度/(mm/d)	第三次高程/m	本次下沉量/mm	下沉速度/(mm/d)
平均值							
观测间隔天数/d							
沉降速率							
观测人							

13.2.2 液体静力水准测量法

在高精度的沉降观测中，还广泛采用液体静力水准测量的方法，它是利用静力水准仪，根据静止的液体在重力作用下保持同一水准面的基本原理，来测定观测点的高程变化，从而得到沉降量。其测量精度不低于国家二等水准。

图 13-3 所示为组合式遥测静力水准仪的示意图，它由测高仪、观测器、控制系统、溢水器、连通器等构成。

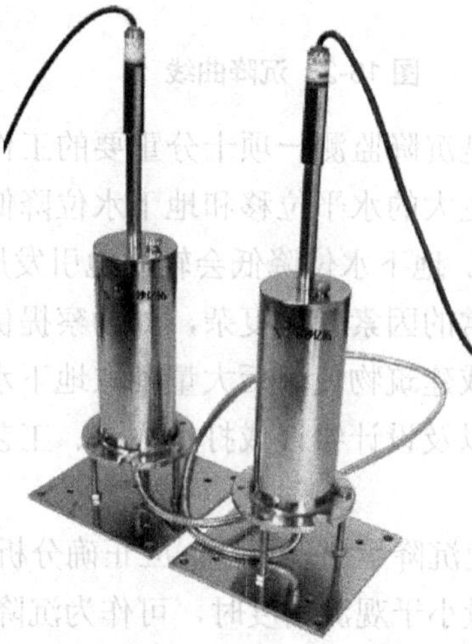

图 13-3 静力水准仪

观测时，将测高仪、观测器和控制系统安置在沉降观测点附近，将与连通管相连的溢水器挂置在沉降观测点标志上。向观测器注水，打开溢水器的阀门，其他溢水器阀门关闭，待溢水器中水溢出时停止供水。这时观测器中的水位和溢水器的水位相同。打开控制系统的探测开关，测高仪内装置的电动机便驱使探针下降，至接触水面时立即自动停止。在读数表盘上即可读得水位量程值，估读到 0.1mm。通过前、后两次量程值的比较，便可得出沉降点的沉降量。如此逐点加水、逐点观测。为保证观测精度，观测时要将连通管内的空气排尽，保持水罐和水质干净。

13.3 建筑物及深基坑水平位移的测量

建筑物水平位移的测量根据场地条件，可采用基准线法、小角法、导线法和前方交会法、测量机器人法等测量水平位移。

13.3.1　基准线法和小角法

1. 基准线法

基准线法的原理是在与水平位移垂直的方向上建立一个固定不变的铅垂面，测定各观测点相对该铅垂面的距离变化，从而求得水平位移量。

在深基坑监测中，主要是对锁口梁的水平位移(一般偏向基坑内侧)进行监测。

如图 13-4 所示，在锁口梁轴线两端基坑的外侧分别设立两个稳固的工作基点 A 和 B，两工作基点的连线即为基准线方向。锁口梁上的观测点应埋设在基准线的铅垂面上，偏离的距离不大于 2cm。观测点标志可埋设直径 16～18mm 的钢筋头，顶部锉平后，做出“十”字标志，一般每 8～10m 设置一点。观测时，将经纬仪安置于一端工作基点 A 上，瞄准另一端工作基点 B(称后视点)，此视线方向即为基准线方向，通过量测观测点 P 偏离视线的距离变化，即可得到水平位移值。

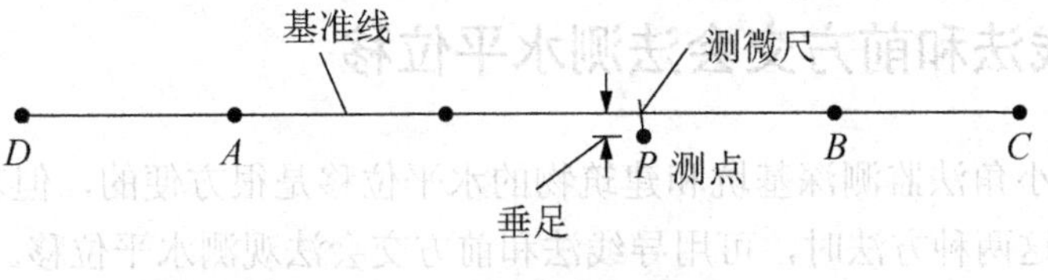

图 13-4　基准线法测位移

2. 小角法

用小角法测量水平位移的方法如图 13-5 所示。

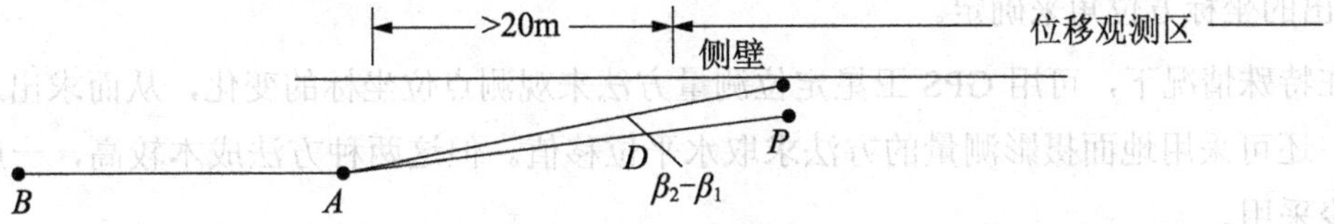

图 13-5　小角法测位移

将经纬仪安置于工作基点 A，在后视点 B 和观测点 P 分别安置观测觇牌，用测回法测出$\angle BAP$。设第一次观测角值为 β_1，后一次为 β_2，根据两次角度的变化量 $\Delta\beta=\beta_2-\beta_1$，即可算出 P 点的水平位移量 δ，即

$$\delta=\frac{\Delta\beta}{\rho}\cdot D \tag{13-1}$$

式中，$\rho=206265''$；D 为 A 至 P 点距离。

角度观测的测回数视仪器精度(应使用不低于 DJ2 的经纬仪)和位移观测精度要求而定。位移的方向根据 $\Delta\beta$ 的符号确定。

工作基点在观测期间也可能发生位移，因此工作基点应尽量远离开挖边线，同时，两工作基点延长线上应分别设置后视检核点。为减少对中误差，有必要时工作基点做成混凝土墩台，在墩台上安置强制对中设备。

观测周期视水平位移大小而定，位移速度较快时，周期应短；位移速度减慢时，周期相应增长；当出现险情如位移急剧增大，出现管涌或渗漏，割去支护对撑或斜撑等情况时，可进行间隔数小时的连续观测。

建筑物水平位移(滑动)观测方法与深基坑水平位移的观测方法基本相同，只是受通视条件限制，工作基点、后视点和检核点都设在建筑物的同一侧(见图 13-6)，观测点设在建筑物上，可在墙体上用红油漆做“▼”标志，然后按基准线法或小角法观测。

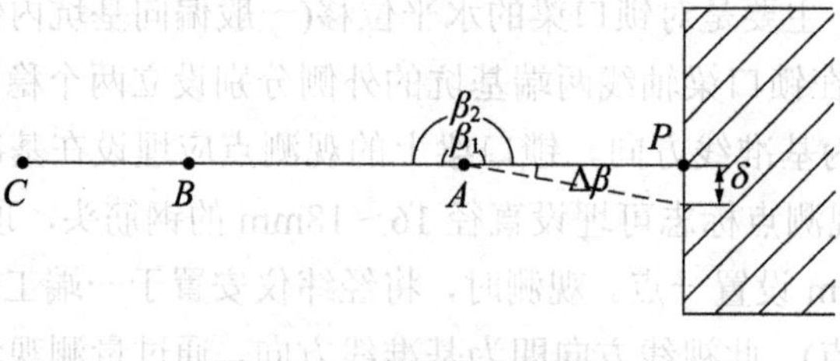

图 13-6　建筑物位移观测

13.3.2　导线法和前方交会法测水平位移

基准线法和小角法监测深基坑和建筑物的水平位移是很方便的，但若受工程场地环境限制，不能采用这两种方法时，可用导线法和前方交会法观测水平位移。

首先在场地上建立水平位移监测控制网，然后用精密导线或前方交会的方法测出各观测点的坐标，将每次测出的坐标值与前一次测出的坐标值进行比较，即可得到水平位移在 x 轴和 y 轴方向的位移分量 $(\Delta x, \Delta y)$，则水平位移量为 $\rho=\sqrt{(\Delta x)^2+(\Delta y)^2}$，位移的方向根据 Δx、Δy 求出的坐标方位角来确定。

在特殊情况下，可用 GPS 卫星定位测量方法来观测点位坐标的变化，从而求出水平位移值。还可采用地面摄影测量的方法求取水平位移值。但这两种方法成本较高，一般情况下较少采用。

13.3.3　测量机器人技术

瑞士徕卡公司生产的 TCA 系列自动全站仪，又称“测量机器人”，它以其独有的智能化、自动化性能让用户轻松自如地进行建筑物外部变形的三维位移观测。TCA 自动全站仪能够电子整平、自动正倒镜观测、自动记录观测数据，而其独有的 ATR(Automatic Target Recognition)模式，使全站仪能够自动识别目标，大大提高了工作效率。

测量机器人自动监测系统主要由测量机器人、基点、参考点、目标点组，是基于一台测量机器人的有合作目标(照准棱镜)的变形监测系统，可实现全天候的无人值守。

首先依据目标点及参考点的分布情况，合理安置测量机器人。要求具有良好的通视条件，一般应选择在稳定处，使所有目标点与全站仪的距离均在设置的观测范围内，且避免同一方向上有两个监测点，给全站仪的目标识别带来困难。

参考点(三维坐标已知)应位于变形区以外，选择适当的稳定基准点，用于在监测变形点之前检测基点位置的变化，以保证监测结果的有效性。点上放置正对基站的单棱镜。参考点要求覆盖整个变形区域。参考系除了为极坐标系统提供方位外，更重要的是为系统数据处理时的距离及高差差分计算提供基准。

根据需要，在变形体上选择若干变形监测点，这些监测点均匀分布在变形体上，到基点的距离应大致相等，且互不阻挡。每个监测点上安置有对准监测站的反射单棱镜。

13.3.4 GPS 在变形测量中的应用

随着 GPS 接收机的小型化，该技术在工程领域逐渐得到应用，特别是 20 世纪 90 年代，由于接收技术和数据处理技术的日臻完善，使测量的速度和精度不断提高，GPS 在我国的变形监测领域中得到应用。

目前，利用 GPS 进行变形监测主要有两种形式，其一是一台接收机带一个天线的模式，其二是一台接收机带多个天线的模式(一机多天线)。两种模式都有较好的测量效果，也各有利弊。

13.4 建筑物和深基坑的倾斜观测

13.4.1 深基坑的倾斜观测

锁口梁的水平位移观测反映的是支护桩顶部的水平位移量。利用钻孔测斜仪可对支护桩进行倾斜观测。

图 13-7 是我国生产的 CX-45 型钻孔测斜仪，它主要由探头、监视器(或微机)两部分构成。探头内装置有天顶角(竖直角)和方位角传感器、CCD 摄像系统，外侧安有导向轮。顶角传感器为一圆水准器，当探头不铅垂时，圆水准器气泡偏离零点，从而可测出钻孔轴线与铅垂线的夹角。方位角传感器为一指南针，可测定出气泡偏离零点的方位。圆水准器气泡偏离的大小和方位通过 CCD 摄像系统摄录后，经过通信线将图像显示在监视器上。摄像系统也可与微机连接，从而可直接获得钻孔深处观测点的坐标(x,y)，比较坐标的变化值即得观测点位移量。

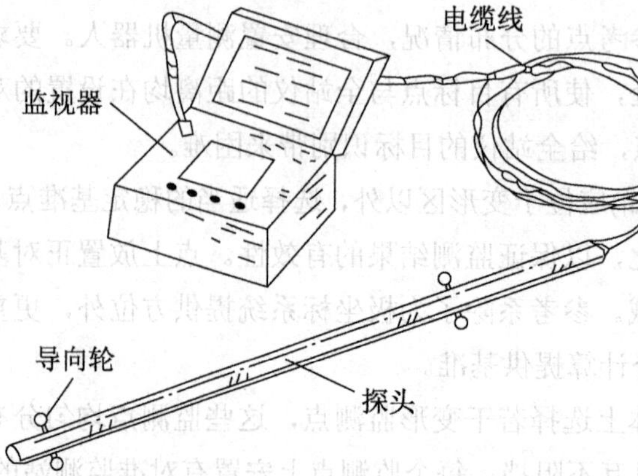

图 13-7　CX-45 型钻孔测斜仪

13.4.2　钻孔测斜仪的测斜方法

首先埋设测斜管。根据工程地质、支护结构受力和周边环境情况，确定测斜点位置。如图 13-8 所示，在支护桩后 1m 范围内，将直径为 70mm 的 PVC 测斜管埋设在 100mm 的垂直钻孔内，管外填细砂与孔壁结合。测斜管内壁开有定向槽，埋设时应平行或垂直于锁口梁方向。孔深与支护桩深度一致，孔口打入直径为 130mm、长 800mm 的护管，管顶设置保护盖，以防杂物进入。

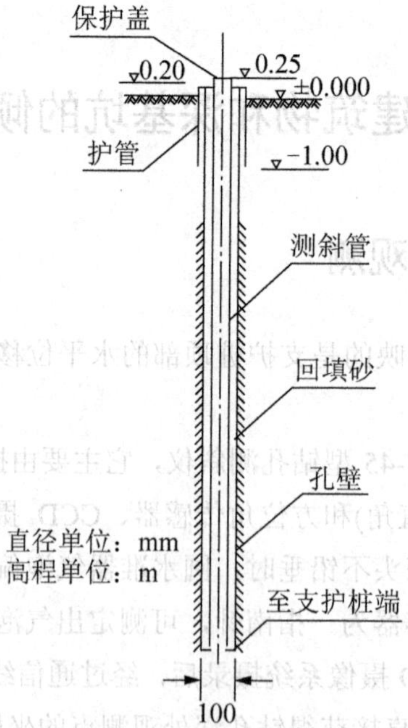

图 13-8　测斜管埋设

观测时，将探头定向导轮对准测斜管定向槽放入管内，再通过绞车用细钢丝绳控制探头到达的深度，测斜观测点竖向间距为 1～1.5m。打开测斜仪摄像系统开关，反映孔斜顶角

θ 和方位角 α 的参数以及图像即显示在监视器上。如与微机连接，则直接可得到探头深度测点的坐标值(x,y)。通过比较前、后两次同一测点坐标值的变化就可求得水平位移量。

13.4.3　房屋建筑的倾斜观测

基础的不均匀沉降会导致建筑物倾斜。房屋建筑的倾斜观测可采用经纬仪投点的方法进行。如图 13-9 所示，在房屋顶部设置观测点 M，在离房屋建筑墙面大于其高度的 A 点(设一标志)安置经纬仪(AM 应基本上与被观测的墙面平行)，用正、倒镜法将 M 点向下投影，得 N 点，作一标志。当建筑物发生倾斜时，设房顶角 P 点偏到了 P'点的位置，则 M 点也向同方向偏到了 M'点的位置，这时，经纬仪安置在 A 点，将 M'点(标志仍为 M 点)向下投影得 N'点。N'与 N 不重合，两点的水平距离 a 表示建筑物在该垂直方向上产生的倾斜量。用 H 表示墙的高度，则倾斜度为

$$i=\frac{\alpha}{H} \tag{13-2}$$

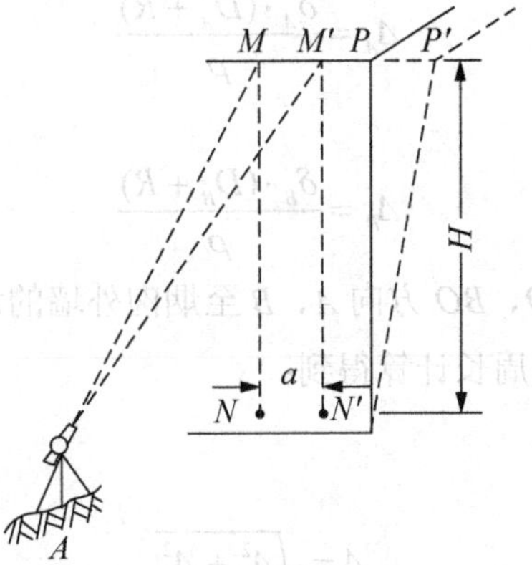

图 13-9　房屋倾斜观测

对房屋建筑的倾斜观测应在相互垂直的两立面上进行。

13.4.4　塔式构筑物的倾斜观测

水塔、电视塔、烟囱等高耸构筑物的倾斜观测是测定其顶部中心与底部中心的偏心位移量，即为其倾斜量。

如图 13-10(a)所示，欲测烟囱的倾斜量 OO'，在烟囱附近选两测站 A 和 B，要求 AO 与 BO 大致垂直，且距烟囱的距离尽可能大于烟囱高度 H 的 1.5 倍。将经纬仪安置在 A 站，用方向观测法观测与烟囱底部断面相切的两方向 $A1$、$A2$ 和与顶部断面相切的两方向 $A3$、$A4$，得方向观测值分别为 a_1、a_2、a_3、a_4，则∠$1A2$ 的角平分线与∠$3A4$ 的角平分线的夹角为

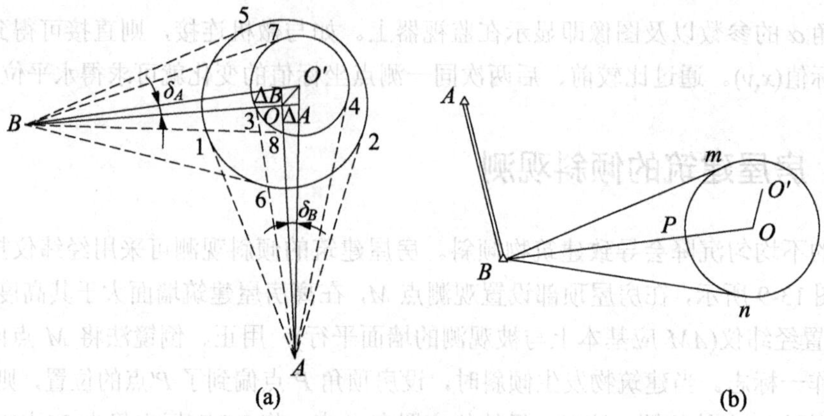

图 13-10 烟筒倾斜观测

$$\delta_A=\frac{(a_1+a_2)-(a_3+a_4)}{2} \tag{13-3}$$

δ_A 即为 AO 与 AO' 两方向的水平角，则 O' 点对 O 点倾斜位移分量为

$$\varDelta_A=\frac{\delta_A\cdot(D_A+R)}{\rho} \tag{13-4}$$

同理

$$\varDelta_B=\frac{\delta_B\cdot(D_B+R)}{\rho} \tag{13-5}$$

式中：D_A, D_B——分别为 AO、BO 方向 A、B 至烟囱外墙的水平距离；

R——底座半径，由其周长计算得到；

$\rho=206265''$。

烟囱的倾斜量为

$$\varDelta=\sqrt{\varDelta_A^2+\varDelta_B^2} \tag{13-6}$$

烟囱的倾斜度为

$$i=\frac{\varDelta}{H} \tag{13-7}$$

O' 的倾斜方向由 δ_A 和 δ_B 的正负号确定，当 δ_A 或 δ_B 为正时，O' 偏向 AO 或 BO 的左侧；当 δ_A 或 δ_B 为负时，O' 偏向 AO 或 BO 的右侧。

当塔形构筑物顶部中心能设立观测标志时(如水塔避雷针、电视塔尖顶，或在施工过程需进行倾斜度观测时)，因受场地限制，设立测站点 A、B 有困难时，也可测定 O 与 O' 的坐标来求倾斜量。

如图 13-10(b)所示，在烟囱附近确定两个控制点 A、B，可采用独立坐标系，但应使 $\angle AOB$ 在 $60^\circ\sim120^\circ$ 之间，且两点通视(A、B 也可设在屋顶上)，并有一控制点能观测到烟囱底座(如 A 点)。O' 坐标可用前方交会法求得；O 点坐标可用下法求得。

在测站 A 用经纬仪瞄准烟囱底部切线方向 Am 和 An，测得水平角 $\angle BAm$ 和 $\angle BAn$。将水平角度盘读数置于($\angle BAm+\angle BAn$)/2 的位置，得 AO 方向。沿此方向在烟囱上标出 P 点的位置(P 点与 m 和 n 点等高)，测出 AP 的水平距离为 D_A。AO 的方位角为

$$\Delta_A = \frac{\delta_A \cdot (D_A + R)}{\rho}$$

$$\alpha_{AO} = \alpha_{AB} + \frac{\angle BAm + \angle BAn}{2} \tag{13-8}$$

O 点坐标为

$$\begin{aligned} x_O &= x_A + (D_A + R)\cos\alpha_{AD} \\ y_O &= y_A + (D_A + R)\sin\alpha_{AD} \end{aligned} \tag{13-9}$$

由 O 点和 O' 点坐标可求出烟囱的倾斜量。

13.5　挠度和裂缝的观测

13.5.1　挠度的测量

在建筑物施工过程中，随着荷重的增加，基础会产生挠曲。挠曲的大小对建筑物结构各部分受力状态影响极大。因此，建筑物挠度不应超过设计允许值；否则会危及建筑物的安全。

挠度是通过测量观测点的沉降量来进行计算的。如图 13-11 所示，A、B、C 为基础同轴线上的 3 个沉降点，由沉降观测得其沉降量分别为 S_A、S_B、S_C，A、B 和 B、C 的沉降差分别为 $\Delta S_{AB} = S_A - S_B$ 和 $\Delta S_{BC} = S_C - S_B$，则基础的挠度 f_c 按式(13-7)计算，即

$$f_c = \Delta S_{BC} - \frac{L_1}{L_1 + L_2}\Delta S_{AB} \tag{13-10}$$

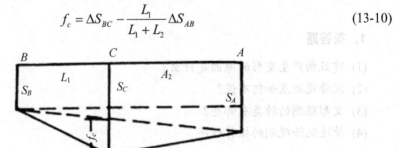

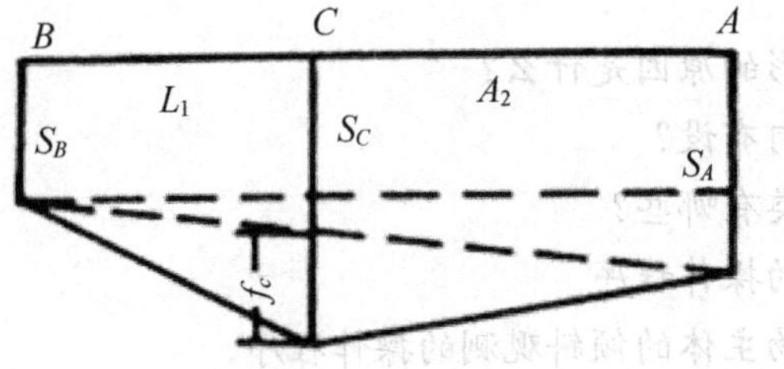

图 13-11　基础的挠度

式中：f_c——挠度；

L_1——B、C 间的水平距离；

L_2——A、C 间的水平距离。

13.5.2　裂缝的观测

当基础挠度过大时，建筑物可能出现剪切破坏而产生裂缝。建筑物出现裂缝时，除了要增加沉降观测的次数外，还应立即进行裂缝观测，以掌握裂缝发展情况。

裂缝观测方法如图 13-12(a)所示。用两块白铁片，一片约 150mm×150mm，固定在裂缝一侧，另一片 50mm×200mm，固定在裂缝另一侧，并使其中一部分紧贴在相邻的正方形白铁之上，然后在两块白铁片表面均涂上红色油漆。当裂缝继续发展时，两块白铁片将逐渐拉开，正方形白铁片上便露出原被上面一块白铁片覆盖着没有涂油漆的部分，其宽度即为裂缝增大的宽度，可用尺子直接量出。

观测装置也可沿裂缝布置成图 13-12(b)所示的测标，随时检查裂缝发展的程度。有时也可采用直接在裂缝两侧墙面分别作标志(画细十字线)，然后用尺子量测两侧十字标志的距离变化，得到裂缝的变化。

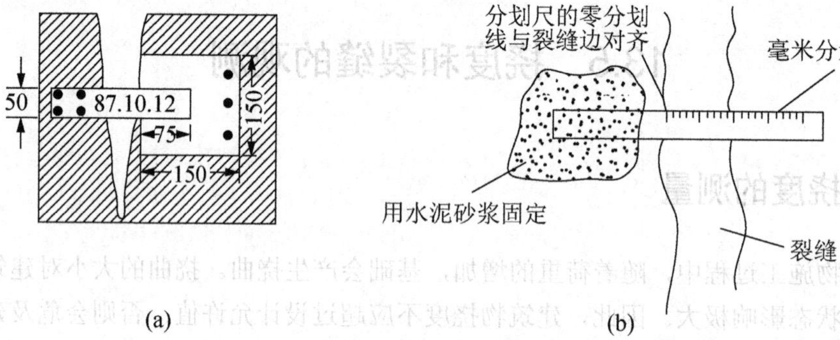

图 13-12　裂缝观测

习　题

1. 简答题

(1) 建筑物产生变形的原因是什么？

(2) 沉降观测点如何布设？

(3) 变形观测的种类有哪些？

(4) 简述沉降观测的操作程序。

(5) 简述一般建筑物主体的倾斜观测的操作程序。

2. 计算题

测得某烟囱顶部中心坐标为 $x'_O = 2042.667\text{m}, y'_O = 3362.268\text{m}$，测得烟囱底部中心坐标为 $x_O = 2044.326\text{m}, y_O = 3360.157\text{m}$，已知烟囱高度为 50m。求它的倾斜度和倾斜方向。

第14章 道桥工程测量

教学目标

通过本章的学习，应理解路线交点、转点、转角、里程桩的概念，掌握圆曲线要素计算和主点测设方法，掌握圆曲线切线支距法计算公式和测设方法，了解偏角法计算公式和测设方法，掌握缓和曲线的要素计算和主点测设方法，了解缓和曲线切线支距法和偏角法的计算公式和测设方法，掌握路线纵断面基平、中平测量和横断面测量方法，了解桥梁工程测量墩台定位方法。

应该具备的能力：具备计算圆曲线和缓和曲线主点元素的能力，初步掌握圆曲线切线支距法测设方法，分析一些现实工程问题，具备独立完成道路纵横断面测量的工作能力。

教学要求

能力目标	知识要点	权　重	自测分数
了解线路初测的基本工作	导线测量、高程测量、地形测量	15%	
理解道路中线测量的相关知识	交点、转点、转角、里程桩	15%	
掌握圆曲线测设的方法	曲线要素、主点测设	25%	
了解缓和曲线测设的方法	曲线元素、主点测设	15%	
掌握纵横断面测量方法	中平测量、基平测量、横断面测量	20%	
了解桥梁工程测量墩台定位方法	直接测距法、极坐标法、交会法	10%	

导读

道桥工程测量主要包括道路工程、桥梁工程以及二者的连接测量。道路工程在勘测设计、施工建设和运营管理各阶段所进行的测量工作，统称为道路工程测量。路线测量，在勘测设计阶段是为道路工程的各设计阶段提供充分、详细的地形资料；在施工建设阶段是将道路中线及其构筑物按设计要求的位置、形状和规格，准确测设于地面；在运营管理阶段，是检查、监测道路的运营状态，并为道路上各种构筑物的维修、养护、改建、扩建提供资料。

桥梁工程测量主要包括桥位勘测、桥的施工测量和竣工后的变形监测。桥位勘测是根据勘测资料选出最优的桥址方案和做出经济合理的设计；桥身的施工测量，就是要根据设计图纸在复杂的施工现场和复杂的施工过程中，保证施工质量达到设计要求的平面位置、标高和几何尺寸；竣工后的变形监测是为了确保运营阶段桥身的行车安全。

14.1 道路工程的测量

道路工程测量可分为初测和定测两个方面。**初测**是为初步设计提供资料而进行的勘测工作，初步设计的主要任务是在提供的带状地形图上选定线路中心线的位置，亦即纸上定线，经过经济、技术比较提出一个推荐方案。初测对初步设计方案中认为有价值的线路进行实测，即进行实地选点，定出线路方向，沿线进行导线测量和水准测量，并测绘带状地形图。初测工作包括插大旗、导线测量、高程测量、地形测量。初测在线路的全部勘测工作中占有重要的位置，它决定着线路的基本方向。

定测是在初步设计批准后，结合现场的实际情况确定线路的位置，并为施工设计收集必要的资料。定测阶段的测量工作主要有中线测量、线路纵断面测量、线路横断面测量。

14.1.1 线路的初测

初测工作包括插大旗、导线测量、高程测量和地形测量。

1. 插大旗

根据方案研究阶段在已有地形图上规划的道路位置，结合实地情况，在野外用“红白旗”标出其走向和大概位置，并在拟定的线路转向点和长直线的转点处插上标旗，为导线测量及各专业调查指出行进的方向。大旗点的选定，一方面要考虑线路的基本走向，故要尽量插在线路位置附近；另一方面要考虑到导线测量、地形测量的要求，因为一般情况下大旗点即为导线点，故要便于测角、量距及测绘地形。插大旗是一项十分重要的工作，应考虑到设计、测量各方面的要求。

2. 导线测量

初测导线是测绘道路带状地形图和定线、放线的基础，导线应全线贯通。导线的布设一般是沿着大旗的方向采用附合导线的形式，导线点位尽可能接近道路中线位置，在桥隧等工作点还应增设加点，相邻点位间距以 50～400m 为宜，相邻边长不宜相差过大。采用全站仪或光电测距仪观测导线边长时，导线点的间距可增加到 1000m，但应在不长于 500m 处设置加点。当采用光电导线传递高程时，导线边长宜在 200～600m 之间。

导线初测工作包括水平角测量、距离测量和导线联测。初测导线的水平角观测，习惯上均观测导线右角；导线边长可采用全站仪、钢尺和基线法测量，边长测量的相对中误差不应大于 1/2000。由于初测导线延伸很长，为了检核导线的精度并取得统一坐标，必须设法与国家平面控制点或 GPS 点进行联测。当联测有困难时，应进行真北观测，以限制角度测量误差的累积。目前，随着测量仪器的发展，在道路平面控制测量中，初测导线越来越多地使用 GPS 和全站仪配合施测。

3. 高程测量

初测高程测量的任务有两个：一是沿线路设计水准点，作为线路的高程控制网，即**基平测量**；二是测定导线点、百米桩和加桩的高程，即**中平测量**，为地形测绘和专业调查使用。初测高程测量通常采用水准测量或光电测距三角高程测量方法进行。

4. 地形测量

道路的平面和高程控制建立后，即可进行带状地形图测绘。道路隶属线形地物，所测地形图是带状，测量宽度与测图比例尺、地形的复杂程度有关。

测图常用比例尺有 1∶1000、1∶2000、1∶5000，应根据实际需要选用。测图宽度应满足设计的需要，一般情况下，平坦地区为导线两侧各 200～300m，丘陵地区为导线两侧各 150～200m。测图方法可采用全站仪数字化测图、经纬仪测图等。具体尺寸根据设计要求参考规范，表 14-1 根据《新建铁路工程测量规范》(TB10101—1999)的要求给出了铁路测量的测绘带宽度。

表 14-1 带状地形图测绘规定

测图比例尺	导线每侧的测绘宽度/m	等高线间距/m		最大视线长度	
		一般地段	困难地段	垂直角<12°	垂直角≥12°
1∶10000	250～500	5	10	600	600
1∶5000	200～300	2	5	450	350
1∶2000	100～150	1	2	400	300
1∶1000	按需要	1	1	250	150
1∶500	按需要	0.5	1	150	80

14.1.2 道路的中线测量

中线测量的任务是把带状地形图上设计好的道路中线测设到地面上，并用木桩标定出来。中线测量包括定线测量和中桩测设。定线测量就是把图纸上设计中线的各交点间直线段在实地上标定出来，也就是把道路的交点、转点测设到地面上；中桩测设则是在已有交点、转点的基础上，详细测设直线和曲线，即在地面上详细钉出中线桩。线路标志点名称见表 14-2。

表 14-2 线路标志点名称

标志名称	简　称	汉语拼音缩写	标志名称	简　称	汉语拼音缩写
交点		JD	公切点		GQ
转点		ZD	第一缓和曲线起点	直缓点	ZH
圆曲线起点	直圆点	ZY	第一缓和曲线终点	缓圆点	HY
圆曲线中点	曲中点	QZ	第二缓和曲线起点	圆缓点	YH
圆曲线终点	圆直点	YZ	第二缓和曲线终点	缓直点	HZ

1. 交点的测设

在路线测设时，应先选定出路线的转折点，这些转折点是路线改变方向时相邻两直线的延长线相交的点，称之为交点。在地形图上进行纸上定线，对于确定的交点位置，如果需要在实地标定下来，可采用放点穿线法、拨角放线法、坐标放样法等。

1) 放点穿线法

放点穿线法是利用地形图上的测图导线点与纸上路线之间的角度和距离关系，在实地将路线中线的直线段测设出来，然后将相邻直线延长相交，定出地面交点桩的位置。具体测设步骤如下。

(1) 放点。在地面上测设路线中线的直线部分，只需定出直线上若干个点，即可确定这一直线的位置。放点方法常采用支距法和极坐标法。支距法放点，即垂直于导线边、垂足为导线点的直线与纸上定线的直线相交的点，如图 14-1 所示；极坐标法放点，即以导线点为依据，用量角器和比例尺分别测出水平角 β 和距离 L，实地放点时，可用经纬仪和皮尺分别在各对应控制点上按极坐标法定出各临时点的位置，如图 14-2 所示。

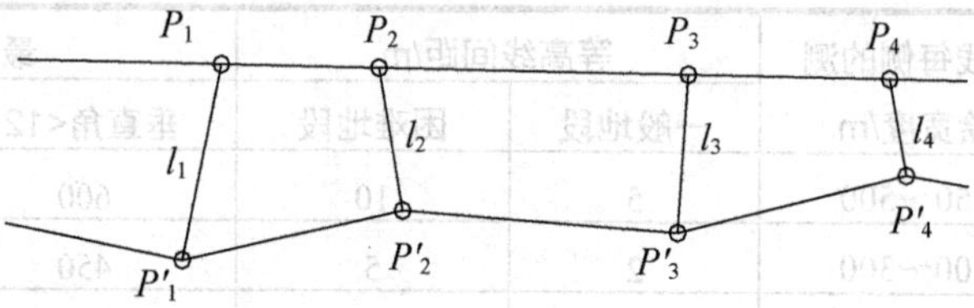

图 14-1　支距法放点

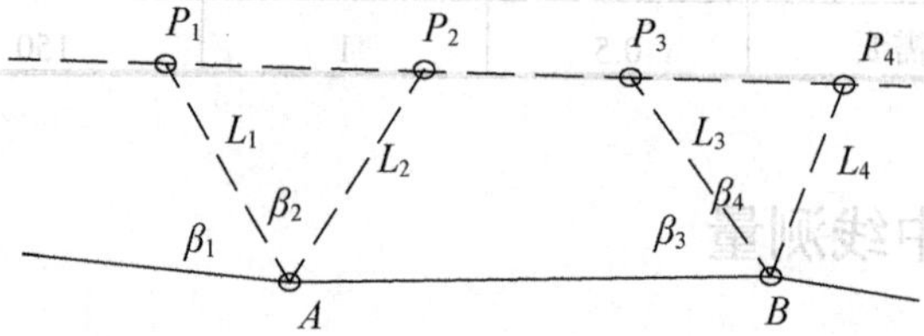

图 14-2　极坐标法放点

(2) 穿线。放出的临时点理论上应在一条直线上，由于图解数据和测设工作均存在误差，实际上并不严格在一条直线上，如图 14-3 所示。在这种情况下可根据现场实际情况，采用目估法穿线或经纬仪视准法穿线，通过比较和选择，定出一条尽可能多地穿过或靠近临时点的直线 AB。最后在 A、B 或其方向上打下两个以上的转点桩，取消临时点桩。

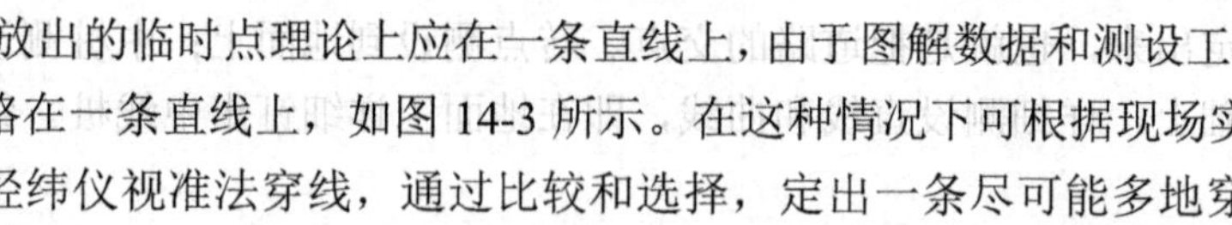

图 14-3　穿线示意图

(3) 交点。如图 14-4 所示，当两条相交的直线 AB、CD 在地面上确定后，可得到交点。将经纬仪置于 B 点瞄准 A 点，倒镜，在视线上接近交点 JD 的概略位置前后打下两桩(骑马桩)。采用正倒镜分中法在该两桩上定出 a、b 两点，并钉以小钉，挂上细线。仪器搬至 C 点，同法定出 c、d 点，挂上细线，两细线的相交处打下木桩，并钉以小钉，得到 JD 点。

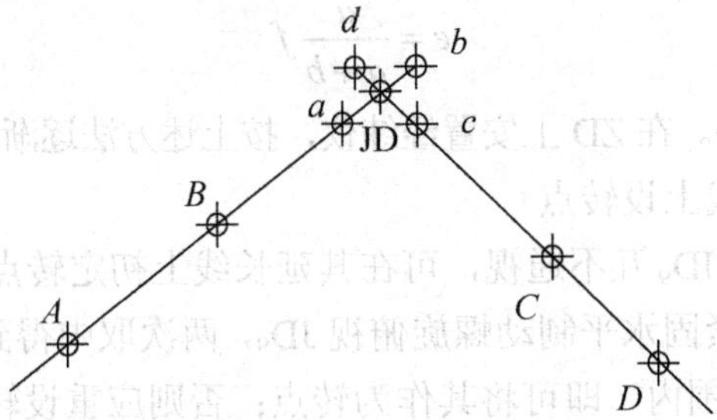

图 14-4　交点

2) 拨角放线法

拨角放线法是根据纸上定线交点的坐标，预先在内业计算出两相交点间的距离及直线的转向角，然后根据计算资料在现场放出各个交点，定出中线位置。其步骤如下。

(1) 在地形图上量出纸上定线的交点坐标，反算相邻交点间的直线长度、坐标方位角及路线转角。

(2) 将仪器置于路线中线起点或已确定的交点上，拨出转角，测设直线长度，依次定出各交点位置。

如图 14-5 所示，C_i 为导线点，在 C_1 上安置经纬仪，拨角 β_1，丈量距离 S_1，定出交点 JD_1。在 JD_1 上安置经纬仪，拨角 β_2，丈量距离 S_2，定出交点 JD_2。用同样的方法定出其他各点。

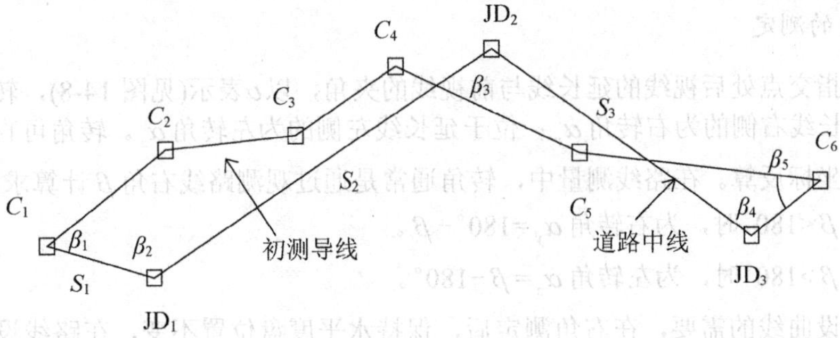

图 14-5　拨角法放线

3) 坐标放样法

交点坐标在地形图上确定以后，利用测图导线按全站仪坐标放样法将交点直接放样在地面上。坐标放样法外业工作更快，由于利用测图导线放点，故无误差累积现象。

2. 转点的测设

路线测量时，当相邻两交点间互不通视时，需要在其连线或延长线上定出一点或数点，以供交点测角、量距或延长直线时瞄准之用，这样的点称为转点。

1) 两交点间设转点

在图 14-6 中，JD_5 和 JD_6 为相邻而互不通视的两个交点，ZD′为初定转点。欲检查 ZD′

是否在两交点的连线上，可将经纬仪安置在 ZD′上，用正倒镜分中法延长直线 ZD′、JD_5 至 JD'_6，与 JD_6 的偏差为 f，用视距法测定 a、b，则 ZD′应移动的距离 e 可按式(14-1)计算, 即

$$e=\frac{a}{a+b}f \tag{14-1}$$

将 ZD′按 e 值移至 ZD。在 ZD 上安置经纬仪，按上述方法逐渐趋近，直至符合要求为止。

2) 在两点交点延长线上设转点

在图 14-7 中，JD_8、JD_9 互不通视，可在其延长线上初定转点 ZD′。在 ZD′上安置经纬仪，用正倒镜照准 JD_8，紧固水平制动螺旋俯视 JD_9，两次取中得到中点 JD'_9。若 JD'_9 与 JD_9 重合或偏差值 f 在容许范围内，即可将其作为转点；否则应重设转点。用视距法定出 a、b，则 ZD′应横向移动的距离 e 可按式(14-2)计算，即

$$e=\frac{a}{a-b}f \tag{14-2}$$

将 ZD′按 e 值移至 ZD。重复上述方法，直至符合要求为止。

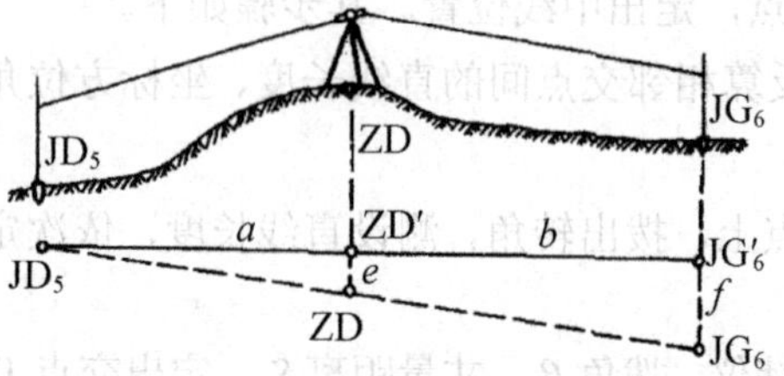

图 14-6　在两交点间设转点

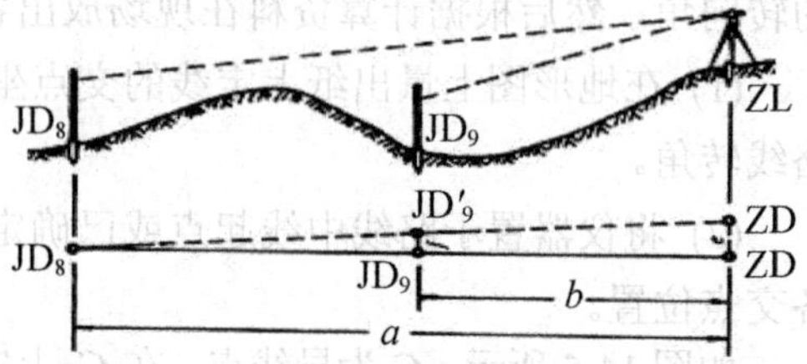

图 14-7　在延长线上设转点

3. 转角的测定

转角是指交点处后视线的延长线与前视线的夹角，以α表示(见图 14-8)，转角有左右之分。位于延长线右侧的为右转角 α_y；位于延长线左侧的为左转角 α_z。转角可直接测量或利用测量交点坐标反算。在路线测量中，转角通常是通过观测路线右角 β 计算求得。

当右角 β<180°时，为右转角 α_y=180°−β 。

当右角 β>180°时，为左转角 α_z=β−180°。

由于测设曲线的需要，在右角测定后，保持水平度盘位置不变，在路线设置曲线的一侧定出分角线方向。在此方向上定临时桩，以便日后测设线路曲线的中点。

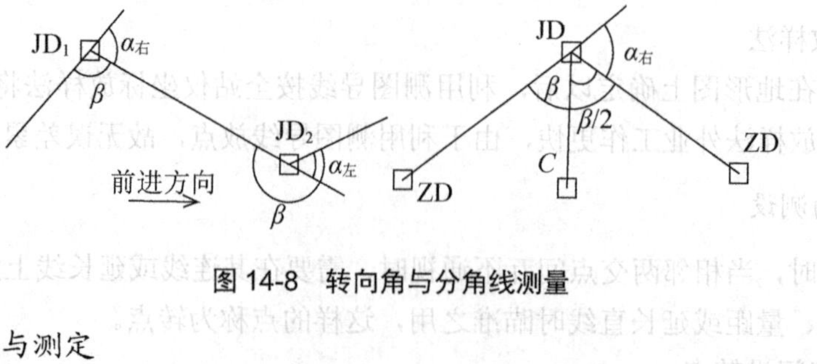

图 14-8　转向角与分角线测量

4. 中桩设置与测定

线路交点、转点测完之后，便确定了线路的方向与位置，还需沿线路中线一定距离在

地面上设置一些桩来标定中线位置和里程，该项工作称为线路中桩测量。中桩分为控制桩、整桩和加桩，是线路纵横断面测量和施工测量的依据。

为了便于计算，线路中桩均按起点到该桩的里程进行编号，并用红油漆写在木桩侧面，如整桩号为 0+100，即此桩距起点 100m（“+”号前的数为千米数）。整桩和加桩统称为里程桩，里程桩包括路线的起点桩、千米桩、百米桩和一系列的加桩，还有起控制作用的交点桩、转点桩、平曲线主点桩、桥梁和隧道轴线桩、断链桩等。百米桩和千米桩均属整桩，一般情况下均应设置。中桩间距表如表 14-3 所示。

表 14-3　中桩间距表

直线/m		曲线/m			
平原微丘区	山岭重丘区	不设超高的曲线	$R>60$	$60\geqslant R\geqslant 30$	$R<30$
≤50	≤25	25	20	10	5

地形加桩是在路线纵、横向地形有明显变化处设置的桩；地物加桩是在中线上桥梁、涵洞、隧道等人工构筑物处，以及与既有公路、铁路、管线、渠道等交叉处设置的桩；曲线加桩是在曲线起点、中点、终点等曲线主点上设置的桩；关系加桩是在转点和交点上设置的桩。此外，还可根据具体情况在拆迁建筑物处、工程地质变化处、断链处等加桩。对于人工构造物，在书写里程时，要冠以工程的名称如“桥”“涵”等。在书写曲线和关系加桩时，应在桩号之前加其缩写名称，见图 14-9。目前，我国公路采用汉语拼音的缩写名称，如表 14-2 所示。中桩平面桩位精度见表 14-4。

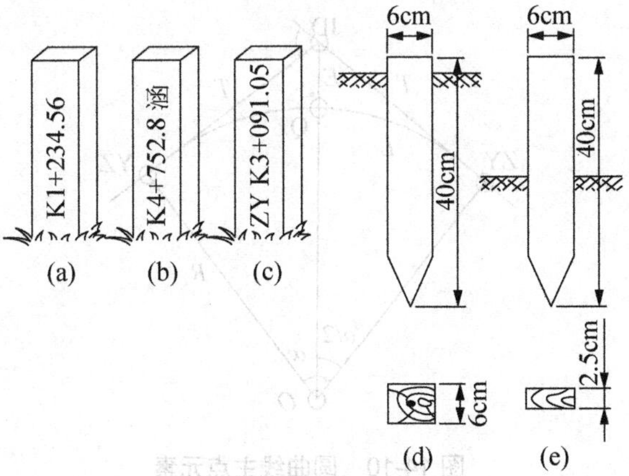

图 14-9　中桩及桩号

表 14-4　中桩平面桩位精度

公路等级	中桩位置中误差/cm		桩位检测之差/cm	
	平原微丘区	山岭重丘区	平原微丘区	山岭重丘区
高速、一、二级	≤| ±5|	≤|±10|	≤10	≤20
三、四级	≤|±10|	≤|±15|	≤20	≤30

在钉桩时，对于交点桩、转点桩、距线路起点每隔 500m 处的整桩、重要地物加桩(如

桥、隧道位置桩)，以及曲线主点桩，都要打下方桩，桩顶露出地面约20cm，在其旁边钉一指示桩，指示桩为板桩。交点桩的指示桩应钉在曲线圆心和交点连线外距交点20cm的位置，字面朝向交点。曲线主点的指示桩字面朝向圆心。其余的里程桩一般使用板桩，一半露出地面，以便书写桩号，字面一律背向线路前进方向。

14.1.3 道路圆曲线的测设

1. 圆曲线主点测设

1) 圆曲线主点元素计算

设交点JD的转角为α，圆曲线半径为R，则圆曲线的测设元素可按下列公式计算，即

切线长 $$T = R\tan\frac{\alpha}{2} \tag{14-3}$$

曲线长 $$L = R\alpha\frac{\pi}{180^\circ} \tag{14-4}$$

外矢距 $$E = R\left(\sec\frac{\alpha}{2} - 1\right) \tag{14-5}$$

切曲差 $$D = 2T - L \tag{14-6}$$

以上各式中T、E用于主点放样，T、L、D用于里程计算。圆曲线主点元素如图14-10所示。

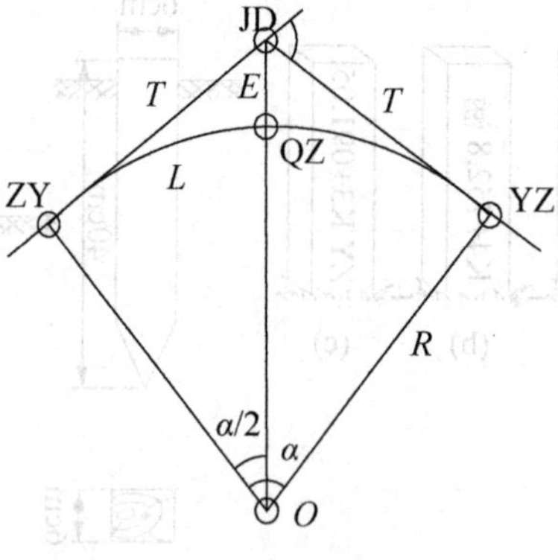

图14-10 圆曲线主点元素

2) 主点桩号计算

交点JD的里程是由中线丈量中得到，根据交点的里程和圆曲线测设元素，即可推算圆曲线上各主点的里程并加以校核。各主点计算公式为

$$\begin{aligned} \text{ZY里程} &= \text{JD里程} - T \\ \text{YZ里程} &= \text{ZY里程} + L \\ \text{QZ里程} &= \text{YZ里程} - L/2 \\ \text{JD里程} &= \text{QZ里程} + \frac{D}{2} \quad \text{(校核)} \end{aligned} \tag{14-7}$$

需要说明的是，式(14-7)仅仅为单个曲线主点里程的计算，由于交点桩里程在测量中线

时已由测定的 JD 间距离推出，因此从第二个曲线开始，主点桩号应考虑前一曲线的切曲差 D，否则会出现桩号错误。

3) 主点测设

(1) 在 JD 点安置经纬仪(对中、整平)，用盘左瞄准直圆方向，将水平度盘的读数配到 $0°00'00''$，在此方向量取 T，定出 ZY 点。

(2) 倒转望远镜，转动照准部到度盘读数为 α，量取 T，定出 YZ 点。

(3) 继续转动照准部到度盘读数为 $(\alpha+180°)/2$，量取 E，定出 QZ 点。

2. 圆曲线详细测设

圆曲线主点测设完成后，曲线在地面上的位置就确定了。当地形变化较大、曲线较长(大于 40m)时，仅 3 个主点就不能准确反映出圆曲线的形状，也不能满足设计和施工的需要。因此要在主点测设的基础上进行细部点的放样，即从圆曲线起点开始按 l_0(见表 14-3)沿曲线设置里程桩，里程桩的设置可按照整桩号法和整桩距法测设。详细测设的方法有多种，常用直角坐标法和偏角法。

1) 直角坐标法

如图 14-11 所示，以 ZY 点为原点，过 ZY 点的切线方向为 x 轴，过原点半径方向为 y 轴，建立平面直角坐标系。t 点为待测设的曲线点，其坐标为 x_t、y_t。测设时，自 ZY 点于 x 轴上丈量 x_t，得 t'点；自 t'点，沿与 x 轴垂直且指向曲线内侧的方向丈量 y_t，即得 P 点。直角坐标法中，坐标系 x 轴均选主点的切线，故曲线点的 y 坐标为相对于切线的支距。因此，直角坐标法也称为切线支距法。

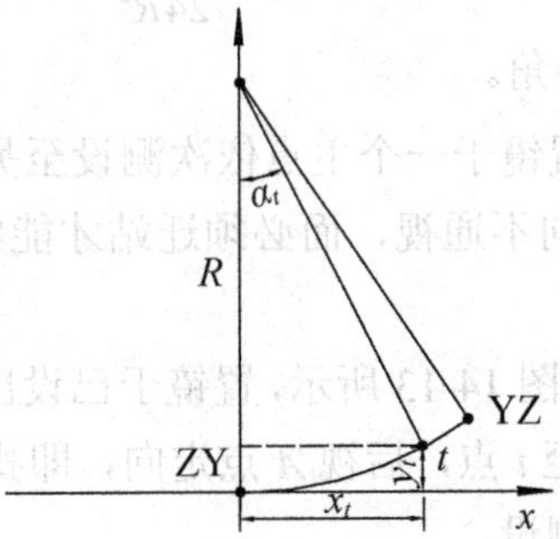

图 14-11　使用直角坐标法测设圆曲线

如图 14-11 所示，则 t_i 点坐标为

$$
\begin{aligned}
x_i &= R\sin\alpha_i \\
y_i &= R(1-\cos\alpha_i) \\
\alpha_i &= \frac{l_i}{R}\cdot\frac{180°}{\pi}
\end{aligned}
\tag{14-8}
$$

2) 偏角法

在图 14-12 中，P 点是已钉设出的曲线点，1，2，3，…为待测设的曲线点。P 点至 1，2，3，…点的弦线与 P 点切线的夹角分别为 δ_{P1}，δ_{P2}，δ_{P3}，…，即弦切角，称为偏角。

c_1，c_2，c_3，…为相邻两曲线点间的弦长。测设时，将经纬仪安置在 P 点并找到该点的切线方向，据此方向拨偏角 δ_1，自 P 点于视线方向量出 c_1 得到 1 点；相对切线方向拨偏角 δ_2，自 1 点向前丈量 c_2 与视线交于 2 点；依次类推，测设出其他各曲线点。

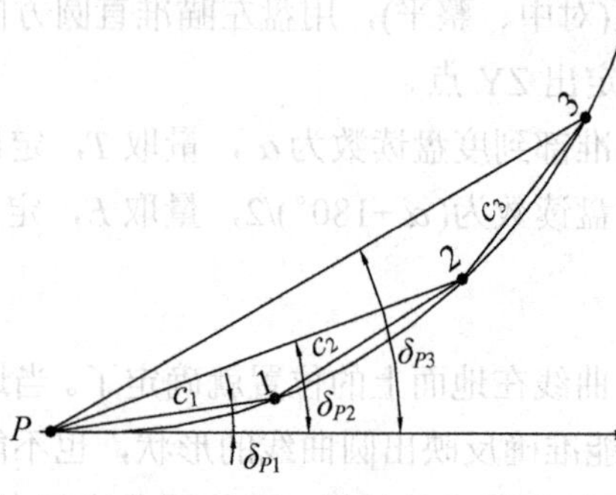

图 14-12　偏角法测设原理

根据几何原理可得偏角法测设数据为

$$\delta_i = \frac{\varphi_i}{2}$$

$$\delta_i = \frac{l_i}{R}\frac{90^\circ}{\pi}$$

$$c_i = 2R\sin\frac{\varphi_i}{2} \tag{14-9}$$

$$\delta_i = l_i - c_i = \frac{l_i^3}{24R^2}$$

式中：φ_i ——弧长 l 对应的圆心角。

偏角法测设曲线，通常是置镜于一个主点依次测设至另一个主点闭合，但由于受地物、地貌的限制，有时某些视线方向不通视，而必须迁站才能将其他的曲线点设出。此即偏角法测设曲线时遇到的障碍。

遇障碍时曲线测设原理。如图 14-13 所示，置镜于已设出的曲线某主点 A，测设 1，2，…，i，至 $i+1$ 点时视线受阻；迁站至 i 点，后视 A 点定向，即找出 i 点的切线方向；计算 i 点至后续各点的偏角；据此，继续测设。

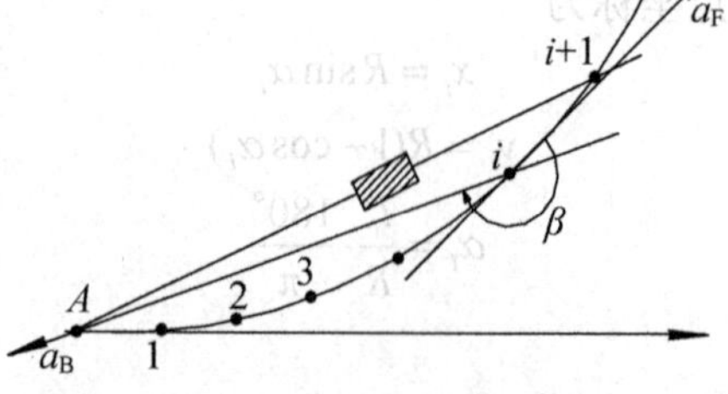

图 14-13　偏角法视线受阻原理

14.1.4　道路缓和曲线的测设

1. 缓和曲线主点测设

1) 基本公式

缓和曲线上任一点的曲率半径 R_P 与该点到缓和曲线起点的曲线长 l_P 成反比，即

$$R_P=C/l_P \tag{14-10}$$

式中：C——常数，为缓和曲线半径的变更率。

当 l_P 等于缓和曲线长 l_0，即在缓和曲线终点处，缓和曲线的曲率半径与圆曲线的半径相等，$R_P=R$，则有：

$$C=R\,l_0 \tag{14-11}$$

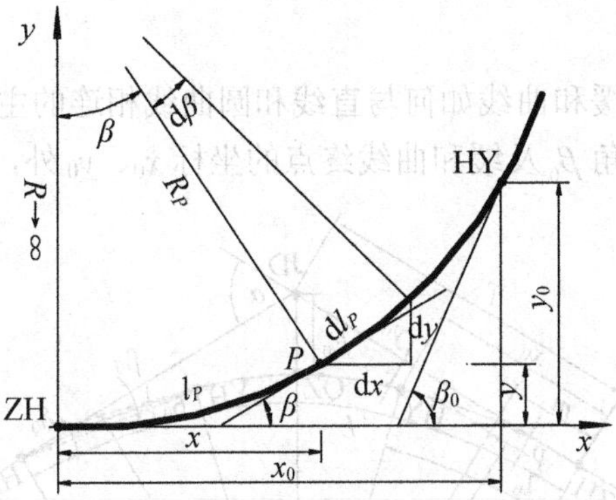

图 14-14　缓和曲线切线角参数

2) 切线角公式

如图 14-14 所示，P 点为缓和曲线上任意点，坐标为 x、y；l_P 为 P 点到缓和曲线起点的曲线长，dl_P 是 l_P 的微分增量；β 是过 P 点的缓和曲线的切线与 x 轴的夹角，称为**缓和曲线角度**；$d\beta$、dx、dy 为由 dl_P 引起的 β、x、y 的微分增量，则有：

$$d\beta=\frac{l}{R_P}\cdot\frac{180^\circ}{\pi} \tag{14-12}$$

根据缓和曲线性质 $R_Pl_P=Rl_0$，积分后有：

$$\beta=\int_0^{l_P}\frac{l_P}{Rl_0}\cdot\frac{180^\circ}{\pi}dl_P=\frac{l_P^2}{2Rl_0}\cdot\frac{180^\circ}{\pi} \tag{14-13}$$

3) 直角坐标

P 的坐标为(x,y)，则微分弧段 dl_P 在坐标轴上的投影为

$$\left.\begin{aligned}dx&=dl_P\cdot\cos\beta\\dy&=dl_P\cdot\sin\beta\end{aligned}\right\} \tag{14-14}$$

将式(14-14)积分，并将 $\sin\beta$、$\cos\beta$ 用级数展开整理，略去高次项，有：

$$\left.\begin{aligned} x &= l_P - \frac{l_P^5}{40R^2 l_0^2} \\ y &= \frac{l_P^3}{6Rl_0} \end{aligned}\right\} \tag{14-15}$$

当 $l=l_0$ 时，则 $\beta=\beta_0$、$x=x_0$、$y=y_0$，有：

$$\left.\begin{aligned} \beta_0 &= \frac{l_0}{2R}\cdot\frac{180°}{\pi} \\ x_0 &= l_0 - \frac{l_0^3}{40R^2} \\ y_0 &= \frac{l_0^2}{6R} \end{aligned}\right\} \tag{14-16}$$

2. 缓和曲线常数计算

缓和曲线常数是确定缓和曲线如何与直线和圆曲线相连的主要数据。如图 14-15 所示，缓和曲线常数除缓和曲线角 β_0 及缓和曲线终点的坐标 x_0、y_0 外，还有以下各量。

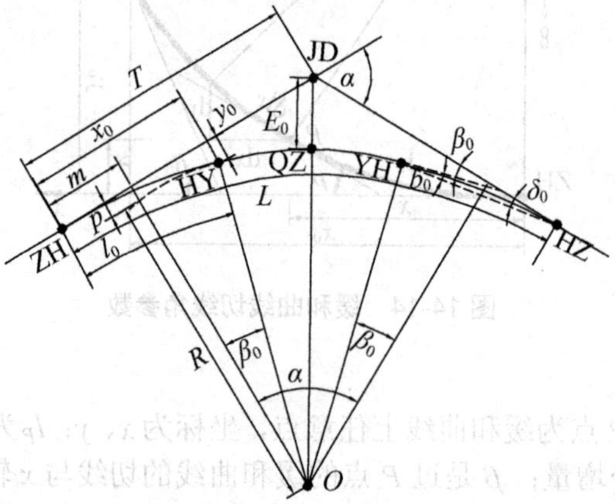

图 14-15　缓和曲线常数计算示意图

1) 内移距 p

原圆曲线端点内移后相对于切线的移动量，称为圆曲线的内移距，有：

$$p = (y_0 + R\cos\beta_0) - R \tag{14-17}$$

2) 切垂距 m

圆曲线内移后，过新圆心作切线的垂线，其垂足到缓和曲线起点的距离称为切垂距，有：

$$m = x_0 - R\sin\beta_0 \tag{14-18}$$

3) 缓和曲线偏角 δ_0

缓和曲线的起点和终点的弦线与缓和曲线起点的切线间的夹角，称为缓和曲线偏角，且

$$\delta_0 = \arctan\frac{y_0}{x_0} \approx \frac{1}{3}\beta_0 \tag{14-19}$$

4) 缓和曲线反偏角 b_0

缓和曲线终点和起点的弦线与缓和曲线终点的切线间的夹角，称为缓和曲线反偏角，且

$$b_0 = \beta_0 - \delta_0 \tag{14-20}$$

3. 缓和曲线主点元素计算及主点测设

1) 主点元素计算

如图 14-15 所示，带有缓和曲线的主点要素按照下列公式计算，即

$$\left.\begin{aligned}
&\text{切线长} && T = (R+p)\tan\frac{\alpha}{2} + m \\
&\text{曲线长} && L = R(\alpha - 2\beta_0)\cdot\frac{\pi}{180^\circ} + 2l_0 \\
&\text{外矢距} && E_0 = (R+p)\sec\frac{\alpha}{2} - R \\
&\text{切曲差} && q = 2T - L
\end{aligned}\right\} \tag{14-21}$$

2) 主点里程计算

根据交点里程和曲线要素，按照下列公式计算主点里程，即

$$\left.\begin{aligned}
&\text{直缓点} && \mathrm{ZH} = \mathrm{JD} - T \\
&\text{缓圆点} && \mathrm{HY} = \mathrm{ZH} + l \\
&\text{圆缓点} && \mathrm{YH} = \mathrm{HY} + L \\
&\text{缓直点} && \mathrm{HZ} = \mathrm{YH} + l \\
&\text{曲中点} && \mathrm{QZ} = \mathrm{HZ} - \frac{L}{2} \\
&\text{交点} && \mathrm{JD} = \mathrm{QZ} + \frac{D}{2}(\text{检核})
\end{aligned}\right\} \tag{14-22}$$

3) 主点测设

曲线主点测设通常是以地面上已钉设交点为基础，依据曲线综合要素将曲线主点测设于地面上，其测设步骤如下。

(1) 在交点上安置经纬仪，对中、整平。

(2) 后视始端切线方向上的相邻交点或转点，自 JD 于视线方向上测设 $(T-x_0)$，可钉设出 HY 在始切线上的垂足 YC；据此继续向里程减少方向测设 x_0，则可钉设出 ZH。

(3) 后视末端切线方向上的相邻交点或转点，自 JD 于视线方向上测设 $(T-x_0)$，可钉设出 YH 在始切线上的垂足 YC；据此继续向里程增加方向测设 x_0，则可钉设出 HZ。

(4) 测设出内角平分线，自 JD 于内角平分上测设外矢距 E_0，则可钉出 QZ。

(5) 在始切线上的垂足 YC 上安置经纬仪，对中、整平。

(6) 后视始端切线方向上的相邻交点或转点，向曲线内侧测设切线的垂线方向，自 YC 于该方向测设 y_0，可钉设出 HY。同理可测设出 YH。

曲线主点测设的基本测设工作(角度、距离等)及点位标定与单纯圆曲线情况相同。

4. 缓和曲线详细测设

1) 切线支距法

切线支距法是以直缓点 ZH 或缓直点 HZ 为坐标原点，以过原点的切线为 x 轴，过原点的半径为 y 轴，利用缓和曲线和圆曲线上各点的 x、y 坐标测设曲线。在算出缓和曲线和圆曲线上各点的坐标后，即可按圆曲线切线支距法的测设方法进行设置。

2) 偏角法

(1) 测设缓和曲线部分。如图 14-16 所示，设缓和曲线上任意一点 P 至 ZH 的弧长为 l_i，偏角是 δ_i，因为 δ_i 较小，则有：

$$\delta_i = \tan\delta_i = \frac{y_i}{x_i} \tag{14-23}$$

将曲线方程式(14-15)的 x、y 代入式(14-23)得：

$$\delta_i = \frac{l_i^2}{6Rl_0} \tag{14-24}$$

过 ZH 点或者 HY 点的偏角 δ_0 为缓和曲线的总偏角。把 l_0 代入式(14-24)，得：

$$\delta_0 = \frac{l_0}{6R} \tag{14-25}$$

因为 $$\beta_0 = \frac{l_0}{2R}$$

所以 $$\delta_0 = \frac{\beta_0}{3} \tag{14-26}$$

将式(14-25)代入式(14-24)，有：

$$\delta_i = \left(\frac{l_i}{l_0}\right)^2 \delta_0 \tag{14-27}$$

当 R、l_0 确定后，δ_0 为定值。由式(14-27)得缓和曲线上任意点的偏角与该点到 ZH 的曲线长的平方成正比。测设时，将经纬仪安置于 ZH 点，后视交点 JD，以切线为零方向，首先拨出偏角 δ_1，以弧长 l_1 代替弦长相交定出 1 号点，然后依次拨角 δ_2、δ_3、…、δ_n，同时从已经测定的点上量出弦长，并检验合格。

(2) 测设圆曲线部分。如图 14-16 所示，将经纬仪安置于 HY 点，首先定出 HY 点的切线方向，即后视点 ZH 点，并使水平度盘读数为 b_0(线路右转时，为 $360-b_0$)。由式(14-20)、式(14-26)知：

$$b_0 = 2\delta_0 \tag{14-28}$$

然后转动仪器，使读数为 0°00′00″时，视线在 HY 点切线方向上，倒镜后，曲线上各点的测设方法与圆曲线偏角法相同。

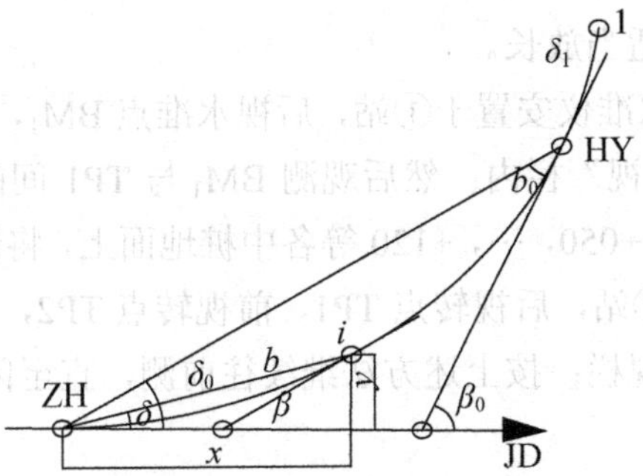

图 14-16　缓和曲线偏角计算

14.1.5　道路纵横断面的测量

1. 纵断面测量

线路纵断面测量的任务是：当中桩设置完成后，沿线路进行路线水准测量，测定中桩地面高程，然后根据地面高程绘制线路纵断面图，为线路工程纵断面设计、土方工程量计算等提供竖向位置图。为了保证精度和进行成果检核，必须遵循控制性原则，线路水准测量分两步进行：首先设置水准点，建立高程控制，称为基平测量；然后根据水准点，测定各中桩的地面高程，称为中平测量。

1) 基平测量

基平测量水准点的布设应在初测水准点的基础上进行。先检核初测水准点，尽量采用初测成果，对于不能再使用的初测水准点或远离道路的点，应根据实际需要重新设置。在大桥、隧道口及其他大型构造物两端还应增设水准点。定测阶段基平测量水准点的布设要求和测量方法均与初测水准点高程测量中的相同。

2) 中平测量

(1) 精度要求。中平测量是测定中线上各里程桩的地面高程，为绘制道路纵断面提供资料。道路中桩的地面高程，可采用水准测量的方法或光电测距三角高程测量的方法进行观测。无论采用何种方法，均应起闭于水准点，构成附合水准路线，不同等级道路中桩高程测量的精度要求见表 14-5。

表 14-5　中桩高程测量精度

路　线	闭合差/mm	检测限差
高速公路	$\pm 30\sqrt{L}$	± 5
二级及二级以下公路	$\pm 50\sqrt{L}$	± 10

(2) 水准测量法。中平测量一般是以两相邻水准点为一测段，从一个水准点出发，逐个测定中桩的地面高程，直至附合于下一个水准点上。施测时，在每一个测站上首先读取后、前两转点的尺上读数，再读取两转点间所有中间点的尺上读数。转点尺应立在尺垫、稳固的桩顶或坚石上，尺读数至毫米，视线长不应大于 150m；中间点立尺应紧靠桩边的地面，

读数可至厘米，视线也可适当放长。

如图 14-17 所示，将水准仪安置于①站，后视水准点 BM_1，前视转点 TP1，将读数记入表 14-6 中“后视”和“前视”栏内；然后观测 BM_1 与 TP1 间的各个中桩，将后视点 BM_1 上的水准尺依次立 0+000，+050，…，+120 等各中桩地面上，将读数分别记入表 14-6 中“中视”栏内；再将仪器搬至②站，后视转点 TP1、前视转点 TP2，然后观测各中间点，将读数分别记入后视、前视和中视栏；按上述方法继续往前测，直至闭合于水准点 BM_2，完成一测段的观测工作。

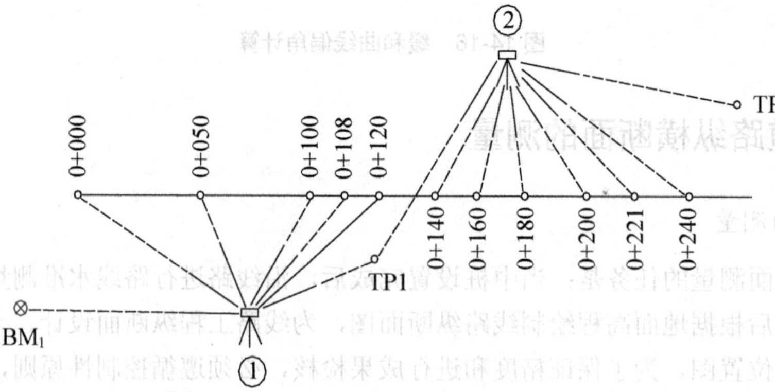

图 14-17　中平测量

每一测站的各项计算依次按下列公式进行，即

视线高程=后视点高程+后视读数

转点高程=视线高程－前视读数

中桩高程=视线高程－中视读数

各站记录后，应立即计算出各点高程，每一测段记录后，应立即计算该段的高差闭合差。若高差闭合差超限，则应返工重测该测段；若 $f_h \leqslant f_{h容}=\pm 50\sqrt{L}$ mm，施测精度符合要求，则不需进行闭合差的调整，中桩高程仍采用原计算的各中桩点高程。一般中桩地面高程允许误差，对于铁路、高速公路、一级公路为±5cm，其他道路工程为±10cm。

表 14-6　中平测量记录表

测 站	点 号	水准尺读数			仪器视线高程	点的高程	备 注
		后 视	中 视	前 视			
	BM_1					12.3	
	0+000		1.62			12.89	
	0+050		1.90			12.61	
1	0+100	2.191	0.62		0.505	13.89	ZY1
	0+108		1.03			13.48	
	0+120		0.91			13.60	
	TP1			1.006		13.499	

续表

测站	点　号	水准尺读数			仪器视线高程	点的高程	备　注
		后　视	中　视	前　视			
2	TP1	2.162			15.661	13.499	QZ1
	0+0		0.50			15.16	
	0+160		0.52			15.	
	0+180		0.82			0.84	
	0+200		1.20			0.46	
	0+221		1.01			0.65	
	0+240		1.06			0.60	
	TP2			1.521		0.0	
3	TP2	1.421			15.561	0.0	YZ1
	0+260		1.48			0.08	
	0+280		1.55			0.01	
	0+300		1.56			0.00	
	0+320		1.57			13.99	
	0+335		1.77			13.79	
	0+350		1.97			13.59	
	TP3			1.388		0.173	
4	TP3	1.724			15.897	0.173	JD2 (0.618)
	0+384		1.58			0.32	
	0+391		1.53			0.37	
	0+400		1.57			0.33	
	BM_2			1.281		0.616	

(3) 三角高程测量方法。在两个水准点之间，选择与该测段各中线桩通视的一导线点作为测站，安置好全站仪或测距仪，量仪器高并确定反射棱镜的高度，观测气象元素，预置仪器的测量改正数，并将测站高程、仪器高及反射棱镜高输入仪器，以盘左位置瞄准反射镜中心，进行距离、角度的一次测量并记录观测数据，之后根据光电测距三角高程测量的单方向测量公式计算两点间高差，从而获得所观测中桩点的高程。

为保证观测质量，减少误差影响，中平测量的光电边长宜限制在 1km 以内。另外，中平测量亦可利用全站仪在放样中桩同时进行，它是在定出中桩后利用全站仪的高程测量功能随机测定中桩地面高程。

(4) 跨沟谷测量。线路中桩水准测量，往往需要跨越深谷，如图 14-18 所示。为了避免因仪器通过谷底的多次安置中产生的误差，可在测站 1 先读取沟对岸的转点 3+300 的前视读数，然后以支水准路线形式测定谷底中桩高程；结束后，将仪器搬至测站 4 读取转点 3+300 的后视读数。为了削减由于测站 l 前视距离长而产生的测量误差，可将测站 4 的后视距离适当加长。另外，沟底中桩水准测量因为是支水准路线，故应另行记录。当跨越的深谷较宽时，亦可采用跨河水准测量方法。

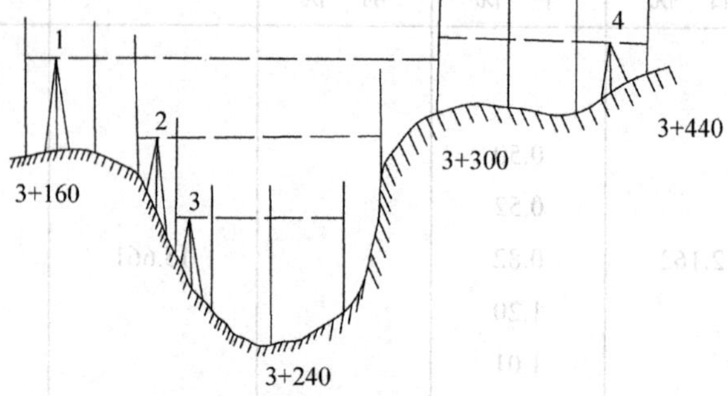

图 14-18　跨沟谷中平测量示意图

3) 纵断面绘制

按照线路中线里程和中桩高程，绘制出沿线路中线地面起伏变化的图，称纵断面图。线路纵断面图中，其横向表示里程，常用比例尺有 1∶5000、1∶2000、1∶1000 几种；纵向表示高程，为了突出地面线的起伏变化，横向比例尺比纵向比例尺大 10 倍。纵断面图上还包括线路的平面位置、设计坡度、地质状况等资料，因此，它是施工设计的重要技术文件之一，如图 14-19 所示。

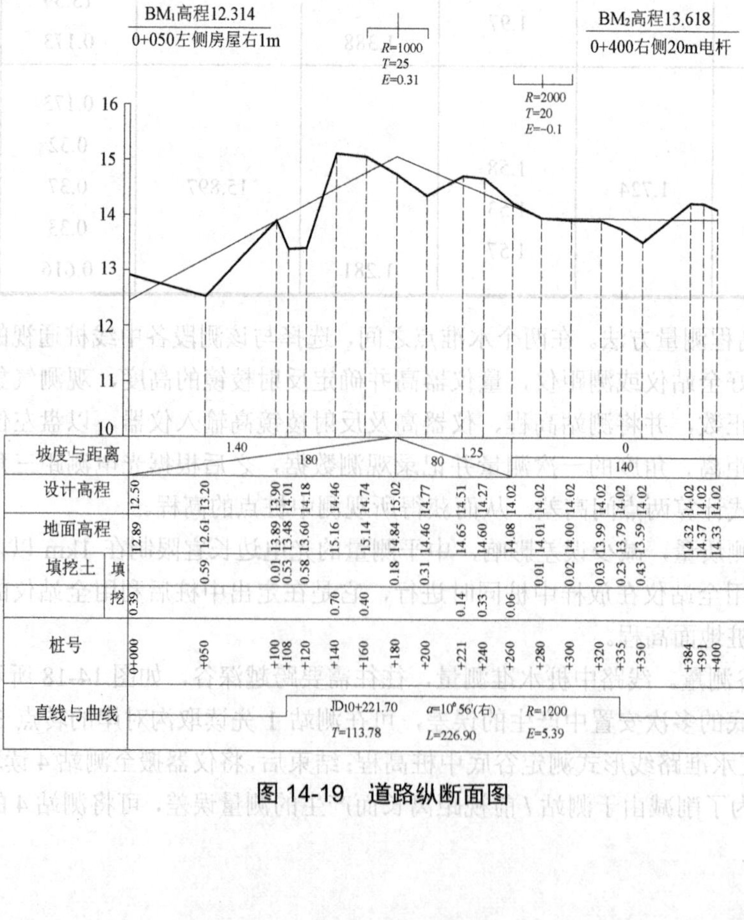

图 14-19　道路纵断面图

2. 横断面测量

横断面测量的任务是测定垂直于中线方向中桩两侧的地面起伏变化情况，依据地面变坡点与中桩间的距离和高差，绘制出横断面图，为路基设计、土方计算和施工放样等提供依据。横断面测量的宽度和密度应根据工程需要而定，一般在大中桥头、隧道洞口、挡土墙等重点工段，应该适当加密断面；断面测量宽度，应根据路基宽度、中桩的填挖高度、边坡大小、地形复杂程度和工程需要而定，一般自中线向两侧各测 10～50m。

1) 测量精度

横断面测量的实质，是测定横断面方向上一定范围内各地形特征点相对于中桩的平距和高差。根据使用仪器工具的不同，横断面测量可采用水准仪皮尺法、经纬仪视距法、全站仪法等。无论采用何种方法，检测限差应符合表 14-7 的规定。

表 14-7　横断面检测限差

道路等级	距离/m	高程/m
高速公路、一级公路	$\pm(L/100+0.1)$	$\pm(h/100+L/200+0.1)$
二级及以下公路	$\pm(L/50+0.1)$	$\pm(h/50+L/100+0.1)$

注：L 为测点至中桩的水平距离；h 为测点至中桩的高差。L、h 的单位均为 m。

2) 横断面方向的确定。

(1) 直线上横断面方向的测定。在直线上横断面应与路线方向相垂直，一般采用简易直角方向架来定向，如图 14-20 所示，方向架为坚固木料制成，长约 1.5m，在上部两个垂直方向雕空，中间插入 1-1′、2-2′互相垂直的两个觇板，下面镶以铁脚可以插入土中。将方向架插在中桩上，以 1-1′觇板瞄准直线上另一中桩，则 2-2′觇板即为横断面方向。

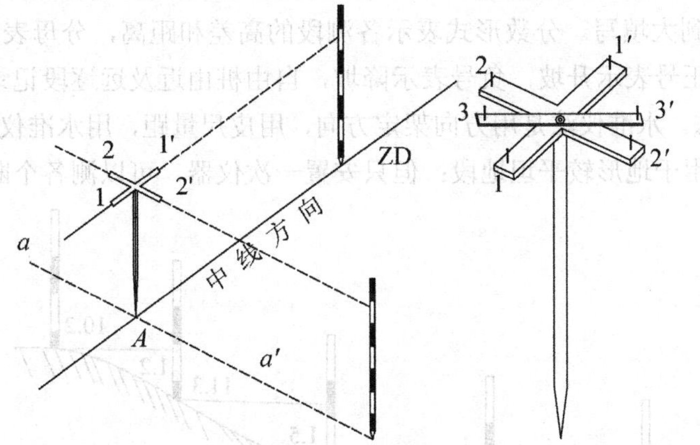

图 14-20　方向架示意图

(2) 圆曲线上横断面方向的测定。当中桩位于曲线上时，横断面方向应为该曲线的圆心方向，在实际工作中，多采用弯道求心方向架(即在一般方向架上增加一活动觇板)获得。如图 14-21 所示，首先置求心方向架于曲线起点 ZY，用 1-1′觇板瞄准 JD 方向，此时 2-2′觇板即为圆心方向，然后旋转活动觇板 3-3′瞄准曲线上 P_1 点，并用螺旋固定 3-3′位置，合弦切角α不变，移方向架于P_1点，用2-2′觇板瞄准曲线起点ZY，此时，3-3′觇板所指的方向即为P_1点的圆心方向。

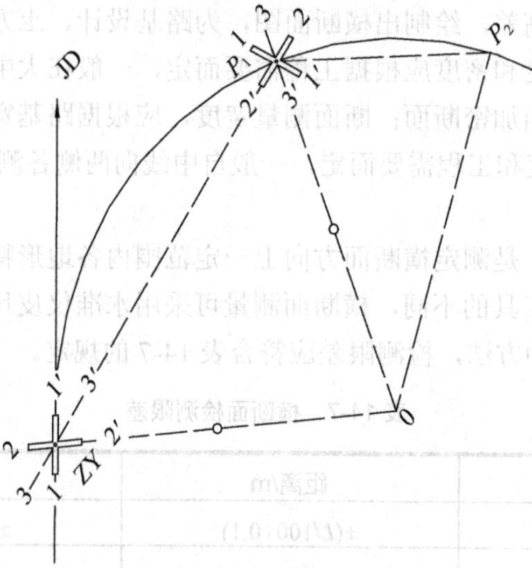

图 14-21　圆曲线横断面方向的确定

3) 横断面测量方法

横断面的测量方法很多，应根据地形条件、精度要求和设备条件来选择。下面介绍几种常用的方法。

(1) 标杆皮尺法。如图14-22所示，1、2、3为断面方向上的变坡点，立标杆于1处，皮尺靠中桩地面，拉平量至1点，读得距离，而皮尺截取标杆的红白格数(每格0.2m)即为两点间高程。记录表如表14-8所示，表中按照前进方向分为左右侧，中间一格为桩号，自下至上桩号由小到大填写。分数形式表示各测段的高差和距离，分母表示测点间的距离，分子表示高差，正号表示升坡，负号表示降坡，自由桩由近及远逐段记录。

(2) 水准仪法。水准仪法是用方向架定方向，用皮尺量距，用水准仪测高程，这种方法精度最高，仅适用于地形较平坦地段；但只安置一次仪器，可以测各个断面。

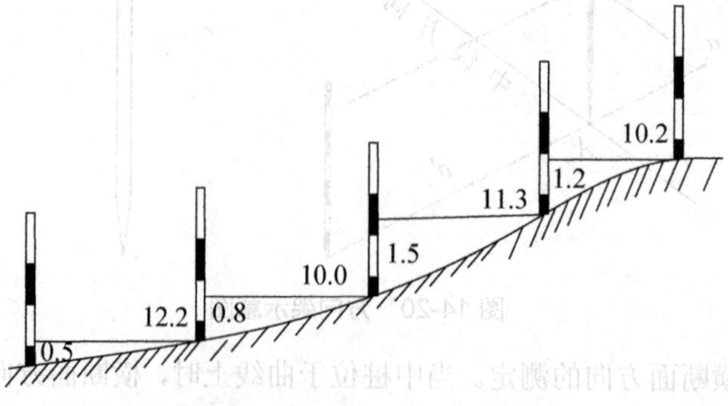

图 14-22　标杆皮尺法测断面

表 14-8 横断面测量记录表

左 侧	桩 号	右 侧
…	…	…
$\frac{1.35}{15.0}$ $\frac{0.84}{12.7}$ $\frac{0.81}{11.2}$ $\frac{1.09}{9.1}$ $\frac{0.35}{6.8}$	K1+380	$\frac{-0.46}{12.4}$ $\frac{0.15}{12.0}$
$\frac{2.16}{20.0}$ $\frac{1.78}{13.6}$ $\frac{1.25}{8.2}$	K1+400	$\frac{-0.7}{7.2}$ $\frac{-0.33}{10.8}$ $\frac{0.12}{14.0}$

(3) 经纬仪法。此法适用于地形起伏较大、不便于丈量距离的地段。将经纬仪安置在中桩上，用视距法测出横断面方向各变坡点至中桩的水平距离和高差。

(4) 全站仪法。此法适用于任何地形条件。将仪器安置在道路附近任意点上，利用全站仪的对边测量功能可测得横断面上各点相对于中桩的水平距离和高差。

4) 横断面图绘制

横断面图的水平比例尺和高程比例尺相同，一般采用 1∶200 或 1∶100。绘图时，先将中桩位置标出，然后分左、右两侧，依比例按照相应的水平距离和高差，逐一将变坡点标在图上，再用直线连接相邻各点，即得横断面地面线，如图 14-23 所示。

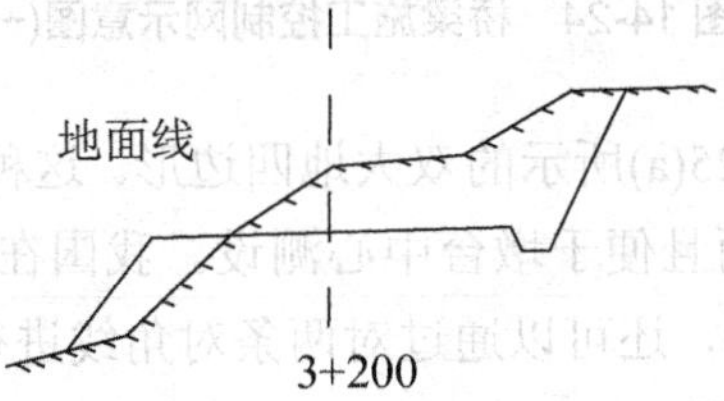

图 14-23 横断面图

14.2 桥梁工程的测量

为了保证桥梁施工质量达到设计要求，必须采用正确的测量方法和适宜的精度来控制各部分的平面位置、高程和几何尺寸。桥梁按其轴线长度一般分为特大型桥(＞500m)、大型桥(100～500m)、中型桥(30～100m)和小型桥(＜30m)四类；按平面形状可分为直线桥和曲线桥，按结构形式又可分为简支梁桥、连续梁桥、拱桥、斜拉桥、悬索桥等。随着桥梁的长度、类型、施工方法以及地形复杂情况等因素的不同，桥梁施工测量的内容和方法也有所不同，概括起来主要有桥梁施工控制测量、墩台定位及轴线测设、墩台细部放样等。

14.2.1 桥梁施工控制网的建立

桥位控制测量的目的，就是要保证桥梁轴线(即桥梁的中心线)、墩台位置在平面和高程位置上符合设计要求而建立的平面控制和高程控制。

1. 平面控制网的建立

建立桥梁施工平面控制网的方法较多，根据桥梁的大小、精度要求和地形条件，桥梁施工平面控制网的网形布设有以下几种形式。

桥的两岸，当一岸较为平坦，另一岸较为陡峻时，可布设为双三角形，如图 14-24(a)所示；当两岸均比较平坦时，可布设为大地四边形，如图 14-24(b)所示。这两种网形适用于桥长较短且需要交会的水中墩台数量不多的情况。

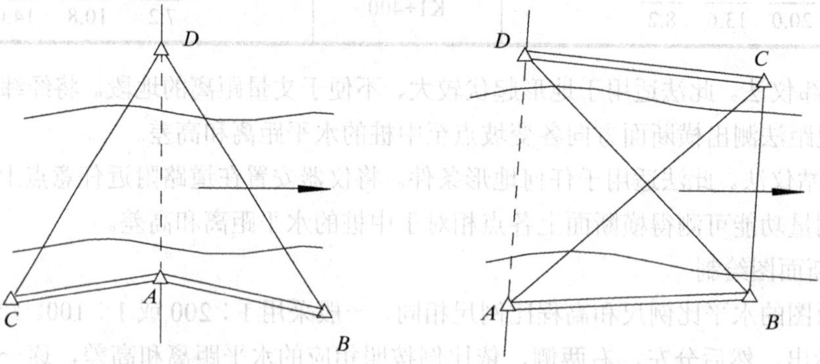

(a) 双三角形控制网　(b) 大地四边形控制网

图 14-24　桥梁施工控制网示意图(一)

对于特大桥可采用图 14-25(a)所示的双大地四边形。这种网形图形强度高，控制点数量多，不但有利于提高精度，而且便于墩台中心测设。我国在长江上修建的几座大桥，大多采用这种网形。对于这种网形，还可以通过对两条对角线进行观测的办法来增加多余观测，以提高精度，如图 14-25(b)所示。

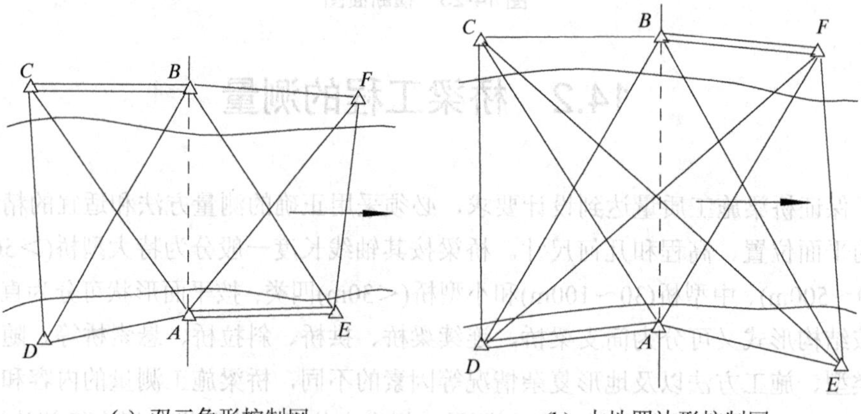

(a) 双三角形控制网　(b) 大地四边形控制网

图 14-25　桥梁施工控制网示意图(二)

当两岸地势平坦且比较开阔时，桥梁施工平面控制网也可布设成如图 14-26 所示的由单三角形和大地四边形组成的网形。这种网形与双大地四边形比较，其控制点离桥轴线较近，能够充分发挥其作用；缺点是多余观测条件少，且桥轴线不是控制网的一条边。

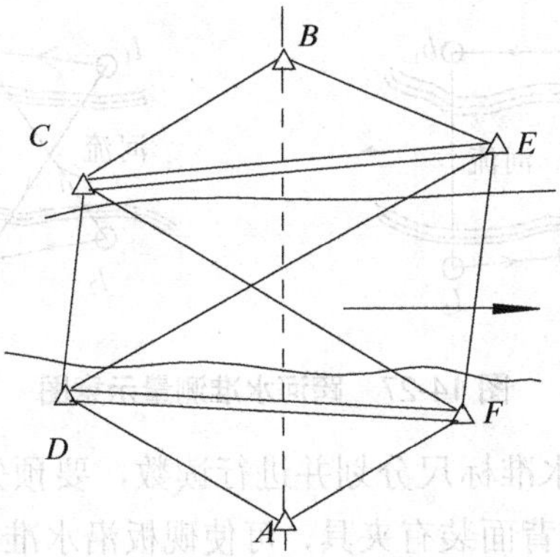

图 14-26　桥梁施工控制网示意图(三)

桥梁施工平面控制网的布设应在满足桥轴线长度测定和墩台中心定位精度的前提下，力求图形简单并具有足够的强度，以减少外业观测工作和内业计算工作。控制点除应满足一般的选点原则外，还应注意：河流两岸桥渡中心线上控制点或曲线桥的切线控制点必须纳入三角网作为三角点，尽量将桥轴线布设成三角网的一条边；基线一端与桥轴线连接并尽量与桥轴线垂直，其长度不短于桥轴线长度的 0.7～0.8 倍，困难地区亦不短于 0.5 倍，以提高桥轴线长度的测定精度。在桥轴线方向上，每岸应至少设立 1～2 个方向控制点。

2. 高程控制网的建立

桥梁高程控制测量有两个作用：一是统一本桥高程基准面；二是在桥址附近设立基本高程控制点和施工高程控制点，以满足施工中高程放样和监测桥梁墩台垂直变形的需要。建立高程控制网的常用方法是水准测量和三角高程测量。

水准测量的等级、精度、限差应符合表 14-9 中的规定。表中 R 为测段长度，L 为附合路线长度，F 为环线长度，均以千米计。

表 14-9　水准测量的等级和测量精度(mm)

水准测量等级	每千米水准测量的偶然中误差 M_Δ	限差				
		检测已测段高差之差	往返测不符值	附合路线闭合差	环闭合差	左右路线高差不符值
二	≤±1.0	$\pm6\sqrt{R}$	$\pm4\sqrt{R}$	$\pm4\sqrt{L}$	$\pm4\sqrt{F}$	—
三	≤±3.0	$\pm20\sqrt{R}$	$\pm12\sqrt{R}$	$\pm12\sqrt{L}$	$\pm12\sqrt{F}$	$\pm8\sqrt{R}$
四	≤±5.0	$\pm30\sqrt{R}$	$\pm20\sqrt{R}$	$\pm20\sqrt{L}$	$\pm20\sqrt{F}$	$\pm14\sqrt{R}$
五	≤±7.5	$\pm30\sqrt{R}$	$\pm30\sqrt{R}$	$\pm30\sqrt{L}$	$\pm30\sqrt{F}$	$\pm20\sqrt{R}$

当测量跨越的水域超出水准测量规定的视线长度时，应采用跨河水准测量的方式。如图 14-27 所示，在左岸，仪器安置在 I_1，观测 b_1 点，读数为 a_1，观测对岸 b_2 点，读数为 a_2，则高差 $h_1=a_1-a_2$。搬仪器至对岸，注意搬站时望远镜对光不变，两水准尺对调。仪器安置在 I_2，先观测对岸 b_1 点，读数为 a_3，再观测 b_2 点读数为 a_4，则 $h_2=a_3-a_4$。取 h_1 和 h_2 的平均值，即完成一个测回，一般观测 4 个测回。

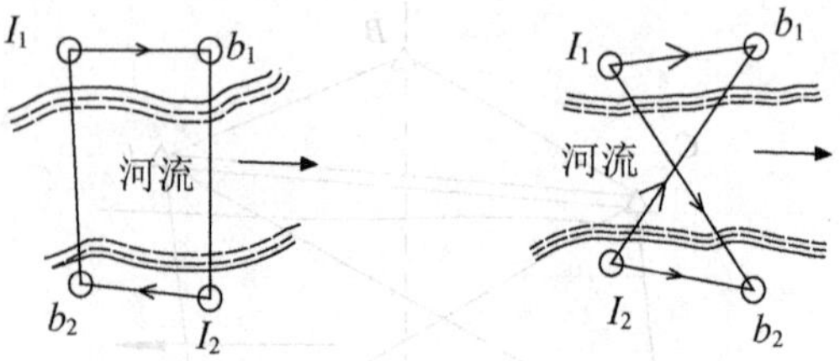

图 14-27 跨河水准测量示意图

为了能照准较远距离的水准标尺分划并进行读数，要预先制作有加粗标志线的特制觇板，如图 14-28 所示。觇板的背面装有夹具，可使觇板沿水准标尺尺面上下滑动，并能用螺旋将觇板固定在水准标尺上的任一位置，观测员指挥扶尺员移动觇板，使觇板横丝被水准仪横丝平分，扶尺员根据觇板中心孔在水准尺上读数。

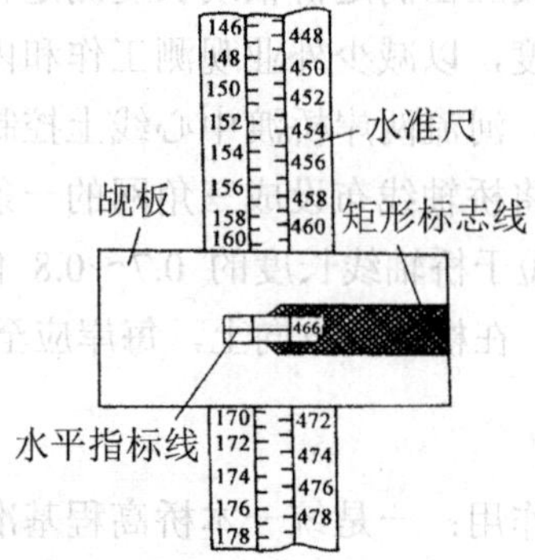

图 14-28 跨河水准测量觇板

14.2.2 桥梁墩台的定位

在桥梁施工测量中，主要的工作是准确地测设出桥梁墩台的中心位置，即墩台中心定位，简称墩台定位。墩台定位必须满足一定的精度要求，特别是对预制梁桥更是如此。由于预制梁是在工厂里按照设计尺寸预先制造的，墩台施工完成以后再进行现场架梁工作。如果墩台定位的精度不够，将给架梁工作造成困难，甚至无法架设；或即便把梁架上，也可能会使墩、台的偏心受力超出设计要求，影响墩台的使用寿命及行车安全。因此，要保证以必要的精度定出墩台中心的位置。

直线桥梁的墩台中心均位于桥梁轴线上，而曲线桥梁的墩台中心则处于曲线的外侧。直线桥梁墩台中心的测设可根据现场地形条件，采用直接测距法、极坐标法或交会法。曲线墩台定位时应考虑设计资料、曲线要素和主点里程等。这里仅对直线墩台定位方法做简单介绍。

1. 直接测距法

如图 14-29 所示，直线桥梁的墩台中心都位于桥轴线的方向上，当桥墩位于干涸的河道上，或水面较窄，沿桥轴线方向用钢尺直接定出墩台中心位置的方法，称为直接丈量法。

这种方法实际上是依据桥轴线两岸控制桩及其里程和墩台中心的设计里程，测设已知长度，故可根据地形条件采用测设已知的平距或测设已知的斜距的方法进行放样。

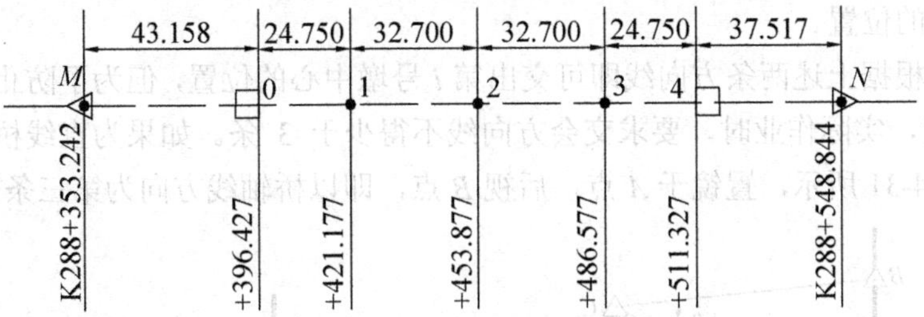

图 14-29　直接测距法示意图

为保证直接丈量法的测设精度，丈量用的钢尺应经过检定，测设时应考虑尺长改正、温度改正和倾斜改正，施加的拉力应与检定钢尺时的拉力相同，以经纬仪正倒镜分中法标定丈量的方向。测设的顺序最好从一端到另一端，并在终端与桥轴线上的控制桩进行校核，达到精度要求后，将其闭合差按比例分配于各跨距内；也可从中间向两端测设。按照这种顺序，容易保证每一桥跨都满足精度要求。一般不允许从桥轴线两端的控制桩向中间测设，因为这样会将误差积累在中间衔接的一跨上，可能影响桥梁的架设。

2. 极坐标法

极坐标法测距方便、迅速，在一个测站上可以测设所有与之通视的点，且距离的长短对工作量和工作方法没有什么改变，测设精度高，是一种较好的测设方法。

测设时，可选择任意一个控制点设站(当然应首选网中桥轴线上的一个控制点)，并选择一个照准条件好、目标清晰和距离较远的控制点作为定向点。再计算放样元素，放样元素包括测站到定向控制点方向与到放样的墩台中心方向间的水平角 β 及测站到墩台中心的距离 D。测设时，根据估算时拟定的测回数，按角度测设的精密方法测设出该角值 β 在墩台上得到一个方向点，然后在该方向上精密地放样出水平距离 D 得墩台中心。为了防止错误，最好用两台全站仪在两个测站上同时按极坐标法测设该墩台中心(如条件不允许时，则迁站到另一控制点上同法测设)，所得两个墩中心的距离差的允许值应不大于 2cm。取两点连线的中点得墩中心。同法可测设其他墩台中心。对于直线桥梁，由于定向点为对岸桥轴线上点，这时只需在该方向上放样出测站到墩中心的距离即得墩中心。也可在另外的控制点上设站做检查。

3. 前方交会法

如果桥墩所处的位置河水较深，无法直接丈量，也不便于架设反光镜时，则可采用前方交会法测设墩位。前方交会法既可用于直线桥的墩台定位测量，也可用于曲线桥的墩台定位测量。用交会法测设墩位，需要在河的两岸布设平面控制网，如导线、三角网、边角网、测边网等。

1) 前方交会法的基本原理

如图 14-30 所示，A、B、C、D 为桥梁施工平面控制网的控制点，其中 A、B 两点为桥轴线上的控制点。交会角α_i、β_i可根据控制点的坐标和第 i 号墩中心的坐标计算。测设时，置镜于 C、D 两点，分别后视 B 和 A 定向，再分别测设α_i、β_i，则两条方向线的交点即为第 i 号墩中心的位置。

理论上，根据上述两条方向线即可交出第 i 号墩中心的位置，但为了防止发生错误及检核交会的精度，实际作业时，要求交会方向线不得少于 3 条。如果为直线桥应尽量利用桥轴线，如图 14-31 所示，置镜于 A 点，后视 B 点，即以桥轴线方向为第三条交会方向线。

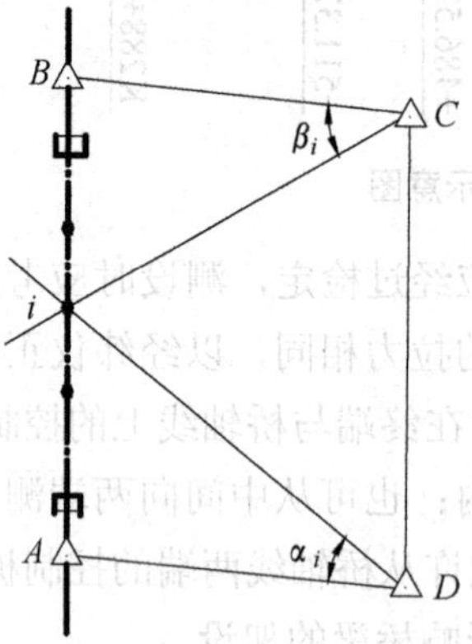

图 14-30 前方交会法示意图

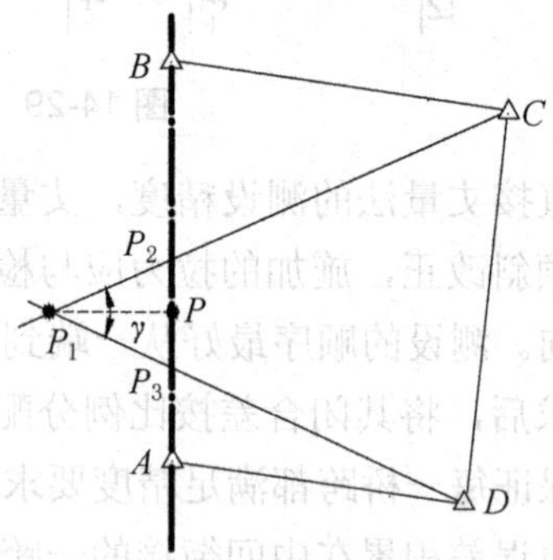

图 14-31 示误三角形示意图

2) 示误三角形

实地测设时，通常将 3 台经纬仪分别安置于 3 个控制点上，用 3 条方向线同时交会。理论上 3 条方向线应交于一点，而实际上由于控制点误差和交会测设误差的共同影响，3 条方向线一般不会交于一点，而是形成一个小三角形，如图 14-31 所示。该三角形的大小反映交会的精度，故称其为示误三角形。

示误三角形的最大边长或两交会方向与桥中线交点间的长度，在墩台下部(承台、墩身)不应大于 25mm，在墩台上部(托盘、顶帽、垫石)不应大于 15mm。若交会的一个方向为桥轴线，则以其他两个方向线的交会点 P_1 投影在桥轴线上的 P 点作为墩台中心。交会方向中不含桥轴线方向时，示误三角形的边长不应大于 30mm，并以交会所得的示误三角形的重心作为桥墩台中心。

3) 对交会角的要求

墩台中心交会的精度，不仅和测量误差的大小有关，而且还与示误三角形的形状有关，即与交会角γ的大小有关。为保证墩台交会必要的精度，必须对交会角的大小加以限制。如果交会的一个方向为桥轴线方向，则其他两交会方向线之间的夹角γ，当置镜点位于桥轴线两侧时，如图 14-32 所示，交会角应在 90°～150°；当置镜点位于桥轴线一侧时，如图 14-33 所示，交会角应在 60°～110°。因此，在桥梁控制网网形设计和布网时，应充分考虑每个墩台中心交会时交会角的大小，必要时，可根据情况增设插点或精密导线点作为次级控制点。

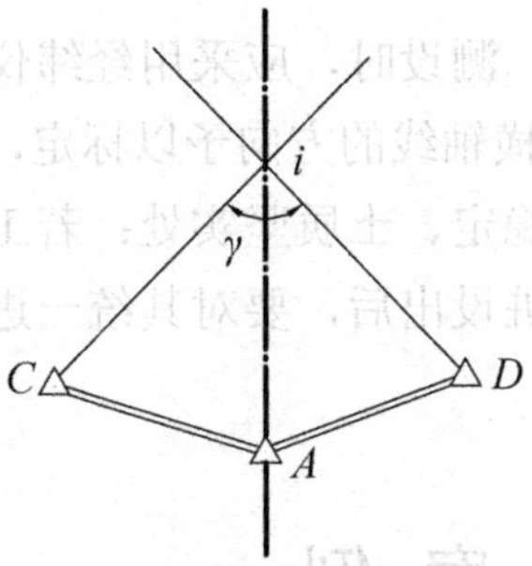

图 14-32　异侧交会

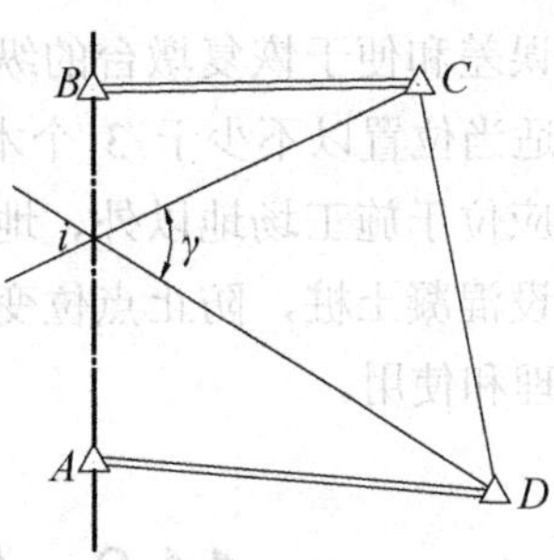

图 14-33　同侧交会

14.2.3　桥墩纵横轴线的测设

在测设出墩台中心位置以后，便可据此测设墩台的纵横轴线，以固定墩台的方向，同时它也是墩台施工中细部放样的依据。

如图 14-34 所示，在直线桥上，各个墩台的纵轴线均与桥轴线重合，故可根据桥轴线两端的控制桩进行测设；直线桥的横轴线与纵轴线垂直，因此可将经纬仪安置于墩台中心，后视桥轴线控制桩定向，测设 90°角即为墩台横轴线方向。

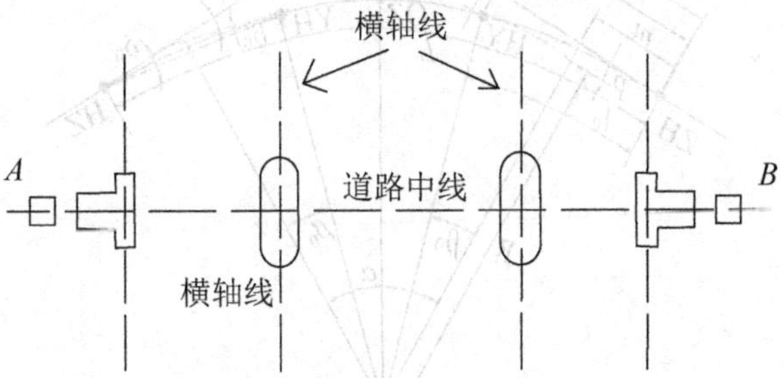

图 14-34　直线桥墩台纵横轴线

在曲线桥上，墩台纵轴线是各墩台中心桥梁偏角α 的角平分线，而墩台横轴线则是过墩台中心的纵轴线的垂线，如图 14-35 所示。测设时，将经纬仪安置于墩台中心，后视相邻墩台中心定向后，向曲线外测设$\alpha/2$ 角，则得到纵轴线方向；向曲线内侧测设$(90°-\alpha/2)$角，则得到横轴线方向；再实测纵横轴线之间的夹角，以资检核。

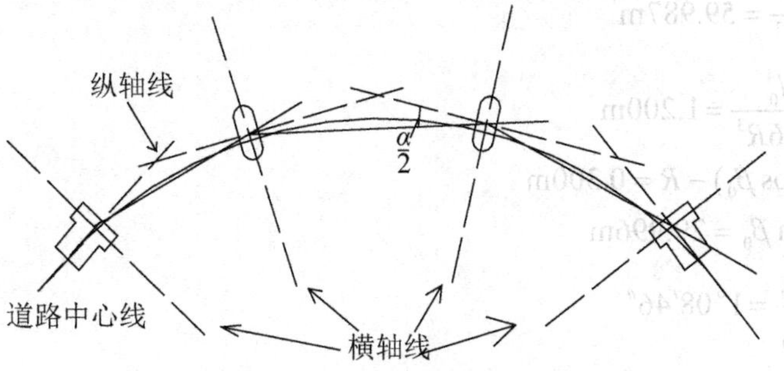

图 14-35　曲线桥墩台纵横轴线

为消除仪器误差和便于恢复墩台的纵横轴线，测设时，应采用经纬仪正倒镜分中法，并在墩台两侧的适当位置以不少于 3 个木桩将纵横轴线的方向予以标定，这些轴线标志桩称为护桩。护桩应位于施工场地以外、地质情况稳定、土质坚实处；若工期较长，则还应用水泥包桩或埋设混凝土桩，防止点位变化。护桩设出后，要对其统一进行编号并绘制点之记，以便于管理和使用。

14.3 综合案例

项目名称：某道路缓和曲线常数及主点里程计算

某曲线道路设计如图 14-36 所示，点 ZD 的里程为 K30+536.32，ZD 到 JD 的距离为 D=893.86 m，R = 500 m，l_0 = 60 m，α_z = 35°51′23″，试计算缓和曲线常数和综合要素并推算各主点的里程，各主点测设方法。

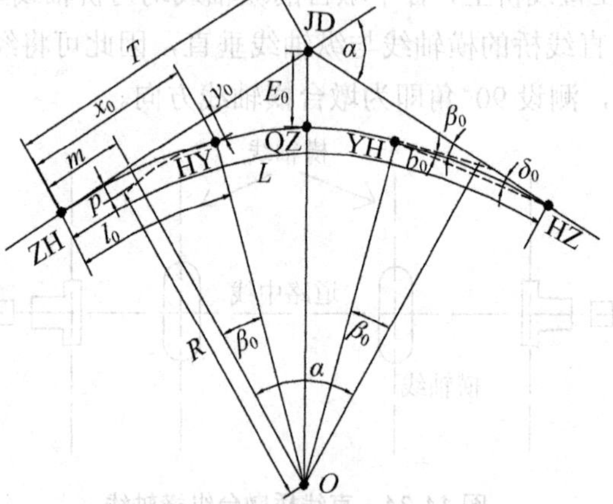

图 14-36 某曲线道路设计

1. 缓和曲线常数

$$\beta_0 = \frac{l_0}{2R} \cdot \frac{180^\circ}{\pi} = 3^\circ 26' 16''$$

$$x_0 = l_0 - \frac{l_0^3}{40R^2} = 59.987\text{m}$$

$$y_0 = \frac{l_0^2}{6R} - \frac{l_0^4}{336R^3} = 1.200\text{m}$$

$$p = (y_0 + R\cos\beta_0) - R = 0.300\text{m}$$

$$m = x_0 - R\sin\beta_0 = 29.996\text{m}$$

$$\delta_0 = \arctan\frac{y_0}{x_0} = 1^\circ 08' 46''$$

2. 曲线综合要素

$$T=(R+p)\tan\frac{\alpha}{2}+m=191.86\text{m}$$

$$L=R\alpha\cdot\frac{\pi}{180^{\circ}}+l_0=372.91\text{m}$$

$$E_0=(R+p)\sec\frac{\alpha}{2}-R=25.83\text{m}$$

$q=2T-L=10.81\text{m}$

3. 主点里程推算

里程推算:

ZD	K30+536.32
+ $(D-T)$	702.00
ZH	K31+238.32
+ l_0	60
HY	K31+298.32
$+(L-2l_0)/2$	126.45
QZ	K31+242.77
$+(L-2l_0)/2$	126.46
YH	K31+551.23
+ l_0	60
HZ	K31+611.23

检核计算:

ZH	K31+238.32
+ $2T$	383.72
	K31+622.04
− q	10.81
HZ	K31+611.23

4. 主点测设步骤

(1) 在 JD 上安置经纬仪，对中、整平。

(2) 后视始端切线方向上的相邻交点或转点，自 JD 于视线方向上测设 $(T-x_0)$，可钉设出 HY 在始切线上的垂足 YC；据此继续向里程减少方向测设 x_0，则可钉设出 ZH。

(3) 后视末端切线方向自 JD 于视线方向上测设 $(T-x_0)$，可钉设出 YH 在始切线上的垂足 YC；据此继续向里程增加方向测设 x_0，则可钉设出 HZ。

(4) 测设出内角平分线，自 JD 于内角平分线上测设外矢距 E_0，则可钉出 QZ。

(5) 在始切线上的垂足 YC 上安置经纬仪，对中、整平。

(6) 始端切线方向上的相邻交点或转点，向曲线内侧测设切线的垂线方向，自 YC 于该方向测设 y_0，可钉设出 HY。同理，可测设出 YH。

习　题

1. 名词解释

(1) 道路工程测量

(2) 交点

(3) 中桩测量

(4) 中平测量

(5) 基平测量

(6) 墩台定位

2. 填空题

(1) 桥梁工程测量包括________、________、________。

(2) 线路初测的工作包括________、________、________。

(3) 初测高程测量的基本任务是________、________。

(4) 确定交点实地位置可采取的方法有________、________、________。

(5) 放点穿线法测设交点实际位置的步骤是________、________、________。

(6) 圆曲线主点元素主要包括________、________、________、________。

(7) 道路横断面测量的常用方法有________、________、________、________。

(8) 桥梁施工控制网建立的基本内容有________、________。

3. 简答题

(1) 道路工程测量的主要任务包括哪些方面？

(2) 简述在两交点间设转点的方法。

(3) 简述利用经纬仪测设主点的步骤。

(4) 桥梁高程控制网测量的作用及常用方法有哪些？

(5) 简述前方交会法桥梁墩台定位的基本原理。

4. 计算题

(1) 单圆曲线计算。设路线自 A 经 B 至 C，B 处右偏角 $\alpha_{右}$ 为 28°28′00″，JD 桩号为 K4+332.76，欲设置半径为 200m 的圆曲线，计算圆曲线各元素 T、L、E、D，并计算圆曲线各主点的桩号。

(2) 缓和曲线的计算。路线自 A 经 B 至 C，B 处偏角 $\alpha_{右}$ 为 19°28′00″，拟设置半径为 300m 的圆曲线，在圆曲线两端各用一长度为 60m 的缓和曲线连接，求 β_0、x_0、y_0、p、q、T_H、L_H、E_H、D_H，并计算缓和曲线各主点的桩号。(JD 里程桩号为 K3+737.55)

第 15 章 公路隧洞施工测量

教学目标

通过本章的学习，使学生掌握公路隧洞施工控制网的建立方法，掌握洞内、外联系测量的推算方法，熟练掌握隧洞掘进过程中的测量工作，掌握竖井联系测量一井定向的方法，熟练掌握贯通误差的分析和调整方法。

应该具备的能力：初步具备独立完成公路隧洞施工控制网设计的基本能力，初步学会通过贯通误差的分析与测定完成对贯通误差的调整。

教学要求

能力目标	知识要点	权　重	自测分数
掌握地面控制测量的方法	平面控制测量、高程控制测量、洞内外联系测量	25%	
熟练掌握掘进工程中的测量工作方法	隧洞中线放样	30%	
掌握一井定向的方法	一井定向、高程传递	20%	
掌握贯通测量方法	贯通误差分析、测定与调整	25%	

导读

隧道工程包括铁路与公路隧道、水利工程的输水隧道、越江隧道等。由于工程性质和地质条件不同，隧道工程施工方法和精度要求也不相同，但大体上包括洞外和洞内平面及高程控制测量以及竖井的联系测量等。隧洞工程测量的主要任务：在勘测设计阶段提供选址地形图和地质填图所需的测绘资料，以及定测时将隧道线路测设在地面上，即在洞门前后标定线路中线控制桩及洞身顶部地面上的中线桩；保证在两个相向开挖面的掘进中，施工中线及高程能够正确贯通，符合设计要求；保证开挖不超过规定界限。

隧道施工测量主要包括以下内容。

(1) 地面平面与高程控制测量。

(2) 洞口与地面的连接测量。

(3) 洞内平面与高程控制测量。

(4) 竖井联系测量。

(5) 贯通测量。

15.1 地面控制测量

15.1.1 地面平面控制测量

隧道平面控制网一般布设为独立网形式，根据隧道长度、地形及现场实际情况和精度要求，采用不同的布设方法，如中线法、精密导线法、三角网法、边角法及 GPS 定位技术等。

1. 中线法

中线法是在隧道洞顶地面上用直接定线的方法，把隧道的中线每隔一定的距离用控制桩精确地标定在地面上，作为隧道施工引测进洞的依据。适用于一般在直线隧道短于 1000m，曲线隧道短于 500m 时，可以采用中线作为控制。

如图 15-1 所示，*A*、*B*、*C*、*D*、*E* 作为在 *A*、*E* 之间修建隧道定测时所定中线上的直线转点。由于定测精度较低，在施工之前要进行复测，其方法为：以 *A*、*E* 作为隧道方向控制点，将经纬仪安置在 B'点上，后视 *A* 点，正倒镜分中定出 C'点；再置镜 C'点，正倒镜分中定出 D'点，用同样的方式定出 E'点。若 E'与 *E* 不重合，可量出 $E'E$ 的距离，则有：

$$DD' = \frac{AD'}{AE'}EE' \tag{15-1}$$

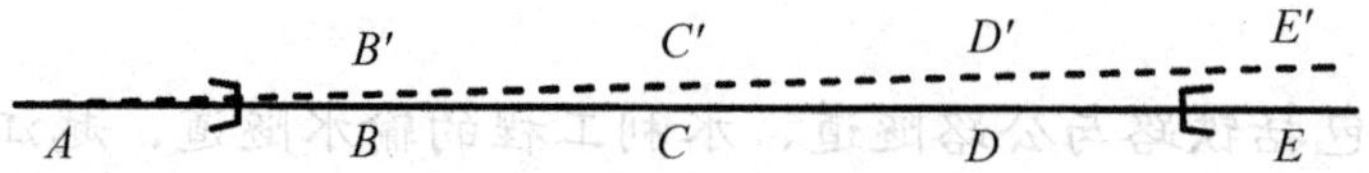

图 15-1 直接定线法确定隧道中线

自 D'点沿垂直于线路中线方向量出 $D'D$ 定出 *D* 点，同法也可定出 *C* 点。然后再将经纬仪分别安在 *B*、*C*、*D* 点上复核，证明该两点位于直线 *AB* 的连线上时，即可将它们固定下来，作为中线进洞的方向。若用于曲线隧道，则应首先精确标出两切线方向，然后精确测出转向角，将切线长度正确地标定在地表上，以切线上的控制点为准，将中线引入洞内。中线法简单、直观，但其精度不太高。

2. 精密导线测量

导线法比较灵活、方便，对地形的适应性比较大。目前在光电测距仪已经普及和其精度不断提高的情况下，导线法应当是隧道洞外控制形式的首选方案。一般有下列 4 种形式：单导线、主副导线环、导线网、附合导线。

1) 单导线

直线隧道将定测中线作为导线点，曲线隧道则将两端洞口切线转点、副交点等作为导线点，测量导线的转角和边长。导线的测量方法与一般导线的测量的方法相同。导线的测量必须独立测量两次以上，以确保测量结果的可靠性。导线应尽量布设成直伸式，因为直伸式导线测距误差只影响隧道的长度，而对横向贯通误差影响很小。

2) 主副导线环

将隧道洞外平面控制网布设成主副两条并行导线，在隧道两端连接形成一个导线闭合环。对主导线要测量角度和边长，对副导线只测角不测边，形成一个多边形角度闭合条件。根据需要还可以在中部增加连接边，形成若干个导线闭合环，用简易平差法进行平差。选用主导线作为进洞联系方向。主副导线环适用于较长隧道的控制，如图 15-2 所示。

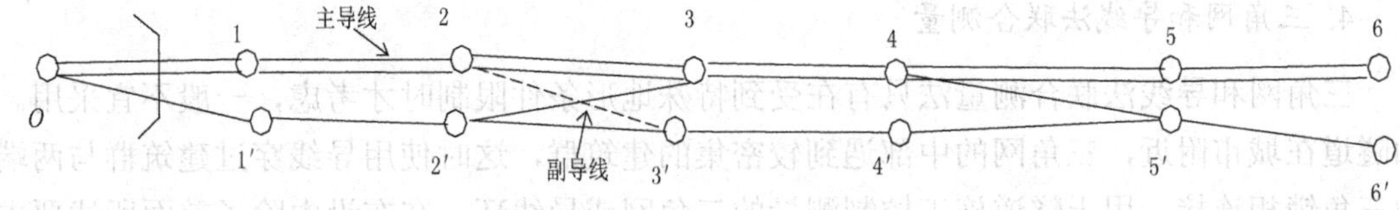

图 15-2　主副导线环地面控制网

3) 导线网

导线网适用于线路形状复杂或辅助坑道(横洞、斜井、竖井)较多的长隧道，需测所有的角和边。

4) 附合导线

当隧道两端有已建立的高级控制点，其精度高于隧道控制测量所需的精度时，可在两相向开挖的洞口间建立附合导线，导线应尽量布设成直伸式，以尽量减少横向贯通误差的影响。导线测量主要技术要求见表 15-1。

表 15-1　公路隧道地面导线测量主要技术要求

两开挖洞口间距离/km		测角中误差	边长相对中误差		导线边最小边长/m	
线 隧 道	曲线隧道	/″	曲线隧道	直线隧道	曲线隧道	直线隧道
4～6	2.5～4.0	±2.0	1/5000	1/5000	150	500
3～4	1.5～2.5	±2.5	1/10000	1/3500	150	400
2～3	1.0～1.5	±4.0	1/10000	1/3500	150	300
<2	<1.0	±10.0	1/10000	1/2500	150	200

我国已经建成的长达 14.3km 的大瑶山隧道和 8km 长的军多山隧道，都是采用精密导线法作为地面平面控制测量。

3. 三角网法

如果仅从横向贯通精度来考虑，三角网是最理想的方案(见图 15-3)。可以布设为测角网、测边网和边交网。三角网布设时应满足以下要求。

(1) 三角网应沿两洞口连线方向设置，三角形以近似等边三角形为佳。

(2) 组成三角网的三角形个数以少为好，起始边至最弱边的三角形个数不宜超过 6 个，否则应增设起始边。全隧道的三角形个数不宜超过 12 个。

(3) 洞口投点应是三角锁中的三角点，其他三角点应尽可能靠近中线。

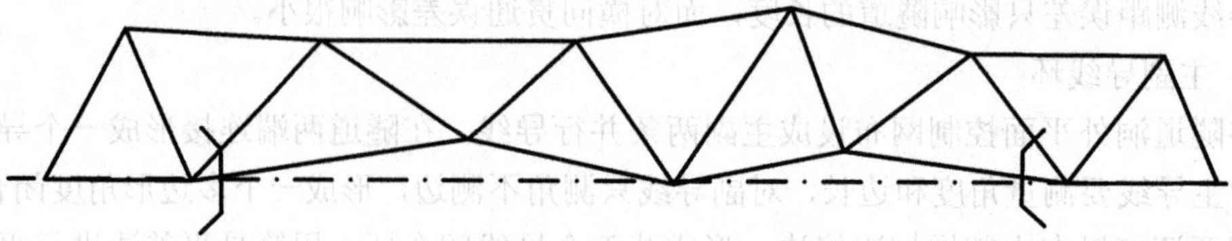

图 15-3 直线隧道三角网法地面控制

4. 三角网和导线法联合测量

三角网和导线法联合测量法只有在受到特殊地形条件限制时才考虑，一般不宜采用。如隧道在城市附近，三角网的中部遇到较密集的建筑群，这时使用导线穿过建筑群与两端的三角锁相连接。用于隧道施工控制测量的三角网或导线环，在布设中除了前面所述要求外，还应注意以下几点。

(1) 使三角网或导线环的方向，尽量垂直于贯通面，以减弱边长误差对横向贯通精度的影响。

(2) 尽量选择长边，减少三角形个数或导线边个数，以减弱测角误差对横向贯通精度的影响。

(3) 每一洞口附近测设不少于 3 个平面控制点(包括洞口投点及其相联系的三角点或导线点)，作为引线入洞的依据，并尽量将其纳入主网中，以加强点位稳定性和入洞方向的校核。

(4) 三角网的起始边如果只有一条，则应尽量布设于三角网中部；如果有两条，则应使其位于三角网两端，这样不仅利于洞口插网，而且可以减弱三角网测量误差对横向贯通精度的影响。

5. GPS 定位技术

GPS 是全球定位系统的简称，它的原理和使用，可参看第 7 章小区域控制测量。隧道施工控制网可利用 GPS 相对定位技术，采用静态或快速静态测量方式进行测量。由于定位时仅需要在开挖洞口附近测定几个控制点，工作量少，而且可以全天候观测，因此是大中型隧道洞外控制测量的首选方案。

综合以上 5 种平面控制测量的方法，以中线法计算最为简单，但精度较低，仅适用于短的直线隧道；精密导线法布网灵活，测角工作量比三角网法小，边长精度高，若采用多个闭合环的闭合导线网形式，适用较长隧道的控制测量，并显示出巨大的优越性；三角网法布设受地形通视条件的限制，测角工作量大，但方向精度高，边长精度与导线网相比较低；导线网与三角网联合测量一般仅用于特殊地形条件，其综合了导线网边长精度高和三角网方向精度高的优点，但布网计算较复杂；GPS 定位测量是现代先进的手段，在平面精度方面高于常规方法，由于不需要点间通视，经济节省，自动化程度高，已被广泛应用。

15.1.2　地面高程的控制测量

隧道地面高程控制测量主要采用水准测量的方法，利用线路定测时的已知水准点作为高程起算数据，沿着拟定的水准路线在每个洞口至少埋设两个水准点，水准路线应构成闭合环线或者两条独立的水准路线，由已知水准点出发从一端洞口测到另一端洞口。水准测量的等级不仅取决于隧道的长度，还取决于隧道所处位置的地形状况，详见表 15-2。目前，光电测距三角高程测量方法已经广泛应用，采用全站仪进行精密导线测量所求高程可以达到三、四等水准测量的精度要求。

表 15-2　不同等级水准测量的路线长度和仪器精度

测量部位	测量等级	每公里高差中数的偶然中误差/mm	两开挖洞口间的水准路线长度/km	水准仪等级	水准尺类型
洞外	二	≤1.0	>36	$S_{0.5}$、S_1	线条式铟瓦水准尺
	三	≤3.0	13～36	S_1	线条式铟瓦水准尺
				S_3	区格式水准尺
	四	≤5.0	5～13	S_3	区格式水准尺
洞内	二	≤1.0	>32	S_1	线条式铟瓦水准尺
	三	≤3.0	11～32	S_3	区格式水准尺
	四	≤5.0	5～11	S_3	区格式水准尺

15.1.3　洞内外的联系测量

洞外控制测量完成以后，应把各洞口的线路中线控制桩和洞外控制网联系起来。由于控制网和线路中线两者的坐标系不一致，应首先把洞外控制点和中线控制桩的坐标纳入同一坐标系统内，故必须先进行坐标变换计算，得到控制点再变换后的新坐标。其坐标变换计算公式可以采用解析几何中的坐标转轴和移轴计算公式。一般在直线段以线路中线作为 x 轴；曲线上则以一条切线方向作为 x 轴。用线路中线点和控制点的坐标，反算两点的距离和方位角，从而确定进洞测量的数据。把中线引入洞内，推算方法随隧道的形状不同而不同，现在将直线进洞和曲线进洞的情况分别叙述如下。

1. 直线隧道进洞

1) 正洞

如图 15-4 所示，洞口两端线路控制点 A、B、C、D 是按定测精度测设的，它们并不是严格位于同一条直线上。经精测 A、B、C、D 后，可以 A 为原点，AB 方向为纵轴，计算出 C、D 两点相应的偏离值 y_C、y_D 和 β 角，将经纬仪分别安置在 C 和 D 上，拨角量出垂线 y_C 和 y_D，即可移桩定出 C'和 D'点，再将经纬仪安置于 D'点，照准 C'即得进洞方向。当偏移量较大时，为保持原设计的线路平面位置和方向的一致性，可用洞口两端的 A、D 两点连线作纵轴，将 B、C 移至中线上，称为移桩法。

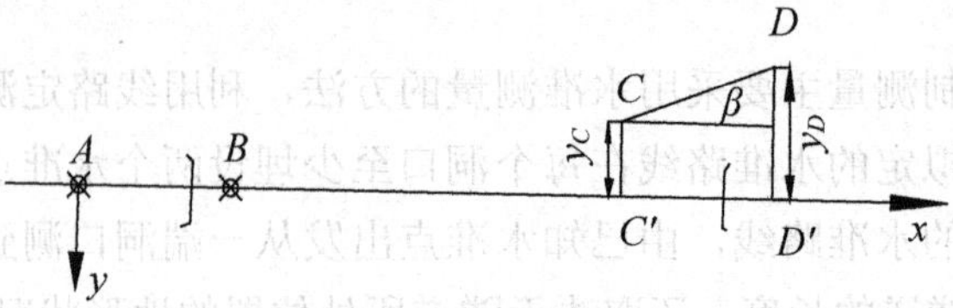

图 15-4　正洞移桩法

如图 15-5 所示，如果当以 AD 为坐标纵轴时，可根据 A、B 及 C、D 点的坐标，反算出水平角 α 和 β，即可得到进洞方向。引测时，仪器分别安装在 A 点，后视 B 点；安置在 D 点，后视 C 点；相应地拨角 α 和 β，该方法称为拨角法。

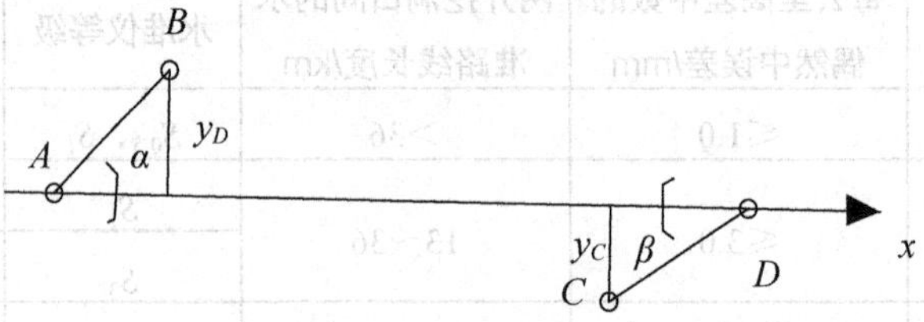

图 15-5　正洞拨角法

2) 横洞

如图 15-6 所示，C 为横洞的洞口投点，横洞中线与隧道中线的交点为 O，交角为 γ (其值是根据地形与地质情况由设计人员决定)。此时，β 角以及横洞 OC 的距离 S 就是所要求的进洞关系数据。由图中可以看出，只要求得 O 点的坐标，即可算得 β 与 S 的数值。

设 O 点的坐标为 x_O 与 y_O，可得：

$$\tan\alpha_{AO}=\frac{y_O-y_A}{x_O-x_A}$$
$$\tan\alpha_{CO}=\frac{y_O-y_C}{x_O-x_C} \tag{15-2}$$

式中：$\alpha_{AO}=\alpha_{AD}$，$\alpha_{CO}=\alpha_{AO}-\gamma$，　$\alpha_{AD}=\arctan\dfrac{y_D-y_A}{x_D-x_A}$。

将这些已知数代入上面两个式子中进行联立解算，即可求得 x_O 与 y_O，则进洞关系数 β 角和距离 S 的值为

$$S=\sqrt{(x_O-x_C)^2+(y_O-y_C)^2} \tag{15-3}$$

$$\beta=\alpha_{CO}-\alpha_{CN} \tag{15-4}$$

式中：$\alpha_{CN}=\arctan\dfrac{y_N-y_C}{x_N-x_C}$。

然后在 C 点安置经纬仪，后视点 N，拨角 β 定出 CO 的方向，有 C 点沿 CO 方向测设距离 S，就可以确定 O 点。

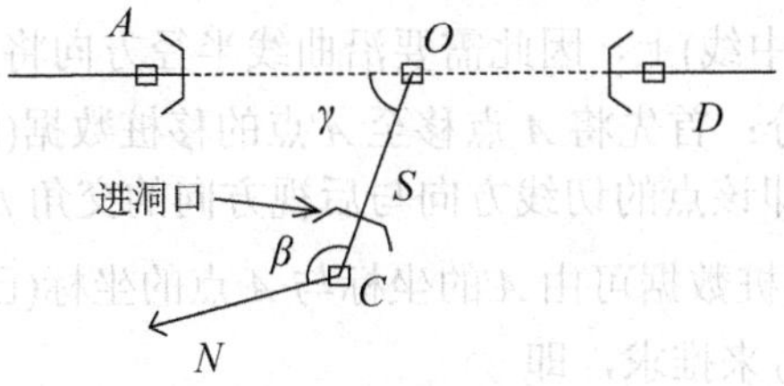

图 15-6　横洞进洞示意图

2. 曲线隧道进洞

曲线进洞的关系较为复杂。圆曲线进洞与缓和曲线进洞都需要计算曲线的资料以及曲线上各主点在隧道施工坐标系统内的坐标。

1) 曲线元素的计算

如图 15-7 所示，ZD_1～ZD_4 为在切线上的隧道施工控制网的控制点，其坐标均已精确测出，这时根据这 4 个控制点的坐标即可算出两切线间的偏角α，此α的数值与原来定测时所测得的偏角值一般是不符合的。为了保证隧道正确贯通，曲线元素应根据所算得的偏角值α重新计算。计算的位数也要增加。圆曲线半径 R 与缓和曲线长度 l_0 为设计人员所定，一般都不予改变，而只是按新的偏角α值，用下列公式计算切线总长 T 与曲线总长 L，即

$$\left.\begin{aligned} T &= m + (R+P)\tan\frac{\alpha}{2} \\ L &= \frac{\pi R}{180^\circ}(\alpha - 2\beta_0) + 2l_0 \end{aligned}\right\} \tag{15-5}$$

式中：α——偏角(线路转向角)；

R——圆曲线半径；

l_0——缓和曲线长度；

m——加设缓和曲线后使切线增长的距离；

P——加设缓和曲线后，圆曲线相对于切线的内移量；

β_0——加设缓和曲线角度。

按照 ZD_2 与 ZD_3 的坐标及两切线的方位角，即可算得 JD 点的坐标，然后再由 T 算得 ZH 与 HZ 的坐标，由外矢距 E 与半径 R 得出圆心 O 的坐标。经过这些计算后，就将曲线上的几个主要点纳入了施工坐标系统。

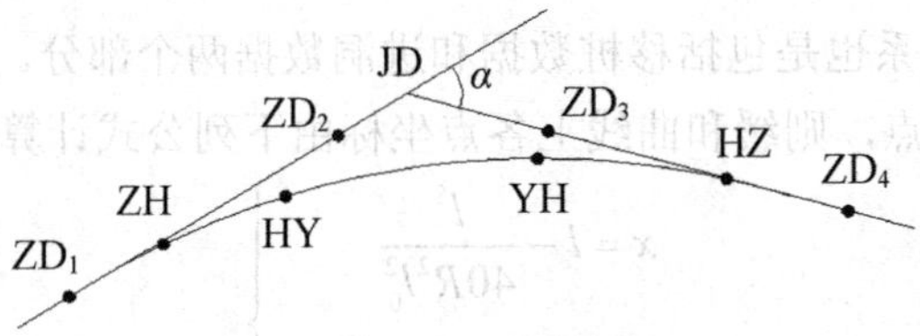

图 15-7　曲线元素示意图

2) 圆曲线进洞

由于地面施工控制网精确测量的结果，使得原来定测时的曲线位置所选择的洞口 A 点

就不一定在新的曲线(隧道中线)上，因此需要沿曲线半径方向将 A 移至 A'点(见图 15-8)。此时，进洞关系就包括两部分：首先将 A 点移至 A'点的移桩数据(图 15-8 中的β角与距离 S)；然后是 A'点进洞的数据，即该点的切线方向与后视方向的交角 β' 。

(1) 移桩数据计算。移桩数据可由 A'的坐标与 A 点的坐标(已知)来计算。而 A'点的坐标应由圆心 O 的坐标 x_O 与 y_O 来推求，即

$$\begin{aligned} x'_A &= x_O + R\cos\alpha_{OA} \\ y_A &= y_O + R\sin\alpha_{OA} \end{aligned} \tag{15-6}$$

式中：$\alpha_{OA} = \arctan\dfrac{y_A - y_O}{x_A - x_O}$；$R$为圆曲线半径。

则移桩数据为

$$S = \sqrt{(x_{A'} - x_A)^2 + (y_{A'} - y_A)^2}$$

$$\beta = \alpha_{AA'} - \alpha_{AN} \tag{15-7}$$

在 A 点安置经纬仪，后视 N 点，拨角β定出 AA'方向，由 A 点沿 AA' 方向测设距离 S，即可表示出 A'点位置。

(2) 进洞数据计算。

$$\beta' = \alpha'_{A切} - \alpha_{A'N} \tag{15-8}$$

式中：$\alpha'_{A切} = \alpha_{A'A} + 90^\circ$，$\alpha_{A'N} = \arctan = \dfrac{y_N - y_{A'}}{x_N - x_{A'}}$。

在 A'点安置经纬仪，后视 N 点，拨角 β'，就可以得到 A'点的切线方向，作为进洞依据。

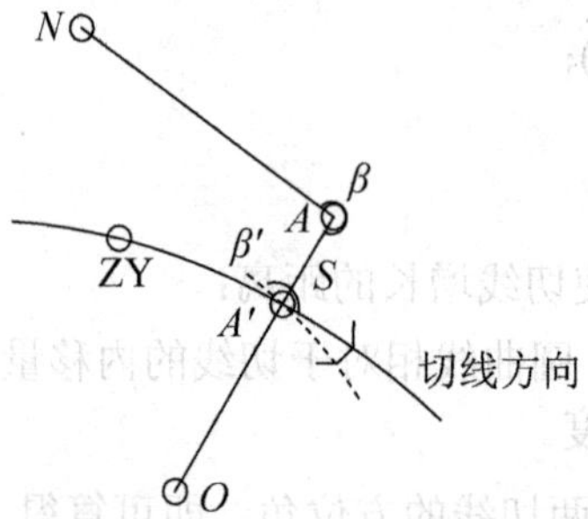

图 15-8 圆曲线进洞

3) 缓和曲线进洞

缓和曲线的进洞关系也是包括移桩数据和进洞数据两个部分。如图 15-9 所示，若缓和曲线起点 ZH 为坐标原点，则缓和曲线上各点坐标由下列公式计算，即

$$\left.\begin{aligned} x &= l - \frac{l^5}{40R^2 l_0^2} \\ y &= \frac{l^3}{6Rl_0} - \frac{l^7}{336R^3 l_0^3} \end{aligned}\right\} \tag{15-9}$$

式中：l——计算点到 ZH 的缓和曲线长；

l_0——缓和曲线全长；

R——圆曲线半径。

则缓和曲线上任一点的切线与起点切线(x 轴)的交角 δ 为

$$\delta = \frac{l^2}{2Rl_0} \cdot \rho'' \tag{15-10}$$

先要计算 A'点的坐标，计算方法的基础是假定 A'点的 x 坐标与 A 点的 x 坐标相同，即 $x'_A=x_A$，由于式(15-9)是一个高次方程式，所以虽然知道 x_A 的数值，还是不能直接解得 l 值，而必须用逐渐趋近的方法，即先根据 A 点的大概 l 值，将其代入式(15-9)，求出 x'_A，看它是否等于 x_A，若不等，则根据其差数再假定一个 l 值进行计算，这样进行几次反复计算后即可求得满足式(15-9)的 l 值，然后可求得 $y_{A'}$。用上述方法求得的 A'点的坐标，是在以 ZH 为原点而它的切线方向为 x 轴的坐标系统内。因此还必须进行换算，将它们纳入施工控制网的坐标系统。

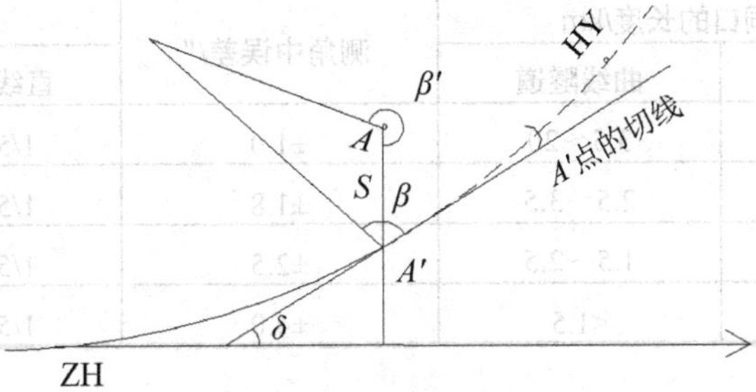

图 15-9　缓和曲线进洞

15.2　隧洞内控制测量

隧道洞控制测量起始于洞口两端的控制点，随着隧洞的开挖向前方延伸，为了给出隧道正确的掘进方向，并保证准确贯通，应进行洞内控制测量，主要包括洞内平面测量和高程测量。

15.2.1　隧洞内平面测量

由于隧道洞内场地狭窄，故洞内平面控制常采用中线或导线两种形式。

1. 中线形式

中线形式是指洞内不设导线，用中线控制点直接进行施工放样。一般以定测精度测设出新点，测设中线点的距离和角度数据由理论坐标值反算，这种方法一般用于较短的隧道。若将上述测设的新点，再以高精度测角、量距，算出实际的新点精确点位，再和理论坐标相比较，若有差异，应将新点移到正确的中线位置上，这种方法可以用于曲线隧道 500m、直线隧道 1000m 以上的较长隧道。

2. 导线形式

导线形式是指洞内控制依靠导线进行，施工放样用的正式中线点由导线测设，中线点的精度能满足局部地段施工要求即可。导线控制的方法较中线形式灵活，点位易于选择，测量工作也较简单，而且具有多种检核方法；当组成导线闭合环时，角度经过平差，还可提高点位的横向精度，导线控制方法适用于长隧道。

洞内导线与洞外导线相比，具有以下特点：洞内导线是随着隧道的开挖逐渐向前延伸，故只能敷设支导线或狭长形导线环，而不可能将全部导线一次测完；导线的形状完全取决于坑道的形状；导线点的埋石顶面应比洞内地面低 20～30cm，上面加设护盖、填平地面，以免施工中遭受破坏。洞内导线测量主要技术要求见表 15-3。

表 15-3　洞内导线测量主要技术要求

等级	两开挖洞口的长度/km		测角中误差/″	边长相对中误差	
	直线隧道	曲线隧道		直线隧道	曲线隧道
二	7～20	3.5～20	±1.0	1/5000	1/10000
三	3.5～7	2.5～3.5	±1.8	1/5000	1/10000
四	2.5～3.5	1.5～2.5	±2.5	1/5000	1/10000
五	<2.5	<1.5	±4.0	1/5000	1/10000

15.2.2　隧洞内的高程测量

地下高程控制测量的任务是，测定地下坑道中各高程点的高程，建立一个与地面统一的地下高程控制系统，作为地下工程在竖直面内施工放样的依据。解决各种地下工程在竖直面内的几何问题。地下高程控制测量可分为地下水准测量和地下三角高程测量。其特点如下。

(1) 高程测量线路一般与地下导线测量的线路相同。在坑道贯通之前，高程测量线路均为支线，因此需要往返观测及多次观测进行检核。

(2) 通常利用地下导线点作为高程点。高程点可埋设在顶板、底板或边墙上。

(3) 在施工过程中，为满足施工放样的需要，一般是低等级高程测量给出坑道在竖直面内的掘进方向，然后再进行高等级的高程测量进行检测。每组永久高程点应设置 3 个，永久高程点的间距一般以 300～500m 为宜。

地下水准测量的作业方法与地面水准测量方法相同，测量时应使前后视距离相等。由于坑道内通视条件差，仪器到水准尺的距离不宜大于 50m。水准尺应直接立于导线点(或高程点)上，以便直接测定点的高程。测量时每个测站应进行测站检核，即在每个测站上应用水准尺黑红面上进行读数。若使用单面水准尺，则应用两次仪器对高差进行观测，所求得的高差的差数不应超过 ±3mm。高差计算公式仍为 $h=a-b$，但当高程点在顶板上时，要倒立水准尺(见图 15-10)，以尺底零端顶住测点，读数应作为负值代入公式中进行计算。对于水准支线，要进行往返观测，当往返测不符值在容许限差之内，则取高差平均值作为其最终值。

为检查地下水准标志的稳定性，应定期地根据地面水准点进行重复的水准测量，将所测得的高差成果进行分析比较。根据分析的结果，若水准标志无变动，则取所有高差的平均值作为高差成果；若发现水准标志变动，则应取最近一次的测量成果。

地下三角高程测量的作业方法与地面的作业方法相同，其高差计算公式为

$$h = l\sin\alpha + i - v \tag{15-11}$$

但应注意，在计算过程中当点在顶板时，i、v 应加入负号后代入公式中进行运算。

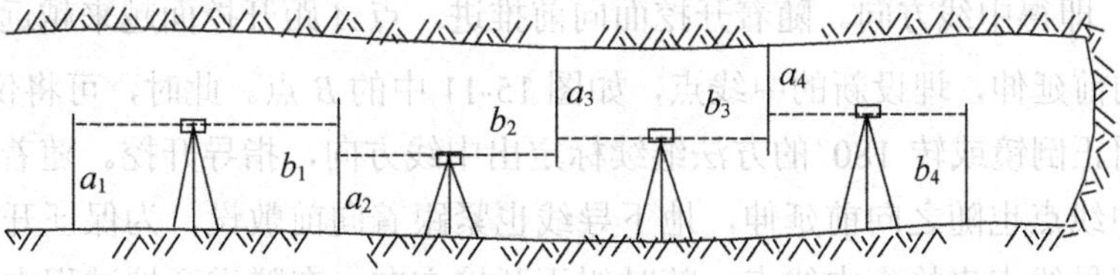

图 15-10　洞内倒尺法传递高程

15.2.3　隧洞掘进过程中的测量工作

在隧道施工过程中，测量人员的主要任务是随时确定开挖的方向，此外还要定期检查工程进度(进尺)及计算完成的土石方量。确定开挖方向时，根据施工方法和施工程序，一般常用的有中线法和极坐标法。当隧道用全断面开挖法进行施工时，通常是采用中线法。其方法是首先用经纬仪根据导线点设置中线点，如图 15-11 所示；图中 P_3、P_4 为导线点，A 为隧道中线点，已知 P_3、P_4 的实测坐标及 A 的设计坐标和隧道中线设计方位角 α_{AB} 根据上述已知数据，即可推算出放样中线点所需的有关数据 β_4、L 与 β_A。

$$\begin{aligned}
\alpha_{P_4A} &= \arctan\frac{Y_A - Y_{P_4}}{X_A - Y_{P_4}} \\
\beta_4 &= \alpha_{P_4A} - a_{P_4P_3} \\
\beta_A &= \alpha_{AD} - a_{AP_4} \\
L &= \frac{Y_A - Y_{P_4}}{\sin\alpha_{P_4A}} = \frac{X_A - X_{P4}}{\cos\alpha_{P_4A}}
\end{aligned} \tag{15-12}$$

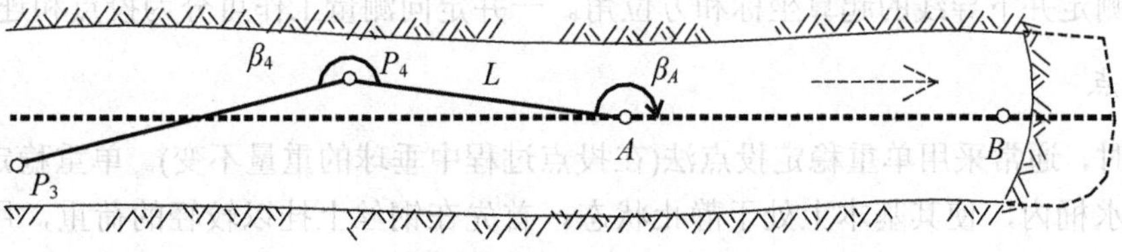

图 15-11　隧洞中线放样

求得有关数据后，即可将经纬仪置于导线点 P_5 上，后视点 P_4，拨角度 β_5，并在视线方向上丈量距离 L，即得中线点 A。在 A 点上埋设与导线点相同的标志。标定开挖方向时可将

经纬仪置于 A 点，后视导线点 P_5，拨角 β_A，即得中线方向。随着开挖面向前推进，A 点距开挖面越来越远，这时，便需要将中线点向前延伸，埋设新的中线点，如图 15-11 中的 B 点。此时，可将仪器置于 B 点，后视点 A，用正倒镜或转 180°的方法继续标定出中线方向，指导开挖。AB 之间的距离在直线段不宜超过 100m，在曲线段不宜超过 50m。当中线点向前延伸时，在直线上宜采用正倒镜延长直线方法；曲线上则需用偏角法或弦线偏距法来测定中线点。

极坐标法是将全站仪置于导线点 P_5 上，后视点 P_4，根据中线点 A 的坐标放样出中线点 A。在点 A 上埋设与导线点相同的标志。标定开挖方向时可将全站仪置于点 A，后视导线点 P_5，拨角 β_A，即得中线方向。随着开挖面向前推进，点 A 距开挖面越来越远，这时，便需要将中线点向前延伸，埋设新的中线点，如图 15-11 中的 B 点。此时，可将仪器置于 B 点，后视点 A，用正倒镜或转 180°的方法继续标定出中线方向，指导开挖。随着开挖面的不断向前推进，中线点也随之向前延伸，地下导线也紧跟着向前敷设，为保证开挖方向正确，必须随时根据导线点来检查中线点，随时纠正开挖方向。在隧道开挖过程中，应定出坡度以保证高程的正确贯通。

15.3 竖井联系测量

在长隧道测量工程中，为了加快工程进度，除了在线路上开挖横洞斜井增加工作面外，还可以用开挖竖井的方式增加作业面，以缩短贯通段的长度。为了保证两相向开挖隧道能够准确贯通，必须将地面控制网中的坐标、方向及高程，经由竖井传递到地下，作为地下控制测量的依据，这项工作称为竖井联系测量。其中坐标和方向的传递称为竖井定向测量。通过竖井定向测量，使地下平面控制网与地面控制网有统一的坐标系统。通过高程传递则使地下高程系统获得与地面统一的起算数据。

15.3.1 一井定向测量

进行一井定向时，在井筒中悬挂两根垂球线(见图 15-12)，在地面上由地面控制点测定两垂球线的平面坐标及其连线方位角，在井下通过测角量边把垂球线与起始控制点连接起来，从而测定井下导线的起算坐标和方位角。一井定向测量工作可分为投点和连接测量。

1. 投点

投点时，通常采用单重稳定投点法(在投点过程中垂球的重量不变)。单重稳定投点是将垂球放在水桶内，使其基本上处于静止状态，首先在钢丝上挂以较轻的荷重，用绞车将钢丝导入井中，然后在井下换上重锤，并使它自由地放在平静器中，不与容器壁及竖井中的物体接触。一井定向测量也可以采用激光铅直仪投点和陀螺经纬仪定向的方法进行。它们比吊锤线法方便。

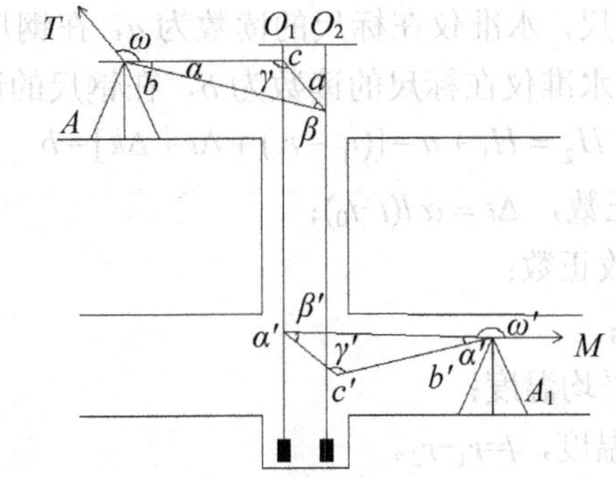

图 15-12　竖井联系测量示意图

2. 连接测量

连接测量的任务是在竖井口附近由地面控制网测设近井点，由它用适当的几何图形与吊锤线连接起来，这样便可确定两吊锤线的坐标及其连线的方向角。在井下的隧道中，将地下导线点连接到吊锤线上，以便求得地下导线起始点的坐标以及起始边的方向角。在连接测量中，常用的几何图形为联系三角形(见图 15-13)，C 与 C'称为井上下的连接点，A、B 点为两垂球线点，从而在井上下形成了以 AB 为公用边的三角形 ABC 和 ABC'。

连接测量时，在连接点 C 和 C'点处用测回法测量角度γ、γ'、ϕ、ϕ'。当 CD 边小于 20m 时，在 C 点进行水平角观测，其仪器必须对中 3 次，每次对中应将照准部(或基座)位置变换 120°。角度观测的中误差地面为±5″，地下为±7″。同时丈量井上下连接三角形的 6 个边长 a、b、c、a'、b'、c'。量边应用检验过的钢尺并施加比长时的拉力，并测记温度。在垂线稳定情况下，应用钢尺的不同起点丈量 6 次，读数估读到 0.1mm。同一边各次观测值的互差不得大于 2mm，取平均值作为丈量的结果。在垂球摆动情况下，应将钢尺沿所量三角形的各边方向固定，用摆动观测的方法至少连续读取 6 个读数，确定钢丝在钢尺上的稳定位置，以求得边长。每边均须用上述方法丈量两次，互差不得大于 3mm，取其平均值作为丈量结果。井上、下量得两垂球线距离的互差，一般应不超过 2mm。

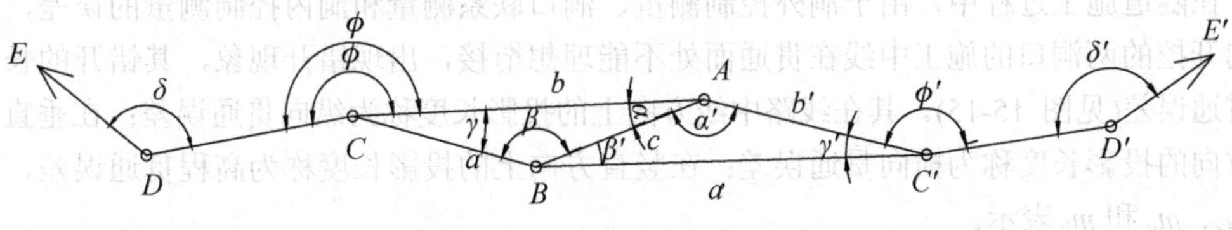

图 15-13　竖井连接测量示意图

15.3.2　竖井的高程传递

导入高程的目的是将地面上水准点的高程传递到井下水准点上，建立井下高程控制，使地下地表高程系统统一。

在传递高程时，应同时应用两台水准仪、两根水准尺和一把钢尺进行测量，其布置见图 15-14，地面近井水准点 1，其高程为 H_1。地下近井水准点 2，其待测高程为 H_2。在地面近井点安置水准仪和水准标尺，水准仪在标尺的读数为 a，在钢尺的读数为 r_1。在地下水准点安置水准仪和水准标尺，水准仪在标尺的读数为 b，在钢尺的读数为 r_2，则有：

$$H_2 = H_1 + a - [(r_1 - r_2) + \Delta t + \Delta k] - b \tag{15-13}$$

式中：Δt ——钢尺温度改正数，$\Delta t = \alpha\, l(t-t_0)$；

Δk ——钢尺的检定改正数；

α ——钢尺膨胀系数；

t ——地面和地下的平均温度；

t_0——钢尺检定时的温度，$l=r_1-r_2$。

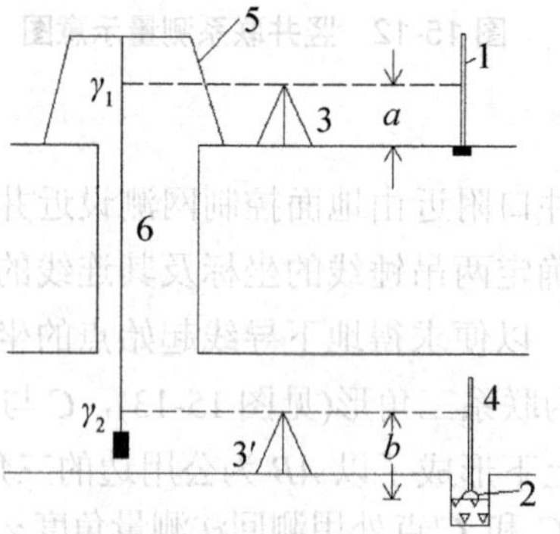

图 15-14 钢尺传递高程

地下隧洞内一般宜埋设 2～3 个水准点，并埋设在便于保存、不受干扰的位置；地面上应通过 2～3 个近井水准点将高程传递到地下洞内，传递时应采用不同的仪器高，求得隧洞内同一水准点高程互差不超过 5mm。

15.4 隧洞贯通测量

在隧道施工过程中，由于洞外控制测量、洞口联系测量和洞内控制测量的误差，导致相向开挖的两洞口的施工中线在贯通面处不能理想衔接，出现错开现象，其错开的长度称为贯通误差(见图 15-15)。其在线路中线方向上的投影长度称为纵向贯通误差；在垂直于中线方向的投影长度称为横向贯通误差；在竖直方向上的投影长度称为高程贯通误差，分别用 m_z、m_q 和 m_h 表示。

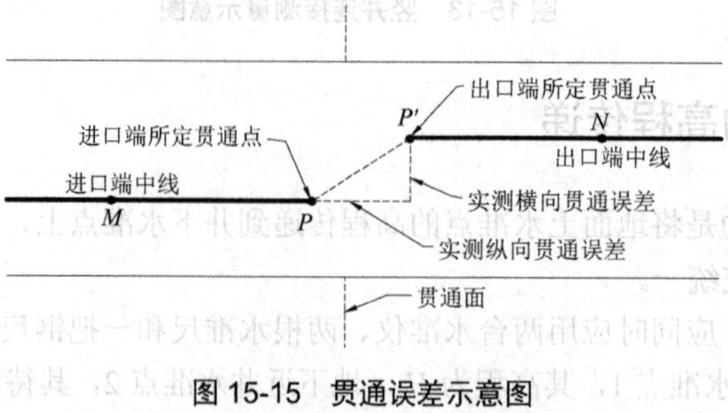

图 15-15 贯通误差示意图

15.4.1　贯通误差的分析

隧道控制测量包括地面和洞内两部分，每一部分又分平面控制测量和高程控制测量。地面平面控制测量常采用三角网、电磁波测距导线、GPS 网。地下平面控制测量主要采用钢尺量边导线和电磁波测距导线进行。另外，还可对某些边加测陀螺方位角。地面和洞内的高程控制，一般都采用水准测量的方法。

隧道控制测量的主要作用是保证隧道的正确贯通。它们的精度要求，主要取决于隧道贯通精度的要求、隧道长度与形状、开挖面的数量及施工方法等。对于山岭隧道来说，纵向误差只要不大于定测中线的误差，能够满足铺轨的要求即可。高程误差影响隧道的坡度，但其容易满足限差的要求。而横向误差如果超过了限差，就会引起隧道中线几何形状的改变，甚至洞内建筑物侵入规定限界而使已衬砌部分拆除重建，给工程造成损失。一般取两倍中误差作为各项贯通误差的限差。对于纵向误差，通常都是按定测中线的精度要求给定参考式(15-14)，即

$$\Delta l = 2m_l \leqslant \frac{1}{2000}L \tag{15-14}$$

式中：L——隧道两开挖洞口间的长度。

对于横向贯通误差和高程贯通误差的限差，按《公路测量技术规则》根据两开挖洞口间的长度确定，见表 15-4。

表 15-4　公路隧道贯通误差限差

两开挖洞口间长度/km	<3	3～6	>6
横向贯通误差/mm	±150	±200	根据仪器和现场条件另行规定
高程贯通误差/mm	±70		

1. 导线测量误差对横向贯通误差的影响

1) 测角误差的影响

设 R_x 为导线环(见图 15-16)在隧道两洞口连线的一列边上的各点至贯通面的垂直距离(m)，则导线的测角中误差 $m('')$ 对横向贯通中误差的影响为

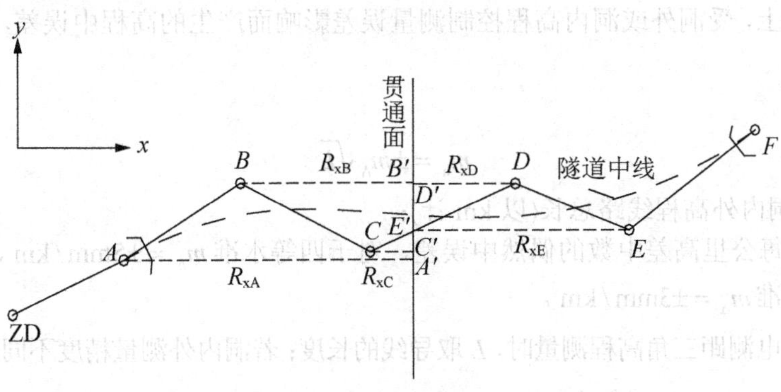

图 15-16　测角误差对横向贯通误差的影响

$$m_{y\beta} = \frac{m_\beta}{\rho''}\sqrt{\sum R_x^2} \tag{15-15}$$

2) 测距误差的影响

导线环在隧道相邻两洞口连线的一条导线上各边在贯通面上的投影长度 d_y (m)，导线边长测量的相对中误差为 m_l / l，则由于测距误差对贯通面上横向中误差的影响(见图 15-17)为

$$m_{yl} = \frac{m_l}{l}\sqrt{\sum d_y^2} \tag{15-16}$$

式中：$\sum d_y^2$——各导线边在贯通面上的投影长度平方的总和。

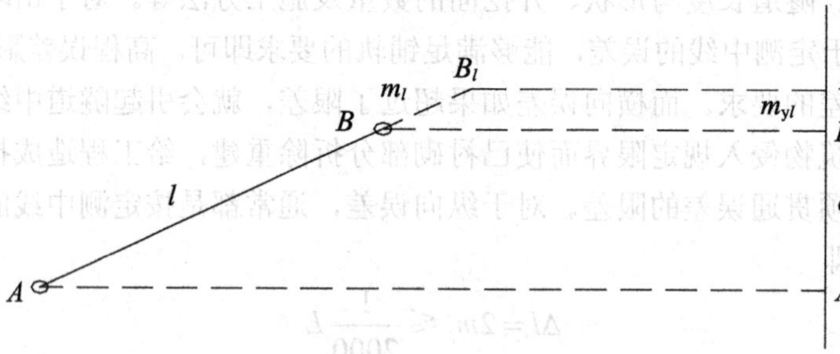

图 15-17 测距误差对横向贯通误差的影响

综合式(15-15)、式(15-16)可知，受角度测量误差和距离测量误差的共同影响，导线测量误差对贯通面上横向贯通中误差的影响为

$$m_q = \pm\sqrt{m_{y\beta}^2 + m_{y_l}^2} = \pm\sqrt{\left(\frac{m''_\beta}{\rho''}\right)^2 \sum R_x^2 + \left(\frac{m_1}{l}\right)^2 \sum d_y^2} \tag{15-17}$$

2. 三角测量误差对横向贯通误差的影响

在隧道的地面三角测量中常采用三角锁，将三角锁的边看作导线边，选择最靠近隧道中线的一条线路，将其作为导线，用式(15-17)估算对横向贯通误差的影响值，式中 m_β 取先验的测角中误差，m_1/l 取最弱边的相对中误差。

3. 高程测量误差对高程贯通误差的影响

在贯通面上，受洞外或洞内高程控制测量误差影响而产生的高程中误差，可按式(15-18)计算，即

$$m_h = \pm m_\Delta \sqrt{L} \tag{15-18}$$

式中：L——洞内外高程线路总长(以 km 计)；

m_Δ——每公里高差中数的偶然中误差，对于四等水准 $m_\Delta = \pm 5\text{mm/km}$，对于三等水准 $m_\Delta = \pm 3\text{mm/km}$。

若采用光电测距三角高程测量时，L 取导线的长度；若洞内外测量精度不同时应分别计算。

15.4.2　测定贯通误差的方法

1. 中线法

贯通之后，从相向测量的两个方向各自向贯通面延伸中线，并各钉一临时桩 A、B，如图 15-18 所示。丈量出两临时标桩 A、B 之间的距离，即得隧道的实际横向贯通误差，A、B 两临时标桩的里程之差，即为隧道的实际纵向贯通误差。

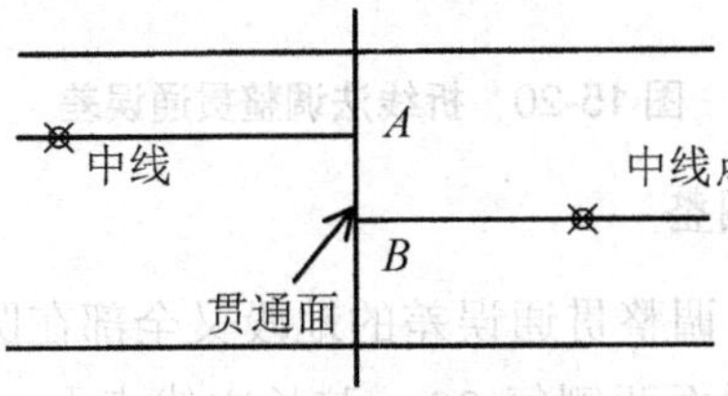

图 15-18　中线法测量贯通误差

2. 坐标法

采用地下导线作为洞内控制的隧道，可在贯通面处设立一个临时桩点 E，然后由相同的两个方向各自对该点进行测角和量距，各自计算临时桩点的坐标。这样可以测得两组不同的坐标值。其 y 坐标的差数即为实际的横向贯通误差，其 x 坐标之差为实际的纵向贯通误差。在临时桩点上安置经纬仪测出夹度 α，如图 15-19 所示，以便求得导线的角度闭合差，即方位角贯通误差。

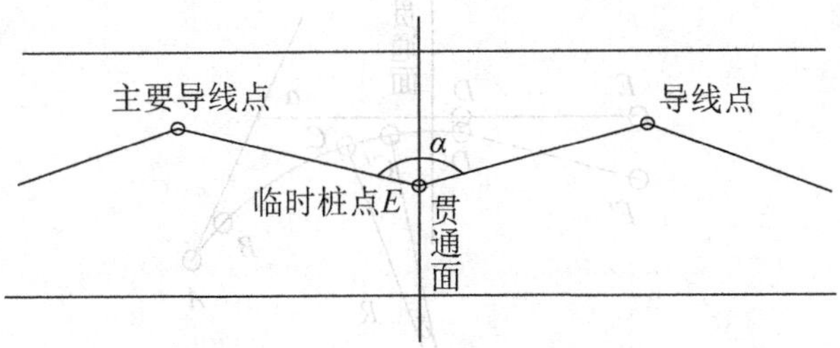

图 15-19　坐标法测定贯通误差

3. 水准测量法

由隧道两端洞口附近的水准点(或由离贯通面较近、稳定的地下水准点)向洞内各自进行水准测量，分别测出贯通面附近的同一水准点的高程，其高程差即为实际的竖向贯通误差。

15.4.3　贯通误差的调整

1. 直线隧道贯通误差的调整

直线隧道中线的调整，可采用折线法调整，如图 15-20 所示。将贯通面两侧的中线上的 B、E 点各自向后延长一个适当距离至 C、D 点。如果 CD 连线与原中线方向的夹角 β 在 5′

以内时，可作为直线线路考虑。当转折角在 5′～25′时，可不加设曲线，但应以顶点 D 或 C 向内移一个 E(外矢距)值，得出中线位置即可，内移量 E 的大小可根据半径 R 和转折角 β 计算。

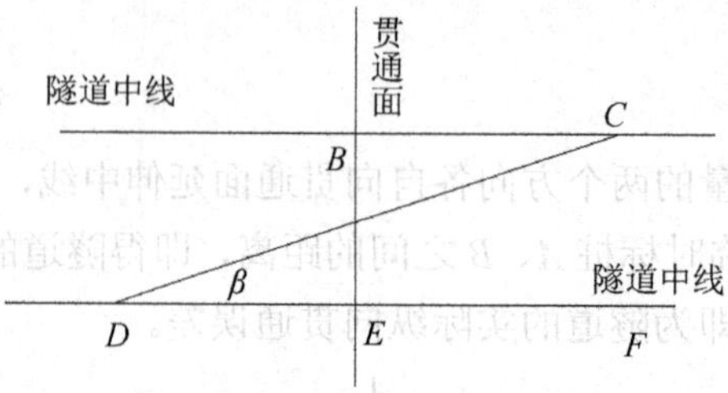

图 15-20　折线法调整贯通误差

2. 曲线隧道贯通误差的调整

当贯通面位于圆曲线上，调整贯通误差的地段又全部在圆曲线上时，可用调整偏角法进行调整。也就是说，在贯通面两侧每 20m 弦长中线点上，增加或减少 10″～60″的切线偏角值。

当贯通面位于曲线始(终)点附近时，如图 15-21 所示，可由隧道一端经过 E 点测量至圆曲线的终点 D，而另一端经由 A、B、C 各点测至圆曲线的终点 D'。D 与 D'不相重合，再自 D'点作圆曲线的切线至 E'点，DE 与 $D'E'$既不平行又不重合。为了调整贯通误差，可先采用调整圆曲线长度的方法使 DE 与 $D'E'$平行。即在保持曲线半径不变，缓和曲线长度不变和曲线 A、B、C 段方向不受牵动的情况下，将圆曲线缩短(或增长)一段 CC'，使 $DE//D'E'$。CC' 的近似值可按式(15-19)计算，即

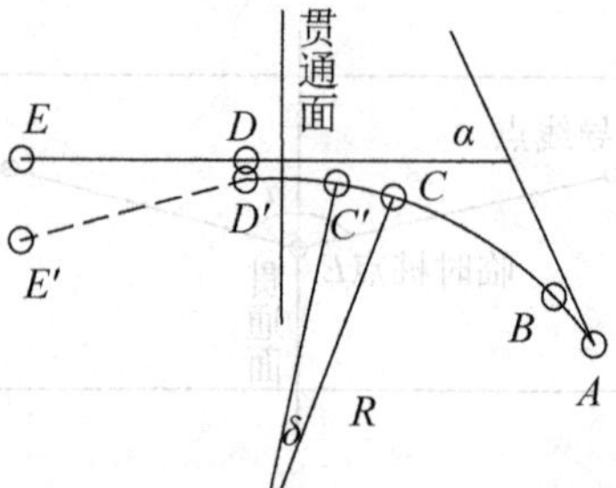

图 15-21　调整圆曲线长度法

$$CC' = \frac{EE' - DD'}{DE} \cdot R \tag{15-19}$$

式中：R——圆曲线的半径。

CC'曲线对应圆心角 δ 按式(15-20)计算，即

$$\delta = \frac{360^\circ}{2\pi R} \cdot CC' \tag{15-20}$$

经过调整圆曲线长度后，已使 $D'E'$与 DE 平行，但仍不重合，如图 15-22 所示，此时可采用调整曲线始(终)点办法调整之，即将曲线的始点 A 沿着切线向顶点方向移动到 A'点。使

$AA'=FF'$，这样 $D'E'$就与 DE 重合了。然后，再由 A'点进行曲线测设，将调整后的曲线标定在实地上。曲线始点 A 移动的距离可按式(15-21)计算，即

$$AA'=FF'=\frac{DD'}{\sin\alpha} \tag{15-21}$$

式中：α——圆曲线的总偏角。

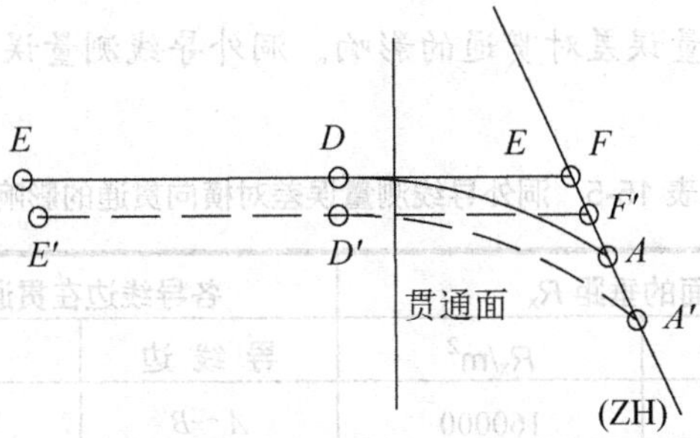

图 15-22　调整曲线始、终点法

3. 高程贯通误差的调整

高程误差测定后，如在规定限差范围内，则在隧洞内各个地下水准点高程，可以根据水准路线的长度对高程贯通误差按比例分配，得到调整后的各个水准点高程，作为施工放样的高程依据。

15.5 综 合 案 例

项目名称：某直线隧道贯通测量方案确定

某公路隧道为直线隧道，设计长度为 $L=1136.29\text{m}$，洞外平面控制设计为单导线，其布设如图 15-23 所示。试确定测量等级并判定该设计方案能否满足贯通的精度要求。

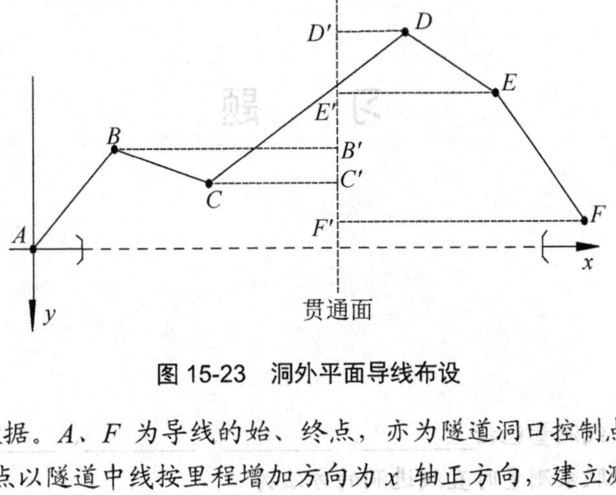

图 15-23　洞外平面导线布设

(1) 图解相关数据。A、F 为导线的始、终点，亦为隧道洞口控制点。以洞外导线的始点 A 作为坐标系原点以隧道中线按里程增加方向为 x 轴正方向，建立测量坐标系。在地形

图上，各导线点 A、B、C、D、E、F 在贯通面方向上的垂足分别为 A'、B'、C'、D'、E'、F'，量算出各导线点的垂距 R_x 及各导线边在贯通面方向上的投影长度 d_y，其结果见表 15-5 中。

(2) 确定隧道洞外平面控制测量等级。本例隧道长度小于 2km，根据规程洞外导线测量适用长度知，洞外导线可布设为五等，即导线测角中误差为 $m_\beta=\pm4.0''$，边长相对中误差为 $m_l/l=1/20000$。

(3) 估算洞外导线测量误差对贯通的影响。洞外导线测量误差对贯通的影响计算如表 15-5 所列。

表 15-5　洞外导线测量误差对横向贯通的影响

各导线点至贯通面的垂距 R_x			各导线边在贯通面方向的投影长度 d_y		
点　名	R_x/m	R_x/m^2	导 线 边	D_y/m	d_y/m^2
B	400	160000	A～B	140	19600
C	150	25500	B～C	40	1600
D	250	62500	C～D	160	25600
E	480	230400	D～E	70	4900
			E～F	130	16900
$\sum$		475400	$\sum$		68600

$$m_\beta=\pm4.0''\qquad \frac{m_l}{l}=\frac{1}{20000}$$

$$m_{y\beta}=\frac{m_\beta}{\rho''}\sqrt{\sum R_x^2}=\pm13.4\text{mm}$$

$$m_{yl}=\frac{m_l}{l}\sqrt{\sum d_y^2}=\pm13.1\text{mm}$$

$$m=\pm\sqrt{m_{y\beta}^2+m_{yl}^2}=\pm18.7\text{mm}$$

洞外导线测量中误差对隧道的影响预计是 18.7mm，其允许值是 30mm。显然该洞外导线测量设计可行。

习　题

1. 名词解释

(1) 一井定向

(2) 贯通误差

2. 填空题

(1) 隧道精密导线测量包括________、________、________、________。

(2) 隧道洞内外联系测量时直线进洞的方法为________、________。

(3) 隧洞内平面控制常采用的形式为________、________。

(4) 一井定向的测量工作可分为________、________。

(5) 测定贯通误差的方法为________、________、________。

3. 简答题

(1) 隧道施工测量的主要内容包括哪些方面?

(2) 隧道 GPS 定位网的设计应满足哪些要求?

(3) 为什么要进行隧洞地面和地下的联系测量?

(4) 简述一井定向时连接测量的方法步骤。

(5) 简述直线隧道贯通误差的调整方法。

第 16 章　地质勘探工程测量

教学目标

了解地质勘探工程测量的一般过程，掌握地质填图测量的方法，掌握勘探线、勘探网与物探网的测设，掌握地质剖面测量的方法与要求。

应该具备的能力：具备地质填图测量的基本能力，初步具备勘探线、勘探网与物探网的测设能力，能测量和绘制相关工程的地质剖面图。

教学要求

能力目标	知识要点	权　重	自测分数
掌握地质填图比例尺的选择方法	填图比例尺	15%	
熟悉地质点、地质界线的测量方法	地质点、地质界线测量	30%	
掌握勘探线、勘探网与物探网的测设方法	勘探线、勘探网与物探网的测设	30%	
掌握地质剖面图的测量与绘制的方法	地质剖面图的测量	25%	

导读

作为从事地质工程的技术人员，除了应掌握地质勘探工程的专业知识外，还应熟悉勘探工程中的测量工作，以便合理使用测量资料，参与或组织实施测量业务，从而更好地完成各项地质勘探工程。随着测量电子仪器的广泛使用，地质勘探工程测量也变得越来越简单，那么地质勘探工程中都有哪些测量工作呢？它们该如何进行？本章将介绍地质勘探工程测量中的一些理论和方法。

16.1　概　　述

地质勘探通常是指矿产资源普查与勘探。一般分为找矿(初步普查)、普查(详细普查)、详查(初步勘探)与精查(详细勘查) 4 个阶段，其目的是详细查明地下矿产资源。

初查与普查阶段，主要是根据发现的矿点线索，初步查明矿产的品种、矿体的规模形态和产状，确定矿石的品位和储量，对矿区有无进一步勘探的价值做出评价。在普查阶段，应配合地表揭露工程及少量钻探工程等手段进行地质观察，并填绘中、小比例尺的地形地质图。

勘探阶段，是对矿区进行更详细的勘查，以获取矿区地质构造、矿体产状、矿石品位、物质组成成分及储量等更翔实、可靠的地质资料，作为矿山建设与开采的依据。在这个阶段采用的勘察手段主要有：地质点观察，地表揭露工程(剥土、槽探、井探等)，并通过大量的钻探工程，必要时还需作一定数量的坑道探矿工程，配合物理探矿和化学探矿等手段，以进一步解决深部地下矿体埋藏的规模、产状和品位变化情况。最后，综合所有资料，编制矿区大比例尺地形地质图(1∶1000～1∶5000)，绘制供研究矿体产状、品位和储量的专题地图，并对勘探结果提交完整的综合地质报告。

在普查和勘探的各个阶段中都需要进行相应的测量工作，这项工作称为**地质勘探工程测量**。其主要任务可分为基础测量与工程测量两大部分。基础测量主要是指对整个矿区的控制测量，以及大比例尺地形图的测绘。控制网的等级需以相关规范为依据，结合勘探区的地形条件和勘探网的密度和精度要求，达到满足矿区所需比例尺地形图测量的需要，其他测量工作在控制测量的基础上进行。一般情况下作为地质勘探区首级平面控制网，可根据勘探面积、勘探网密度和地形条件，布设四等或 5″ 级导线网，若有 GPS 接收机，也可布设相应等级的 GPS 控制网，在此基础上再以交会、导线等方法进行加密。高程控制网根据不同的精度要求，可采用水准测量、三角高程测量或 GPS 测高。工程测量主要是指结合普查和勘探所进行的各项设计、测设、定测及各种专题图纸的编绘等工作。为完成这些任务，地质勘探工程测量的一般过程可以总结如下。

(1) 在矿区建立测量控制网，控制网不仅是矿区地形图测绘的基础，而且是矿区各项勘探工程测量的基础，乃至是今后矿山建设及矿产开采的控制基础。

(2) 矿区测量控制网建立后，即可进行矿区地形测量，以便为地质勘探工程的设计、地形地质图的编绘提供底图。地形图的比例尺应根据矿区的范围、不同的矿种和矿床类型，以及对矿体储量计算的精度要求等按照相关规范确定。

(3) 根据各级控制点位置、地形地质图，协助地质人员设计各种勘探工程位置。

(4) 根据设计资料将各项工程测设于实地。

(5) 勘探工程完成后，对工程的平面位置与高程进行定测。

(6) 与地质人员合作编绘各种专题地图。

上述工作开始以前，应该按照作业的程序、项目，参照相关规范、条例，结合矿区的具体情况及勘探工作的要求，编写《矿区地质勘探工程测量技术设计书》，呈报主管部门审批后，作为测量工作的依据。整个矿区工程测量结束后，应该对所有资料、成果进行核对、整理，编写《矿区地质勘探工程测量技术总结报告》与《矿区地质勘探工程测量技术设计书》、成果资料、图纸等一并上交存档。

地质勘探工程测量的主要内容有地质填图测量、勘探工程测量和地质剖面测量，现分述如下。

16.2　地质填图测量

在地质勘探工程中，首先要进行地质填图，通过地质填图来详细查清地面地质情况，划分岩层，确定矿体分布，以便正确了解矿床与地质构造的关系及规律，为下一步的勘探工程设计和矿产储量计算提供可靠的依据。

1. 地质填图的比例尺

地质填图是用地形图作为底图，将矿体的分布范围及品位变化情况、围岩的岩性及地层的划分、矿区的地质构造类型以及水文地质情况等填绘到地形图上，最后绘成一张地质地形图。在地质工作的各个阶段，要填绘不同比例尺的地质图。在普查阶段，要填绘 1∶10 万或 1∶20 万的区域地形图；在详查阶段，要填绘 1∶1 万、1∶2.5 万或 1∶5 万的地质地形图；在精查阶段，填图比例尺依据矿床的具体情况而定，若矿床的生成条件简单，产状较有规律，规模较大，品位变化较小，则采用的比例尺就小，反之较大。一般规模大、赋存条件简单的矿床如煤、铁等沉积矿床，通常用 1∶1 万～1∶5 万比例尺的地质地形图；对于规模较小、赋存条件较复杂的矿床如铜、铅、锌等有色金属的内生矿床，通常用 1∶2000 和 1∶1000 的地质地形图；对于某些稀有金属矿床，还可采用更大的比例尺，如 1∶500。一般地形图的比例尺应与地质填图的比例尺相同。

2. 地质填图的方法

地质填图测量包括地质点测量和地质界线测量两个步骤，其中地质点测量是最基本的测量工作。

地质点是指勘探矿区地表上反映地质构造的点，如露头点、构造点、岩体和矿体界线点、水文点等。它们是地质人员进行地质调查的地质观察点，是填绘地形图的重要依据。这就需要采用适当的方法将地质点测绘在地形图上。地质点的位置是地质人员在实地观察确定的，确定后用红油漆或插一面小红旗作为标记并编号。

测定地质点前应准备好作为底图的地形图，控制点资料，并对控制点进行检查。要充分利用测区已有的控制点，如果控制点不足，可采用 RTK、全站仪导线测量等方法加密。地质点测量作业方法、程序及要求与地形测图的碎部点测量完全相同，地质点测量一般由地质人员与测量人员共同完成。地质人员在选择地质点、描述地质内容和绘制地质蓝草图时，兼职立尺员，测量人员按照地形图中测碎部点的方法，测定地质点的平面位置和高程，最后制成地质地形图。

矿体及岩层界线的圈定：在测定地质点的基础上，根据矿体和岩层的产状与实际地形的关系，将同类地质界线点连接起来，并在其变换处适当加密点，地质界线的圈定一般由地质人员现场进行，也可野外记录，室内圈定。图 16-1 是地形图作为底图绘出的部分地质图，图中虚线表示的是根据地质点和地质界线的观测资料圈定的地质界线，如虚线 1～2 表示侏罗系(J)和三叠系(T)地层的分界线(P 为二叠系、C 为石炭系、D 为泥盆系、S 为志留系)。

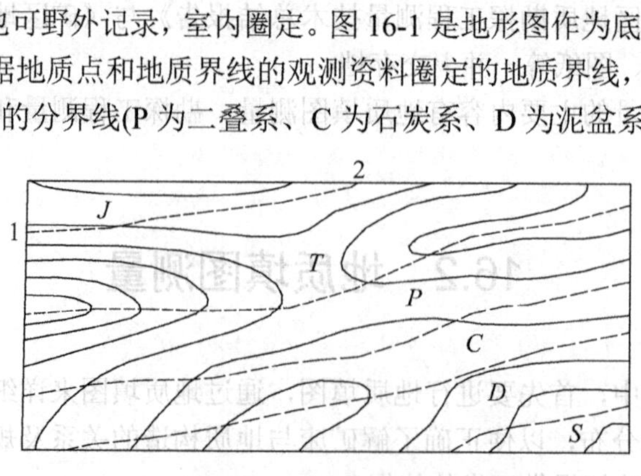

图 16-1　地质地形图

3. 地质填图中的注意事项

(1) 地质人员在进行地质点观察时，应携带地形图，并绘制草图。

(2) 地质填图应充分利用已有的控制点，包括图根点、控制点经检查符合要求的情况下，可以直接使用。当控制点丢失或破坏时，必须重新建立图根控制。

(3) 地质点测量根据具体的条件可采用平板仪极坐标法、经纬仪配合小平板仪法，有条件可采用全站仪进行数字化成图方法测设或用 RTK 直接测量地质点的坐标。

16.3　勘探工程测量

16.3.1　勘探线、勘探网的测设

在地质勘探过程中，各种勘探工程如槽、井、钻孔和坑道等一般都是沿着一定直线方向布设的，这些直线叫作**勘探线**。勘探线又彼此交叉构成一定形状的格网，称为**勘探网**。

1. 勘探线、勘探网的布设形式

勘探工程的布设，一般是平行于矿体走向或者垂直于矿体的走向。人们把平行于矿体走向的勘探线称为**横向勘探线**，垂直于矿体走向的勘探线称为**纵向勘探线**。纵、横勘探线相互交叉构成勘探网。勘探网的形状和密度由矿体的种类及产状确定。一般有正方形、矩形、菱形和平行线形，如图 16-2 所示。

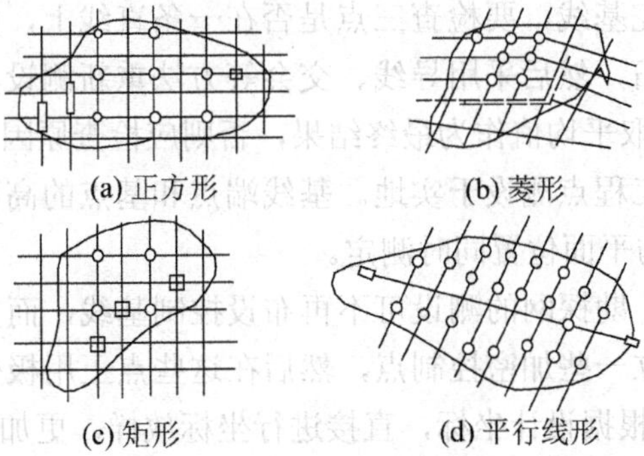

图 16-2　勘探网布设形式

勘探网内勘探线的间距是根据矿床类型、勘探阶段要求探明的储量等级而定，一般在 20～1000m。为了控制勘探线和勘探网的测设精度，也须遵循先整体后局部的原则，首先在矿区中布设一基线，然后再布设其他勘探线。如图 16-3 所示，M、N 为基线。勘探网上点的编号以分数形式表示，分母代表线号，分子代表点号，以通过基线 P 的零号勘探线为界，西边的勘探线用奇数号表示，东边的则用偶数号表示；以基线为界，以北的点用偶数号表示，以南的用奇数号表示，如 $\frac{0}{2}$ 表示基线与东边第一条勘探线的交点。

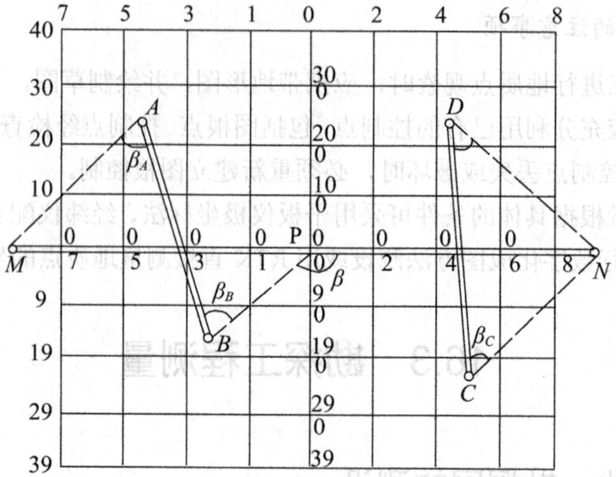

图 16-3　基线的建立

2. 勘探线、勘探网的测设

1) 基线的测设

在已建立测量控制网的情况下，根据地质勘探工程的设计坐标和已知测量控制点的坐标反算测设数据，直接将地质勘探工程测设到实地上。在尚未建立控制网的勘探区，若没有全站仪，应首先布置勘探基线作为布设勘探网的控制。由地质人员和测量人员实地确定基线的方向和位置，基线一般由 3 点组成，如图 16-3 所示，*A*、*B*、*C*、*D* 为已知控制点，*M*、*N*、*P* 为设计的基线上 3 点，首先利用控制点和 *M*、*N*、*P* 三点的设计坐标将 *M*、*N*、*P* 三点标设于实地，测设完基线，要检查三点是否在一条直线上，如果误差在允许范围内，则在基线两端点埋设标石，然后采用导线、交会等方法重新测设其坐标，求出与设计坐标的差值，若小于 1/2000 取平均值作为最终结果，否则应检查原因，必要时应重测。再利用极坐标法将勘探线上的工程点测设于实地。基线端点和基点的高程，应在点位测设于实地后，用三角高程的方法与平面位置同时测定。

随着全站仪的普及，勘探网的测设可不再布设控制基线，而只在勘探区已有控制点的基础上，用测距导线建立一些加密控制点，然后在这些点上用极坐标法测设勘探工程点。若用 RTK 进行测设，可根据设计坐标，直接进行坐标放样，更加快捷。

2) 勘探线、勘探网的测设

勘探线、勘探网的测设就是将基线与勘探线上的工程点测设于实地。传统方法有极坐标法、测角交会、距离交会等，现在多采用全站仪坐标测设法。具体做法是在一控制点上安置全站仪，将已知点坐标、需放样点的坐标输入全站仪，利用全站仪坐标放样功能进行测设。利用全站仪放样可以减少设站次数，从理论上讲，只要在仪器站能看见的地方都可以一次完成；减少了人工计算和出错的机会。

3) 高程测量

高程测量分为基线端点、基点的高程测量和勘探线、勘探网高程的测量。基线端点和基点的高程，应在点位测设于实地后，用三角高程测量的方法测定。实际高程与设计高程在规定限差之内，取其平均值即可；否则应查找原因。勘探线、勘探网高程的测定，可采用水准测量或三角高程测量的方法进行，并布设为闭合或附合路线，以便于检核。

16.3.2 物探网的测设

物探是地球物理勘探或地球物理探矿的简称。它包括电法、磁法、地震及重力等。在进行物探工作时，首先布设物探网。

1. 物探网的设计

如图 16-4 所示，物探网一般是由平行的测线与基线相交而成的规则网形，基线间距为 500～1000m，测线间距为 20～200m，同一物探网中基线和测线各自的间距应相等。基线与测线的交点为**基点**，基线的两个端点称为控制基点，基线的起始基点应布设在勘探区中央的制高点上。物探网的编号一般用分数形式表示，分母表示线号，分子表示点号，从物探网西南角的基点开始，向北、向东按顺序编号，为了避免向西南角扩展时出现负数编号，一般起始点编号不为 0，而是一个较大的正整数，如图 16-4 中为 1000。如果物探网较小时，编号也可用序号来表示。

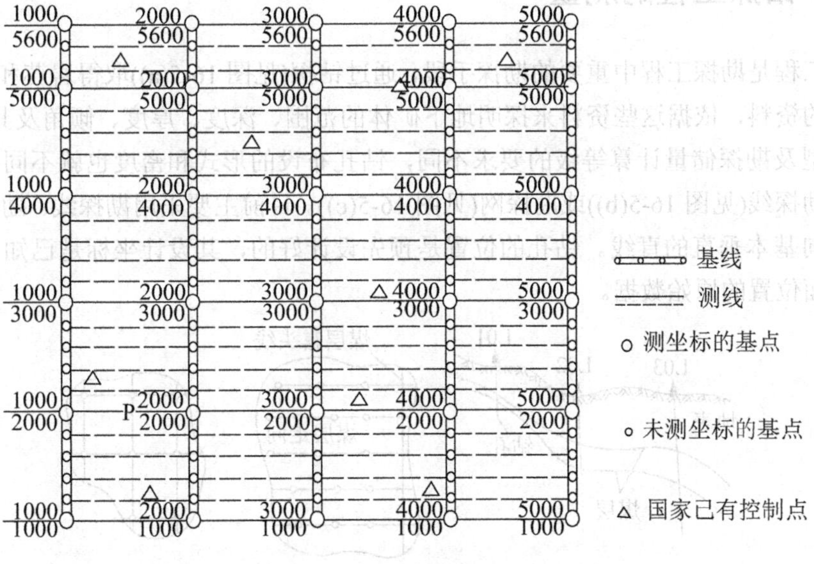

图 16-4　物探网的设计

2. 传统方法测设物探网

物探网的测设包括基线测设、测线测设和高程测量。

1) 基线测设

基线测设包括起始基点、控制基点的测设和基线的测设。

起始基点和控制点的测设，首先应求出测设数据，如果起始基点、控制基点给出了坐标，利用给出的坐标和已知点的坐标计算出测设数据；如果起始基点、控制基点没有直接给出坐标，可以利用物探网设计图纸，从图上量取测设数据。然后用极坐标法、角度交会或距离交会等方法测设，基点测设于实地后，应埋设标石，并重新测定其坐标，并与设计值比较，应满足相关要求，否则应重新施测。

基线的测设就是将基线上的全部点测设于实地，当控制基点测设后，将全站仪安置在基线一端的控制点上，瞄准另一端的控制点定向。沿视线方向放棱镜，量出各基点的距离，实地标出各基点，打上木桩并编号。

2) 测线测设

测线的测设就是将测线上的每个测点按设计要求测设于实地。用全站仪测设对于不同的地形条件和不同的比例尺都适用。具体方法是在基线点上安置全站仪，以相邻基线点定向，然后再转动照准部 90°，则望远镜的视线方向即为测线方向。在测线方向上根据设计长度测设各测点，并插旗编号。

3) 高程测量

基点、测点的高程采用水准测量方法或者三角高程测量的方法，精度要满足相关规范的要求。

16.3.3 钻探工程的测量

钻探工程是勘探工程中重要的勘探手段，通过钻探(见图 16-5(a))取得岩芯和矿芯，作为观察分析的资料，依据这些资料来探明地下矿体的范围、深度、厚度、倾角及其变化情况。随矿体类型及勘探储量计算等级的要求不同，钻孔布设的形式和密度也就不同，但一般都是布设成勘探线(见图 16-5(b))或勘探网(见图 16-5(c))。目前主要采用勘探线。勘探线是一组与矿体走向基本垂直的直线。钻孔的位置是预先设计好的，其设计坐标是已知的，它是测设钻孔地面位置的原始数据。

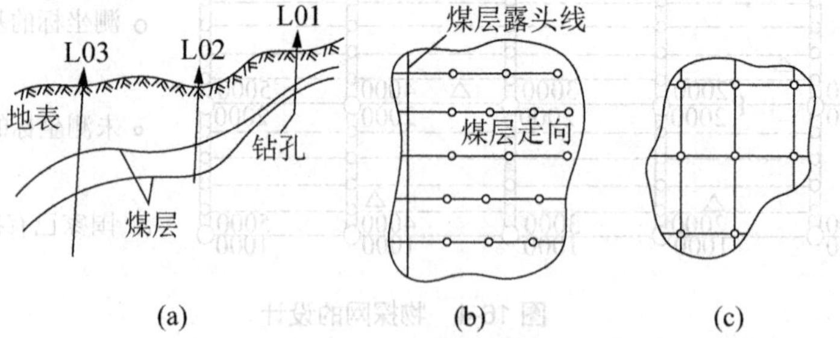

图 16-5 钻探工程测量

钻探工程测量的主要任务是钻孔位置测量，按孔位测量的工作程序又分为初测、复测和定测 3 个步骤。

1. 初测

初测也称布孔。它的任务是根据钻孔位置的设计数据，利用控制点将钻孔测设到实地上，以便设钻施工。测设孔位的常用方法有交会法、极坐标法。随着全站仪的普及，现在大多采用全站仪法测设。

2. 复测

钻孔位置标定后，即可平整钻机场地，但在清理平台的过程中，钻孔的标桩往往会遭到破坏，因此，在清理钻机场地之前，必须对标定的钻孔桩加以保护，一般的做法是，在标定的孔位桩周围钉几个控制桩。如图 16-6(a)所示，P'为孔位桩，1、2、3、4 为控制桩。控制桩 1、2、3、4 供复测钻孔用的，因此又叫复测桩。复测桩应设置在平整场地的影响之外，另外，还要根据初测桩测出复测桩的高程。

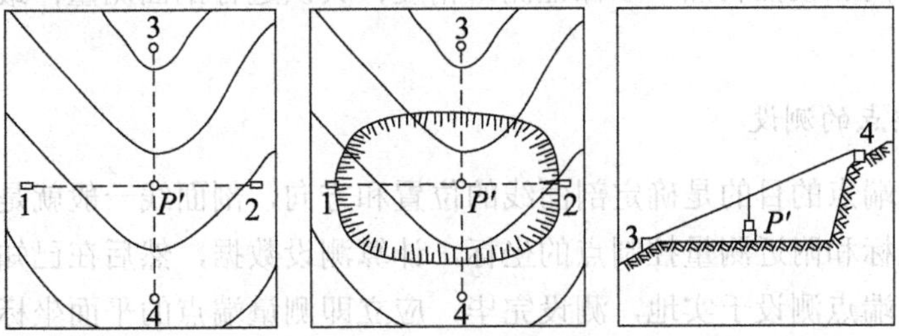

(a) 复测桩布置　(b) 碴土后机台平面图　(c) 机台断面图

图 16-6　钻孔位置测量

机台平整以后，即可用复测桩对孔位进行校核，其偏差不得超过图上的 0.1mm。若平整机台后，表示孔位的初测桩已丢失，此时需用复测桩重新标定孔位。在校核、恢复孔位后，还要对孔位桩的高程进行检核测量。

3. 定测

钻探完毕封口后，测量人员应测定钻孔位置。钻孔位置以封孔标石中心或套管中心为准。钻孔坐标的测定，可采用经纬仪交会法或极坐标法进行，孔口高程，一般采用等外水准测量或三角高程测量。钻探资料是计算矿产储量的重要依据，所以钻孔位置的定测精度要求较高，其中心位置对附近测量控制点的位置中误差不得超过图上 0.1mm(孔位初测可放宽为 2～3 倍)。其高程对附近测量控制点的高程中误差不得超过地形地质图基本等高距的 1/10。

16.4　地质剖面测量

地质剖面测量，通常是沿着勘探线方向，测定位于该方向线上的地形特征点、地物点、勘探工程点(钻孔、探井、探槽)以及地质点的平面位置与高程，并按规定的比例绘制成地质剖面图。其中地质剖面测量的比例尺是根据矿床类型、矿床成因和勘探储量级别等因素决定的。对于矿层薄、面积小和品位变化大的稀有贵重的矿种，剖面图的比例尺要大些；大面积沉积矿的矿体，剖面图的比例尺要小些。前者比例尺通常为 1∶500～1∶2000，后者的剖面比例尺常为 1∶2000～1∶10000。而特种工业原料地质勘探剖面图的比例尺更大，可采用 1∶200。

地质剖面测量的目的在于提供勘探设计、工程布设、储量计算和综合研究资料，正确地设计勘探工程的位置和加密勘探工程的位置都需要剖面图作为设计依据，以便有效地掌握工程间相互关系和矿体变化情况。在储量计算中，各个剖面的间距和同一剖面线上各勘探工程间的间距，是控制矿体位置和大小的基本数据。剖面测量贯穿在地质普查和勘探的整个过程中。普查剖面等精度要求不高的剖面，可以在已有的地形地质图上切绘。但如地形图的精度不能满足绘制剖面图的要求，以及在半暴露或全暴露地区，必须实测剖面图。

实测地质剖面的顺序是：首先按设计位置进行剖面定线，建立剖面线上的起点、转点和终点，并在其间加设控制点，以保证测量精度；其次进行剖面测量；最后展绘成地质剖面图。

1. 剖面线端点的测设

测设剖面线端点的目的是确定剖面线的位置和方向，剖面线一般就是勘探线。根据剖面端点的设计坐标和附近测量控制点的坐标，计算测设数据，然后在已知点上安置仪器，采用极坐标法将端点测设于实地，测设完毕，应立即测量端点的平面坐标，并用三角高程或等外水准测量端点的高程。

剖面端点对附近测量控制点的位置中误差不得超过图上 0.1mm，高程误差不得超过地形地质图基本等高距的 1/20。两端点的方位与设计方位的最大偏差不得超过下式的规定，即

$$\Delta\alpha = \frac{0.4M}{D} \cdot \rho''$$

式中：M——地形图的比例尺分母；

D——两点间的距离；

ρ''——一弧度所对应的秒值(约为 206265″)。

2. 剖面线控制测量

剖面线控制测量的任务是在剖面线端点及定向点测量的基础上，在剖面线上建立必要数量的控制点，测站点间距不应超过表 16-1 的规定：控制点的布设方法依地形条件而定。

表 16-1　测点间距要求

剖面横比例尺	1∶500	1∶1000	1∶2000	1∶5000
间距/m	100	200	350	500

在地形起伏不大、通视良好的地区，可将全站仪(或经纬仪)架设在任一端点上瞄准另一端点，直接在剖面线上选定剖面控制点的位置，并以木桩标记，然后精确测出控制点的高程，并计算出剖面各点到控制点的距离及各控制点之间的距离。如果地形起伏较大，通视不好地区，应在图上沿剖面线设计控制点的位置，并依据设计坐标，按极坐标法测设。

3. 剖面测量方法

剖面测量的任务是测定剖面线上地形点、地物点及工程点的位置和高程。进行剖面测

量时，剖面线端点、定向点、控制点均可设站，根据剖面图的比例尺、精度要求、设备和地形条件，可采用全站仪数字测图法、经纬仪视距法等。剖面点的密度，取决于剖面图的比例尺、地形条件等，通常是剖面图上间距为 1cm 测一剖面点。

4. 剖面图的绘制

剖面测量完成后，即可着手绘制剖面图。剖面图的比例尺一般为地形地质图比例尺的 1～4 倍，垂直比例尺一般与水平比例尺一致，亦可放大 1～2 倍。剖面图是根据各点高程和各点水平距离绘制的。传统的绘制剖面图的方法与步骤如下。

(1) 如图 16-7 所示，先在方格纸上定一水平线，表示水平距离，从水平线的左端向上绘一垂线表示点的高程。按照垂直比例尺标出 10m 或 100m 整倍数的高程注记，并绘出平行于水平线的基线。

(2) 根据各点间的水平距离，按比例尺将各点标出；再根据各点高程，按竖直比例尺分别在各点的竖直线上定出各剖面点的位置，并依次将各剖面点用圆滑的曲线连接起来就绘成剖面图。在剖面图的下面标出剖面线在地形图上与坐标格网线相交的位置，并注格网的坐标值。

(3) 地质剖面图绘制完毕后，应在其下方绘制剖面投影平面图，比例尺与剖面图相同。首先在欲绘的平面图图廓的中央，绘一条与高程线平行的直线，作为剖面投影线。然后将剖面端点、地质工程点、主要地质点以规定的图例符号绘制到平面图上。并加编号注记，在剖面上的两端点还应注记剖面线的方位角。最后写明剖面图的名称、编号、比例尺、绘图时间和图内用到的图例符号等。

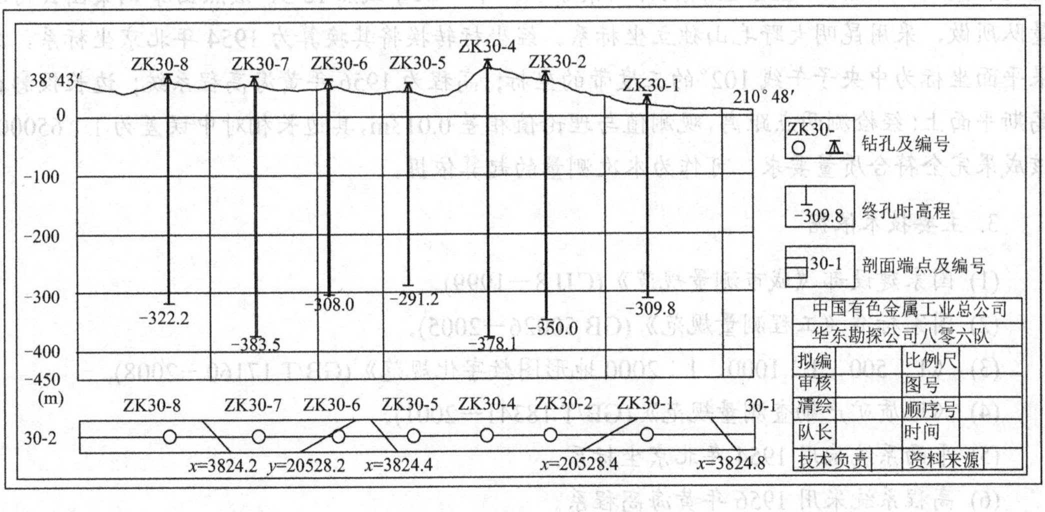

图 16-7　勘探线剖面图

随着测绘仪器的大发展，现代外业用 GPS 或全站仪测出剖面上各点的水平距离和高程，记录采用电子手簿或全站仪内存记录，内业采用相应的通信程序，将数据传输到计算机，经预处理，使数据格式符合绘图软件的要求，运行相应绘制剖面图的软件，即可绘制出电子版剖面图，以更加方便使用。

在找煤阶段，一般采用地质罗盘和测绳或皮尺进行剖面测量，这时用罗盘测倾斜角，用测绳或皮尺测量倾斜距离，利用斜距和倾斜角求出平距、高差，即可绘制剖面图。

16.5 综合案例

项目名称：四川省某县上半坡石灰石矿地质勘探工程测量

为积极配合国家西部大开发战略部署，开发矿业，发展经济。四川省某县政府委托四川省地质矿产勘查开发局某地质队，对其辖区内的上半坡石灰石矿开展地质勘探工作，查明石灰石矿的规模及大小，并为开发石灰石矿产资源及矿山建设提供准确的地质勘探成果，为此，需对该矿区进行钻孔的定位、定测及1∶2000地形图测绘。

1. 测区概况

矿区位于东经102°08′32″～102°09′23″；北纬27°05′22″～27°05′54″，海拔高程1250～1570m，相对高差220m；平均坡度20°～30°，最大坡度可达45°，南低北高。矿区西面、南面的树木、竹林、杂草较为茂密，通视条件差，中部及北面通视条件较好，有利于测量工作的顺利进行。

2. 已有资料收集利用分析状况

该地质队在矿区外收集到两个国家四等控制点，其点号分别为仙山、尖子山；在测区附近收集到一个D级GPS控制点竹山梁子和一个一级导线点I2-3，该点由攀钢集团公司测量队所做，采用昆明大野毛山独立坐标系。经坐标转换将其换算为1954年北京坐标系，成果平面坐标为中央子午线102°的三度带的坐标；高程为1956年黄海高程系统；边长投影在高斯平面上；经检测两点距离，观测值与理论值相差0.013m，其边长相对中误差为1∶65000，该成果完全符合质量要求，可作为本次测量的起算依据。

3. 主要技术依据

(1) 国家建设部《城市测量规范》(CJJ 8—1999)。

(2) 国家标准《工程测量规范》(GB 50026—2005)。

(3) 《1∶500、1∶1000、1∶2000地形图数字化规范》(GB/T 17160—2008)。

(4) 《地质矿产勘查测量规范》(GB/T 18341—2001)。

(5) 平面系统采用1954年北京坐标系。

(6) 高程系统采用1956年黄海高程系。

4. 需提交成果

(1) 矿区1∶2000的数字化地形图一幅。

(2) 测定钻孔3个。

5. 1∶2000 数字化地形图测绘

1) 控制测量

由于矿区西面、南面的树木、竹林、杂草较为茂密，通视条件差，不利于用 GPS 测量控制点，所以采用二级光电导线测量的方法进行控制测量。以竹山梁子和 I2-3 点为已知点，在通视良好，便于发展图根点及施测工程点的位置选取 16 个导线点，布设为一闭合导线。外业观测采用拓普康 GTS-601 型全站仪，其测距标称精度为 2+3ppm，测角精度为 1″，观测要求如下。

(1) 水平角观测。方向观测法二测回，左右角各一测回，同一方向半测回互差小于 6″，圆周角闭合差均小于 6″，取中数作为方向观测值，不同方向 2C 互差小于 8″。

(2) 垂直角观测。往返各一测回，各测回间指标差较差，最大未超过 9″，每边的往返测高差之差均在规定范围内。

(3) 边长观测。往返各一测回，每测回 3 次读数，各次读数互差小于 3mm。往返测互差最大未超过 8mm。

(4) 平差计算，二级光电导线成果采用 Fx4000p 计算器手控计算，精度统计如表 16-2 所示。

表 16-2　导线测量精度统计表

总边长/m	最大边长/m	最小边长/m	最大点位误差/m	最大点间误差/m	导线全长相对中误差	允许	单位权中误差 S	允许 S	高程中误差/mm	允许/mm
3803	542	467	0.0108	0.0125	1/129500	1/10000	3.63	8	20.12	150

(5) 控制点成果。经平差计算得到各控制点坐标，见表 16-3。

表 16-3　控制点坐标

点　名	纵坐标 x/m	横坐标 y/m	高程 H/m	备　注
竹山梁子	2998462.785	513753.906	1758.476	埋石
I2-3	2998360.391	514791.571	1535.762	埋石
B-1	2998238.698	514705.844	1508.484	
B-2	2998236.208	514043.571	1500.240	
B-3	2998041.425	514779.928	1453.172	
B-4	2998183.281	515113.613	1502.334	
B-5	2997853.754	514551.824	1448.829	
B-6	2998046.588	515105.276	1465.978	
B-7	2998078.764	514314.561	1565.307	
B-8	2998304.070	515055.148	1505.587	
B-9	2998444.719	514504.880	1558.223	
B-10	2998258.173	514480.094	1498.840	

续表

点　名	纵坐标 x/m	横坐标 y/m	高程 H/m	备　注
B-11	2998346.833	515238.180	1449.327	
B-12	2998442.983	515239.742	1443.160	
B-13	2998282.765	515215.567	1462.011	
B-14	2998124.172	515315.120	1396.442	
B-15	2997894.554	515334.913	1364.235	

2) 碎部测量

(1) 细部点的采集方法。为极坐标法，使用仪器为拓普康 GTS-102 型全站仪，其测距标称精度为 2+3ppm，测角精度为 2″。

(2) 细部点的采集内容。主要有管线、建(构)筑物、公路、小路、乡村大车路，地类界线、各种地物的拐点、地形变坡点及有一定地貌特征的地形点。

(3) 数字化图的制作。根据野外采集数据时所建文件名，采用自动下载输入计算机中，分别建立数据 dat 文件，自动展绘各点高程和点号，按上述记录中说明的进行地物、管线、道路地类界线等进行连接，并加注地类符号、名称、山名、沟谷名、乡村名等。等高线由成图软件自动生成，等高距按 2m 绘制，并标注计曲线高程。地形图分幅按任意图幅分幅制成一幅图。

6. 勘探点定位测量

在已有控制点上，用 GTS-102 型全站仪使用极坐标法按设计的钻孔和基线端点的坐标进行定位，并复测各点的坐标及高程，以检查定位点的准确性。钻孔定测以封孔标石中心或套管中心为准测定，采用 Fx4000p 计算器手控计算各点坐标及高程，其点位误差最大不超过 0.10m。其坐标及高程值见表 16-4。

表 16-4　钻孔坐标及高程值

孔　号	坐　标		高　程	备　注
	x/m	y/m	H/m	
ZK07	2998052.717	34514958.949	1436.561	
ZK08	2997981.106	34514760.610	1428.884	
ZK09	2998214.144	34514877.840	1464.560	

习　题

1. 填空题

(1) 地质填图测量包括__________和__________两个步骤。

(2) 剖面定线的目的是在实地确定剖面线的__________和__________。

(3) 测定地质点一般可采用__________、__________、__________、__________方法。

(4) 地质工程勘探网通常是由__________和与之相垂直的__________所组成。

(5) 未建立测量控制网的矿区，应先布设__________作为勘探工程测量的基础。

2. 简答题

(1) 地质勘探工程测量的主要工作任务是什么？

(2) 钻探工程测量分为哪几步？各怎样进行？

(3) 如何绘制地质剖面图？

3. 计算题

某勘探工程需要布设一个钻孔 P，其设计坐 x_P=3256879.571m，y_P=35586393.541m。

已知设计钻孔附近的测量控制点 A 的坐标为：$x_A = 3256645.375\,\text{m}$，$y_A = 35586451.346\,\text{m}$，$AB$ 边的方位角为 α_{AB}=238°25′28″，试用极坐标法求在 P 点布孔所需的测设数据，并绘图说明现场测设方法。

第17章 矿井测量

教学目标

通过本章学习，使学生理解矿井联系测量的任务，掌握几何定向和陀螺定向的方法及内业计算，掌握井下平面和高程测量的方法与技术要求，掌握巷道中腰线的标定方法、贯通测量的任务及其内业计算。

应该具备的能力：具备进行几何定向、陀螺定向的方案设计及内业计算的基本能力，初步具备井下导线和高程测量的能力，能利用贯通测量的方法正确分析解决一些贯通工程问题。

教学要求

能力目标	知识要点	权　重	自测分数
掌握矿井联系测量的方法	矿井联系测量	10%	
熟悉几何定向及陀螺定向的方法及内业计算	几何定向、陀螺定向	25%	
掌握井下平面及高程测量的内容及方法	井下平面、高程测量	25%	
掌握巷道中腰线的标定方法	中腰线标定	25%	
掌握贯通测量的方法及内业计算	贯通测量	15%	

导读

矿山设计阶段，要测绘 1∶1000、1∶2000 的地形图，供工业广场、建(构)筑物、线路等设计用；矿山建设阶段，要进行一系列的施工测量；矿山生产阶段，要进行巷道标定与测绘，储量管理，开采监督，岩层移动与地表移动观测等；当矿山报废时，还需将全套矿山测量图纸、测量手簿及计算资料转交给有关单位长期保存。由此可见，在矿业开发过程中，矿山测量是不可缺少的一项重要的基础技术工作。采矿企业中相关技术人员要想出色地完成各种任务，充分发挥应有的作用，应该掌握好有关矿山测量方面的理论知识。

17.1　近井点和井口水准基点

从前面所述的控制测量内容中知道，在全国范围内都布设了国家一、二等三角网和水准网，在矿区范围内也会有国家一、二等三角点和水准点。但是，这些点的密度很小，远远不能满足矿区测量的需要。目前进行的矿区控制测量除利用 GPS 测定外，就是在国家一、二等三角网和水准网的基础上布设矿区三、四等三角网或高精度的光电测距导线作为矿区的平面控制，布设矿区三、四等水准网作为矿区的高程控制。

为了能正确反映地下采煤和地表建(构)筑物间的正确关系及确保矿井安全生产，矿区必须有一个井上、下统一的测量坐标系统和高程系统。为满足其他矿井测量工作的需求，应在井口附近建立平面控制点和高程控制点，即通常所说的矿井近井点和井口水准基点。近井点是在矿区控制网的基础上，采用 GPS、三角测量或导线测量方法建立的。近井点的精度，对于测设它的起算点来说，其点位中误差不得超过±7cm，后视边方位角中误差不得超过±10″。井口高程基点应按四等水准测量的精度要求测设。布设近井点和井口高程基点还要满足以下要求。

(1) 尽可能埋设在便于观测、保存和不受开采影响的位置。

(2) 近井点至井口的距离不要太远，保证连测导线边数不超过 3 条。

(3) 高程水准基点应不少于两个(近井点也可作为高程水准基点)。

17.2　矿井联系测量

17.2.1　概述

为满足矿井日常生产、管理和安全等需要，需将矿井地面测量和井下测量联系起来，建立统一坐标系。这种把井上、井下坐标系统统一起来所进行的测量工作就称为**矿井联系测量**。矿井联系测量分为平面联系测量和高程联系测量，前者是为了统一井上、下的平面坐标系统，后者是为了统一井上、下的高程系统。

1. 联系测量的任务

(1) 矿井平面联系测量的任务是根据地面已知点的平面坐标和已知边的方位角，确定井下起算点的平面坐标和导线起算边的方位角。传递坐标的误差和传递方位角的误差对井下测量的影响可用图 17-1 来说明。由图 17-1(a)可知，在假定井下测量不存在误差的情况下，坐标传递误差e对井下起始点和井下最远点的影响程度相同，即相当于整个导线平移了e。然而，从图 17-1(b)可以看出，方位角的误差传递则不同。同样假定井下测量不存在误差，当井下起始边方位角的误差为ε时，相当于整个导线以井下起始点为圆心转动了ε，即导线延伸越长，影响则越大。假定$\varepsilon = 2'$，$s_n = 5000\text{m}$，则

$$e_n = \frac{s_n \cdot \varepsilon}{\rho'} = \frac{5000 \times 2}{(180/\pi \times 60)} = \frac{10000}{3438} = 2.91$$

由此可见，起算边方位角的传递误差对井下导线点的影响较之起算点坐标的传递误差影响大得多，因此，常常把确定井下导线起算边坐标方位角的误差大小作为衡量平面联系测量的精度指标，并把平面联系测量称为**矿井定向**。

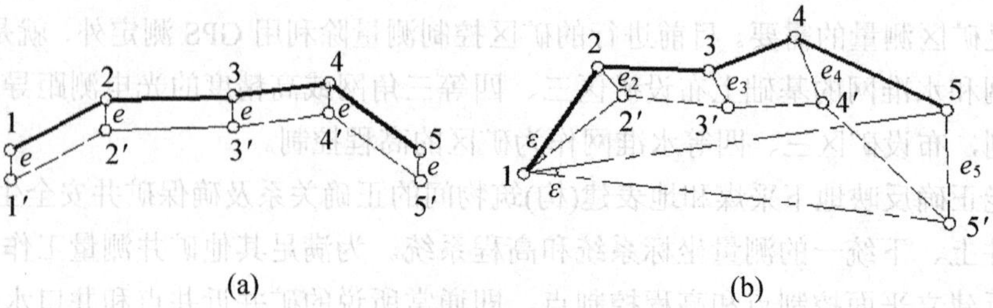

图 17-1　定向误差示意图

(2) 高程联系测量的任务是确定井下高程起始点的高程，通常称为导入(或传递)高程。

2. 联系测量的方法

矿井联系测量方法随其开拓方式的不同而不同：平峒或斜井，可直接由地面沿斜井或平峒布设等级经纬仪导线，把地面的坐标和方位角传递到井下起始边上，用水准测量或三角高程测量把地面高程传递到井下起算点上；开拓方式为立井的，则可采取几何定向或陀螺经纬仪定向(称为物理定向)。几何定向又分为一井定向和两井定向。导入高程可采用钢尺法或钢丝法。

导线测量、水准测量及三角高程测量的精度要求及测量方法前面已讲述，下面主要介绍立井联系测量中的一井定向、两井定向、陀螺经纬仪定向及导入高程。

3. 联系测量的主要精度要求

《煤矿测量规程》(以下简称《规程》)对联系测量的主要精度要求见表 17-1。

表 17-1　联系测量主要精度表

联系测量类别	限差项目	最大允许值	备　注
几何定向	由近井点推算的两次独立定向结果互差	一井定向：2′ 两井定向：1′	井田一翼长度小于 300m 的小矿井，可适当放宽限差，但不得超过 10′ h—井筒深度，单位为 m
陀螺定向	井下定向边两次独立定向结果互差	7″ 导线边：40′ 15″ 导线边：60″	
导入高程	两次独立导入高程互差	h/8000	

17.2.2　一井定向

一井定向是在一个井筒内悬挂两根钢丝，钢丝的一端固定在地面井架上，另一端悬挂一垂球自由下垂在要定向的水平。在地面根据近井点用导线测量方法测出两根钢丝的平面坐标及其连线的坐标方位角，在井下把两根钢丝与井下起始点进行连测，用两根钢丝作已知数据计算出井下起始点的坐标和方位角。连测方法见图 17-2。一井定向的工作包括向定向水平下放钢丝(简称投点)、在地面和井下同时进行连接测量(简称连测)及成果计算。

1. 投点

投点就是将两根钢丝通过固定在井架上的导向滑轮下放到井下定向水平形成竖直面，将井上的点位和方位角传到井下。投点设备安装位置如图 17-3 所示。投点方法有稳定投点和摆动投点。前者是在钢丝上悬挂重锤并使重锤沉入稳定液；后者是让钢丝自由摆动，观测其摆动的左右读数，从而求得它的稳定位置，然后与钢丝连接。两种方法都要保持钢丝铅直；否则，会产生投点误差。由于两钢丝的距离较短，投点误差对方位角的影响是很大的。减小投点误差的方法之一是检查钢丝是否自由悬挂。方法有以下几种。

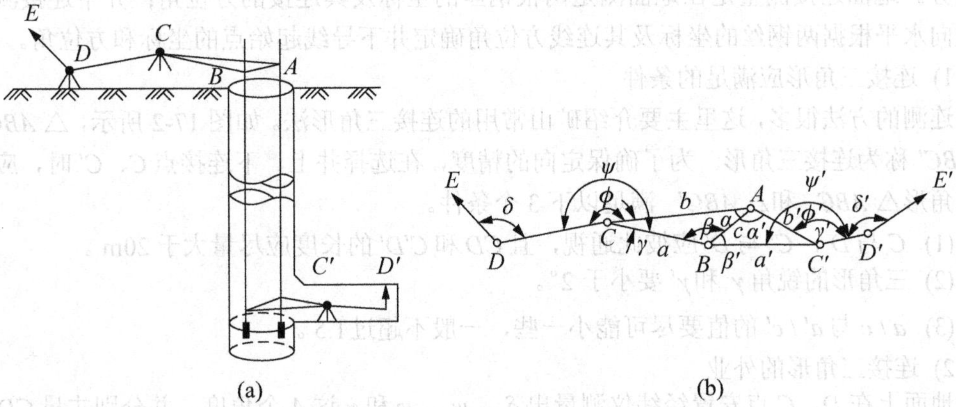

图 17-2　一井定向连接

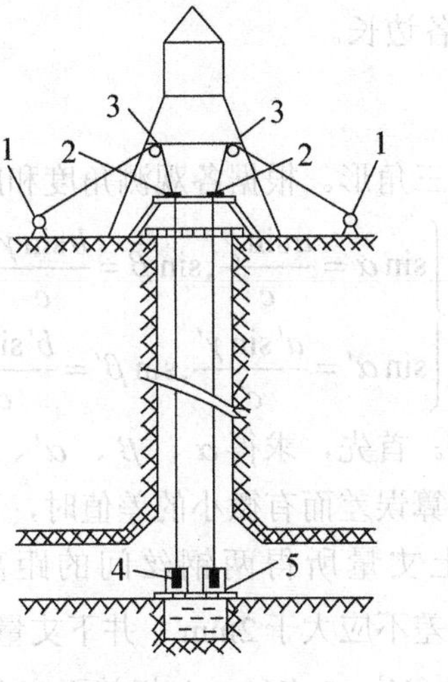

图 17-3　投点

1—手摇绞车；2—定点板；3—导向滑轮；4—垂球；5—水桶

(1) 信号圈法。在地面将直径为 2～3cm 的铁丝圈套在钢丝上，每隔一段时间下放一个，看在井下接收到的信号圈的数量、间隔时间是否一样，从而判断钢丝的自由悬挂度。

(2) 比距法。比较井上、下两根钢丝的间距来判断钢丝的自由悬挂度。一般间距互差不大于 2mm 可认为钢丝是自由悬挂的。

(3) 振幅法。振幅法是在井下测量钢丝的摆动周期，与其计算值进行比较来判断钢丝的自由悬挂度。

虽然采取了相应的措施，但钢丝不可能完全停止摆动。这时应找出其摆动的中心位置，以减小投点误差。方法是：用两台经纬仪在(尽量垂直)两个方向上同时对钢丝的摆动进行跟踪观测，两台经纬仪分别找出摆动的平均位置，把钢丝固定在该位置上。

2. 连测

投点工作结束后，应立即进行连接测量。连接测量分为地面连接测量和井下连接测量两部分。地面连接测量是在地面测定两根钢丝的坐标及其连接的方位角；井下连接测量是在定向水平根据两钢丝的坐标及其连线方位角确定井下导线起始点的坐标和方位角。

1) 连接三角形应满足的条件

连测的方法很多，这里主要介绍矿山常用的连接三角形法。如图 17-2 所示，$\triangle ABC$ 和 $\triangle ABC'$ 称为连接三角形。为了确保定向的精度，在选择井上、下连接点 C、C' 时，应使连接三角形$\triangle ABC$ 和$\triangle ABC'$ 满足以下 3 个条件。

(1) C 与 D、C' 与 D' 应彼此通视，且 CD 和 $C'D'$ 的长度应尽量大于 20m 。

(2) 三角形的锐角 γ 和 γ' 要小于 2°。

(3) a/c 与 a'/c' 的值要尽可能小一些，一般不超过1.5 。

2) 连接三角形的外业

地面上在 D、C 点安置经纬仪测量出 δ 、ψ 、φ 和 γ 这 4 个角度，并分别丈量 CD 、a、b、c 各边长。同样，井下在 D' 、C' 点安置经纬仪测量出 δ' 、ψ' 、φ' 和 γ' 这 4 个角度，并分别丈量 a' 、b' 、c' 及 $C'D'$ 各边长。

3. 连接三角形的解算

(1) 用正弦定理解算连接三角形。根据各观测角度和距离就可求出 α 、β 、α' 、β' 。

$$\begin{cases} \sin\alpha = \dfrac{a\sin\gamma}{c}, \sin\beta = \dfrac{b\sin\gamma}{c} \\ \sin\alpha' = \dfrac{a'\sin\gamma'}{c'}, \sin\beta' = \dfrac{b'\sin\gamma'}{c'} \end{cases} \tag{17-1}$$

(2) 检查测量和计算成果。首先，求得 α 、β 、α' 、β' 后，应满足 $\alpha+\beta+\gamma=180°$ 和 $\alpha'+\beta'+\gamma'=180°$ 。若由于计算误差而有微小的差值时，可将其闭合差分别平均分配于 α 、β 或 α' 、β' 。其次，井上丈量所得两钢丝间的距离 $c_{丈}$ 与按余弦定理计算的距离 $c_{计}$ ($c_{计}^2 = a^2 + b^2 - 2ab\cos\gamma$)相差不应大于 2mm ；井下丈量所得两钢丝间的距离 $c'_{丈}$ 与按余弦定理计算的距离 $c'_{丈}$ （$c'^2_{计} = a'^2 + b'^2 - 2a'b'\cos\gamma'$)相差不应大于 4mm 。若符合上述要求可在丈量的 a、b、c 以及 a'、b'、c' 中加入改正数 v_a、v_b、v_c 及 $v_{a'}$，$v_{b'}$，$v_{c'}$：

$$\begin{aligned} v_a = v_c = -\frac{c_{丈} - c_{计}}{3}, \quad v_b = \frac{c_{丈} - c_{计}}{3} \\ v_{a'} = v_{c'} = -\frac{c'_{丈} - c'_{计}}{3}, \quad v_{b'} = \frac{c'_{丈} - c'_{计}}{3} \end{aligned} \tag{17-2}$$

连接三角形解算后，即可将井上、下各点 E、D、C、A、B、C'、D'、E' 连接起来，成为一条导线，按导线计算方法，根据近井点 D 的坐标及其后视边的方位角，求得井下起始点 C' 的坐标 $(x_{C'}, y_{C'})$ 和起始边 $C'D'$ 的坐标方位角 $\alpha_{C'D'}$ 。

按《规程》规定，一井定向必须独立进行两次，两次求得的起始边方位角互差不得超过 2′，若满足此条件，则取两次结果的平均值作为最终定向成果。

4. 一井定向应用案例

某矿采用一井定向进行联系测量，近井点 D 至连接点 C 的方位角 $\alpha_{DC}=163°56'45''$，$x_C=55.085, y_C=1894.572$。地面连接三角形的观测值为：$\gamma=0°03'06.0''$，经改正后的边长，$a=8.3359\text{m}, b=11.4052\text{m}, c=3.067\text{m}$。井下连接三角形的观测值为：$\gamma'=0°\ 27'1.5''$，经改正后的边长 $a'=4.8526\text{m}, b'=7.9237\text{m}, c'=3.0720\text{m}$；$\angle BC'E=191°29'00''$，$\angle C'EF=171°56'56''$，$\angle EFG=183°54'13''$，$l_{C'E}=34.884\text{m}$，$l_{EF}=43.857\text{m}$，$l_{FG}=47.667\text{m}$。试求井下导线起始边 FG 的方位角及起始点 F 的坐标。

首先，解算连接三角形。解算过程是在专用表格上进行的。地面连接三角形的解算列于表 17-2 中。井下连接三角形的解算与之相似(略)。

表 17-2 地面连接三角形解算($\gamma<2°$、$\beta>178°$)

α、β的计算		边长检核	误差计算
连接三角形示意图 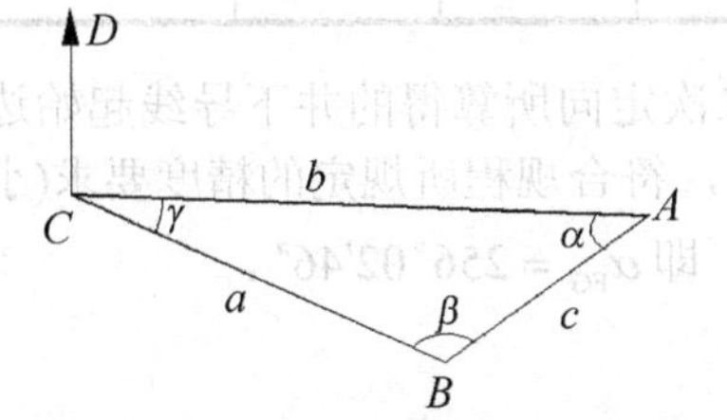	$\sin\alpha=\frac{a}{c}\sin\gamma$ $\sin\beta=\frac{b}{c}\sin\gamma$	$c_{计}^2=a^2+b^2-2ab\cos\gamma$	$m_\alpha=\frac{a}{c}\cdot\frac{\cos\gamma}{\cos\alpha}m_\gamma$ $m_\beta=\frac{b}{c}\cdot\frac{\cos\gamma}{\cos\beta}m_\gamma$

观测值	a	8.3359	c	3.0697	a^2	69.48722881	m_γ	±6.3″
	b	11.4052	γ	0°03′06.0″	b^2	130.078587		
改正数	$V_a=-0.0001$；$V_b=0.0002$；$V_c=-0.0001$				$\cos\gamma$	0.99999959	m_α	±17.1″
平均值	a 8.3358	b 11.4054	c 3.0696		$2ab\cos\gamma$	190.1451353	m_β	±23.4″

γ''	186″	$c_{计}^2$	9.4206797	
a/c	2.715542235			
$\sin\alpha$	0.002448749			
a	0°08′25.1″			
b/c	3.715411929	$c_{计}$	3.0693	$V_a=-\frac{d}{3}$
$\sin\beta$	0.003350385			
(β)	0°11′31.1″	$c_{丈}$	3.0697	$V_b=+\frac{d}{3}$
β	179°48′28.9″			
$\sum=\alpha+\beta+\gamma$	180°00′00.0″	$d=c_{丈}-c_{计}$	0.0004	$V_c=-\frac{d}{3}$

其次，将井上、下连接起来视为一条导线，计算出各点坐标。如选用 D、C、A、B、C'、E、F、G，其结果列于表 17-3 中。

表 17-3　井上、井下连接导线计算表

点		水平角	方位角	水平边长/m	坐标增量/m		坐标/m		草图
测站	视准点				Δx	Δy	x	y	
D	*C*		163°56′45″				55.085	1894.572	
C	*D* *A*	86°03′33″	70°00′18″	11.405	+3.900	+10.718	58.985	1905.290	
A	*C* *B*	359°51′35″	249°51′53″	3.071	−1.057	−2.883	57.928	1902.407	
B	*A* C^1	178°50′17″	248°42′10″	4.852	−1.762	−4.521	56.166	1897.886	
C^1	*B* *E*	191°29′00″	260°11′10″	34.884	−5.946	−34.374	50.220	1863.512	
E	C^1 *F*	171°56′56″	252°08′06″	43.857	−13.454	−41.742	36.766	1821.770	
F	*E* *G*	183°54′13″	256°02′19″	47.667	−11.501	−46.259	25.265	1775.511	

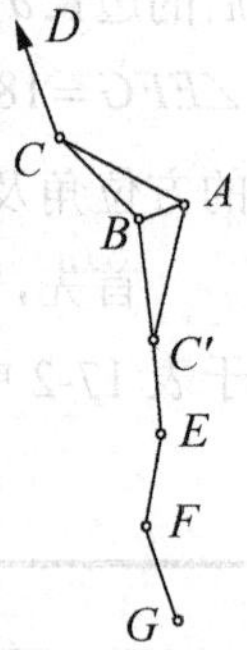

应该说明的是，该矿井的定向独立进行了两次。第二次定向所算得的井下导线起始边 *FG* 的方位角 $\alpha_{FG}=256°03'13''$，两次定向结果差值为54″，符合规程所规定的精度要求(小于2′)。故取两次方向的平均值作为井下起始边的方位角，即 $\alpha_{FG}=256°02'46''$。

17.2.3　两井定向

当一个矿井有两个立井，且在定向水平有巷道相通时，应首先考虑两井定向。两井定向是把两根钢丝分别下放在两个井筒中，通过地面和井下导线将它们连接起来，从而把地面坐标系统中的平面坐标和方位角传递到井下。与一井定向相比，该方法使两垂线间的距离增大了，从而使投点产生的方向误差显著减少。此外，两井定向外业测量简单，占用井筒时间少。因此，如果条件允许应尽量选择两井定向。两井定向的工作内容也包括投点、井上下连接测量和计算。

1. 投点

关于投点的设备、投点的方法等均与一井定向一样，并且比一井定向更容易操作，因为一个井筒只下放一根钢丝，如果下放在管道与井壁之间，则占用井筒的时间要少。

2. 连测

在地面从近井点 *K* 分别向两垂球线 *A*、*B* 测设连接导线 *K*—Ⅱ—Ⅰ—*A* 及 *K*—Ⅱ—*B*，以确定 *A*、*B* 的坐标和 *AB* 边的坐标方位角。在井下定向水平，一般用 7″ 测设经纬仪导线 *A′*—1—2—3—4—*B′*。具体连测方法见图 17-4。

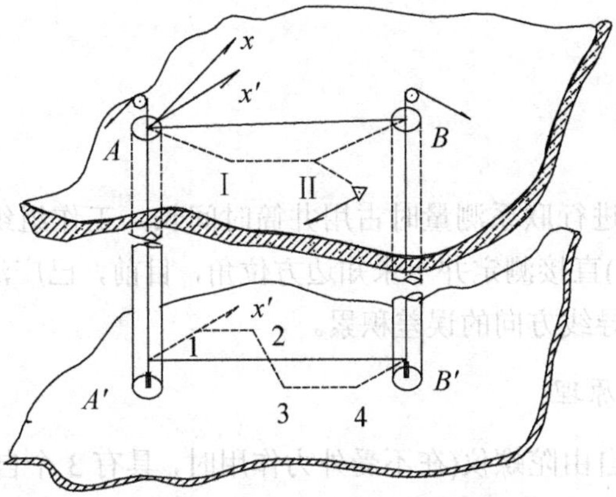

图 17-4　两井定向示意图

3. 内业计算

在地面测量并计算得出两垂球线的坐标及两垂球线连线的坐标方位角。在井下的水平巷道中采用导线与两垂球线进行连测，井下连测导线由于没有方向，所以取一假定坐标系来计算井下两垂球线的假定方位角，然后将其与地面坐标方位角比较，其差值就是井下假定坐标系统和地面坐标系统的方位差，这样便可确定井下导线在地面坐标系统中的坐标方位角，进而计算出井下各导线点在地面坐标系统中的坐标值。具体计算步骤如下。

(1) 根据地面连接测量的观测数据，按导线的计算方法，计算出地面两钢丝点 A、B 的坐标 (x_A, y_A)、(x_B, y_B)。

(2) 计算两钢丝点 A、B 的连线在地面坐标系统中方位角 α_{AB} 及长度 D_{AB}，即

$$\tan\alpha_{AB} = \frac{y_B - y_A}{x_B - x_A} \tag{17-3}$$

$$D_{AB} = \sqrt{(x_B - x_A)^2 + (y_B - y_A)^2} \tag{17-4}$$

(3) 以井下导线起始边 $A_1'1$ 为 x' 轴，A 点位坐标原点建立假定坐标系，计算井下各导线点在此假定坐标系中的平面坐标，设 B 点的假定坐标为 (x_B', y_B')。

(4) 计算 A、B 连线在假定坐标系中的方位角 α_{AB}' 及其长度 D_{AB}'，即

$$\alpha_{AB}' = \arctan\frac{y_B'}{x_B'} \tag{17-5}$$

$$D_{AB}' = \sqrt{y_B'^2 + x_B'^2} \tag{17-6}$$

(5) 比较 D_{AB} 和 D_{AB}'，二者的差值应满足规范要求后，计算井下起始边 $A_1'1$ 在地面坐标系统中的方位角 α_{A1}，即

$$\alpha_{A1} = \alpha_{AB} - \alpha_{AB}' \tag{17-7}$$

(6) 然后根据 α_{A1} 及钢丝 A 的地面坐标 (x_A, y_A)，重新计算井下连接导线各边的在地面坐标系中的方位角及各点的坐标。

按《规程》规定，两井定向必须独立进行两次，两次求得的起始边方位角互差不得超过 $1'$，若满足此条件，则取两次结果的平均值作为最终定向成果。

17.2.4 陀螺定向

运用几何定向方法进行联系测量时占用井筒时间长，工作组织复杂。陀螺定向是用陀螺全站仪(或陀螺经纬仪)直接测定井下未知边方位角，目前，已广泛应用于矿井联系测量和贯通测量，以控制井下导线方向的误差积累。

1. 陀螺定向的基本原理

陀螺全站仪是根据自由陀螺仪(在不受外力作用时，具有 3 个自由度的陀螺仪)的原理而制成的。自由陀螺仪具有以下两个基本特性。

(1) 定轴性。陀螺轴在不受外力作用时，它的方向始终指向初始恒定方向。

(2) 进动性。陀螺轴在受到外力作用时，将产生非常重要的效应——“进动”。

目前，常用的陀螺仪是采用两个完全自由度和一个不完全自由度的钟摆式陀螺仪。它是根据自由陀螺的定轴性和进动性两个基本特性，利用陀螺仪对地球自转产生的相对运动，使陀螺轴在测站子午线附近做简谐摆动的原理制成的。

2. 矿用陀螺经纬仪的基本结构

陀螺经纬仪由陀螺仪和经纬仪组合而成。根据其连接形式不同，可分为上架式陀螺经纬仪(即陀螺仪安放在经纬仪之上)和下架式陀螺经纬仪(即陀螺仪安放在经纬仪之下)。现在矿用陀螺经纬仪大都是上架式陀螺经纬仪。如图 17-5 所示是徐州光学仪器厂生产的 JT-15 型陀螺经纬仪中陀螺仪部分的基本结构，它安放在 6″级经纬仪之上。

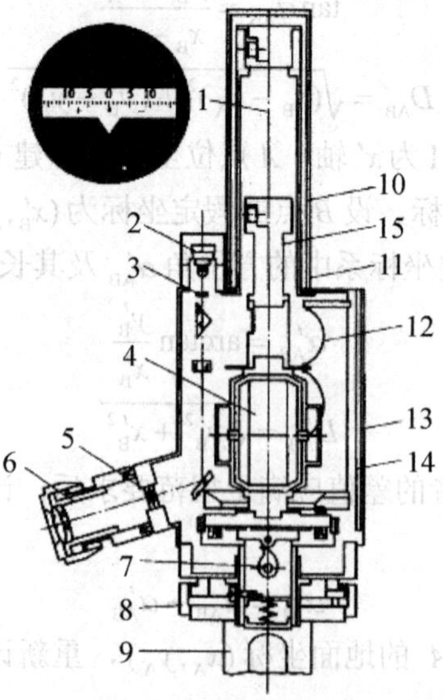

图 17-5 陀螺经纬仪结构

1—悬挂带；2—光源；3—光标镜；4—陀螺马达；5—分划板；6—目镜；7—凸轮；8—限幅囊；9—连接支架；10—上套筒；11—支架；12—导流丝；13—磁屏蔽；14—支架；15—悬挂柱

3. 陀螺经纬仪定向的方法

运用陀螺经纬仪进行矿井定向的常用方法主要有逆转点法和中天法。它们之间的主要区别是在测定陀螺北方向时，逆转点法的仪器照准部处于跟踪状态，而中天法的仪器照准部是固定不动的。这里以逆转点法为例来说明测定井下未知边方位角的全过程。

(1) 在地面已知边上采用 2～3 个测回测定仪器常数 $\varDelta_{前}$。

由于仪器加工等多方面的原因，实际中的陀螺轴的平衡位置往往与测站真子午线的方向不重合，它们之间的夹角称为陀螺经纬仪的仪器常数，用 $\varDelta$ 表示。如图 17-6(a)所示，要在地面已知边上测定 $\varDelta$，先要测定已知边的陀螺方位角 $T_{AB陀}$，方法如下。

第一步，在 A 点安置陀螺经纬仪，严格整平对中，并以两个镜位观测测线方向 AB 的方向值——测前方向值 M_1。

第二步，将经纬仪的视准轴大致对准北方向(对于逆转点法要求偏离陀螺子午线方向不大于 60′)。

第三步，测量悬挂带零位置——测前零位，同时用秒表测定陀螺轴摆动周期。

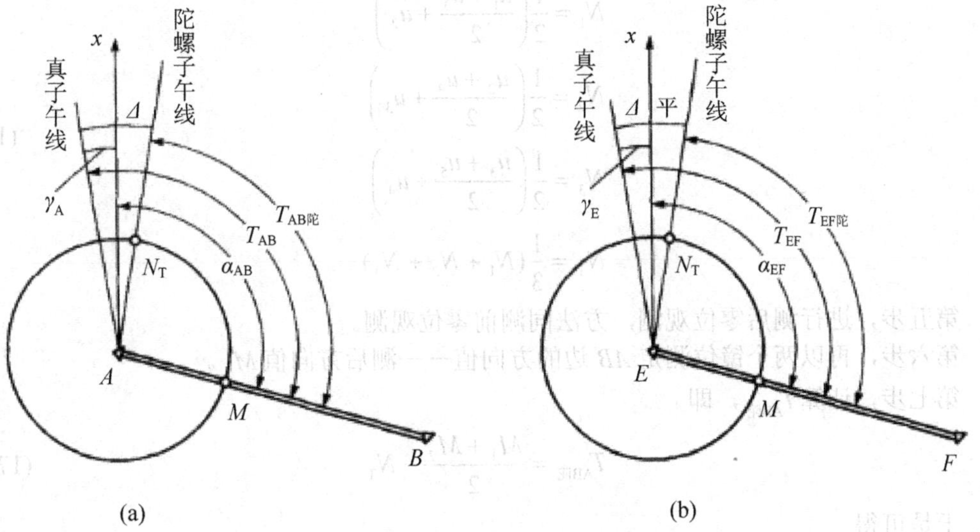

图 17-6　陀螺经纬仪定向示意图

测定零位的方法是：下放陀螺灵敏部，从读数目镜中观测灵敏部的摆动，在分划板上连续读 3 个逆转点(即陀螺轴围绕子午线摆动时偏离子午线的两侧最远位置)的读数(见图 17-7)，估读到 0.1 格，并按式(17-8)计算零位，即

$$L=\frac{1}{2}\left[\frac{a_1+a_3}{2}+a_2\right] \tag{17-8}$$

第四步，用逆转点法精确测定陀螺北方向值 N_T。启动陀螺电动机，缓慢下放灵敏部，使摆幅在 1°～3°范围内。调节水平微动螺旋，使光标像与分划板零刻度线随时保持重合，到达逆转点后，记下经纬仪水平度盘读数。连续记录 5 个逆转点的读数 u_1、u_2、u_3、u_4、u_5，并按式(17-9)计算 N_T，即

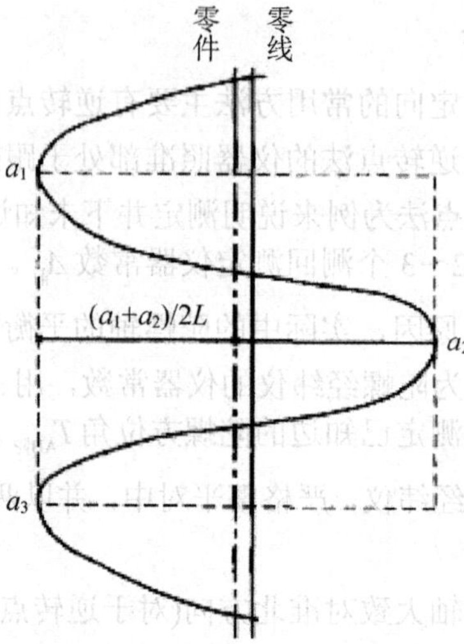

图 17-7　逆转点法曲线图

$$
\begin{aligned}
N_1 &= \frac{1}{2}\left(\frac{u_1+u_3}{2}+u_2\right)\\
N_2 &= \frac{1}{2}\left(\frac{u_2+u_4}{2}+u_3\right)\\
N_3 &= \frac{1}{2}\left(\frac{u_3+u_5}{2}+u_4\right)\\
N_{\mathrm{T}} &= \frac{1}{3}(N_1+N_2+N_3)
\end{aligned}
\tag{17-9}
$$

第五步，进行测后零位观测，方法同测前零位观测。

第六步，再以两个镜位测定 AB 边的方向值——测后方向值 M_2。

第七步，计算 $T_{\mathrm{AB陀}}$，即

$$T_{\mathrm{AB陀}} = \frac{M_1+M_2}{2} - N_{\mathrm{T}} \tag{17-10}$$

于是可得

$$\varDelta_{前} = T_{\mathrm{AB}} - T_{\mathrm{AB陀}} = \alpha_{\mathrm{AB}} + \gamma_{\mathrm{A}} - T_{\mathrm{AB陀}} \tag{17-11}$$

(2) 在井下定向边上采用两测回测定陀螺方位 $T_{\mathrm{AB陀}}$，如图 17-6(b)所示。

(3) 返回地面后，再在已知 AB 边上测定仪器常数 $\varDelta_{后}$。

(4) 计算井下未知边的坐标方位角 α_{ab}。如图 17-6(b)所示，α_{ab} 按式(17-12)计算，即

$$\alpha_{\mathrm{ab}} = T_{\mathrm{AB陀}} + \varDelta_{平} - \gamma_{\mathrm{a}} \quad \varDelta_{平} = \frac{\varDelta_{前}+\varDelta_{后}}{2} \tag{17-12}$$

式中：γ_{a} ——A 点的子午线的收敛角。

17.2.5　导入高程

矿井高程联系测量又称为导入高程，其目的是建立井上、井下统一高程系统。采用竖

井开拓的矿井需采用专门的方法来传递高程，常用的竖井导入高程的方法有钢丝法、光电测距仪法和钢尺法。

钢尺法和钢丝法导入标高的原理基本相似，只是钢尺法采用的是经过比长的钢尺，只需直接加上其测量值的各项改正数即可得到其长度；而钢丝法则需要在地面经过专门的设备或仪器测量其长度。因此，这里仅以钢丝和光电测距仪法为例来说明导入高程的过程。

1. 钢丝导入高程

采用钢丝法导入高程时，首先应在井筒中部悬挂一钢丝，在井下一端悬以重锤，使其处于自由悬挂状态(见图 17-8)；然后，在井上、井下同时用水准仪测得 A、B 处水准尺上的读数 a 和 b，并用水准仪瞄准钢丝，在钢丝上做上标记；变换仪器高再测一次，若两次测得井上、井下高程基点与钢丝上相应标志间的高差互差不超过 4mm，则可取其平均值作为最终结果。最后，可通过在地面建立的比长台用钢尺往返分段测量出钢丝上两标记间的长度，且往返测量的长度互差不得超过 $L/8000$ (L 为钢丝上两标志间的长度)。

这样，井下水准基点 B 的高程 H_B 可通过式(17-13)求得，即

$$H_B = H_A - L + (a - b) \tag{17-13}$$

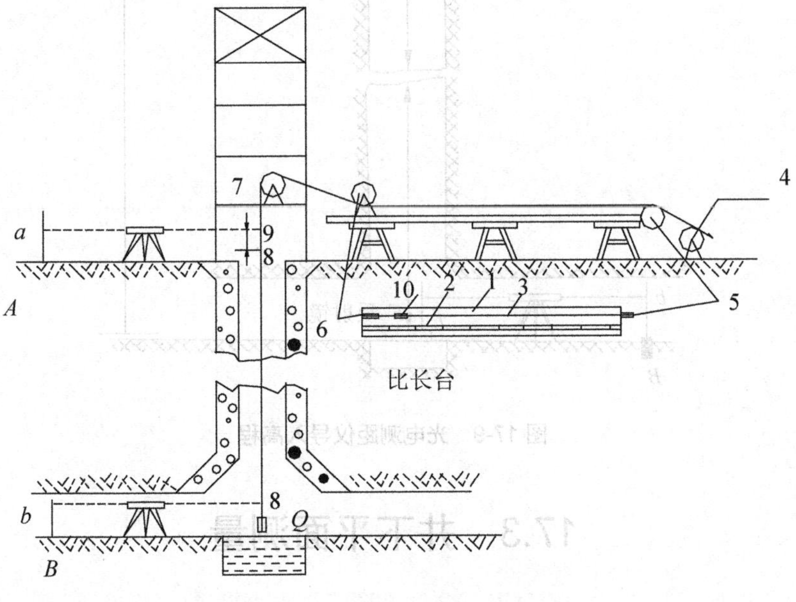

图 17-8　钢丝导入标高示意图

1—比长台平台；2—比长尺；3—钢丝；4—钢丝圈；5、6—导向滑轮；
7—滑轮；8—钢丝上读数标记；9—第二次读数标记；10—读数标记

2. 光电测距仪导入标高

运用光电测距仪导入标高，不仅精度高，而且缩短了井筒占用时间，是一种值得推广的导入标高方法。

如图 17-9 所示，光电测距仪导入标高的基本方法是：在井口附近的地面上安置光电测距仪，在井口和井底中部，分别安置反射镜；井上的反射镜与水平面成 45°夹角，井下的反

射镜处于水平状态；通过光电测距仪分别测量出仪器中心至井上和井下反射镜的距离l、S，从而计算出井上与井下反射镜中心间的铅垂距离H，即

$$H = S - l + \Delta l \tag{17-14}$$

式中：Δl——光电测距仪的总改正数。

然后，分别在井上、井下安置水准仪。测量出井上反光镜中心与地面水准基点间的高差h_{AE}和井下反射镜中心与井下水准基点间的高差h_{FB}，则可按式(17-15)计算出井下水准基点B的高程H_B，即

$$H_B = H_A + h_{AE} - H + h_{FB} \tag{17-15}$$

$$h_{AE} = a - e，h_{FB} = f - b$$

式中：a、b、e、f——分别为井上、井下水准基点和井下、井下反光镜处水准尺的读数。

运用光电测距仪导入标高也要测量两次，其互差不应超过$H/8000$。

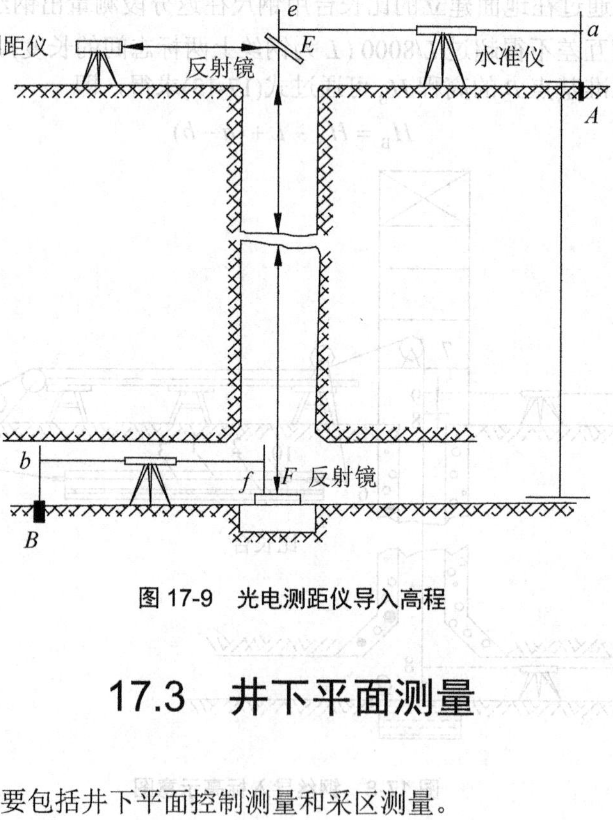

图 17-9 光电测距仪导入高程

17.3 井下平面测量

井下平面测量主要包括井下平面控制测量和采区测量。

17.3.1 井下平面控制测量

1. 概述

由于受井下特殊条件的限制，井下平面控制测量只能采用导线测量方法。导线测量是随着巷道的掘进而延伸，因此导线开始时往往是支导线，只有随着巷道之间的贯通才会逐步形成闭合或附合导线。

根据井下导线的用途和精度不同，可将井下导线分为基本控制导线和采区控制导线。基本控制导线精度较高，是井下首级平面控制，一般布设在井底车场、水平运输大巷、回风大巷、主要采区的上、下山等矿井主要巷道中。采区控制导线是矿井二级控制导线，精度较低，布设在回采工作面巷道或次要的中间巷、联络巷等。井下基本控制导线可分为7″级和15″级两种，采区控制导线包括15″级和30″级两种。具体的井下控制导线技术要求见表17-4。

表 17-4　井下控制导线的主要技术指标

导线类型	井田(采区)一翼长度/km	测角中误差/(″)	一般边长/m	导线全长相对闭合差	
				闭(附)合导线	复测支导线
基本控制导线	≥5	±7	60～200	1/8000	1/6000
	<5	±15	40～100	1/6000	1/4000
采区控制导线	≥1	±15	30～90	1/4000	1/3000
	<1	±30	—	1/3000	1/2000

根据《煤矿测量规程》的规定，在布设基本控制导线时，应每隔1.5～2.0km加测一条陀螺定向边，且7″级和15″级基本控制导线的陀螺经纬仪定向精度分别不低于±10″和±15″。

2. 井下导线点的选设

井下导线点按其用途和施测精度不同可分为永久点和临时点。永久点尽量设在碹顶上或巷道顶(底)板的稳定岩石中。其结构如图17-10(a)、(b)所示，以便长期保存。一般在矿井的主要巷道中至少每隔300～500m设置一组，每组至少3个相邻点。临时点根据实际情况可用钢钉打在大巷壁上，或先钻孔打入木楔，再在木楔上钉上小钉，如图17-10(c)、(d)所示。无论是永久点还是临时点都要进行统一编号，并在其附近做明显的标记。

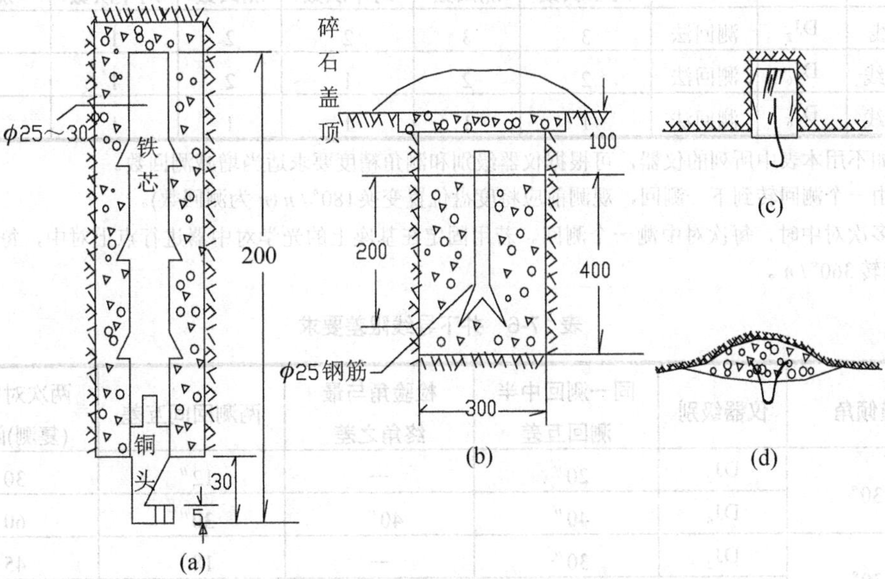

图 17-10　井下导线点构造示意图

3. 水平角观测

由于井下导线点一般选在顶板上，所以经纬仪要有镜上中心，以便在点下对中，如图17-11(a)所示。这种方法容易受井下巷道风流的影响，使对中出现偏差。因此在风流大、导线精度要求高时，应采取挡风措施。目标点上也要挂垂球线作为瞄准标志。井下测量水平角常用的方法有测回法和复测法两种。为提高精度，可用光学上对中三架法：如图17-11(b)所示，将经纬仪安置在2点上，在1、3点上安置光学对点器，测完水平角后，1、2、3点三脚架上的基座都不动，将经纬仪照准部插在3点的基座上，到4点再用光学对点器对中整平。如此循环下去。不同级别的导线选用的测量仪器和限差要求分别如表17-5和表17-6所示。

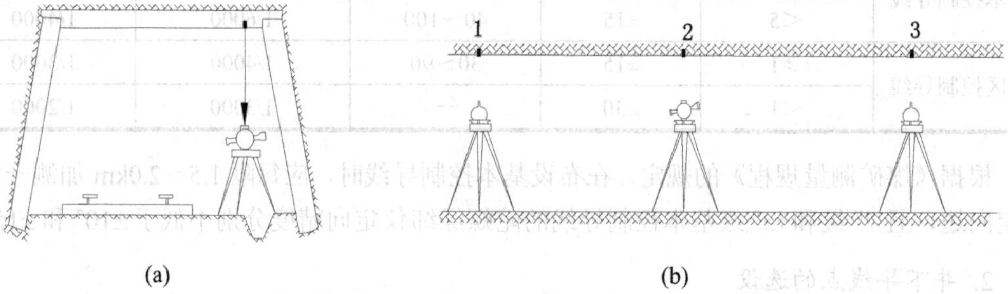

图 17-11 井下导线测量

表 17-5 井下导线选用的测量仪器要求

导线级别	使用仪器	观测方法	按导线边长分(水平边长)					
			15m 以下		15～30m		大于 30m 以上	
			对中次数	测回数	对中次数	测回数	对中次数	测回数
7″ 导线	DJ_2	测回法	3	3	2	2	1	2
15″ 导线	DJ_6	测回法	2	2	1	2	1	2
30″ 导线	DJ_6	测回法	1	1	1	1	1	1

注：1．如不用本表中所列的仪器，可根据仪器级别和测角精度要求适当增减测回数。

2．由一个测回转到下一测回，观测前应将度盘位置变换180°/ n (n 为测回数)。

3．多次对中时，每次对中测一个测回。若用固定在基座上的光学对中器进行点上对中，每次对中应将基座旋转360°/ n 。

表 17-6 井下导线限差要求

巷道倾角	仪器级别	同一测回中半测回互差	检验角与最终角之差	两测回间互差	两次对中测回(复测)间互差
≤30°	DJ_2	20″	—	12″	30″
	DJ_6	40″	40″	30″	60″
＞30°	DJ_2	30″	—	18″	45″
	DJ_6	60″	60″	45″	90″

4. 边长的丈量

边长测量通常在测角之后进行，有钢尺量边或光电测距仪量边两种方法。

1) 钢尺量边

采用钢尺量边时，两人拉尺，两人读数，一人记录并测记温度。用钢尺丈量基本控制导线边长时，应遵循以下规定。

(1) 对钢尺施以比长时的拉力，悬空丈量并测计温度。

(2) 分段丈量时，最小尺段长度不得小于 10m，定线偏差应小于 5cm。

(3) 每尺段应以不同起点读数 3 次，读至 mm，长度互差不应大于 3mm。

(4) 导线边长必须往返丈量，丈量结果加入比长、温度、垂曲、倾斜改正数后变为水平边长后，互差不得大于该边长的 1/6000。

(5) 丈量测区控制导线边长时，可凭经验拉力，不测温度，采用往返丈量或错动钢尺位置 1m 以上法丈量两次，其互差均不得大于该边长的 1/2000。

2) 光电测距仪量边

光电测距(仪器应是防爆的)由于具有测距速度快、精度高、操作方便等优点，已广泛应用在矿井测量中。其操作程序与地面基本一样。观测精度应满足《煤矿测量规程》的要求。

采用光电测距仪测量井下导线的边长时要求至少进行两个测回的观测，每个测回中读数间的互差不得大于 10mm。单程测量时，测回间的互差不得大于 15mm；往返测量时，换算成水平距离(加气压、气温和倾斜改正)后的互差不得大于其平均边长值的 1/6000。

5. 井下经纬仪导线的延伸及检查

井下基本控制导线的布设随着井下巷道的不断掘进而向前延伸。一般情况下，基本控制导线每隔 300～500m 延伸一次，采区导线每隔 30～100m 延伸一次。导线延伸前应对上次测量的最后一个水平角和边长进行检核，检核结果应满足表 17-7 要求后，方可由此向前延长导线；否则，应继续向后检查，直至符合要求，才能由此向前延长导线。

表 17-7 检核要求

导线级别	导线边长	水平角不符值
7″ 导线	<15m	≤30″
	≥15m	≤20″
15″ 导线	—	≤40″
30″ 导线	—	≤80″

基本控制导线在延伸中若形成了闭合，则要进行闭合导线平差计算，以检核和提高导线控制点的精度。

采用防爆全站仪进行井下基本控制导线测量，其外业数据采集、计算、数据存储与整理等，都可以自动处理。不但确保了测量资料的精度，也大大提高了工作效率，可实现矿井测量工作的自动化和数字化。

6. 复测支导线的内业计算

在井下观测工作全部完成后，应及时整理和检查外业手簿，确认各项观测成果符合《规程》要求后，方可进行内业计算。

井下闭合、附合导线的计算方法与地面相同，只是限差要求不一样，如表 17-8 所示。这里主要介绍复测支导线的计算方法，内业计算的步骤如下。

表 17-8　井下导线测量的精度

导线级别	最大闭合差/K		
	闭合导线	复测支导线	附合导线
7″ 级导线	$\pm14''\sqrt{n}$	$\pm14''\sqrt{n_1+n_2}$	$\pm2\sqrt{m_{\alpha_1}^2+m_{\alpha_2}^2+nm_\beta^2}$
15″ 级导线	$\pm30''\sqrt{n}$	$\pm30''\sqrt{n_1+n_2}$	
30″ 级导线	$\pm60''\sqrt{n}$	$\pm60''\sqrt{n_1+n_2}$	

注：表中 n 为闭(附)合导线的总站数；n_1、n_2 分别为复测支导线往、返测量的总站数，下同；m_{α_1}、m_{α_2} 分别为附合导线起始边和附合边的坐标方位角中误差；m_β 为附合导线测角中误差。

(1) 根据路线第一次和第二次测得的角度分别推算最终边的坐标方位角 α_1、α_2，按式(17-16)计算角度闭合差，即

$$f_\beta=\alpha_1-\alpha_2 \tag{17-16}$$

(2) 当角度闭合差不超过表 17-8 中的规定时，可按式(17-17)进行分配：设路线第一次和第二次实测的角度总数分别为 n_1、n_2，角度闭合差分配的计算式为

$$\begin{cases}V_{\beta_i\mathrm{I}}=-\dfrac{f_\beta}{2}n_1\\[2mm] V_{\beta_i\mathrm{II}}=\dfrac{f_\beta}{2}n_2\end{cases} \tag{17-17}$$

(3) 按分配闭合差后的水平角推算往返测各边的方位角。

(4) 计算坐标增量和往、返测坐标增量闭合差，即

$$\begin{cases}f_x=\sum\Delta x_\mathrm{I}-\sum\Delta x_\mathrm{II}\\ f_y=\sum\Delta y_\mathrm{I}-\sum\Delta y_\mathrm{II}\end{cases} \tag{17-18}$$

(5) 计算并检核坐标相对闭合差 K，即

$$K=\frac{f}{\sum l}=\frac{\sqrt{f_x^2+f_y^2}}{(\sum l_{\mathrm{I}i}+\sum l_{\mathrm{II}i})/2} \tag{17-19}$$

其中，$l_{\mathrm{I}i}$、$l_{\mathrm{II}i}$ 分别为往、返测第 i 条边边长。若 K 满足表 17-8 的要求，则可进行下面的计算；否则，应检查成果，进行部分甚至全部外业重测。

(6) 分配坐标闭合差，即

$$\begin{cases} V_{x_i\text{I}} = -\dfrac{f_x/2}{\sum l_{\text{I}\,i}} \cdot l_{\text{I}\,i} \\ V_{y_i\text{I}} = -\dfrac{f_y/2}{\sum l_{\text{I}\,i}} \cdot l_{\text{I}\,i} \end{cases} \quad \begin{cases} V_{x_i\text{II}} = -\dfrac{f_x/2}{\sum l_{\text{II}i}} \cdot l_{\text{II}i} \\ V_{y_i\text{II}} = -\dfrac{f_y/2}{\sum l_{\text{II}i}} \cdot l_{\text{II}i} \end{cases} \tag{17-20}$$

(7) 分别计算往测和返测各导线点的坐标，即

$$\begin{cases} x_i = x_{i-1} + \Delta x_{i-1,i} + V_{x_i} \\ y_i = y_{i-1} + \Delta y_{i-1,i} + V_{y_i} \end{cases} \tag{17-21}$$

17.3.2　井下采区测量

采区测量是在井下基本控制导线的基础上展开的，主要包括采区联系测量、次要巷道测量和采区工作面测量。

1. 采区联系测量

采区联系测量的目的是把坐标系统传递到采区工作面。如果从主要大巷到采区工作面是缓倾斜煤层，可以用导线进行传递；如果是倾斜或急倾斜煤层可采用竖井定向来传递。

(1) 通过一个或两个竖井进行采区联系测量。测量方法与地面一井定向和两井定向一样，定向精度可适当放宽，测角、量边可按采区控制导线精度要求。

(2) 通过倾斜或急倾斜巷道进行联系测量。一般是指巷道倾角大于 65°，在该巷道内无法安置经纬仪进行导线测量，往往采用简易方法将坐标系统传递下去，如斜线辅助垂线法、牵制垂线法等。

1) 斜线辅助垂球线法

如图 17-12 所示，在上、下平巷间通过急倾斜斜巷拉一斜线 $A'B$。在 A' 点和斜线的适当位置 A 点各挂一垂球。此时斜巷与两垂球线同处于一竖直面内。然后在上、下平巷中用目视穿线的方法，定出 C'、C 两点，则 C、b、a、b'、a'、C' 将位于竖直面内。在 C'、C 点安置仪器，整平后照准相应的垂球线，视线与垂球线交点为 a'、a，与斜线交点为 b'、b。从图上可知，$a'b'$ 和 ab 方向的方位角相等。用半圆仪测出 $A'B$ 的倾角 δ，用钢尺丈量斜距 $A'A$ 和平距 $C'a$、Ca，量取仪器高 $i_{上}$、$i_{下}$ 和视线至垂球线悬挂点间的垂高 $A'a$、Aa。

内业计算时，先算出 $C'C$ 的长度，即

$$l = C'a' + Ca + A'A\cos\delta$$

然后，按测得的水平角和边长计算导线的坐标方位角和各点的坐标。CC' 两点间的高差为

$$h = A'A\sin\delta + Aa - i_{下} - A'a' + i_{上}$$

根据高差即可算出 C 点的高程。

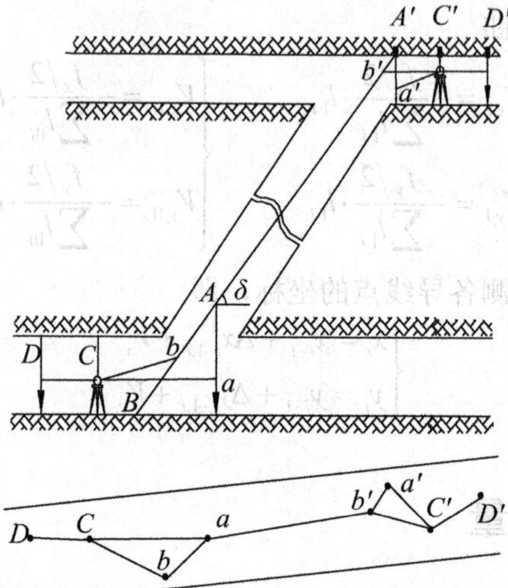

图 17-12 斜线辅助垂球法示意图

2) 牵制垂球线法

如图 17-13 所示，在上、下平巷测站C'、C间拉一斜线，在下平巷中斜线的O'处挂一垂球P，在上平巷拉线绳OO'，把斜线吊成自由悬挂状态。在C点安置经纬仪，移动O点使OO''与CO''重合。此时，C、O''、O'、C'点处于同一竖直面内。连线$O''C$和$C'O'$的方位角相同。丈量斜距$O'O''$、$C'O'$、CO''，用半圆仪测出它们的倾角，按斜线辅助线法类似的方法进行内业计算，完成坐标和高程的传递任务。

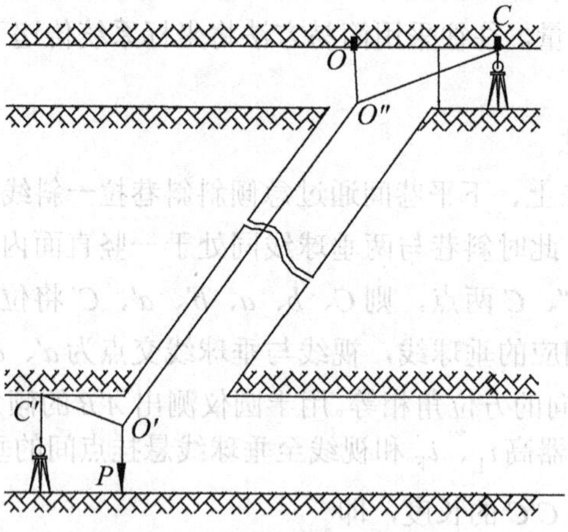

图 17-13 牵制垂球线法

2. 采区次要巷道测量

采区次要巷道测量包括采区控制导线测量、采区碎部测量。采区控制导线测量是在采区巷道(次要上下山、采区工作面回风巷和运输卷)内布设导线，目的是控制巷道的走向和测绘巷道的实际位置以便填图。工作面采煤方法不同，布设的导线精度也不一样。综采工作面要求风巷和运巷相互平行，精度高，要用导线控制；若是常规的炮采工作面，导线的精度可适当降低，如果没有磁性物质的影响，也可用罗盘、皮尺等传统的测量方法。

采区碎部测量是在采区导线测量的同时，测量巷道的实际位置，并依此将巷道绘制到采掘工程图上。碎部测量方法如图 17-14 所示，在导线点 8、9 之间拉一皮尺，分别量出巷道的拐点与导线点连线垂线之间的垂距，利用这些垂距根据导线点可在图上绘出巷道。

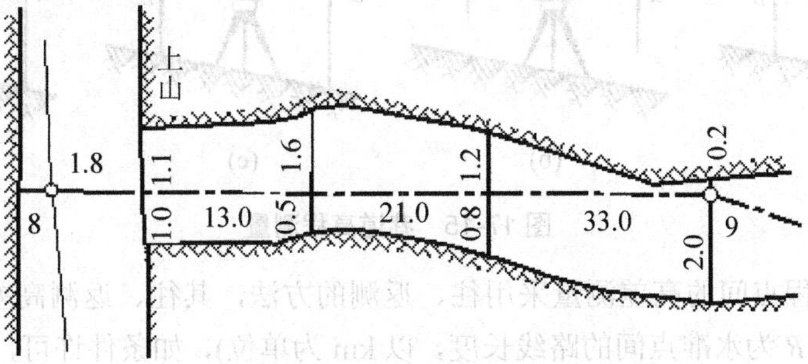

图 17-14　碎部测量图

3. 回采工作面测量

回采工作面测量就是以采区导线点为基础，定期将回采工作面的位置绘到采掘工程图上。工作面为直线状时，丈量工作面两端至附近导线点的距离，可在图上确定工作面的位置。如工作面弯曲较大，可用罗盘导线测其实际位置。测量的结果应及时填到采掘工程平面图上，并注明日期。

进行回采工作面测量时，还应沿工作面每隔一定距离丈量煤层厚度、倾角、煤层中的夹矸层等，并记录顶、底板残留的煤皮等情况。

17.4　井下高程测量

井下高程测量以矿井高程联系测量的高程起始点为依据，测定井下导线点和高程点的标高。同地面一样，确定井下点的高程仍可采用水准测量和三角高程测量的方法。当巷道的倾角不超过 8°时，宜采用水准测量方式来测定高程点间的高差，其他巷道中可根据具体情况选用水准测量或三角高程测量。

井下高程点应埋设在巷道顶部、底板或两帮的稳定岩石中、井下永久固定设备的基础上等。永久导线点也可作为高程点。所有的高程点都应统一编号，并将编号明显的标记在高程点的附近。

高程点一般应每隔 300～500m 设置一组，每组至少应由 3 个高程点组成，两高程点间距离以 30～80m 为宜。

1. 井下水准测量

在主要水平巷道中，宜采用水准测量方式来测定高程点间的高差。一般选用精度不低于 DS10 的水准仪和普通水准尺，采用变更仪器高(两次仪器高互差大于10cm)的方法进行观测。两次测得的相邻点间的互差不大于5mm时，取其平均值作为观测成果。

由于井下高程点既有底板点又有顶板点，无论是图 17-15 中的哪一种情况，高差 h_i 的计算公式都是 $h_i = a_i - b_i$ 。只是当高程点在顶板上时，应在尺子读数前加负号，再进行计算。

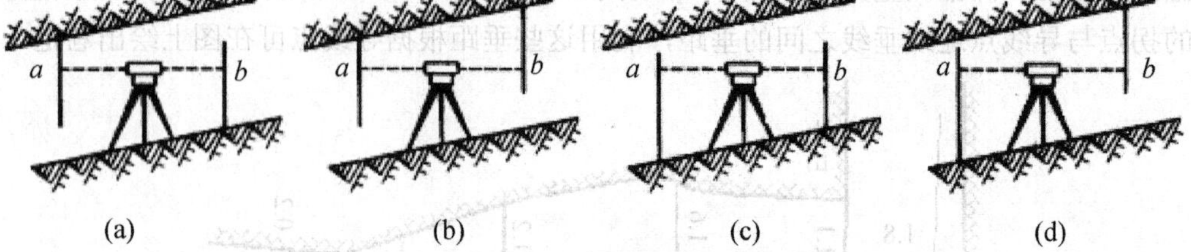

图 17-15　巷道高程测量

井下每组高程点间的高差测量采用往、返测的方法，其往、返测高差的互差不应超过 $\pm50\sqrt{R}$mm (其中 R 为水准点间的路线长度，以 km 为单位)，如条件许可，可布设为闭合(或附合)水准路线，其高差闭合差不应超过 $\pm50\sqrt{L}$mm (L 为水准点间的路线长度，以 km 为单位)。观测结果满足上述要求时，可按测站数平均分配高差闭合差计算各点高程。

2. 三角高程测量

井下三角高程测量方法与地面相同，用在倾角大于 8° 的倾斜巷道中。如图 17-16 所示，利用经纬仪测量出竖直角 δ 丈量出两点间的倾斜长度 L，则两点高差 h_{AB} 为

$$h_{AB} = L\sin\delta + i - v \tag{17-22}$$

式中：i ——仪器高；

v ——觇标高。

点在顶板上时，i、v 取负值。

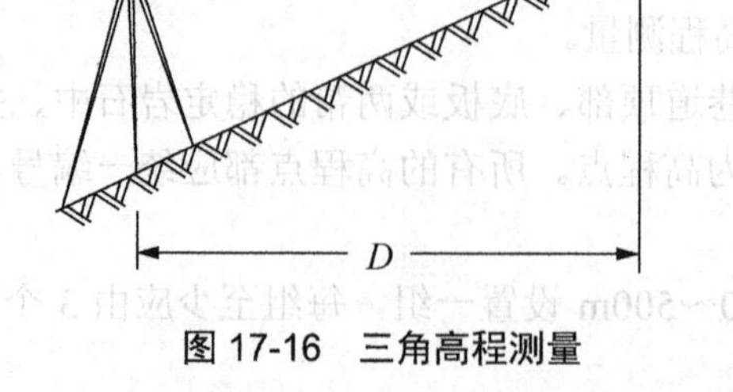

图 17-16　三角高程测量

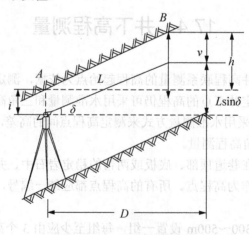

在使用三角高程测量方法测量基本控制导线点间的高差时，竖直角的观测应按表 17-9 中规定的要求进行，仪器高 i 和觇标高 v 应在观测开始前和观测结束后各丈量一次，两次丈量的互差不得大于 4mm；相邻两点往、返测量的高差互差不应大于 $10 + 0.3l$ (l 为两点间的水平距离，以 m 为单位)。三角高程测量附合或闭合路线的高程闭合差不得超过

$\pm 100\sqrt{L}$mm(L 为导线长度，以 km 为单位)。当测量结果满足上述要求后，即可按与导线边长成正比的方法分配高程闭合差，计算出各导线点的高程。

表 17-9　竖直角观测技术要求

观测方法	DJ_2 经纬仪			DJ_6 经纬仪		
	测回数	竖直角互差	指标差互差	测回数	竖直角互差	指标差互差
对向观测(中丝法)	1	—	—	2	25″	25″
单向观测(中丝法)	2	15″	15″	3	25″	25″

17.5 巷道施工测量

巷道施工测量的任务是按照矿井设计的规定和要求，在现场实地标定掘进巷道的几何要素(位置、方向和坡度等)，并在巷道挖进过程中及时进行检查和校正。通常将这项工作称为给向，或称为给中腰线。

17.5.1 巷道中线标设

为了指示巷道在水平面内的方向，需要标定巷道的几何中心线在水平面上投影的方向即**中线方向**。在主要巷道中，中线应采用经纬仪标定；在采区次要巷道中可采用罗盘仪等精度较低的仪器标定中线。

中线应成组设置，每组不得少于 3 个点，相邻两点间的距离一般不应小于 2m。在巷道掘进过程中，中线点应随掘随给，最前面的一组中线点距离掘进头的距离，一般不应超过 30～40m。

标设巷道中线的过程如下。

(1) 检查设计图纸。主要检查的内容包括：巷道间的几何关系是否符合实际情况；标注的角度和距离是否与设计图纸一致等。

(2) 确定标定中线时所必需的几何要素。

(3) 标定巷道的开切点和方向。

(4) 随着巷道的挖进及时延伸中线。

(5) 在巷道挖进过程中随时检查和校正中线的方向。

1. 巷道开切时的标定

巷道开切时的标定工作主要包括标定开切点的位置和初步给出巷道的挖进方向等项内容。

如图 17-17(a)所示，欲从以挖巷道中的 A 点沿虚线开挖一条新巷道，标定的方法如下。

(1) 从设计图上量取 A 点至已知中线点 18、19 的距离 L_1、L_2，并检查 $L_1 + L_2$ 是否与 18、19 两点间的距离相符，以此作检核，同时量取巷道的转向角 β。

(2) 在 18 点安置经纬仪，瞄准点 19，并沿此方向，由点 18 量取 L_1 即可得到点 A 的位置，将之标定于顶板上，然后再量取点 A 至点 5 的距离作检核。

(3) 在点 A 安置经纬仪，后视点 18 用正镜位置给出 β 角，此时，望远镜所指方向即为新开掘巷道的中线方向，在此方向上标出点 2，倒转望远镜，标出点 1，则点 1、A、2 即组成一组中线点。

此外，也可用罗盘仪来标定巷道的开切方向。

2. 巷道中线的标定

巷道开切后，最初标定的中线点很容易遭到破坏。当掘进到 4～8m 时应检查或重新标定中线。简易的检查方法是看一组中线的 3 个点是否在一条直线上。重新标定一组中线点时如图 17-17(b)所示，首先应检查 A 点是否移动。若 A 点已移动应重新标定。当确定 A 点没有移动时，在 A 点安置经纬仪，分别用正、倒两个镜位按角给出 2′和 2″点，2′和 2″往往是不重复的，这时可取 2′和 2″的中点 2 作为中线点。为了检查，还应测定水平角∠18A2 与角 β 比较作为检核。经检查确认无误，在瞄准点 2，在点 A 与点 2 中间再标定一个中线点 1。这样，点 A、1、2 就组成了一组中线点。

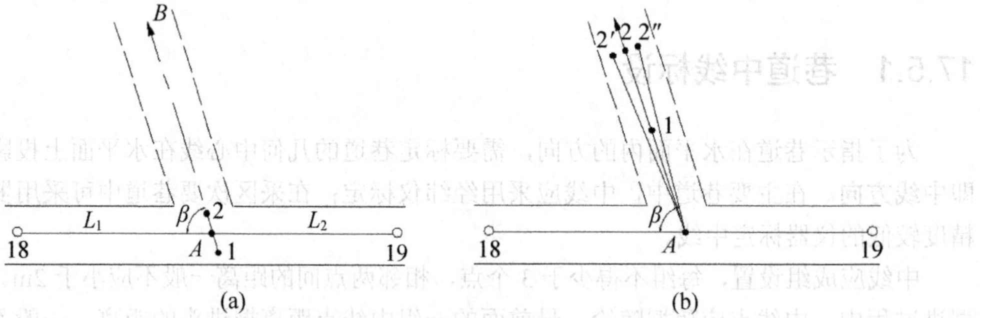

图 17-17　巷道中线的标定

用一组中线点可指示直线巷道掘进 30～40m。在由一组中线点到下一组中线点的巷道掘进过程中，可采用瞄线法或拉线法来指示巷道的掘进方向。

1) 瞄线法

如图 17-18(a)所示，甲首先核对 1、2、3 这 3 根中线是否在一条直线上；然后根据其中两根中线点，用三点一线的原理确定出乙手中的中线点 6；4、5 点可同理确定；最后检查 4、5、6 是否在一条线上。

2) 拉线法

如图 17-18(b)所示，检查好中线 1、2、3 在一条线上后，用线绳系在 1 点的垂线上，乙拿一条通过中线 3 的线绳向前至欲确定的中线点 6 处，甲通过判断拉线是否切住中线点 3，指挥乙左右移动，使 6 点位于 1、3 点的延长线上。同法标出 4、5 点。

3. 曲线巷道中线的标设

井下有许多巷道的转弯与连接处都是曲线巷道，而且大多数为圆曲线巷道。圆曲线巷道中线的标定方法很多，这里仅介绍常用的弦线法。弦线法是将圆曲线分成若干圆弧段，以弦线来代替其中线，指示巷道的掘进方向。它的标定方法和步骤大致与直线巷道类似，下面予以简要叙述。如图 17-19 所示，首先根据圆曲线的起点 A、终点 B、曲线半径 R 及中心角 α，将曲线等分为 n 段，并计算标定要素：弦长 l、起点和终点的转角 β_A、β_B 以及中间点的转角 β_i。

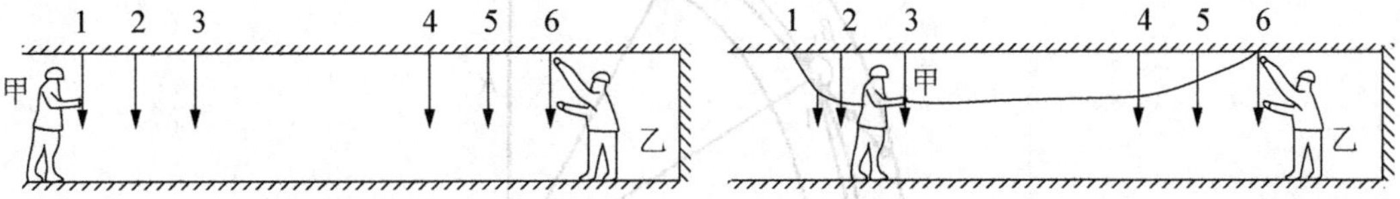

(a) 眼穿法　　(b) 拉线法

图 17-18　中线的标设法

$$l = 2R\sin\frac{\alpha}{2n}$$

$$\beta_A = \beta_B = 180^\circ + \frac{\alpha}{2n} \tag{17-23}$$

$$\beta_1 = \beta_2 = 180^\circ + \frac{\alpha}{n}$$

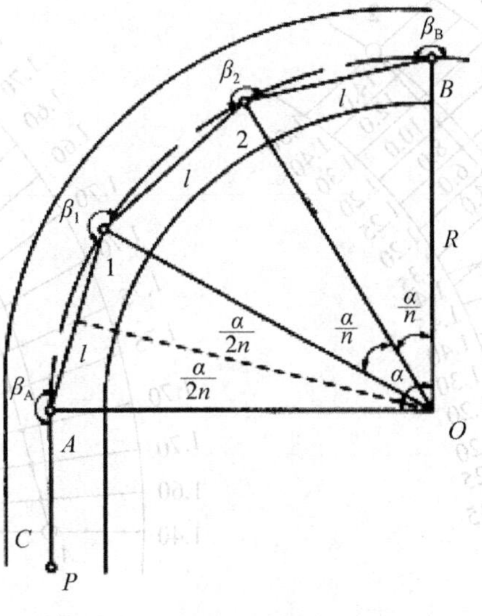

图 17-19　圆曲线设计要素的标定

其次进行现场标定。如图 17-20 所示，在起点 A 安置经纬仪，后视直线巷道中的中线点 P，测设转折角 β_A，给出弦线 $A1$ 的方向。但由于前面巷道还未开掘，只能倒转望远镜在其反方向上标设中线点 D、C。这样 C、D、A 3 点即组成一组中线点。用它指示巷道掘进到 1 点后，应丈量弦长 l，精确标定出 1 点。然后，就可按与上述类似的方法继续给出下一弧段的中线。

为了便于指导施工部门按设计规格施工，测量人员应以 1∶50 或 1∶100 大比例尺绘制标有巷道两帮与相应弦线相对位置的边距图。一般情况下，砌碹巷道的边距按垂直弦线方向量取，如图 17-21(a)所示，采用金属、水泥或木支架支护的巷道可按圆曲线半径方向给出边距，如图 17-21(b)所示。

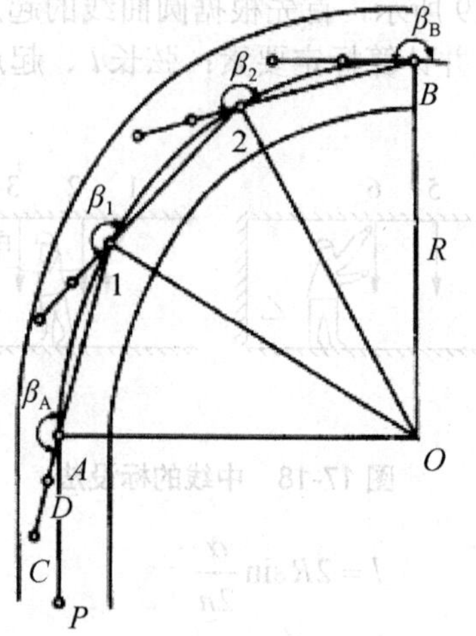

图 17-20　圆曲线的标定

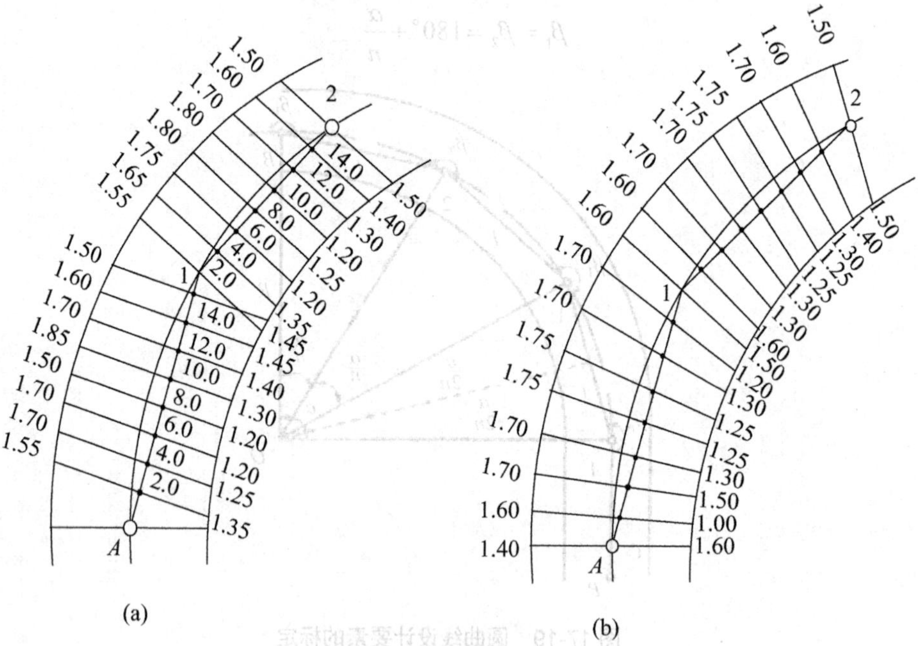

图 17-21　圆曲线大样图

17.5.2　巷道腰线标设

为了指示巷道掘进的坡度而在巷道两帮上给出的方向线，称为**腰线**。腰线点可成组设置(每组不得少于 3 个点，各相邻点的间距应大于 2m)，也可每隔 30～40m 设置一个，但需在巷道两帮上画出腰线，且对于一个矿井，腰线距底板或轨面的高度应为定值。

腰线可用水准仪、经纬仪或半圆仪等来标定。新开掘的巷道掘进到 4～8m 时，也应检查或重新标定腰线点。巷道掘进时最前面的腰线点距掘进头的距离不宜大于 30～40m。

主要运输巷道的腰线应用水准仪、经纬仪或连通管水准器来标定，次要巷道的腰线可用悬挂半圆仪等标定。急倾斜巷道的腰线应尽量用经纬仪来标定，短距离时，也可用悬挂半圆仪等来标定。下面以常用的水准仪来标定平巷腰线和用经纬仪标定的倾斜巷道的腰线为例来说明腰线的标定方法。

1. 用水准仪标定平巷腰线

平巷并非绝对水平的巷道，一般情况下，坡度小于 8° 的巷道，均视为水平巷道。在主要水平巷道中，常常都是用水准仪来标定腰线。其标定的方法是：如图 17-22 所示，首先根据已知腰线点和设计坡度，计算下一个腰线点 B 与已知腰线点 A 间的高差 h_{AB}，即

$$h_{AB} = Li \tag{17-24}$$

式中：L —— A、B 间的水平距离；

i ——巷道的设计坡度。

h_{AB} 的正负号与 i 的正负号相同，巷道上坡时为正，下坡时为负。

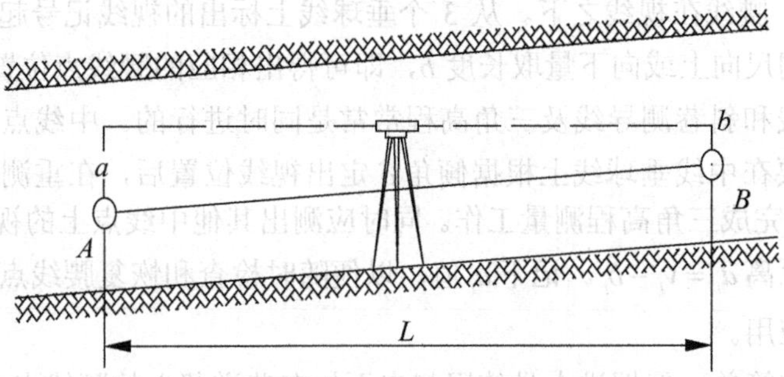

图 17-22　水准仪腰线标定

下一步就是根据计算结果进行实地标定。在 A、B 中间安置水准仪，用皮尺丈量 A、B 间的水平距离按式(17-24)计算出。先后视 A 点，得读数 a，再前视 B 点，得读数 b，并用小钢尺自读数 b 处向下量取 Δ（Δ 为负时，向上量取 $|\Delta|$），即得 B 处腰线点的位置。Δ 按式(17-25)计算，即

$$\Delta = h_{AB} - (a - b) \tag{17-25}$$

式中，a、b 的正负号按下述原则确定：A、B 处的小钢尺(或水准尺)的零点在水准仪视线之上时，取正号；否则取负号。

2. 用经纬仪标定斜巷腰线

倾角大于 5° 的主要倾斜巷道或者精度要求较高的一般斜巷，应用经纬仪标定巷道。用经纬仪标定腰线一般是和标定中线同时进行的，方法很多，这里仅介绍中线点同时作为腰线点标设法。

中线点同时作为腰线点标设法的特点是在中线点的垂球线处做出腰线的标记，同时量腰线标志到中线点的距离，以便随时根据中线点恢复腰线的位置。

如图 17-23 所示，标设时仪器安置在中线点 1 上，在标定中线点 4、5、6 之后，仪器用

正倒镜瞄准中线，竖盘对准巷道设计的倾角，此时望远镜视线和巷道腰线平行。根据视线在垂球线 4、5、6 相应位置用大头针做上记号，再用倒镜测其倾角，作为检查。然后丈量仪器高i。又知中线点 1 到腰线位置的距离a_1，则仪器视线到腰线点的距离b为

$$b = i - a \tag{17-26}$$

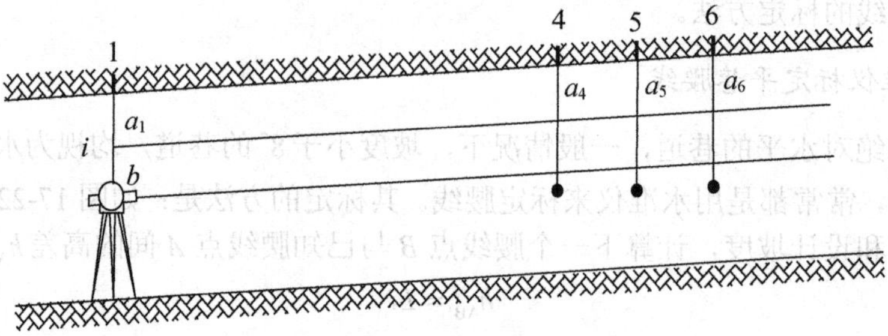

图 17-23　经纬仪标定斜巷腰线

计算时，从中线点向下量取的i和a值均取正号。求出b值为正时，腰线在视线之上；求出 b 值为负时，腰线在视线之下。从 3 个垂球线上标出的视线记号起，根据视线与腰线之间的关系用小钢尺向上或向下量取长度 b，即可得出相应的腰线点位置并做出标记。

斜巷标定腰线和斜巷测导线及三角高程常常是同时进行的。中线点中的一个可作为斜巷的导线点，只要在中线垂球线上根据倾角δ定出视线位置后，在重测倾角并丈量出斜距和视线高v，即可完成三角高程测量工作。同时应测出其他中线点上的视线高v_i，算出各中线点到腰线点的距离$a_i = v_i - b_i$。记下a_i值，以便随时检查和恢复腰线点位置，并作为下一组腰线点标设时应用。

此法标定工作简单，但掘进人员使用起来不如在巷道帮上的腰线点方便。

17.5.3　激光指向及其应用

随着采矿机械化的发展，巷道掘进的速度越来越快，巷道掘进所需中线、腰线的标设精度也越来越高。应用激光束来指示巷道的中线和腰线不但精度高，而且能满足直线巷道快速掘进的需要。

激光指向仪是利用激光发出的一束红光，达到指向的目的。其光束的距离在井下条件下一般可达 500m，现已制成有效射程达 1000m 的激光器。适合长距离的直线巷道掘进，仪器一般都采用了防爆结构。使用时首先用一定的安装方法，使激光光束与巷道中线、腰线平行或间距为一常数。在巷道掘进中可用此光束来指导巷道掘进中的炮眼布置、施棚梁等工程。

1. 激光指向仪的安装

(1) 如图 17-24 所示，首先在预安装激光指向仪的巷道，用经纬仪标设出精度相对较高的一组激光指向仪安装中线(A、B、C)。在中线的延长线上(向后)安装激光指向仪的底座。

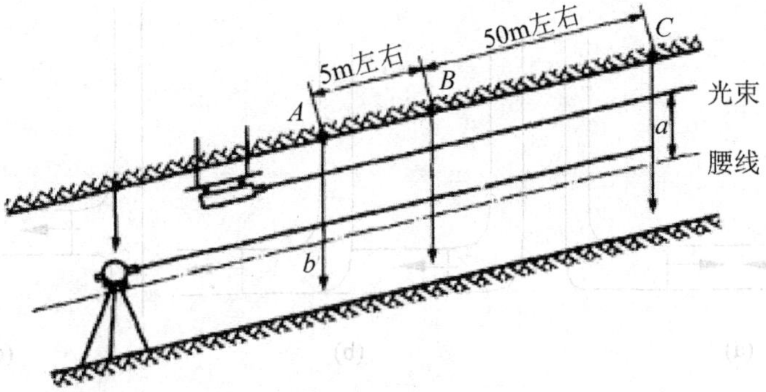

图 17-24　激光指向仪安装

(2) 分别在 3 根中线上标设出巷道腰线位置。

(3) 打开激光仪，稳定 3 根中线垂球。反复调整激光指向仪，使激光指向仪光束既通过 3 根中线，又和中线上的腰线记号之间的距离为一常数 a。

(4) 调整好后，将激光仪固定好，再进行检核，方可使用。

2. 使用激光指向仪的注意事项

(1) 激光指向仪安装好后，测量人员要把激光指向仪光束到腰线的距离告诉施工技术人员，以便施工人员掌握巷道规格、质量。

(2) 刚安装使用的一段时间，要经常检查激光指向仪是否工作正常。根据《规程》要求每掘进 100m，要检查一次激光指向仪的使用情况，发现问题要及时调整。

(3) 激光指向仪在检核中、腰线时打开，平时要关闭电源，并由专人负责。

17.6　贯 通 测 量

17.6.1　贯通测量的主要任务

一条巷道按设计要求掘进到指定的地点与另一条巷道相通，叫作巷道贯通，简称贯通。巷道贯通往往是一条巷道在不同的地点以两个或两个以上的工作面分段掘进，而后彼此相通的。如果两个工作面掘进方向相对，叫作相向贯通，如图 17-25(a)所示，如果两个工作面掘进方向相同，叫作同向贯通，如图 17-25(b)所示，如果从巷道的一端向另一端指定处掘进，叫作单向贯通，如图 17-25(c)所示。同一巷道用多个工作面掘进，可以加快施工速度，缩短施工工期，改善通风状况和工人劳动条件，有利于安全生产。它是矿山巷道、交通隧道、城市地铁等工程常采用的一种施工方法。

为实施贯通工程而专门进行的测量工作，叫作贯通测量。由于该项工作不可避免地带有误差，因此贯通实际上总是存在偏差。如果巷道贯通接合处的偏差达到某一数值，但不影响巷道的正常使用，则称该值为贯通的**容许偏差**。它的大小是随采矿工程的性质和需要而定，也叫作贯通测量的**生产限差**。

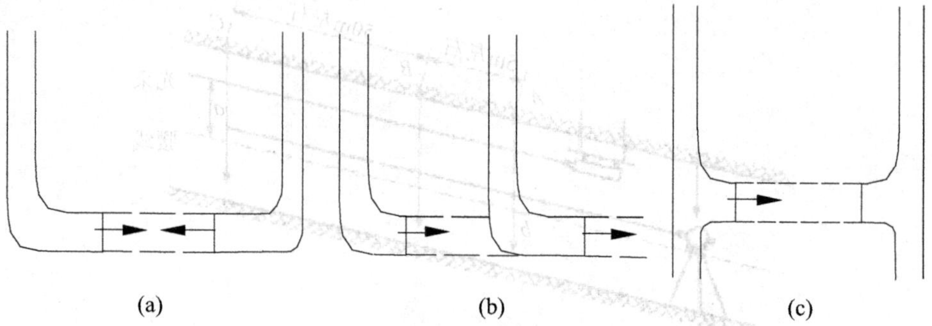

图 17-25 巷道贯通类型

根据《规程》规定，各种巷道贯通测量的容许限差值，不应超过表 17-10 的规定。

表 17-10 贯通测量容许偏差

贯通类型	贯通巷道名称	在贯通面上的容许偏差值/m	
		两中线之间	两腰线之间
第一种	沿导向层开凿的水平巷道	—	0.2
第二种	沿导向层开凿的倾斜巷道	0.3	—
第三种	在同一矿井中开凿的倾斜巷道或水平巷道	0.3	0.2
第四种	在两矿井中开凿的倾斜巷道或水平巷道	0.5	0.2
第五种	用小断面开凿的立井井筒	0.5	—

贯通测量一般按下列程序进行。

(1) 根据贯通巷道的种类和允许偏差，选择合理的测量方案和测量方法。重要贯通工程，要进行贯通测量误差预计。

(2) 根据选定的测量方案和测量方法进行各项测量工作的施测和计算，以求得贯通导线终点的坐标和高程。各种测量和计算都必须有可靠的检核。

(3) 对贯通导线施测成果及定向精度等进行必要的分析，并与误差估算时所采用的有关参数进行比较。若实测精度低于设计的要求，则应重测。

(4) 根据求得的有关数据，计算贯通巷道的标定几何要素，并实地标定贯通巷道的中线和腰线。

(5) 根据掘进工作的需要，及时延长巷道的中线和腰线。在掘进一段距离后还要用经纬仪进行检查中、腰线的使用情况，并根据检查结果及时调整中线和腰线。

(6) 巷道贯通后，应立即测量贯通实际偏差值，并将两边的导线连接起来，计算各项闭合差，并对最后一段巷道的中、腰线进行调整。

(7) 重要贯通工程完成后，应对测量工作进行精度分析，做出技术总结。

17.6.2 水平巷道间贯通测量

如图 17-26 所示，要在某采区运输巷和副巷贯通，计算和测量工作如下。

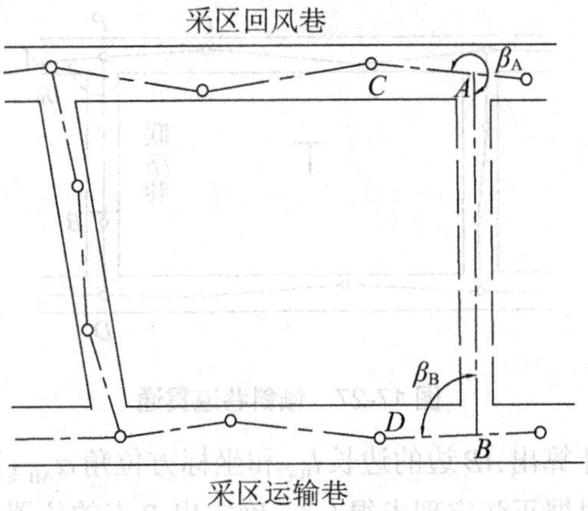

图 17-26　水平巷道贯通

(1) 利用两巷道的导线点分别计算出 A、B 两点的平面坐标和高程。

(2) 计算贯通测量的几何要素。

① 计算贯通巷道中心线的方位角 α_{AB} 和水平距离 S_{AB}，即

$$\tan\alpha_{AB} = \frac{y_B - y_A}{x_B - x_A}$$

$$S_{AB} = \sqrt{(\Delta x_{AB})^2 + (\Delta y_{AB})^2}$$

② 计算 A、B 处的指向角 β_A、β_B。

因 α_{AC}、α_{BD} 和 α_{AB} 已知，故有

$$\beta_1 = \alpha_{AB} - \alpha_{AC}\text{，}\quad \beta_2 = \alpha_{BA} - \alpha_{BD}$$

③ 计算贯通巷道的坡度 i。设 H_A、H_B 是 A、B 两点处地板面或轨道面的设计高程，则巷道设计坡度为

$$i_{AB} = \tan\alpha_{AB} = \frac{H_B - H_A}{S_{AB}}$$

④ 计算巷道的实际长度(倾斜长度)。巷道实际长度可根据水平距离、高差或坡度计算，即

$$L_{AB} = \frac{H_B - H_A}{\sin\delta_{AB}} = \frac{S_{AB}}{\cos\delta_{AB}} = \sqrt{(H_B - H_A)^2 + (S_{AB})^2}$$

(3) 标设贯通方向线。分别在 A、B 点安置经纬仪，按计算出的指向角 β_A、β_B 给出巷道贯通中线。同时根据坡度 i_{AB} 给出巷道的腰线。

17.6.3　倾斜巷道贯通

如图 17-27 所示，在上、下两平巷之间正在从下平巷 D 点向上掘进至 B 点，为了加快巷道的贯通速度，决定再从上平巷向下相向掘进。这种贯通的特殊性在于上部开切点 P 的位置是未知的。为此，首先应确定 P 点的位置。

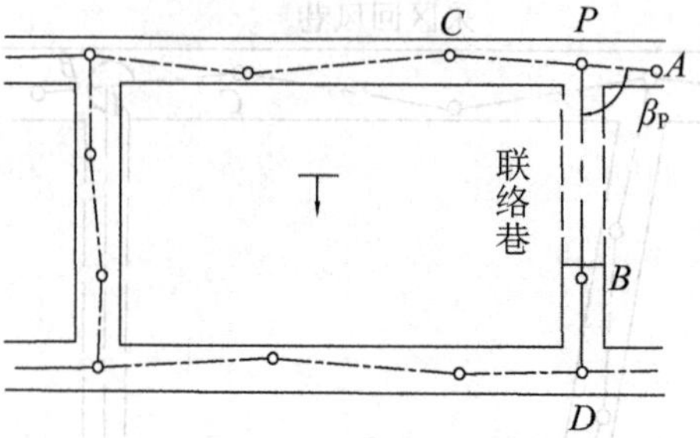

图 17-27 倾斜巷道贯通

根据 A、B 点坐标可计算出 AB 边的边长 l_{BA} 和坐标方位角 α_{AB}，而且 $\alpha_{BP}=\alpha_{DB}$、$\alpha_{AP}=\alpha_{AC}$ 也是已知的，这样就可根据正弦定理求得 l_{AP}，确定出 P 点的位置。

$$l_{AP}=\frac{l_{BA}\sin\beta_B}{\sin\beta_P}=\frac{(y_A-y_B)\cos\alpha_B-(x_A-x_B)\sin\alpha_{DB}}{\sin(\alpha_{BD}-\alpha_{CA})}$$

P 点确定后，即可测定出其高程 H_P，然后即可按照与第一个例子类似的方法，标定贯通巷道的中线和腰线。

17.7 综合案例

项目名称：夹河矿矿井扩建测量方案设计

矿井概况:

夹河矿位于江苏省徐州市铜山县拾屯乡境内，东南距徐州市约 11km。主井井筒地理坐标位置为东经 117°5′13″，北纬 34°18′47″。夹河矿现生产能力为 100 万吨/年。目前，矿井正进行主井改建，完成后生产能力可达 150 万吨/年。虽然矿区三角网布设测量精度高，但由于地下开采影响，一些点位已发生了变化。现需对矿区控制网进行补测或重测，使其精度满足要求，并对−280m 水平进行两井定向方案设计，对井下进行控制测量。

1. 矿区平面控制设计

1) 矿区已有成果分析

矿区周围有大土楼、西赵庄、大孤山、刘集 4 个三等控制点，故矿区的控制可以在以上三等点间进行四等插网。对于四等加密网的精度要求见表 17-11。

表 17-11 四等加密网精度要求

等　级	起始边边长相对中误差	最弱边边长相对中误差	测角误差引起的最弱边边长相对中误差	最弱边边长对数权倒数
四等	1/70000	1/40000	1/48800	12.7

(1) 夹河矿区四等平面控制设计方案Ⅰ。

以西赵庄、大土楼两三等点作为起始数据在夹河矿区布设解庄、张庄、大程庄和肖场 4

个四等点，对整个夹河矿区进行控制，见图 17-28。

(2) 夹河矿区四等平面控制设计方案Ⅱ。

以庞庄、大土楼和大孤山 3 个三等点作为起始数据在夹河矿区布设夹河洗、张庄、肖场 3 个四等点对整个夹河矿区进行控制，其中点$\text{Ⅳ}_{夹河洗}$布设于洗煤厂附近距主、副井均较近，故可以之作为近井点使用，见图 17-29。

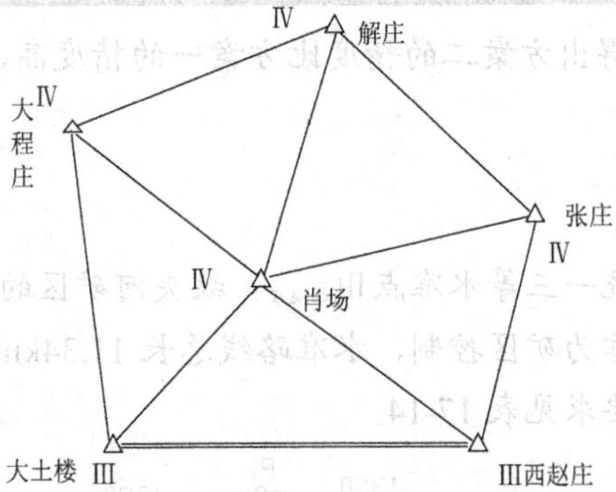

图 17-28　夹河矿区四等控制设计(方案一(测角网))

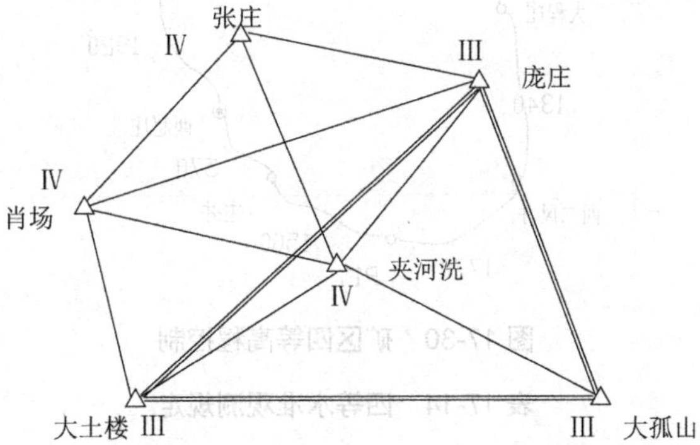

图 17-29　夹河矿四等控制设计(方案二)

(3) 设计方案精度估算与确定。

计算方案中未知点误差椭圆和坐标误差，并分别列于表 17-12 和表 17-13 中。

表 17-12　方案一未知点误差椭圆和坐标误差

点　号	A/dms	E/mm	F/mm	M/mm	M_x/mm	M_y/mm	M/mm
1	74.4806	20.19	14.35	24.77	14.83	19.84	24.77
2	42.4630	37.77	36.02	52.19	36.97	36.83	52.19
3	7.0915	29.61	22.50	37.19	29.52	22.63	37.19
4	51.1327	30.28	25.84	39.81	27.67	28.62	39.81

表 17-13　方案二未知点误差椭圆和坐标误差

点　号	A/dms	E/mm	F/mm	M/mm	M_x/mm	M_y/mm	M/mm
1	116.1160	9.66	6.93	11.89	7.54	9.19	11.89
2	113.0860	10.43	9.64	14.21	9.77	10.32	14.21
3	156.5347	9.50	6.68	11.61	9.12	7.19	11.61

经上述计算分析可以得出方案二的精度比方案一的精度高，而且方案二中点$\mathrm{IV}_{\text{夹河洗}}$可以作为近井点使用。

2. 矿区高程控制设计

夹河矿区周边有国家统一三等水准点$\mathrm{III}_{\text{西赵庄}}$，故夹河矿区的高程控制可用过$\mathrm{III}_{\text{西赵庄}}$在矿区内布设四等水准闭合环作为矿区控制，水准路线总长 11.34km。设计方案见图 17-30。四等水准网观测的主要技术要求见表 17-14。

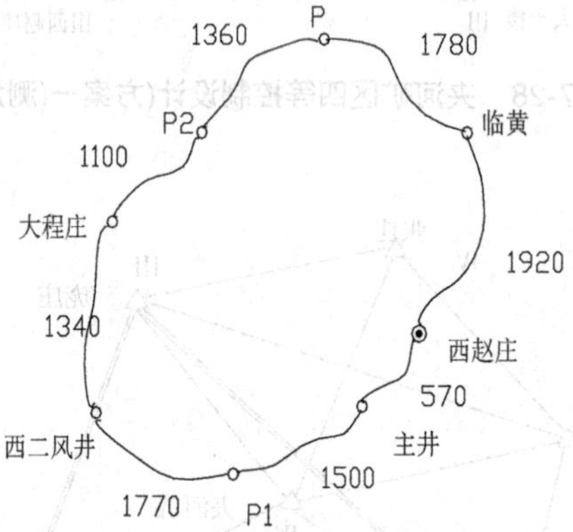

图 17-30　矿区四等高程控制

表 17-14　四等水准观测规定

等级	每公里高差中误差/mm	环线或附合路线/km	仪器级别	水准标尺	观测次数		往返互差附合路线闭合差/mm
					与已知点连测	附合或环线	
四等	± 10	15	DS3	木质双面	往返各一次	往一次	$\pm 20\sqrt{L}$

3. 近井点与水准基点

近井点：在矿区平面控制设计方案二中四等点$\mathrm{IV}_{\text{夹河洗}}$布设在洗煤厂附近，其距主、副井的距离均较近。故可将其作为近井点使用。其精度估算值点位误差仅为 11.61mm(见表 17-12)。

水准基点：在布设的四等水准网中$\mathrm{IV}_{-\text{主}}$主井附近，可用它作为水准基点。其精度估算如下，即

$$M_{\text{H上}} = \pm m'_{\text{hl}}\sqrt{L}$$

故

$$M_{\text{H上}} = \pm 7'' \times \sqrt{0.57} = \pm 0.005\text{m}$$

4. −280m 水平两井定向方案设计

由于该矿有主、副竖井，并且在−280m 水平有巷道相通，所以平面联系测量采用两井定向进行。

1) 投点方法

投点方法为垂球线单重投点法(即投点过程中垂球的重量不变)，投点时采用单重稳定投点(即将垂球放在水桶内使其基本处于静止状态，在定向水平上测角量边时均与静止的垂球线进行连接)。

2) 投点设备

投点所需的设备有垂球、钢丝、手摇绞车、导向滑轮、小垂球(3～6kg，用于提放钢丝)和稳定垂球线设备(废汽油桶)。

3) 地面连接测量

地面连接测量的目的是测垂球线 *A*、*B* 的平面坐标，再由坐标算出两垂球线的方位角。

现从近井点$\mathrm{IV}_{夹河洗}$敷设导线至垂球线 *A*、*B* 处。要求使导线具有最短的长度，并尽可能沿两垂球线方向延伸，这样可使量边误差对连线方向不产生影响，设计方案见图 17-31。

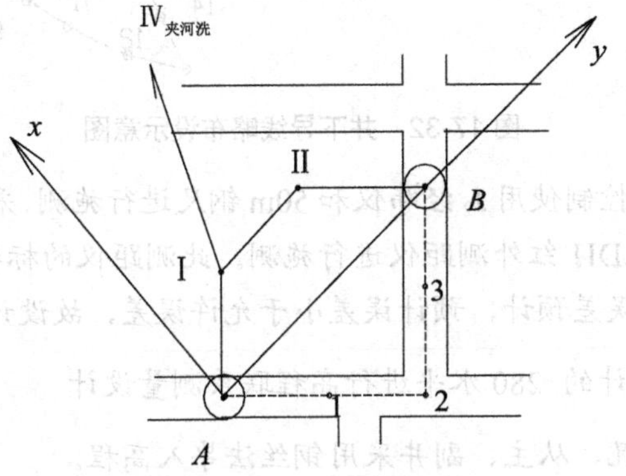

图 17-31　两井定向略图

4) 井下连接测量

在定向水平上，一般可采用 7″经纬仪导线将两垂球线连接起来，同地面连接导线一样沿两垂球线连线方向敷设，并使其长度最短。

经过误差预计计算得知，按设计的测量方案所得井下起始边的方位角误差小于《规程》规定的 20″ 的要求，所以此方案可以采用。

5. −280 水平(−600 水平)井下平面控制设计方案

−280 水平由井下已知起始边 A-1 布设 7″ 支导线，线路总长 3.3km；−600 水平为正在开采水平，故由井下已知起始边 A-1 布设 7″ 支导线经轨道下山对−600 水平大巷进行控制，采区布设 15″ 支导线，导线布设方案见图 17-31。基本控制导线和采区控制导线的技术指标见表 17-4。

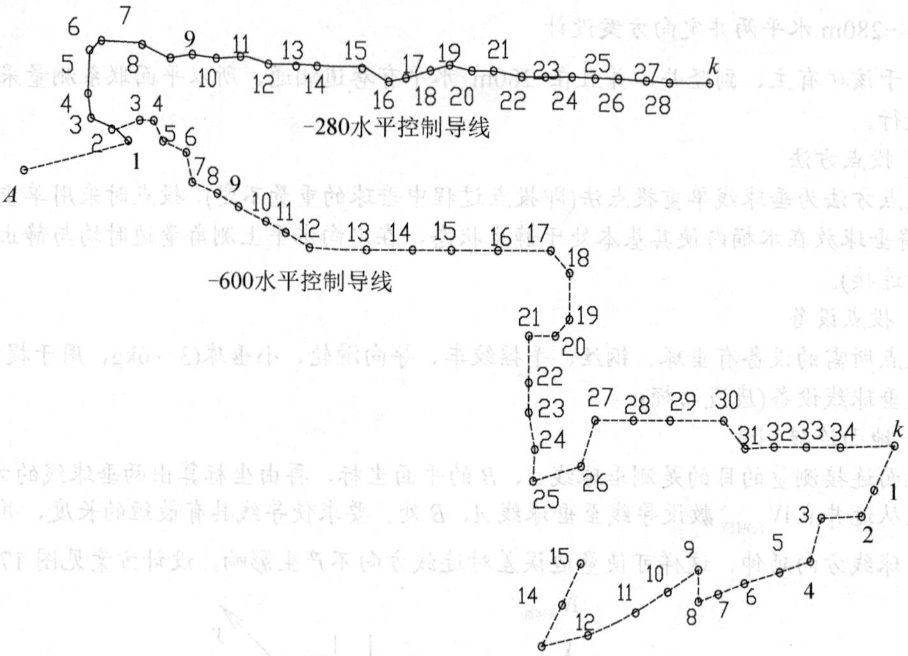

图 17-32　井下导线略布设示意图

井下-280 水平基本控制使用 J_2 经纬仪和 50m 钢尺进行施测，采用的方法为测回法。-600 水平控制使用德国产 ELDI1 红外测距仪进行施测。此测距仪的标称精度为$\pm 5\text{mm}+2\times10^{-6}D$。

对方案进行分析和误差预计，预计误差小于允许误差，故设计方案可行。

6. 进行平面控制设计的-280 水平进行高程联系测量设计

根据夹河矿具体情况，从主、副井采用钢丝法导入高程。

1) 钢丝导入高程所需设备及安装

用钢丝导入高程所需设备和安装方法见图 17-8。所用钢丝由于本身不像钢尺一样有刻划，所以还必须在井口设一临时比长台来丈量钢丝长度，以间接求得井上、下两标志间距离 L 之值。比长台长度不得小于 20m、高度为 1m 左右。台上安设一经过检验的钢尺 2。钢丝 3 绕在手摇绞车上，经过后端的小滑轮 5 引导到比长台上，然后经后短滑轮 6 再安装在井架上的导向滑轮 7 上。钢丝一端挂一重约 5kg 左右的垂球 Q。

2) 内业计算

外业完成后，利用公式：$h=\sum(m-n)+(b-a)\pm\lambda+\Delta l$　便可计算 A、B 的高差。

式中 $\sum\Delta l$ 中包含：钢尺的温度改正

$$\Delta l_t = al(t_1 - t_0)$$

钢丝的温度改正

$$\Delta l_t' = a'l(t - t_1)$$

式中：a、a'——钢尺，钢丝的线胀系数。

t_0——钢尺比长时的标准温度。

t_1、t_2——井上、下的温度。

t——井筒中的平均温度，即 $t=\frac{t_1+t_2}{2}$。

λ——标线夹 8 在标线夹 9 的下面时为正，反之为负。

7. 井下高程控制设计

根据夹河矿的实际情况，在−280 水平进行高程控制时选用永久导线点作为水准点，其布设方案见图 17-31。

水准测量的高程允许闭合差不超过表 17-15 中的限差要求。表中 R 为单程水准路线长度；L 为闭、附合路线长。均以 km 为单位。

表 17-15　井下水准及三角高程测量的精度要求

水准支线往返测高差不符值/mm	闭、附合路线高差不符值/mm	三角高程导线闭合差/mm
$\pm 50\sqrt{R}$	$\pm 50\sqrt{L}$	$\pm 100\sqrt{L}$

对方案进行分析和误差预计，预计误差小于允许误差，故井下高程控制设计方案可行。

习　　题

1. 术语解释

(1) 中线

(2) 腰线

(3) 贯通

(4) 贯通容许误差

2. 填空题

(1) 为了井上、下采用统一的平面坐标系统和高程系统，应进行____________测量。

(2) 通过立井井筒导入高程时，井下高程基点两次导入高程的互差，不得超过____________的 1/8000。

(3) 在布设井下基本控制导线时，一般每隔___________km 应加测陀螺定向边。

(4) 在延长经纬仪导线之前，必须对上次所测量的最后一个水平角按相应的测角精度进行检查。对于 15″导线两次观测水平角的不符值不得超过___________″。

(5) 陀螺仪具有以下两个特性：在不受外力作用时，陀螺始终指向初始恒定方向，即___________。在受外力作用时，陀螺轴将产生非常重要的效应——“进动”，即______________。

(6) 主要运输巷道的腰线应用________、________或连通管水准器来标定，次要巷道的腰线可用________等标定。

(7) 巷道贯通的类型有相向贯通、________、________。

3. 简答题

(1) 矿井联系测量的实质是什么？为什么说精确地传递井下导线起始边的方位角比较重要？

(2) 试述用连接三角形法进行一井定向时投点和连接工作。

(3) 两井定向时为什么要采用假定坐标系进行计算？

(4) 测定陀螺北的程序是什么？测定陀螺北有几种方法？

(5) 井下平面控制测量有何特点？井下水准测量与地面水准测量相比有何异同？

(6) 有一曲线巷道，中心角 α 为 105°，巷道中心线的曲率半径为 30m，巷道净宽为 3.5m。试设计此曲线巷道的给向方法。

(7) 叙述贯通测量的主要程序。

第三篇　实践教学篇

第 18 章　工程测量实践教学内容及要求

18.1　实践教学的目的与要求

随着现代技术飞速发展以及世界经济、产业结构的转型升级，社会职业岗位的内涵和外延也发生了重大变化，这就要求地方本科高校要以教育部《关于地方本科高校转型发展的指导意见》为依据做出更及时、更贴切的反应，使培养的应用型人才更能满足企事业单位的要求。工程测量作为土木类工程技术人员的必备技能，在工程建设中有着不可替代的作用。但该门课程具有理论、工程和技术并重、实践性强等特点，现在，大多院校相关专业又均是在第三或第四学期开设，处于公共基础课到专业基础课过渡的开始环节，此时学生缺乏实践知识和工程意识，因此给测量学的教学带来一定的困难。因此，为提高教学效果，应通过有效的实践教学，培养学生进行仪器操作的动手能力，测量技术设计方法方面分析问题与解决问题实践技能的训练，及解决现场生产实际中主要测绘问题时应变能力与实际能力的锻炼，以便加深学生对所学理论知识的理解，全方位培养学生的测量技术领域内的工作能力和职业素质。

工程测量的理论教学、实验教学和实习教学是本课程的 3 个重要的教学环节。坚持理论与实践的紧密结合，认真进行测量仪器的操作应用和测量实践训练，才能真正掌握工程测量的基本原理和基本技术方法。

18.2　实践教学的分类

测量实践教学主要有两种类型：课堂实验(包括认知实验、观测方法实训)和教学综合实习。

18.2.1 认识实验

认识和熟悉测量仪器的构造和运转原理。测量仪器是结构复杂、装配精密的仪器。各轴系间、各部件间的几何关系要求十分准确。稍微改变就会使仪器的精度降低，有时甚至无法使用。仪器上有许多螺丝和螺旋，有许多光学玻璃组成的透镜和棱镜，这些部件很容易损坏，所以必须熟悉它们的用途、功能、相互关系和操作要领。认识实验就是使同学们知道测量仪器的构造、使用方法，并知道爱护测量仪器和测量工具。一般按先示范后练习的顺序进行。

这类方法包括距离丈量、水准测量、经纬仪测量等。

(1) 距离丈量。

距离丈量就是确定两点间的水平距离，又称边长丈量(简称量边)，是测量工作中最基本的测量操作之一。丈量的方法有直接丈量、视距测量、激光测量等。这里主要练习用钢尺(或皮尺)直接丈量的方法。练习时，应首先从设点、直线定线开始。讲师讲解放尺、收尺的方法和丈量距离时的注意事项，并对记录的要求进行说明。然后学生以组为单位进行练习。要求往返丈量，轮流担任量尺员和记录员。最后求出平均水平距离和相对中误差。

(2) 水准测量。

水准测量是高程测量的主要手段。通过水准测量方法的实训，同学们应掌握水准测量原理，了解水准管和视准轴的关系，熟悉水准仪整平、瞄准、对光以及设点、立尺、读数的方法。指导教师做出示范，说明注意事项以后，学生以小组为单位进行练习。要求每人能完整地观测两站，轮流做记录员，按正确格式填写手簿。

(3) 经纬仪测量。

为了确定直线的方向，须做水平角测量；为把倾斜边长换算为水平边长以及用三角高程测定两点间高差，须做竖直角测量。工程测量中经纬仪是测水平角和竖直角的常用工具。

经纬仪观测方法实训前，学生应复习经纬仪的结构，各螺钉、螺旋的作用，观测步骤等内容。经纬仪属精密光学仪器，要轻拿轻放，操作顺序必须正确，不准用力过猛、动作过快。指导教师做完讲解与示范后，同学方可按组进行练习。实训中观测、记录等分工，应轮流担任。认真填写记录手簿，随时对照限差进行检查，发现超限成果应及时处理，以免影响后续工序质量，造成返工，以至不能准时完成实训任务。

18.2.2 教学综合实习

教学综合实习，即集中时间到野外(或现场)进行实战练习。有条件可承担生产实习任务。这类实训包括导线测量、地形控制测量、碎步测量、建筑物主轴线放样、建筑物方格网放样、高程控制测量及±0.000标高测设、根据已有建筑物定位、井下水准测量、井下三角高程测量、井下碎步测量与挂罗盘测量、井巷中线的标定及延伸、巷道腰线的标定等。这些综合实习工作量大、环节多、时间性强，因此，要事先做好充分准备，组织要严密，分工要明确，实训指导老师要及时指导、检查、把关。要求学生充分复习课程的有关内容，学习作业规程(规范)，严格按照相关规程(规范)作业。

18.3　实践教学环节的技术要求

18.3.1　测量仪器、工具的正确使用与维护

1. 领取仪器时检查项目

(1) 所领取的仪器设备类型与数量等是否与要进行的实验实习要求的相一致。

(2) 仪器箱盖是否关严、锁好，仪器箱的背带、提手是否牢固。

(3) 脚架与仪器是否相配，脚架各部分是否完好，脚架腿伸缩处的连接螺旋是否滑丝。要防止因脚架未架牢而摔坏仪器，或因脚架不稳而影响作业。

2. 打开仪器箱时的注意事项

(1) 仪器箱应平放在地面上或其他台子上才能开箱，不要托在手上或抱在怀里开箱，以免将仪器摔坏。

(2) 开箱后未取出仪器前，首先要看清和记住仪器摆放的位置与状态，以免用毕装箱时因安放位置不正确而损伤仪器。

3. 从箱内取出仪器时的注意事项

(1) 不论何种仪器，在取出前一定要先放松制动螺旋，以免取出仪器时因强行扭转而损坏制动、微动装置，甚至损坏轴系。

(2) 自箱内取出仪器时，应一手握住照准部支架，另一手扶住基座部分，轻拿轻放，不要用一只手抓仪器。

(3) 自箱内取出仪器后，要随即将仪器箱盖好，以免沙土、杂草等不洁之物进入箱内。还要防止搬动仪器时丢失附件。

(4) 取仪器和使用过程中，要注意避免身体任何部位触摸仪器的目镜、物镜，以免沾污镜头，影响成像质量。不允许用手指或手帕等物去擦仪器的目镜、物镜等光学部分。

4. 架设仪器时的注意事项

(1) 伸缩式脚架 3 条腿抽出后，要把固定螺旋拧紧，但不可用力过猛而造成螺旋滑丝。要防止因螺旋未拧紧而使脚架自行收缩而摔坏仪器。根据设站地面的实际情况，3 条架腿拉出的长度要适当。

(2) 架设脚架时，3 条腿分开的跨度要适中；并得太靠拢则容易被碰倒，分得太开则容易滑开，都会造成事故。若在斜坡上架设仪器，应使两条腿在坡下(可稍放长)，一条腿在坡上(可稍缩短)。若在光滑地面上架设仪器，要采取安全措施(如用细绳将脚架 3 条腿连接起

来)，防止脚架滑动摔坏仪器。

(3) 在脚架安放稳妥并将仪器放到脚架上后，应一只手握住仪器，另一只手立即旋紧仪器和脚架间的中心连接螺旋，避免仪器从脚架上掉下摔坏。

(4) 仪器箱多为薄型材料制成，不能承重，因此任何人员严禁蹬、坐在仪器箱上。

5. 仪器在使用过程中注意事项

(1) 在阳光下观测必须撑伞，防止日晒和雨淋(包括仪器箱)。雨天应禁止观测。对于电子测量仪器，在任何情况下均应撑伞防护，切不可将物镜对向太阳或其他强光方向。

(2) 任何时候仪器旁边必须有人守护，当仪器已经安置后，观测员保持距仪器 1m 之内。禁止无关人员拨弄仪器，注意防止行人、车辆碰撞仪器。

(3) 如遇目镜、物镜外表面蒙上水汽而影响观测(在冬季较常见)，应稍等一会儿或用纸片扇风使水汽散发。如镜头上有灰尘应用仪器箱中的软毛刷拂去。严禁用手帕或其他纸张擦拭，以免擦伤镜面。观测结束应及时套上物镜盖。

(4) 操作仪器时，用力要均匀，动作要正确、轻捷。制动螺旋不宜拧得过紧，微动螺旋和脚螺旋宜使用中段螺纹，用力过大或动作太猛都会造成对仪器的损伤。

(5) 转动仪器时，应先松开制动螺旋，然后平稳转动。使用微动螺旋时，应先旋紧制动螺旋。

6. 仪器迁站时的注意事项

(1) 在远距离迁站或通过行走不便的地区时，必须将仪器装箱后再迁站。

(2) 在近距离且平坦地区迁站时，可将仪器连同三脚架一起搬迁。首先检查连接螺旋是否旋紧，松开各制动螺旋，再将三脚架腿收拢，然后一手托住仪器的支架或基座，一手抱住脚架，稳步行走。搬迁时切勿跑行，防止摔坏仪器。严禁将仪器横扛在肩上搬迁。

(3) 迁站时，要清点所有的仪器和工具，防止丢失任何配件。

7. 仪器装箱时的注意事项

(1) 仪器使用完毕，应及时盖上物镜盖，清理仪器表面的灰尘和仪器箱、脚架上的泥土。

(2) 仪器装箱前，要先松开各制动螺旋，将脚螺旋调至中段，然后一手握住一支架或基座，另一手将中心连接螺旋旋开，双手将仪器从脚架上取下放入仪器箱内。

(3) 仪器装入箱内要试盖一下，若箱盖不能合上，说明仪器未正确放置，应重新放置，严禁强压箱盖，以免损坏仪器。在确认安放正确后再将各制动螺旋略微旋紧，防止仪器在箱内自由转动而损坏某些部件。

(4) 清点箱内附件，若无缺失则将箱盖盖严，扣好搭扣后上锁。

8. 测量仪具的使用须知

(1) 使用钢尺时，应防止扭曲、打结，防止行人踩踏或车辆碾压，以免折断钢尺。携尺前进时，不得沿地面拖拽，以免钢尺的尺面刻划磨损。使用完毕，应将钢尺擦净并涂油防锈。

(2) 使用皮尺时应避免沾水，若受水浸，应晾干后再卷入皮尺盒内。收卷皮尺时，切忌扭转卷入。

(3) 水准尺和花杆，应注意防止受横向压力，不得将水准尺和花杆斜靠在墙上、树上或电线杆上，以防倒下摔断，不使用时一定要平放在地面上(用时站着，不用时躺着)。也不允许在地面上拖拽或用花杆作标枪投掷。

(4) 小件工具如垂球、尺垫等，应用完后即收好，防止遗失。

(5) 绝不允许任何人坐在仪器箱上，如有发现，其实验或实习成绩降一个档次。

(6) 测绘仪器属于价值较高的精密设备，使用中要十分爱护。无论仪器还是其他工具，如发生损坏、丢失等现象，一律按价赔偿并予以处分。

18.3.2 测量资料的记录、计算要求

(1) 观测记录必须直接填写在规定的表格内，不得用其他纸张记录再行转抄。

(2) 凡记录表格上规定填写的各个项目应填写齐全，不准遗留空白。

(3) 所有记录与计算均用铅笔(3H 或 4H)记载。字体应端正清晰，字高应稍大于格子的一半。一旦记录中出现错误，便可在留出的空隙处对错误的数字进行更正。

(4) 观测者读数后，记录者应立即回报读数，经确认后再记录，以防听错、记错。

(5) 记录数据严禁擦拭、涂改与挖补。发现错误应在错误处用横线划去，将正确数字写在原数上方，不得使原字模糊不清。淘汰某整个部分时可用斜线划去，保持被淘汰的数字仍然清晰。所有记录的修改和观测成果的淘汰，均应在备注栏内注明原因(如测错、记错或超限等)。

(6) 禁止连环更改，若已修改了平均数，则不准再改计算得此平均数的任何一项原始数。若已改正一个原始读数，则不准再改其平均数。假如两个读数均错误，则应重测重记。

(7) 当出现错误时，在该数据一栏用铅笔从左上到右下划出对角线，表示错误数据作废，并在“备注”栏内注明作废原因，如“读错”“记错”“算错”或“超限”等情况。

(8) 读数和记录数据的位数应齐全。如在普通测量中，水准尺读数 0325；度盘读数 4°03′06″，其中的“0”均不能省略。

(9) 数据计算时，应根据所取的位数，按“4 舍 6 入，5 前奇进偶舍”的规则进行凑整。如 1.3144、1.3136、1.3145、1.3135 等数，若取 3 位小数，则均记为 1.314。

(10) 每测站观测结束，应在现场完成计算和检核，确认合格后方可迁站。实验结束，应按规定每人或每组提交一份记录手簿或实验报告。

第 19 章　工程测量实验(实训)

工程测量实验(实训)是在课堂教学期间某一章节讲授之后安排的实践性教学环节，通过实验，加深对测量基本知识的理解，巩固课堂所学的基本理论，初步掌握测量工作的操作技能，也为学习本课程的后续内容打好基础，以便更好地掌握测量课程的基本内容。

本章列出了 25 个测量实验项目，其中验证性项目 9 项，综合性实验项目 16 项，包括土木、地矿、测绘等专业的基础实验项目。其先后顺序基本上按照课程教学的内容先后安排。教师可根据本校不同专业的特点和需要进行实验项目的取舍与合并，以便提高实践教学效果。本部分注重基础，为了照顾覆盖面，所列仪器为最常见的光学仪器，如果所用仪器与书中实例仪器结构有差别，在实验过程中由指导教师指出其操作的不同之处。

每次实验(实训)，由指导教师讲授理论课后布置，学员应先预习，在实验前明确实验内容和要求，熟悉实验方法，这样才能较好地完成实验任务，掌握实验操作技能。

在实验过程中应边测、边记、边算校核，观测的同学读数要声音洪亮、吐字清晰，记录的同学要复诵、避免听错。实验完成后，按照格式要求撰写完整的实验报告及并及时上交。

19.1　普通水准仪的认识与使用

1. 实验性质及组织

验证性实验，在学校已有的实验场地，以组为单位，每组 4～6 人为宜，实验时数安排为 2 学时。

2. 实训目的与要求

(1) 认识 DS3 微倾式水准仪的基本构造、各部件名称及作用，并练习其使用方法。

(2) 掌握 DS3 型水准仪的操作步骤。

(3) 练习普通水准测量一测站的测量、记录和计算方法。

3. 仪器与工具

(1) 实验室借用 DS3 水准仪 1 台，水准仪脚架 1 个，水准尺 1 对，尺垫 2 个，记录手簿 1 张。

(2) 自备：2H 铅笔，草稿纸。

4. 实训方法与步骤

先了解 DS3 水准仪各操作部件的名称和作用，并熟悉其使用方法，然后练习水准仪在一测站的操作顺序，即安置仪器——粗平仪器——瞄准水准尺——精确整平——读数。

1) 安置仪器

(1) 选择坚固、平坦、空阔的地方打开三脚架，使三脚架的 3 条腿近似等距，架设高度应该适中，架头应该大致水平，架腿制动螺旋应该紧固。

(2) 打开仪器箱，双手取出水准仪，将仪器小心地安置到三脚架头上，用一只手握住仪器，另一只手松开三脚架中心连接螺旋，将仪器固定在三脚架上。

2) 粗略整平

粗略整平是借助圆水准器的气泡居中，使仪器竖轴大致铅直，从而视准轴粗略水平。如图 19-1(a)所示，气泡未居中而位于 a 处；则先按箭头所指方向，用双手相对转动脚螺旋①和②，使气泡移动到 b 的位置(见图 19-1(b))；再左手转动脚螺旋③，即可使气泡居中。在整平的过程中，气泡移动的方向与左手大拇指运动的方向一致。

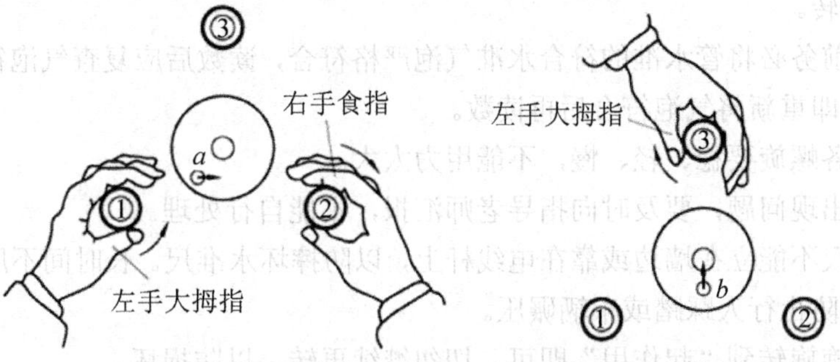

(a) 两个脚螺旋转动方向　　(b) 第三个脚螺旋转动方向

图 19-1　概略整平方法

3) 瞄准水准尺

(1) 将望远镜对着明亮的背景，转动目镜螺旋，使十字丝清晰。

(2) 松开制动螺旋，转动望远镜，采用望远镜镜筒上面的照门和准星瞄准水准尺，然后拧紧制动螺旋。

(3) 从望远镜中观察，转动物镜螺旋进行对光，使目标清晰，再转动微动螺旋，使竖丝对准水准尺。

(4) 眼睛在目镜端上下微微移动，若十字丝与目标影像有相对移动，则应重新仔细地进行物镜对光，直到读数不变为止。

4) 精确整平

眼睛通过位于目镜左方的符合气泡观察窗看水准管气泡，右手转动微倾螺旋，使气泡两端的像吻合，即表示水准仪的视准轴已精确水平。

5) 读数

观察十字丝的中丝在水准尺上的分划位置，结合目镜与物镜，视线在清晰的时候读取读数。

6) 记录计算

在表 19-1 中用自备的 2H 铅笔填写。计算采用心算，不宜使用计算器，计算时以 m 为单位。

5. 一站水准测量练习

在地面选定两点分别作为后视点和前视点，放上尺垫并立尺，在距两尺距离大致相等处安置水准仪，粗平，瞄准后视尺，精平后分别对黑、红两面读数；再瞄准前视尺，精平后分别对黑、红两面读数。

黑、红两面读数之差不得超过±3mm，两次所测高差之差不得超过±6mm。

合格后换人操作，每人测记各一测站。

6. 注意事项

(1) 安置仪器时应将仪器中心连接螺旋拧紧，防止仪器从脚架上脱落下来。

(2) 水准仪是精密光学仪器，在使用中要按照操作规程作业，各个螺旋要正确使用，尤其避免过量旋转。

(3) 读数前务必将管水准的符合水准气泡严格符合，读数后应复查气泡符合情况，如气泡错开，应立即重新将气泡符合后再读数。

(4) 转动各螺旋要稳、轻、慢，不能用力太大。

(5) 仪器出现问题，要及时向指导老师汇报，不能自行处理。

(6) 水准尺不能立在墙边或靠在电线杆上，以防摔坏水准尺。长时间不用时，应平放在安全的地方，防止行人踩踏或车辆碾压。

(7) 各螺旋旋转到“起作用”即可，切勿继续再转，以防损坏。

表 19-1 普通水准一测站水准记录(双面尺法)

测　站	点　号	水准尺读数/mm		单面高差/mm	测站平均高差/mm
		后　视	前　视		
草图:					

19.2 自动安平水准仪的认识与使用

1. 实验性质及组织

综合性实验，自选水准路线，以组为单位，每组4～6人为宜，实验时数安排为2学时。

2. 实验目的

(1) 掌握自动安平水准仪的基本构造、各部件及调节螺旋的名称和作用。

(2) 掌握自动安平水准仪操作方法。

(3) 练习普通水准测量两个测站的观测、记录与计算方法。

3. 仪器和工具

(1) 每组借用 DZS3 自动安平水准仪 1 台，尺垫、水准尺 1 对，三脚架 1 个。

(2) 自备：铅笔 1 支，橡皮 1 块，小刀 1 把，草稿纸。

4. 实验方法与步骤

1) 安置仪器

(1) 安放三脚架。

选择坚固、平坦的地面张开三脚架，使架头大致水平，高度适中；3 条架腿开度适当，如果地面松软，则将架腿的 3 个脚尖插牢于土中，使脚架稳定。

(2) 安置仪器。

打开仪器箱用双手将仪器取出，放在三脚架架头上，一手握住仪器，一手旋转脚架中心连接螺旋，将仪器固连在三脚架架头上。

(3) 观察熟悉仪器。

对照教材，观察仪器的各个部件的构造，熟悉各螺旋的名称和作用，试着旋拧各个螺旋以了解其功能。

2) 粗平

粗平即粗略整平仪器。通过旋转水准仪基座上的 3 个脚螺旋，使圆水准器气泡居中，仪器的竖轴大致铅垂，从而使望远镜的视准轴大致水平。在整平过程中，旋转脚螺旋方向与圆水准气泡移动方向的规律是：用左手旋转脚螺旋，则气泡移动方向和左手大拇指移动方向一致(左手大拇指法)；用右手旋转脚螺旋，则气泡移动方向和右手食指移动方向一致。将望远镜水平转动 180°，检查圆水准气泡是否仍然居中；否则重新整平。

3) 瞄准水准尺

首先进行目镜对光。将望远镜对向一明亮背景(如天空或白色明亮物体)，转动望远镜目镜调焦螺旋，使望远镜内的十字丝影像非常清晰。再松开制动螺旋，转动望远镜，用望远镜上的粗瞄准器瞄准水准尺，然后旋紧制动螺旋。从望远镜中观测目标，旋转望远镜物镜调焦螺旋，使水准尺的成像清晰。再旋转水平微动螺旋，使十字丝纵丝位于水准尺中心线上或水准尺的一侧。观测员眼睛在目镜端上下移动，观察水准尺影像是否与十字丝有相对移动。若有则说明存在视差，这时应再仔细调节目镜和物镜对光螺旋，直到水准尺影像与十字丝无相对移动为止。

4) 读数

瞄准后，立即用十字丝的中丝在水准尺上读数，读数顺序为“后黑—前黑—前红—后红”。读数应根据水准尺刻划按由小到大的原则进行；先估读水准尺上的毫米数，然后报出全部读数；读数一般应为四位数，即米、分米、厘米和毫米；读数应迅速、果断、准确。

5) 测站水准测量练习

在地面上选定两点分别作为后视点和前视点，立尺，在距两尺距离大致相等的点上安置仪器，粗平、瞄准后前视尺、读数；读取水准尺红黑面读数，记录数据分别计算红黑面高差，求出红黑面高差之差，若在误差允许范围内取其平均值作为这个测站的高差，计算高程。

换一人重新安置仪器，进行上述观测，直至小组所有成员全部观测完毕，小组各成员所测高差之差不得超过±5mm；各人黑面中丝读数加上水准尺常数减去红面中丝读数应不超过±3mm。

5. 注意事项

(1) 水准仪安放到三脚架上必须立即将中心连接螺旋旋紧，以防仪器从脚架上掉下摔坏。

(2) 开箱后先看清仪器放置情况及箱内附件情况，用双手取出仪器并随手关箱。

(3) 仪器旋扭不宜拧得过紧，微动螺旋只能用到适中位置，不宜太过头。

(4) 仪器装箱要松开水平制动螺旋，试着合上箱盖，不可用力过猛，压坏仪器。

19.3 普通水准仪的测量

本实验通过每小组按照普通水准测量的精度要求，采用双尺面法(或变仪高法)完成一条闭合(附合)水准路线测量，并进行内业数据处理，使学生掌握普通水准测量的基本方法，掌握测量工作测、记、算等外、内业的基本技能，建立基本的工作程序概念。

1. 实验性质及组织

综合性实验，自选水准路线，以组为单位，每组以4～6人为宜，实验时数安排为2学时。

2. 实验目的

(1) 熟悉水准尺的刻画、标注规律，尺垫的作用。

(2) 掌握水准仪测量高差的基本步骤。

(3) 掌握水准测量的闭合差检核与调整方法。

3. 仪器与工具

(1) 每组借水准仪1台，三脚架1个，水准尺2把，尺垫2个，记录手簿1张。

(2) 自备：铅笔1支，橡皮1块，小刀1把，草稿纸。

4. 实验方法与步骤

(1) 选定一条闭合或附合水准路线，长度以安置4～6个测站为宜，确定起始点及水准路线的前进方向，在草稿纸上画出路线示意图。

(2) 在起始点和第一个待定点分别立水准尺，在距该两点大致等距处安置仪器，按照粗略整平、瞄准水准尺、精平与读数的操作流程，分别观测后视读数和前视读数，计算高差 h_1，并在草稿纸上的图上标明出来，然后将仪器搬至第 1 和第 2 点的中间设站观测，得到 h_2，依次推进测出 h_3、h_4、…，再依次在草稿纸上的图上标明。

(3) 根据已知点高程及各观测站的观测高差，计算水准路线的高差闭合差，并检查是否超限($\leqslant \pm 12\sqrt{n}$(mm)或 $\leqslant \pm 40\sqrt{L}$(mm)，L 为水准路线长度，单位为 km)，如果超限，则应重新观测；如没有超限，则对闭合差进行分配，进而推算出各待测点的高程(见表 19-2)。

5. 注意事项

(1) 立尺时应站在水准尺后面，双手扶尺，使尺身保持竖直。

(2) 前后视距可先由步数概量，使前、后视距大致相等。

(3) 读取读数前，应仔细对光以消除视差。

(4) 观测过程中不应进行粗平，若圆水准器气泡发生偏离，应整平仪器后重新观测；每次读数时都应进行精平。

(5) 测量完毕后，应立刻检核，一旦误差超限，应立即重测。

(6) 实验中严禁每人只做组内一个数据，小组成员应轮换操作每一项工作。

表 19-2　水准测量记录手簿(双面尺法)

日期：______年_____月_____日　　天气：________仪器编号：__________　班级组号：______

测站	点号	后视读数 a/mm	前视读数 b/mm	高差 h/m +	高差 h/m −	高程/m	备注草图
辅助计算		$\sum$后 =	$\sum$前 =	$\sum h$ =		$\sum \bar{h}$	
		$\sum$后 − $\sum$前 =				$\frac{1}{2}\sum h$ =	

19.4 四等水准仪的测量

四等水准测量除用于小地区高程测量的首级控制外，还直接为各项工程建设的设计和施工提供高程控制。本实验通过对一条闭合水准测量路线按四等水准测量的方法进行施测，使同学们掌握四等水准测量的方法，清楚其精度要求。

1. 实验性质及组织

综合性实验，在教师指定的实验场地，以4～6人为一组，实验学时安排为2学时。

2. 实验目的与要求

(1) 掌握双面尺水准进行四等水准测量外业的观测、记录和计算方法。

(2) 掌握测站检核及水准路线检核的方法，掌握内业计算方法。

3. 仪器及工具

(1) 每组借用微倾式DS3水准仪1台，三脚架1个，水准尺2把，尺垫2个，记录手簿1张。

(2) 自备：铅笔1支，橡皮1块，小刀1把，草稿纸。

4. 实验方法与步骤

1) 选点

先选点，布置水准路线。在校园内，根据指导教师给定的一个或两个已知高程点，各组再另选3～4个待测高程点，分别以1、2、3、…命名，并钉好木桩做好标志，使之形成一条闭合或附合水准路线，其长度以设置4～6个测站为宜。

2) 观测数据

在给定的已知高程点与第一个待测点1上竖立水准尺，并在距两点相等位置处架设水准仪，仪器整平后按以下顺序观测。将观测数据记入观测手簿或表19-3中。

后视黑面尺：读取下丝读数(1)、上丝读数(2)，精平、读取中丝读数(3)。

前视黑面尺：读取下丝读数(4)、上丝读数(5)，精平、读取中丝读数(6)。

前视红面尺：精平后读取中丝读数(7)。

后视红面尺：精平后读取中丝读数(8)。

以上这种观测顺序简称为“后—前—前—后”，也可采用“后—后、前—前”的观测顺序。

3) 测站的计算检核

当测站观测数据(1)～(8)记录完毕后，应随即计算以下内容：后视距离(9)；前视距离(10)；前后视距差(11)，且不大于5m；前后视距累计差(12)，且不大于10m；前视尺黑、红面读数差(13)，且不大于3mm；后视尺黑、红面读数差(14)，且不大于3mm；黑面高差(15)；红面高差(16)；黑、红面高差之差(17)，且不大于 5mm；平均高差(18)。检查各项精度指标，若超出给定的限差，应检查重新观测。

表 19-3　三(四)等水准测量观测手簿

测自________至________　　　　　　　　　　　　年____月______日
时刻：始______时_____分　　　　　　　　　　　天气：__________
　　　末______时_____分　　　　　　　　　　　成像：__________
观测者：__________　　　　　记录者：__________　班级组号：__________

测站编号	点号	后尺 上丝/下丝	前尺 上丝/下丝	方向及尺号	水准尺读数/m		K+黑－红	平均高差/m	备注
		后视距	前视距		黑面	红面			
		视距差 d/m	$\sum d$/m						
		(1)	(4)	后视	(3)	(8)	(14)		
		(2)	(5)	前视	(6)	(7)	(13)		
		(9)	(10)	后—前	(15)	(16)	(17)	(18)	
		(11)	(12)						
				后视					
1				前视					
				后—前					
				后视					
2				前视					
				后—前					
				后视					
3				前视					
				后—前					
				后视					
4				前视					
				后—前					
				后视					
5				前视					
				后—前					
每页校核									

4) 迁站

将已知点上的水准尺竖立到 2 点，水准仪安置在距 1、2 两点相等距离处，再将 1 点上的标尺原地掉转，尺面面向仪器即可。依同样的方法测量 1～2 的高差，依次设站，同法施测各段的高差。

5) 设立转点

当两点间距离较长或两点间的高差较大时，可在两点间选定 1 个或 2 个转点作为分段点，实施分段测量。注意在转点上立尺时应使用尺垫。

6) 观测结束后的计算检核

整条路线测量完毕后，计算以下内容。

(1) 路线总长，即各站前、后视距之和。

(2) 各站前、后视距差之和，应与最后一站累计视距差相等。

(3) 各站后视读数代数和，各站前视读数代数和，各站平均高差。

(4) 水准路线高差闭合差。

7) 平差

当高差闭合差不大于限差时，对闭合差进行调整，求出平差后各待测点的高程。

5. 注意事项

(1) 前、后视距可先由步数概量，再通过视距测量调整仪器位置，使前、后视距相等。

(2) 每站观测结束后，应当即刻计算检核，一旦误差超限，应立即重测。

(3) 必须在整条水准线路的所有观测和计算工作均已完成，并且各项指标均满足要求的情况下，才可结束测量。

(4) 四等水准测量的视距长度≤80m，高差闭合差≤$\pm 6\sqrt{n}$(mm)(山地)或≤$\pm 20\sqrt{L}$(mm)(平地)。

19.5 微倾式水准仪检验与校正

1. 实验性质及组织

验证性实验，以组为单位，每组 4～6 人，实验安排 2 学时。

2. 实验目的和要求

(1) 熟练掌握水准仪各轴系之间的关系，以及各仪器轴线必须满足的几何条件。

(2) 掌握水准仪检验和校正的步骤与方法。

3. 仪器和工具

(1) 每组借微倾式 DS3 水准仪一台，三脚架 1 个，水准尺 2 把，钢尺 1 把，尺垫 2 个，校正针 1 根，小螺丝旋具 1 个，记录手簿 1 张。

(2) 自备：铅笔 1 支，橡皮 1 块，小刀 1 把，草稿纸。

4. 实验方法与步骤

1) 圆水准器的检校

(1) 检验方法。安置水准仪，使圆水准器气泡居中后，将照准部旋转 180° 后查看气泡是否居中，如果不居中则需要校正。

(2) 校正方法。转动脚螺旋使气泡退回偏离值的一半；松开圆水准器背面中心固紧螺钉，用校正针拨动相邻两个校正螺钉，再拨动另一个校正螺钉，使气泡居中；按这种方法反复检校，直到转到任何方向气泡均居中为止，校正即可结束。最后，将中心固紧螺钉拧紧。

2) 十字丝横丝的检校。

(1) 检验方法。在墙上找一点，使其恰好位于水准仪望远镜十字丝左端的横丝上，旋转水平微动螺旋，用望远镜右端对准该点查看是否仍位于十字丝右端的横丝上。如果不是则需要矫正，如图 19-2 所示。

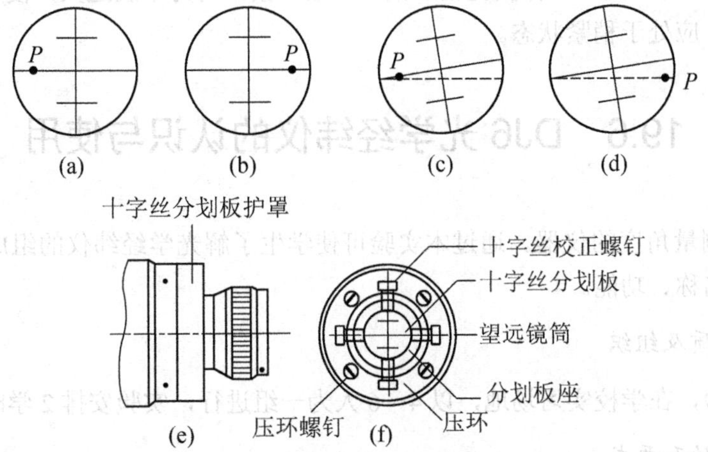

图 19-2　十字丝横丝检校

(2) 校正方法。松开十字丝分划板座的固定螺钉，转动整个目镜座，使十字丝横丝与 M 点轨迹一致，再将固定螺钉拧紧；当 M 点偏离横丝不明显时，一般不进行校正，在作业中可利用横丝的中央部分读数。

3) 水准管轴的检校(i 角检校)。

(1) 检验方法。选择一平坦地面，相距 80m 左右各打木桩 A、B，将仪器置于中点 C，并使 AC=BC；将水准仪安置于中点 C 处，在 A、B 两点竖立水准尺。用两次仪高法测定 A 至 B 点的高差。当两次高差的较差不大于 3mm 时，取两次高差的平均值 h_{AB} 作为两点高差的正确值；将仪器安置于 C'处即距 B 点 2～3m 处，精平仪器后，读出 B 点尺上的读数 b_2。由于 i 角较小，仪器离 B 点近，引起读数 b_2 的误差可忽略不计，可视为水平视线的读数。于是，可根据已知高差 h_{AB} 反算求得视线水平时的后视应读数 a_2，即 $a_2 = b_2 + h_{AB}$；将望远镜照准 A 点标尺，精平后读得的读数为 a_2'。若 $a_2' = a_2$，说明两轴平行；否则，存在 i 角，其值为

$$i = (a_2' - a_2) / D_{AB}\rho$$

式中：D_{AB}——AB 两点间的平距；

$\rho = 206265''$。

《规范》规定：DS3 水准仪当 $i > 20''$ 时则仪器必须校正。

(2) 校正方法。管水准器的校正螺钉在观察镜旁的圆孔内，共有上、下、左、右4个。校正时，先调节望远镜微倾螺旋使望远镜横丝对准 A 点标尺的读数 a_2，此时视准轴处于水平位置，而水准管气泡却偏离了中心；用校正针拨动左右两个校正螺钉，再一松一紧调节上下两校正螺钉，使水准管气泡居中(符合)，最后旋紧左、右两校正螺钉；此项检验校正要反复进行，直至达到要求为止。

5. 注意事项

(1) 检校水准仪时，必须按上述的规定顺序进行，不能颠倒。

(2) 拨动校正螺钉时，一律要先松后紧，一松一紧，用力不宜过大，校正完毕时，校正螺钉不能松动，应处于稍紧状态。

19.6 DJ6光学经纬仪的认识与使用

经纬仪是测量角度的仪器。通过本实验可使学生了解光学经纬仪的组成、构造以及经纬仪各部件的名称、功能。

1. 实验性质及组织

验证性实验，在学校实习场地，以4～6人为一组进行，实验安排2学时。

2. 实验目的和要求

(1) 了解DJ6经纬仪的构造、主要部件的名称和作用。
(2) 练习掌握经纬仪的对中、整平、瞄准和读数的方法。
(3) 要求对中误差小于3mm，整平误差小于一格。

3. 仪器与工具

(1) 每组借DJ6经纬仪1台，三脚架1个，测钎2只，记录板1块。
(2) 自备：铅笔1支，橡皮1块，小刀1把，草稿纸。

4. 实验方法与步骤

1) 经纬仪的安置

(1) 初步对中整平。

① 用垂球对中。张开三脚架，安置在测站上，使三脚架高度适中，架头大致水平。挂上锤球，平移三脚架，使锤球尖大致对准测站点，并注意保持架头大致水平，并将架脚的脚尖踩入土中。然后把经纬仪从箱中取出，用连接螺旋将其固连在三脚架上。调整脚螺旋，使圆水准器气泡居中。此时，如果垂球尖偏离测站点标志中心，稍松连接螺旋，双手扶住基座，在架头上平移仪器，使锤球尖准确对准测站点，最后旋紧连接螺旋。

② 用光学对中器对中。使架头大致对中和水平，连接经纬仪；调节光学对中器的目镜和物镜对光螺旋，使光学对中器的分化板小圆圈和测站点标志的影像清晰。固定一只三脚

架腿，目视对中器目镜并移动其他两只架腿，使镜中小圆圈对准地面点，踩紧三脚架，若光学对中器的中心与地面点略有偏离，可转动脚螺旋，使光学对中器对准测站标志中心，此时圆水准器气泡偏离，伸缩三脚架腿，使圆水准器气泡居中。注意三脚架尖位置不能移动。

(2) 精确对中和整平。

松开照准部制动螺旋，转动照准部，使水准管平行于任意一对脚螺旋的连线，两手同时反向转动这对脚螺旋，使气泡居中；将照准部旋转 90°，转动第三只脚螺旋，使气泡居中。以上步骤反复 1～2 次，使照准部转到任何位置时水准管气泡的偏离不超过 1 格为止。此时若光学对中器的中心与地面点又有偏离，稍松连接螺旋，在架头上平移仪器，使光学对中器的中心准确对准测站点，最后旋紧连接螺旋。锤球对中误差在 3mm 以内，光学对中器对中误差在 1mm 以内。对中和整平一般需要几次循环过程，直至对中和整平均满足要求为止。

2) 瞄准目标

(1) 转动照准部，使望远镜对向明亮处，转动目镜对光螺旋，使十字丝清晰。

(2) 松开照准部制动螺旋，用望远镜上的粗瞄准器对准目标，使其位于视场内，固定望远镜制动螺旋和照准部制动螺旋。

(3) 转动物镜对光螺旋，使目标影像清晰；旋转望远镜微动螺旋，使目标像的高低适中。旋转照准部微动螺旋，使目标像被十字丝的单根竖丝平分，或被双根竖丝夹在中间。

(4) 眼睛微微左右移动，检查有无视差，如果有，则转动物镜对光螺旋予以消除。

3) 读数

(1) 调节反光镜的位置，使读数窗亮度适当。

(2) 转动读数显微镜目镜对光螺旋，使度盘分划清晰。

(3) 读取位于分微尺中间的度盘刻划线注记度数，从分微尺上读取该刻划线所在位置的分数，估读至 0.1′(即 6″的整倍数)。

盘左位置瞄准目标，读出水平度盘读数，纵转望远镜，盘右位置再瞄准该目标，两次读数之差约为 180°，以此检核瞄准和读数是否正确。

5. 注意事项

(1) 打开三脚架后要安置稳妥，先粗略对中地面标志，然后用中心螺旋把仪器牢固地连接在三脚架头上，并把箱子关上。

(2) 仪器对中时，先使架头大致水平，若对中相差较远，可将整个三脚架连同仪器一块平移，使垂球接近地面标志点，然后再移动垂球与测站连线所指的一条腿，当垂球偏离标志中心在 1cm 以内时，可旋松中心螺旋，使仪器在架头上移动，以达精确对中，然后旋紧中心螺旋。

(3) 制动螺旋不可拧(压)得太紧，微动螺旋不可旋得太松，亦不可拧得太紧，以处于中间位置附近为好。

(4) 注意区别水平度盘与竖直度盘读数窗。

19.7 测回法(方向法)观测水平角

1. 实验性质及组织

验证性实验，在教师指定的实验场地，以4～6人为一组进行，实验安排为1～2学时。

2. 实验的目的与要求

(1) 掌握测回法(方向法)观测水平角的操作顺序、记录及计算的方法。

(2) 测回法观测水平角，选择两个方向目标进行观测，其观测要求：每位同学对同一角度观测一测回；其限差要求：上、下半测回方向值之差不超过±40″。

(3) 方向法观测水平角，选择3个以上的方向目标进行观测，其观测要求：每位同学观测一测回，上、下半测回均需要做“归零”观测；其限差要求：每半测回归零差不超过±18″，各测回方向值互差不超过±24″。

3. 仪器与工具

(1) 每组借经纬仪1台，三脚架1个，测钎4只，记录板1块。

(2) 自备：铅笔1支，橡皮1块，小刀1把，草稿纸。

4. 实验方法与步骤

(1) 在地面上选择一点作为测站，在地面或远处选择几个细长目标物作为观测目标，每位同学用测回法和方向法各测一个测回的角度值。

(2) 测回法的观测步骤。

① 在测站点安置经纬仪，对中、整平。

② 盘左位置，瞄准左手方向的目标，读取水平度盘读数，记入观测手簿；然后松开照准部制动螺旋，顺时针转动照准部，瞄准右手目标，读取水平度盘读数，记入观测手簿或表19-4。

③ 盘右位置，松开照准部和望远镜制动螺旋，纵转望远镜成盘右位置，瞄准原右手方向的目标，读取水平度盘读数，记入观测手簿；然后松开照准部制动螺旋，逆时针转动照准部，瞄准原左手方向的目标，读取水平度盘读数，记入观测手簿或表19-4。

(3) 方向法的观测步骤。

① 安置经纬仪于测站点，精确对中、整平。

② 将度盘置于盘左位置并任选一方向 *A* 为起始方向，置度盘读数至略大于0°，精确瞄准目标并读取此读数。松开照准部水平制动螺旋，顺时针方向依次瞄准目标 *B*、*C*、*D* 并读数。最后再次瞄准起始方向 *A*(称为归零)，并读数。以上为半个测回。两次瞄准起始方向 *A* 点的读数之差称为“归零差”，若限差超限，均应重测。将读取数据记入手簿或表19-5中。

③ 将度盘置于盘右位置照准起始方向 *A* 并读数。而后按逆时针方向依次照准目标 *D*、*C*、*B*、*A* 并读数。以上称为下半测回。

表 19-4　水平角观测(测回法)记录表

仪器＿＿＿＿　天气＿＿＿＿　班级＿＿＿＿　观测者＿＿＿＿

成像＿＿＿＿　日期＿＿＿＿　小组＿＿＿＿　记录者＿＿＿＿

测站	竖盘位置	目标	水平度盘读数 /(° ′ ″)	半测回角值 /(° ′ ″)	一测回平均角值 /(° ′ ″)	备注草图
	左					
	右					
	左					
	右					
	左					
	右					

表 19-5　水平角观测(方向法)记录表

仪器＿＿＿＿　天气＿＿＿＿　班级＿＿＿＿　观测者＿＿＿＿

成像＿＿＿＿　日期＿＿＿＿　小组＿＿＿＿　记录者＿＿＿＿

测站	测回	目标	水平度盘读数 盘左 ° ′ ″	水平度盘读数 盘右 ° ′ ″	2C ″	平均读数 ° ′ ″	归零方向值 ° ′ ″	各测回平均归零方向值 ° ′ ″	备注

5. 注意事项

(1) 仪器要安置稳妥，对中、整平要仔细。
(2) 目标不能瞄错，并尽量瞄准目标下端。
(3) 观测目标要认真消除视差。
(4) 在观测中若发现气泡偏离较多，应废弃重新整平观测。
(5) 在测站上应及时计算角值，如果超限应重测。

19.8 竖直角的测量

1. 实验性质及组织

验证性实验，在教师指定的实验场地，以4～6人为一组进行，实验安排为1～2学时。

2. 实训的目的与要求

(1) 掌握竖直度盘的构造和测量竖直角的操作方法、记录和计算。

(2) 使用中丝法观测竖直角，选择一至两个方向目标进行观测，其观测要求：每位同学对同一目标观测一个测回，并计算出一测回竖直角的角度值和竖直度盘的指标差。

3. 仪器与工具

(1) 每组借经纬仪1台，三脚架1个，测钎4只，记录板1块。
(2) 自备：铅笔1支，橡皮1块，小刀1把，草稿纸。

4. 实验方法与步骤

(1) 在地面上选择一点作为测站，在远处选择一个目标物作为观测目标，每位同学用中丝法测一个测回。

(2) 测回法观测步骤。

① 在测站点安置经纬仪，对中、整平。

② 盘左照准目标，使十字丝的中丝切住标志的顶端，调整竖盘指标水准管微动螺旋，使气泡居中或打开竖直度盘自动补偿装置，读取竖盘读数 L。

③ 盘右照准原标志同一位置，使竖盘指标水准管居中后，读取竖盘读数 R。

以上观测为一个测回竖直角，将观测数据填入观测手簿中或表19-6中进行竖直角和指标差的计算。

5. 注意事项

(1) 仪器要安置稳妥，对中、整平要仔细。
(2) 目标要选择易于用中丝切准的目标，不能瞄错，盘左、盘右都要瞄准目标顶端或同一位置。
(3) 观测目标时一定要认真，并注意消除视差。

(4) 同一仪器的指标差值应相同，每位同学观测计算出的指标差互差在±25″内。

(5) 在切准目标读数之前，一定要调整竖盘度盘的指标水准管微动螺旋，使气泡居中或打开竖直度盘自动补偿装置。

表 19-6　竖直角观测记录表

仪器＿＿＿＿　天气＿＿＿＿　班级＿＿＿＿　观测者＿＿＿＿
成像＿＿＿＿　日期＿＿＿＿　小组＿＿＿＿　记录者＿＿＿＿

测站	目标	竖盘位置	竖盘读数	半测回竖直角	指标差	一测回竖直角	备　注
			° ′ ″	° ′ ″	″	° ′ ″	
		左					
		右					
		左					
		右					
		左					
		右					
		左					
		右					

19.9　DJ6 光学经纬仪的检验与校正

1. 实验性质及组织

验证性实验，在教师指定的实验场地，以 4～6 人为一组进行，实验安排为 2 学时。

2. 实训目的与要求

(1) 了解经纬仪的主要轴线之间应满足的几何条件。

(2) 掌握光学经纬仪检验校正的基本方法。

3. 仪器与工具

(1) 每组借领 DJ6 经纬仪 1 台，三脚架 1 个，标杆 2 根，记录板 1 块。

(2) 自备：铅笔 1 支，橡皮 1 块，小刀 1 把，草稿纸。

4. 实训方法与步骤

1) 仪器的一般检查

(1) 仪器外表，制动、微动机构的检视。

查看仪器有无锈蚀、螺钉是否松动、缺失，各螺旋转动是否平稳、均匀，松紧是否适当。

(2) 望远镜、水准器的检视。

查看望远镜视场亮度、成像清晰度、水汽、霉污、划痕等，查看十字丝分划板位置是否正确、线条粗细、均匀情况、调焦透镜滑动是否平稳、目镜调焦是否晃动。查看水准器是否松动、气泡扩大；水准器格线颜色有无脱落等情况。

(3) 读数系统的检视。

查看读数显微镜内亮度是否均匀、成像是否清晰；查看光学零件有无水汽、霉污等情况。

(4) 三脚架的检视。

查看三脚架架头与架腿连接是否牢固、架腿有无损坏，各螺旋是否起作用。

2) 照准部水准管的检校(目的是使水准管轴垂直于仪器竖轴)

(1) 检验方法。

将仪器置于三脚架上，粗略整平后，将水准管平行于任意两个脚螺旋 A 和 B，调整脚螺旋 A 和 B，使水准气泡居中；转动照准部 180°，若气泡仍居中，则符合要求；否则须校正。

(2) 校正方法。

转动水准管的校正螺钉，使气泡移动总偏移量的一半，再调整脚螺旋，使气泡居中。本项校正工作需反复进行，直到符合要求。

(3) 圆水准器的检校是在照准部水准管轴已经校正好的前提下，将仪器严格整平。若水准器的气泡偏离分划圈的中心，则调整圆水准器的 3 个改正螺钉，使气泡移至分划圈中心。

3) 十字丝的检校(目的是使十字丝的竖丝垂直于横轴)

(1) 检验方法。

在距仪器 6～10m 处用细线悬挂一垂球，并使之稳定。安平仪器，用十字丝竖丝瞄准垂球线，检查竖丝是否与垂球线重合，不重合则须校正。

(2) 校正方法。先取下十字丝分划板护盖，略微旋松固定分划板的螺钉，按所需要的方向轻轻旋转分划板座即可。本项校正一般应由具备测绘仪器检修资质的单位完成。

4) 视准轴的检校(目的是使视准轴垂直于横轴)

(1) 检验方法。

将仪器置于三脚架上，整平、瞄准远处与仪器约同高的一点，读取水平度盘读数 a、倒镜仍瞄准该点，读取水平度盘读数 b。若 $a-b\neq\pm180°$，则视准轴位置不正确，应予校正。

(2) 校正方法。

先算出两次读数的平均值，即 $(a+b\pm180°)/2$，将照准部固定于该位置，然后拨动十字丝校正螺钉，使十字丝中心重新对准目标点即可。

(3) 说明。

在实际测量工作中，一般均正倒镜观测，本项误差完全消除。故如 $(a-b\pm180°)$ 的值小于 40″时不必校正。

5) 横轴的检校(目的是使望远镜横轴垂直于竖轴)

(1) 检验方法。

在距一高建筑物大约 20m 处安置仪器，在建筑物上找一点 P(其仰角以 30°～40°为宜)，在 P 点下方与仪器同高处安放一直尺，直尺与望远镜视线垂直。瞄准 P 点后，固定照准部，再旋转望远镜，在直尺上读取读数 m_1，倒转望远镜，松开照准部，再瞄准 P 点，并固定照准部，然后旋转望远镜，在直尺上读取读数 m_2，若 $m_1 \neq m_2$，则横轴与竖轴不垂直，应需校正。

(2) 校正方法。

首先计算望远镜正倒镜读数的平均值，即 $m_3=(m_1+m_2)/2$，转动照准部使望远镜十字丝中心对准 m_3 点，固定照准部，转动望远镜，仰视 P 点，此时十字丝中心不与 P 点重合。调整望远镜横轴使十字丝对准 P 点。反复校正，直至符合要求为止。本项校正工作一般由具备仪器检修资质的单位进行。

(3) 说明。

在实际测量工作中，一般均正倒镜观测，消除本项误差，故如 m_1 与 m_2 之差值不大于 2.5mm 时，不必校正。

6) 竖盘指标差的检校(目的是当望远镜视准轴处于水平位置时竖盘的指标归于零位)

(1) 检验方法。

安平仪器，正镜照准远出一点，转动竖盘水准器微动螺旋，使气泡居中，读取竖盘读数得 L。倒镜，再瞄准该点，同法读取竖盘读数得 R。若 $L+R \neq 360°$，说明竖盘存在指标差。指标差的计算公式为：$i=(L+R-360°)/2$。

(2) 校正方法。

① 计算倒镜时的正确读数，即 $R-i$，转动竖盘水准器微动螺旋，使竖盘读数为 $R-i$，此时气泡偏离中心位置，拨动水准器的校正螺钉，使气泡居中即可。

② 若竖盘水准器为自动整平型，计算倒镜时的正确读数，即 $R-i$，转动望远镜微动螺旋和测微器，使竖盘读数为 $R-i$，此时十字丝中心偏离目标。调整十字丝分划板，使十字丝中心对准目标。

(3) 说明。

在实际测量工作中，一般均正倒镜观测，指标差完全消除，故如指标差的值不大于 20″ 时，不必校正。

7) 光学对点器的检校(目的是使光学对点器视准轴与竖轴重合)

(1) 检验方法。

① 安设在仪器照准部上的对点器检验。整平仪器，地上放一硬板纸，通过对点器在纸上标出一点，然后旋转 180°，同法标出另一点，若两点不重合，则须校正。若两点重合，则变更仪高，按上法再进行检验，仍重合则满足要求，否则须校正。

② 安设在仪器基座上的对点器检验。将仪器照准部固定在稳固的桌子边上，使基座部分可以绕轴旋转。在距 1～2m 的墙上置一白纸，通过对点器在纸上标出一点，然后旋转基座 180°，同法标出另一点。若两点不重合，则须校正。若两点重合，则变更仪器至墙壁的距离，按上法再进行检验，仍重合，则满足要求，否则须校正。

(2) 校正。

① 卸下对点器目镜调焦环，拧下盖板上的固定螺钉，取下盖板，略微旋松目镜管底座的固定螺钉，用宽而薄的改锥撬动目镜管底座，使光学对点器中心对准两点连线的中点。

② 调整校正螺钉，使对点器中心对准两点连线的中点。

8) 镜上中心的检校(目的是使镜上中心(望远镜水平时)与竖轴重合)

(1) 检验方法。

在室内或室外避风处挂一垂球，在其下安置整平经纬仪，然后使望远镜水平，精确地将镜上中心和垂球尖对准，徐徐转动照准部，观察镜上中心是否偏离垂球尖，若始终不偏离，表示镜上中心位置正确，否则须校正。

(2) 校正。

将镜上中心 A 对准垂球尖，转动照准部 180°，此时垂球尖对准在 A'点，标出 AA'连线的中点 C，移动仪器使 C 点对准垂球尖，转动照准部，若 C 点始终不偏离垂球尖，则 C 点为正确的镜上中心，做出标志即完成本项工作。对于可调的镜上中心标志，可旋松固定螺钉，移动标志使其对准垂球尖，最后再旋紧固定螺钉。

5. 注意事项

(1) 按实验步骤进行各项检验校正，顺序不能颠倒，因为水准管轴应垂直于竖轴是其他几项检验与校正的基础，这一条件若不满足，其他几项的检校就不能进行，竖轴倾斜而引起的测角误差，不能用盘左、盘右观测加以消除，所以这项检验校正必须认真进行。

(2) 检验数据正确无误才能校正，校正结束时，各校正螺钉应处于稍紧状态。选择仪器的安置位置时，应顾及视准轴和横轴两项检验。既能看到远处的水平目标，又能看到墙上高处目标。

6. 原始记录

检验与校正记录表见表 19-7～表 19-9。

表 19-7　望远镜横轴应垂直于竖轴的检验与记录表

仪器______ 天气______ 班组______ 观测者______ 记录者______ 日期______

测站	竖盘位置	目　标	水平盘读数	$a_1=a_2\pm180°$	检验结果是否合格
O	盘左	P			
O	盘右	P			

表 19-8　视准轴应垂直于横轴的检验校正记录表

仪器______ 天气______ 班组______ 观测者______ 记录者______ 日期______

测站	竖盘位置	目标	水平盘读数	盘右水平盘的正确读数 $a=\frac{1}{2}[a_2+(a_1\pm180°)]$
O	盘左	P		
	盘右	P		

表 19-9　竖盘指标差的检验与校正记录表

仪器______ 天气______ 班组______ 观测者______ 记录者______ 日期______

检验	测站	目标	竖盘位置	竖盘读数 /(° ′ ″)	指标差 /(″)	校正	竖盘位置	目标	正确读数 R-x
	A	*B*	左				盘右	*B*	
			右						

19.10　直线定线与距离丈量

1. 实验性质及组织

验证性实验，在教师指定的实验场地，以 4～6 人为一组进行，实验安排为 2 学时。

2. 实训目的与要求

(1) 掌握目估法直线和钢尺丈量距离的一般方法。

(2) 实验时数安排为 2 个学时，每一实验小组由 4～5 人组成。

3. 仪器与工具

(1) 每组借用钢尺(30m)1 副，标杆 3 根，测钎 1 组(6 根或 11 根)，斧子 1 把，木桩及小钉各 4～6 个，垂球 2 个。

(2) 自备：铅笔 1 支，橡皮 1 块，小刀 1 把，草稿纸，记录表格。

4. 实训方法和步骤

1) 标定点位

若有固定的实习基地，选 4～6 个固定标志组成一闭合导线，且每段边长约 80m，按顺(或逆)时针方向编号。

2) 平坦地面上量距

(1) 往测。

① 在 *A*、*B* 两点各竖一根标杆，后尺手执尺零端将尺零点对准点 *A*。

② 前尺手持尺盒并携带第三根标杆和测钎沿 *AB* 方向前进，行至约一尺段处停下由后尺手指挥左右移动标杆，使其在 *AB* 连线上(目视定线)。拉紧钢尺在整尺段注记处插下测钎 1。

③ 两手同时提尺及标杆前进，后尺手行至测钎 1 处。如前所做，前尺手同法插一根测钎 2，量距后后尺手将测钎 1 收起。

④ 同法依次丈其他各尺段。

⑤ 到最后一个不足整尺的尺段时，前尺手将一整分划对准 *B* 点，后尺手在尺的零端读出 cm 或 mm 数，两数相减即为余长。

(2) 计算。后尺手所收测钎数(n)即为整尺段数，整尺段数(n)乘尺长(l)加余长(q)为 AB 的往测距离，即 $D_{往}=nl+q$。

(3) 返测由 B 点向 A 点同法量测，即 $D_{返}=nl+q$。

(4) 求往、返测距离的相对误差 K，$K=\dfrac{|D_{往}-D_{返}|}{\dfrac{D_{往}-D_{返}}{2}}=\dfrac{|\Delta D|}{D_{平}}$。若 $K\leqslant 1/2000$，取平均值作为最后结果；若 $K>1/2000$，应重新丈量。同法丈量出其他线段的距离。

3) 斜量法

当地面坡度较直且较均匀时，可沿地面直接量出 MN 的斜距 L，用罗盘仪或经纬仪测出 MN 的倾斜角 θ，按式 $D=L\cos\theta$，将斜距改成水平距离 D。同样，该法也要往返测且比较相对误差后取平均值。

5. 注意事项

(1) 钢尺必须经过鉴定才能使用。丈量前，要正确找出尺子的零点。丈量时，钢尺要拉平拉紧，用力要均匀。

(2) 爱护钢尺，勿沿地面拖拉，严防折绕、受压。用毕将尺擦净涂上机油，妥善保管。

(3) 插测钎时，测钎要竖直，若地面坚硬，可在地上做出相应记号。

6. 记录表格

记录表格见表 19-10 和表 19-11。

表 19-10 平坦地面钢尺量距记录表

尺号______尺长______班组______观测者____________记录者________

直线编号	测量方向	整尺段长 $n\times l$	余长 q/m	全长 D/m	往返平均值/m	相对误差 K	备 注
	往						
	返						
	往						
	返						

表 19-11 斜量法记录表

尺号______尺长______班组______观测者____________记录者________

直线编号	测量方向	斜距 L/m	倾斜角 θ	全长 D/m	往返平均值 /m	相对误差 K	备注
	往						
	返						
	往						
	返						

19.11　全站仪的认识与使用

1. 实验性质及组织

验证性实验，在教师指定的实验场地，以 4～6 人为一组进行，实验安排为 2 学时。

2. 实训目的与要求

(1) 了解全站仪的构造和性能。

(2) 熟悉全站仪的使用方法。

3. 仪器与工具

(1) 每组借用全站仪一套，电池 1 块、单棱镜 1 套、2m 小钢尺 1 把、温度计 1 根、气压计 1 个、记录板 1 块。

(2) 自备：铅笔 1 支，橡皮 1 块，小刀 1 把，草稿纸。

4. 实训方法和步骤

1) 全站仪的认识

全站仪是具有电子测角、电子测距、电子计算和数据存储功能的仪器。它本身就是一个带有各种特殊功能的进行测量数据采集和处理的电子化、一体化仪器。

各种型号的全站仪的外形、体积、重量、性能有较大差异，但主要由电子测角系统、电子测距系统、数据存储系统、数据处理系统等部分组成。

全站仪的基本测量功能主要有 3 种模式：角度测量模式(经纬仪模式)、距离测量模式(测距模式)、坐标测量模式(放样模式)。另外，有些全站仪还有一些特殊的测量模式，能进行各种专业测量工作。各种测量模式下均具有一定的测量功能，且各种模式之间可相互转换。

2) 全站仪的使用

全站仪为贵重测量仪器，价值数万至数十万元，各学校拥有的全站仪型号不一定相同。本实验应在指导教师演示介绍后进行操作。在实验场地上选择 3 点，1 点作为测站，安置全站仪；另两点作为镜站，安置反光棱镜。

在测站安置全站仪，经对中、整平后，接通电源，进行仪器自检。纵转望远镜，设置竖直度盘指标。

(1) 角度测量。

瞄准左目标，在角度测量模式下，按相应键，使水平角显示为零，同时读取左目标竖盘读数；瞄准右目标，读取水平角及竖直角显示读数。

其他操作方法与光学经纬仪相同。

(2) 距离测量。

在距离测量模式下，输入气象数据，照准目标后，按相应测距键，即可显示斜距、平距和高差。

(3) 坐标测量。

量取仪器高、目标高，输入仪器中，并输入测站点的坐标、高程，照准另一已知点并输入其坐标(实验时可假定其坐标)。在坐标测量模式下，照准目标点，则可显示目标点的坐标和高程。

以上每一目标观测 2 测回。

5. 技术要求

(1) 方向值测回差应小于 24″。

(2) 竖直角测回差应小于 25″。

(3) 水平距离测回差应小于 10mm。

6. 注意事项

(1) 在指导教师演示后进行操作。

(2) 严禁将照准镜头对向太阳或其他强光。

(3) 拆装电源时，必须关闭电源开关。

(4) 测量工作完成后应注意关机。

(5) 应避开高压线、变压器等强电场干扰源，保证测量信号正确。

19.12 GNSS 接收机认识与使用

1. 实验性质及组织

验证性实验，在教师指定的实验场地，以 4～6 人为一小组，3 小组为一大组，实验安排为 2 学时。

2. 实训目的与要求

(1) 认识 GNSS 接收。

(2) 了解 GNSS 接收机静态相对定位的作业方法。

3. 仪器与工具

(1) 仪器室借领，每一大组借用 GNSS 接收机 1 台，三脚架 1 副。

(2) 自备：铅笔、小刀、记录表格、计算器。

4. 实训方法与步骤

(1) GNSS 接收机的认识。

GNSS 接收机的组成单元主要包括主机、天线和电源三部分，目前大多数仪器厂家采用了将主机、天线和电源整合在一起的一体化 GNSS 主机结构。各种 GNSS 接收机的外形、体积、重量、性能有所不同，各个学校可根据学校已有的设备在指导教师的带领下进行认识。

(2) GNSS 接收机的使用。

① 在测区给定的 3 个测点上分别架设三脚架，将基座安装在三脚架的架头上，对中、整平，然后将 GNSS 接收机安装在基座上并锁紧。

② 量测天线高。对备有与仪器配套的量高专用钢尺的接收机，可直接量取地面标志点的顶部至接收机天线边缘的指定量取位置之间的高差，若没有专用量高钢尺，需要对测量得到的斜高进行修正。

③ 启动 GPS 接收机，进行卫星自动搜索和数据采集。

④ 当 3 台接收机连续同步采集时段长度为 40min 后，退出数据采集，关闭接收机。

⑤ 再次量测天线高，记录测站的点号、天线高、接收机编号和观测时间，然后将接收机、基座等收好。

⑥ 在计算机上安装数据处理软件。

⑦ 将接收机记录的数据文件复制到计算机中，进行基线解算和平差处理后输出处理成果，打印出网图及成果报告。

5. 注意事项

(1) 观测前后两次天线高量测结果之差应不大于 3mm。

(2) 3 台接收机连续同步采集时段长度不少于 40min。

19.13　经纬仪导线测量

1. 实验性质及组织

综合性实验，在教师指定的实验场地，以 4～6 人为一组进行，实验时数安排为 2 学时。

2. 实训目的与要求

(1) 掌握经纬仪导线外业观测。

(2) 掌握导线内业计算、展点的方法。

3. 仪器与工具

(1) 仪器室借领，DJ6 经纬仪 1 台，经纬仪脚架 1 个，水准尺 2 把，标杆 2 根，钢尺 1 把，测钎 4～6 根，斧子 1 把，木桩及小钉若干，坐标纸 1 张，三棱尺 1 把。

(2) 自备：铅笔、小刀、记录表格、计算器。

4. 训方法与步骤

1) 外业观测

(1) 选点。根据选点注意事项，在测区内选定 4～6 个导线点组成闭合导线，在各导线点打下木桩，钉上小钉或用油漆标定点位，绘出导线略图。

(2) 量距。用钢尺往返丈量各导线边的边长(读至 mm)，若相对误差小于 1/2000，则取其平均值。

(3) 测角。采用经纬仪测回法观测闭合导线各转折角(内角)，每角观测一个测回，若上、下半测回差不超±40″，则取平均值。

(4) 计算角度闭合差和导线全长相对闭合差。外业成果合格后，内业计算各导线点的坐标。

2) 内业计算

(1) 检查核对所有已知数据和外业数据资料。

(2) 角度闭合差的计算和调整。

角度闭合差： $f_\beta = \sum\beta - (n-2)\times 180^\circ$

限差： $f_{\beta容} = \pm 40''\sqrt{n}$

(3) 坐标方位角的推算。

顺时针编号时：$\alpha_{前} = \alpha_{后} + 180^\circ - \beta_{右}$。

逆时针编号时：$\alpha_{前} = \alpha_{后} - 180^\circ + \beta_{左}$。

由起始角 α_{AB} 算起，应再算回 α_{AB}，并校核无误。

(4) 坐标增量计。

$$\Delta X_{AB} = D_{AB}\cos\alpha_{AB}$$

$$\Delta Y_{AB} = D_{AB}\sin\alpha_{AB}$$

(5) 坐标增量闭合差的计算和调整。

纵坐标增量闭合差： $f_x = \sum\Delta x_{测}$

横坐标增量闭合差： $f_y = \sum\Delta y_{测}$

导线全长绝对闭合差： $f = \sqrt{f_x^2 + f_y^2}$

导线全长相对闭合差： $K = \dfrac{f}{\sum D}$

若 $K < \dfrac{1}{2000}$，符合精度要求，可以平差。将 f_x、f_y 按符号相反、边长成正比例的原则分配给各边，余数分给长边。各边分配数为

$$v_{xi} = -\frac{f_x}{\sum D}\times D_i$$

$$v_{yi} = -\frac{f_y}{\sum D}\times D_i$$

分配后要符合

$$\sum v_x = -f_x$$

$$\sum v_y = -f_y$$

(6) 坐标计算。若未与国家控制点连测，可假定起点坐标。

$$X_B = X_A + \Delta X_{AB}$$

$$Y_B = Y_A + \Delta Y_{AB}$$

由 X_A、X_B 算起，应再算回 X_A、X_B，并校核无误。

(7) 展点。根据所选比例尺大小及起点在测区位置，在坐标纸上绘出纵、横坐标线。根据各导线点坐标。将其展绘在图纸上，并将坐标注于其旁。

5. 注意事项

(1) 相邻导线点间应互相通视，边长以 60～80m 为宜。若边长较短，测角时应特别注意，提高对中和瞄准的精度。

(2) 若未与国家控制网连测，起点坐标可假定，要考虑使其他点位不出现负值。

19.14　三角高程测量

1. 实验性质及组织

综合性实验，在教师指定的实验场地，以 4～6 人为一组进行，实验时数安排为 2 学时。

2. 实训目的与要求

(1) 掌握三角高程测量的观测方法。

(2) 掌握三角高程测量的计算方法。

3. 仪器与工具

(1) DJ6 光学经纬仪或 DJ2 光学经纬仪 1 台，标杆 1 根，标杆架 1 个，钢卷尺 1 把。

(2) 自备：铅笔、小刀、橡皮、计算器。

4. 实训方法与步骤

在实验场地上选择 A、B 两点(相距约 60m)，如已知 A 点高程(本实验假定 A 点高程为 H_A=20m，则可用三角高程测量方法测出 B 点高程。

(1) 距离丈量。

用钢尺量距的一般方法测出 A、B 两点间的水平距离 D_{AB}，如在已知距离的两点上进行三角高程测量，则不需进行距离测量工作。

(2) 三角高程测量的观测。

① 往测。在 A 点安置经纬仪，对中、整平，用钢卷尺量取仪器高度 i_1，用经纬仪瞄准标杆顶部，测出竖直角 α_{AB}。

② 返测。在 B 点安置经纬仪，A 点竖立标杆，用与往测相同方法进行观测。

(3) 记录。

将观测数据记录在三角高程测量记录及计算表 19-12 中。

(4) 计算。

往测高差：$h_{AB} = D_{AB}\tan\alpha_{AB} + i_1 - l_1$。

返测高差：$h_{BA} = D_{BA}\tan\alpha_{BA} + i_2 - l_2$。

如往返测高差之差在允许范围内，则取平均值；否则需重测。

表 19-12　三角高程测量记录表

日期：＿＿＿＿＿＿　天气：＿＿＿＿＿　观测者：＿＿＿＿＿

仪器号码：＿＿＿＿＿＿　记录者：＿＿＿＿＿

测站	仪器高/m	目标点	目标高/m	盘位	竖盘读数/(° ′ ″)	指标差/(″)	半测回竖直角/(° ′ ″)	一测回竖直角/(° ′ ″)	水平距离	高差
				左						
				右						
				左						
				右						

19.15　点位测设

1. 实验性质及组织

综合性实验，在教师指定的实验场地，以4～6人为一组进行，实验时数安排为2学时。

2. 实训目的与要求

掌握水平角、水平距离和高程测设的基本方法。

3. 仪器与工具

(1) 每组借领经纬仪1套，水准仪1套，钢尺1把，水准尺2把，测钎4～6根，记录板1块，木桩，小钉若干。

(2) 自备：铅笔、小刀、橡皮、计算器。

4. 实训方法与步骤

指导教师在现场布置 O、A 两点(距离40～60 m)并假定 O 点的高程为100. 500 m。现欲测设 B 点，使 $\angle AOB=45°$(或其他度数，由指导教师根据场地而定，下同)，OB 的长度为50m，B 点的高程为101.000 m。

1) 水平角的测设

(1) 将经纬仪安置于 O 点，用盘左后视 A 点，并使水平盘读数为 $0°0'00''$。

(2) 顺时针转动照准部，水平度盘读数确定45°，在望远镜视准轴方向上标定点 B'(长度约为50m)。

(3) 倒镜，用盘右后视 A 点，读取水平度盘读数为 α，顺时针方向转动照准部，使水平度盘读数确定在$(\alpha+45°)$，用同样的方法在地面上标定 B'' 点，$OB''=OB'$。

(4) 取 $B'B''$ 连线的中点 B，则 $\angle AOB$ 即为欲测设的45°角。

2) 水平距离的测设

(1) 根据现场已定的起点 O 和方向线，先进行直线定线，然后分两段丈量，使两段距离之和为 50 m，定出直线另一端点。

(2) 返测 $B'O$ 的距离，若往返测距离的相对误差不大于 1/3000，则取往返丈量结果的平均值作为 OB' 的距离 D。

(3) 求 $B'B = 50 - D$，调整端点位置 B' 至 B，当 $B'B > 0$，B' 往前移动；反之，往后移动。

3) 高程的测设

(1) 安置水准仪于 O、B 两点的等距离处，整平仪器后，后视 O 点上的水准尺，得水准尺读数为 a。

(2) 在 B 点处钉一木桩，转动水准仪的望远镜，前视 B 点上的水准尺，使尺缓缓上下移动，当尺读数恰为 $b(b = 100.500 + a - 101.000)$时，则尺底的高程即为 101.000 m，用笔沿尺底划线标出。

施测时，若前视读数大于 b，说明尺底高程低于欲测设的设计高程，应将水准尺慢慢提高至符合要求为止；反之应降至尺底。

5. 注意事项

实验每完成一项，应对测设的结果进行检核；检核时，角度测设的限差不大于 ±40″，距离测设的相对误差不大于 1/3000，高程测设的限差不大于 ±10mm 。

19.16　建筑物主轴线测设

1. 实验性质及组织

综合性实验，在教师指定的实验场地，以 4～6 人为一组进行，实验时数安排为 2～4 学时。

2. 实训目的与要求

(1) 掌握建筑物主轴线的放样方法及步骤、限差。

(2) 掌握主轴线调整值的计算方法。

(3) 掌握主轴线的调整方法。

3. 仪器与工具

(1) 每组借领 DJ2 经纬仪 1 台(或全站仪 1 台，棱镜 2 个)，测钎 2 个，钢尺 1 把，木桩若干，记录板 1 块。

(2) 自备：铅笔、小刀、橡皮、计算器。

4. 实训方法与步骤

1) 测设主轴线(见图 19-3)

依据主轴点的坐标值与附近的已知控制点，用极坐标法测设主轴线的点并用木桩标定到实地。主轴线的 5 个主点 A、B、C、D、O 的坐标值由实习教师给定或在给定的平面图上用解法求得某一主轴线点的坐标值后，按主轴线的方位角与长度推导出其他主轴线点的测量坐标值。据得到的主轴线点的测量坐标值与附近的测量控制点，通过计算用极坐标法测设主轴线的点并标定到实地中。

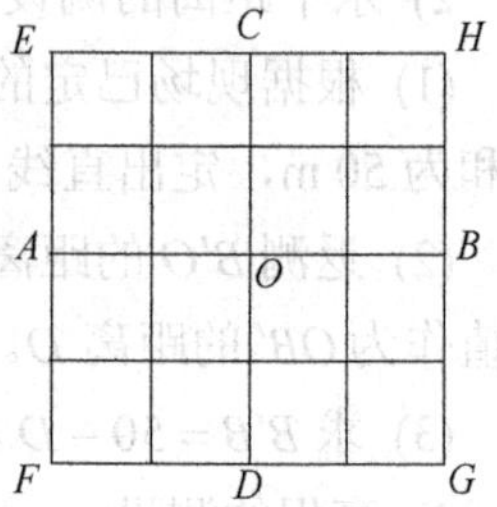

图 19-3　主轴线示意图

2) 步骤

(1) 测设长主轴线点 A、O、B。

(2) 交角检核，不应超过 5″，长主轴线点 A、O、B 的直线性检查，限差在 $180°\pm5″$ 以内；AO、BO 长度检核，相对误差应不超过 1/2000～1/3000。

(3) 计算调整值，调整 A、B、O 三定位点的位置，见图 19-4。

(4) O 点安置 DJ2 经纬仪测设短轴线点 C、D。

(5) 交角检核，限差 $90°\pm5″$；CO、DO 长度检核，相对误差应不超过 1/2000～1/3000。

(6) 计算调整值，调整 C、D 定位点的位置。

$$\delta=\frac{ab}{2(a+b)}\frac{1}{\rho}(180°-\beta)\text{，}\quad \varepsilon=\frac{s\Delta\beta}{\rho}$$

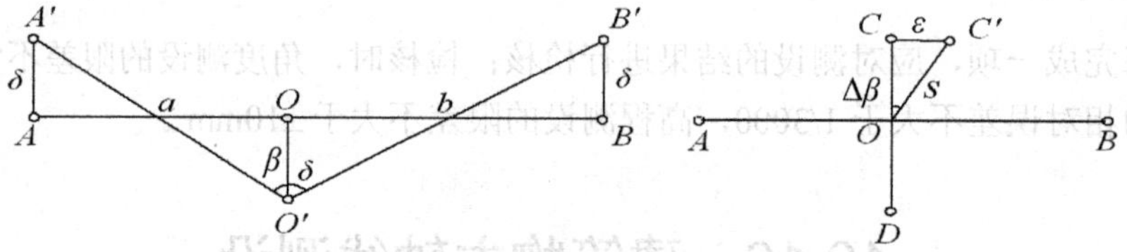

图 19-4　主轴线调整示意图

3) 记录表格(见表 19-13、表 19-14)

表 19-13　水平角 β、$\angle AOC$ 的测回法记录表

日期：_____年_____月_____日　天气：________　仪器型号：________　组号：________

观测者：____________　记录者：__________　立棱镜者：__________

测站	盘位	目标	水平度盘读数 /(° ′ ″)	水平角 半测回 /(° ′ ″)	水平角 一测回 /(° ′ ″)	示 意 图
	左					
	右					
	左					
	右					

表 19-14　水平距离 *a*、*b*、*s* 测量值记录表

直　线	第一次测量值/m	第二次测量值/m	平均测量值/m	计 算 值	
				δ /m	ε /m
a					
b					
s					

5. 注意事项

(1) 轴线宜选择在实习场地的中部。

(2) 长轴线上的定位点，不得少于 3 个。

(3) 轴线点的点位中误差，不应大于 5cm。

(4) 放样后的主轴线点位，应进行角度检核及直线度检查；测定交角的测角限差，不应超过 5″。

19.17　建筑物方格网测设

本实验是依据已知点，测设由 5 个主点 *A*、*B*、*C*、*D*、*O* 组成的主轴线，然后以主轴线 *AB*、*CD* 放样建筑方格网 *EFGH*，最后检核放样的建筑方格网 *EFGH*。

1. 实验性质及组织

综合性实验，在教师指定的实验场地，以 4～6 人为一组进行，实验时数安排为 2～4 学时。

2. 实训目的与要求

(1) 巩固建筑物主轴线的放样方法及步骤。

(2) 掌握建筑方格网的放样方法及限差。

3. 仪器与工具

(1) 每组借领 DJ2 经纬仪 1 台(或全站仪 1 台，棱镜 2 个)，测钎 2 个，钢尺 1 把，木桩若干，记录板 1 块。

(2) 自备：铅笔、小刀、橡皮、计算器。

4. 实训方法与步骤

实验时，可参照图 19-5 进行，也可根据学校的实训场地自行设计。

(1) 先放样长主轴线 *AB* 和短主轴线 *CD*。

(2) 分别在 *A*、*B*、*C*、*D* 4 点安置经纬仪，后视瞄准 *O* 点，向左、右测设水平角 90°，由 *A*、*B*、*C*、*D* 4 点定出矩形的四边方向，沿其四边方向定出 *E*、*F*、*G*、*H* 4 点，即可交会出方格网点。

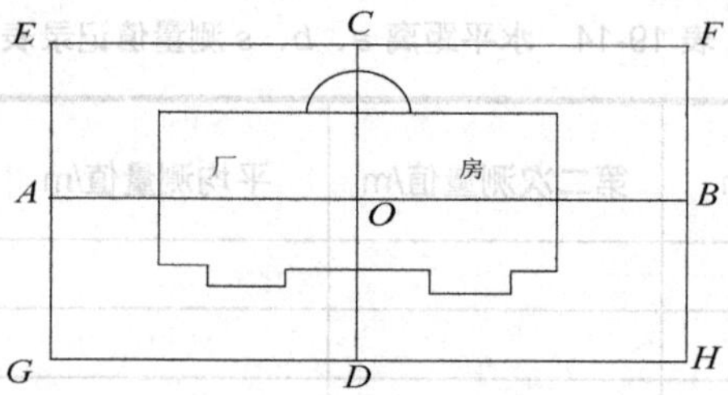

图 19-5 建筑物方格网放样图

(3) 检核测量，测量相邻两点间的距离(AE、AF、BH、BG、CE、CH、DF、DG)，看是否与设计值相等，相对误差不超过 1/10000～1/25000；检核角度(E、F、G、H 为顶点所对应的角)是否为 90°，角度误差应不大于 ±10″。

(4) 误差若在允许范围内，埋设木桩标志；否则进行调整。

(5) 记录表格可参照表 19-12 和表 19-13 进行填写。

5. 注意事项

主轴线的直线度的限差应在180°±5″和90°±5″以内，主轴线长度相对误差应不超过 1/2000～1/30000；建筑方格网的角度误差应不大于 ±10″，边长丈量相对误差不超过 1/2000～1/25000。

19.18 高程控制测量及±0.000标高测设

本实验是依据给定的已知高程点，测设一条复合或闭合的四等水准路线；并在附近的建筑物、树、电线杆等位置上测设给定的建筑物的 ±0.000 设计标高。

1. 实验性质及组织

综合性实验，在教师指定的实验场地，以 4～6 人为一组进行，实验时数安排为 2 学时。

2. 实训目的与要求

(1) 掌握水准仪测设已知高程的方法。

(2) 掌握 ±0.000 标高测设的方法。

(3) 巩固四等水准测量的外业实测方法和内业计算的过程、方法。

3. 仪器与工具

(1) 每组借领 DS3 水准仪 1 台，水准尺 1 对，小钢尺 1 把，木桩或花杆若干，记录板 1 块。

(2) 自备：铅笔、小刀、橡皮、计算器。

4. 实训方法与步骤

(1) 高程控制测量。

① 布设路线。每组选定一条 4～6 个点组成复合或闭合水准路线，确定起点及水准路

线的前进方向。

② 一测站观测，在起始点 BM 和第一个待定点上分别立水准尺，在距该点大致等距离处安置水准仪，按“后前前后”(黑黑红红)顺序观测。

检查各项限差是否超限，如超限需重测，如不超限计算平均高差。

③ 同法继续进行，经过所有待定点后回到起点 BM。

④ 检核计算。检查后视读数总和减去前视读数总和是否等于高差总和，若不相等，说明计算过程有错，应重新计算。

⑤ 高差闭合差的调整及高程计算。统计总测站数 n，计算高差闭合差的容许误差，即 $f_{h容} = \pm 12\sqrt{n}\text{mm}$，若 $|f_h| \leqslant |f_{h容}|$，可将高差闭合差按符号相反、测站数成正比例的原则分配到各段导线实测高差上，再计算各段改正后的高差和各待定点的高程。

(2) ±0.000 标高测设。

① 利用高程控制测量的结果，在实习基地，实习教师给定 ±0.000 设计标高。

例如，已知地面水准点 BM 及其高程 H_{BM} =141. 350 m，建筑物 ±0.000 标高的设计高程，$H_{设} = 142.000\text{m}$。

② 将水准仪安置在已知点与测设点之间，前、后视距大致相等，进行观测，读取已知点 BM 上的水准尺读数 a。

③ 计算测设数据。假设 a=1.425 m，则测设数据 $b = H_{BM} + a - H_{设} = 0.775\text{m}$。

④ 将另一把水准尺紧靠在邻近建筑物的墙上或树干、电线杆等位置，指挥标尺员上下移动标尺，当标尺上的读数正好为 b 时，在标尺底面划线做标记，此线即是设计高程为 142.000m 的建筑物 ±0.000 标高的测设位置。

5. 注意事项

务必绘制测设简图，测设数据务必准确，务必标记建筑物 ±0.000 标高测设线。

19.19　根据已有建筑物定位

1. 实验性质及组织

综合性实验，在教师指定的实验场地，以 4～6 人为一组进行，每组根据一栋已有房屋，测设出一栋待建房屋的 4 个角桩。实验时数安排为 2 学时。

2. 实训目的与要求

(1) 掌握全站仪放样的操作。

(2) 掌握根据已有建筑物进行建筑物角桩测设的方法。

3. 仪器与工具

(1) 每组借领全站仪 1 台，棱镜 2 个，记录板 1 块。

(2) 自备：铅笔、小刀、橡皮、计算器。

4. 实训方法与步骤

如图 19-6 所示，设墙厚(轴线离墙 0.24 m)，$s=1.0\text{m}, bc=4.24\text{m}, PN=10.0\text{m}, PQ=6.0\text{m}$。

(1) 由已建建筑物角量取 s，定 a、b 两点。

(2) 延长 ab，定基线 cd，拨角、量边得角桩 M、N、P、Q。

(3) 检查 4 个角是否为 90°，边长是否与设计的长相符 (精度要求：长度小于 1/5000，角度小于 1′)。

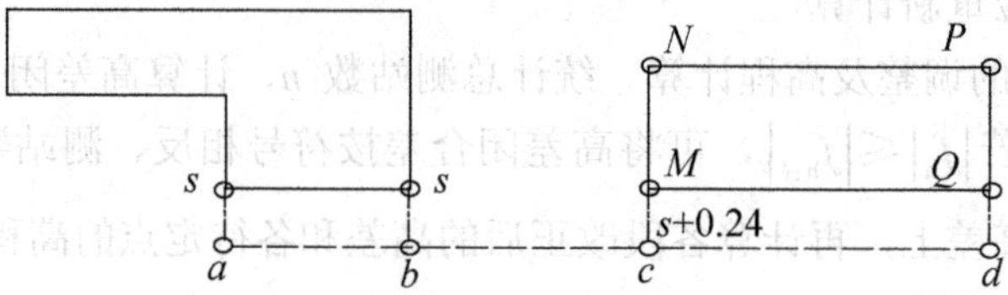

图 19-6 根据已有建筑物定位

19.20 一井定向

1. 实验性质及组织

综合性实验，在教师指定的实验场地，以 4～6 人为一组进行，如没有模拟矿井的也可在办公楼、宿舍的走廊里挂两根锤球线进行实习。实验时数安排为 2～4 学时。

2. 实训目的与要求

掌握瞄直法传递坐标、方位角的方法、步骤和要领。

3. 仪器与工具

(1) 每组借领经纬仪一套，钢尺一把，锤球两个，记录板一块，工具包一个。

(2) 自备：铅笔、小刀、橡皮、计算器。

4. 实训方法与步骤

(1) 地面连接。

① 初步瞄线。如图 19-7 所示，一人提着锤球，大致在 C 点附近，另一人站立在 B 锤球一端，用眼瞄两锤球线并指挥 C 点提着锤球的人左右移动。当 C 点锤球线移到 A、B 两锤球同一竖直面内时，在地面打一木桩，并在桩面上做一标记。

② 精确瞄准。将经纬仪安置在木桩上，松动连接螺旋，用望远镜竖丝瞄两锤球线，然后仪器在脚架头上滑动，使竖丝与锤球线重合，而后拧紧连接螺旋，再将仪器锤球尖投点到桩面上，钉上铁钉，该点即为 C 点。

③ 测角量边。分别在 C、D 点上安置经纬仪，测出 β_C、β_D 角，量出 AC、AB 和 CD 各边的长。

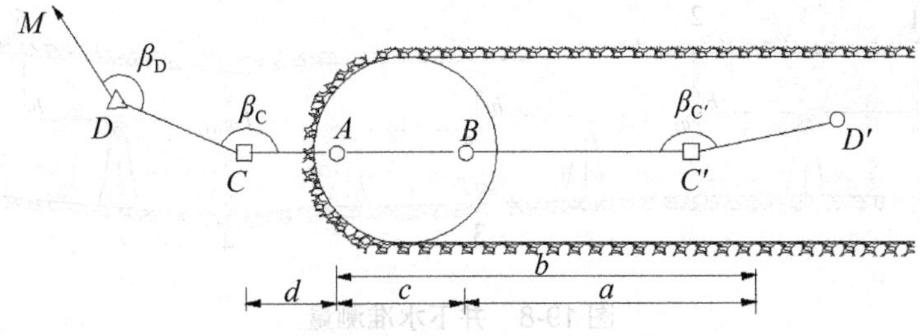

图 19-7　瞄直法

(2) 井下连接。

① 在井下采取与地面定点 C 相同的办法，定出 C' 点。

② 在 C' 点上安置仪器，测出 $\beta_{C'}$，量出 AB、BC' 和 $C'D'$ 的长度。

(3) 方位角传递。

$$\alpha_{C'D'}=\alpha_{MD}+\beta_{D'}+\beta_{C}+\beta_{C'}-3\times180^\circ$$

(4) 坐标传递。

$$\begin{cases}x_{C}=x_{D}-l_{CD}\cos\alpha_{DC}\\ y_{C}=y_{D}-l_{CD}\sin\alpha_{DC}\end{cases}\qquad\begin{cases}x_{C'}=x_{C}-l_{CC'}\cos\alpha_{CC'}\\ y_{C'}=y_{C}-l_{CC'}\sin\alpha_{CC'}\end{cases}$$

5. 注意事项

瞄直法在外业、内业上都简单，但是要连接 C、C' 精确地设置到两锤球线挂线的延长线上，却是较为困难的事，因此，这种方法用于精度要求不高的小矿井。

19.21　井下水准测量

1. 实验性质及组织

综合性实验，在教师指定的实验场地，以 4～6 人为一组进行。实验时数安排为 2～4 学时。

2. 实训目的与要求

(1) 掌握井下水准测量的方法和步骤。

(2) 适应井下工作环境，锻炼动手操作能力。

3. 仪器与工具

(1) 每组借领：水准仪一套，水准尺 2 个，长木桩几个、铁钉、小锤球、工具包 1 个。

(2) 自备：铅笔、小刀、橡皮、计算器。

4. 实训方法与步骤

(1) 选点。

水准点可设在巷道顶板、地板或者两帮上，如图 19-8 所示，也可以用导线点代替水准点。

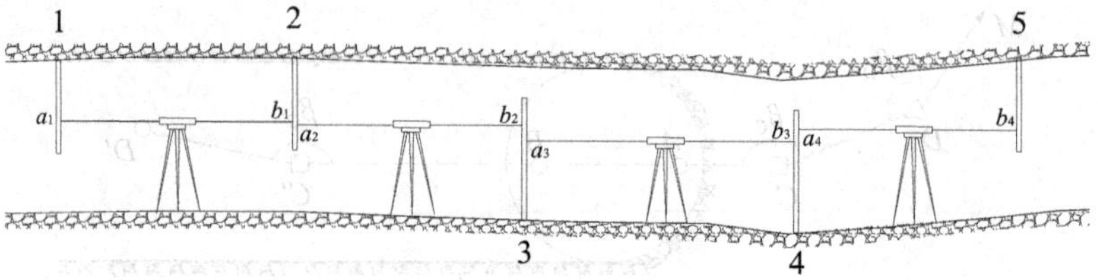

图 19-8　井下水准测量

(2) 观测。

井下水准测量与地面水准测量相比，其原理、实测方法和计算公式均完全相同，但井下水准测量时，因点设在顶板上，出现水准尺倒立现象，所以记录时应用符号注明，计算时在其读数前面冠以负号。

5. 注意事项

(1) 在顶板上立尺时，一定要将尺的零端紧抵水准点上，不能悬空。

(2) 读数时，无论水准尺是正像还是倒像，其读数均由小到大读取。

19.22　井下三角高程测量

1. 实验性质及组织

综合性实验，在教师指定的实验场地，以 4～6 人为一组进行。实验时数安排为 2～4 学时。

2. 实训目的与要求

(1) 通过倾斜巷道传递高程，如图 19-9 所示，将下平巷 *A* 点高程传递到上平巷的 *B* 点。

(2) 掌握三角高程测量的内容及计算方法。

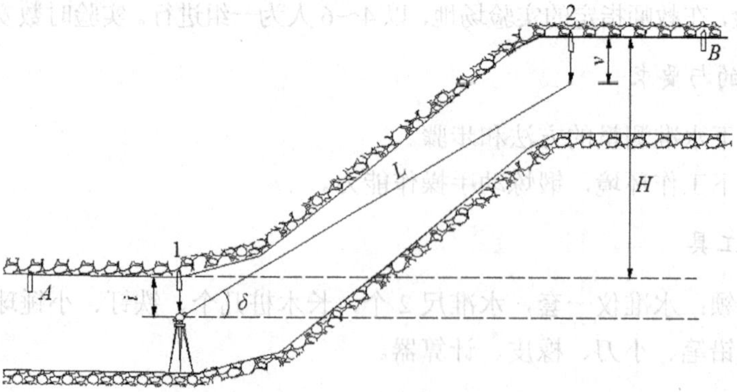

图 19-9　井下三角高程测量

3. 仪器与工具

(1) 每组借领：经纬仪 1 台或全站仪 1 台，脚架 1 个，钢尺卷 1 把，长木桩几个，铁钉、小锤球、工具包 1 个。

(2) 自备：铅笔、小刀、橡皮、计算器。

4. 实训方法与步骤

(1) 先由 A 点求出 1 点高程，然后将仪器安置于 1 点，量出 1 点桩面至仪器横轴的距离(仪器高 i)。在 2 点挂锤球线上适当位置做一标志，量出 2 点桩面至标志的距离(觇标高 ν)。

(2) 用正镜瞄准 2 点锤球线上标志，读出竖盘读数 L。

(3) 倒镜再瞄准 2 点锤球线上标志，在竖盘上读取读数 R。取正、倒镜测出的倾角的平均值。

(4) 用钢尺从锤球线标志量至仪器中心的斜距 L。

(5) 计算出 2 点高程。

(6) 由 2 点可测得 B 点高程。

5. 注意事项

井下三角高程测量与井下水准测量一样，当点在顶板上时，仪器高和觇标高数字前面加负号，则计算公式仍然不变。

实验表格见表 19-12。

19.23　井下导线测量

1. 实验性质及组织

综合性实验，在教师指定的实验场地，以 4～6 人为一组进行。实验时数安排为 2～4 学时。

2. 实训目的与要求

(1) 掌握井下导线观测的步骤。

(2) 掌握导线内业计算、展点的方法。

3. 仪器与工具

(1) 每组借领：经纬仪 1 台或全站仪 1 台，罗盘仪 1 个，脚架 1 个，标杆 2 根，钢尺卷 1 把，测钎 1 组，木桩及小铁钉若干，小锤球、油漆、工具包 1 个。

(2) 自备：铅笔、小刀、橡皮、计算器。

4. 实训方法与步骤

1) 选点与设点

井下导线点一般设在巷道的顶板上。选点时至少两人，在选定的点位上用矿灯或电筒目测，确认通视良好后即可做出标志，并用油漆或粉笔写编号。在巷道交叉口和转弯处必须设点，如图 19-10 所示。导线边长一般以 30～100m 为宜。导线点设置在便于安置仪器的地方，点位设置应牢固。

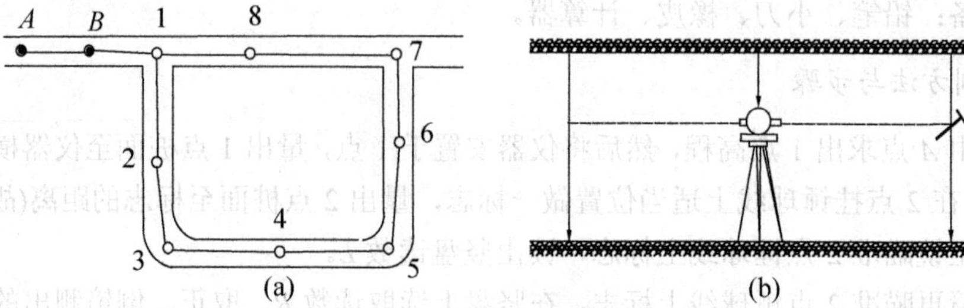

图 19-10　井下导线测量

2) 测角

测回法按 30″ 导线进行施测。

(1) 将经纬仪安置在起始点(如 B 点)进行点对中和整平，然后对水平度盘的零位置。

(2) 分别在 A 号、1 号点挂上锤球线，并在 1 号点的锤球线上用大头针做一标志。

(3) 分别用盘左和盘右位置测出方向读数，记入手簿。盘左和盘右值的差应小于 60″，取其平均值作为结果。

(4) 瞄准 1 点上的锤球线上用大头针做的标志，测出倾斜角(用正倒镜观测，取其中数)。

(5) 量取仪器高(从顶板测点往下量至仪器横轴中心)和觇标高(从顶板测点往下量至大头针标志处)。

3) 量边。

用钢尺丈量出两点间的距离，以上完成一个测站上施测工作。用同样方法，依次测出全部角度和边长。

井下观测数据经检验无误后，便可进行内业计算，计算在表格中进行。

4) 导线内业计算、展点的方法。

参考实验 19.3 的经纬仪导线测量。

5. 注意事项

(1) 井下选点时一定要确保通视，避免仪器安置后观测困难。

(2) 点下对中时，一定要将望远镜放水平。

(3) 测角瞄准时，照明者最好用一张透明纸蒙在矿灯或电筒上，使其发出的光均匀柔和地照明垂球线，便于瞄准观测。

(4) 测边时，若用钢尺，要注意钢尺悬空，拉力均匀，避免碰及其他物体。

19.24　巷道中线标定

1. 实验性质及组织

综合性实验，在教师指定的实验场地，以 4～6 人为一组进行。实验时数安排为 2～4 学时。

2. 实训目的与要求

(1) 掌握巷道中线的标定方法。

(2) 根据巷道设计图纸，用经纬仪标定新开巷道的位置和掘进方向。

3. 仪器与工具

(1) 每组借领：经纬仪 1 台或全站仪 1 台，脚架 1 个，斧子 1 把，钢钉、锤球，记录板，工具包。

(2) 自备：铅笔、小刀、橡皮、计算器。

4. 实训方法与步骤

1) 巷道开切眼标定(见图 19-11)

首先熟悉图纸，了解设计巷道与其他巷道的几何关系，检查图上给定数据。

(1) 计算标定数据。

$$\beta = \alpha_{AB} - \alpha_{A4}$$

$$S_{A4} = \frac{y_A - y_4}{\sin\alpha_{A4}} = \frac{x_A - x_4}{\cos\alpha_{A4}}$$

$$S_{A5} = \frac{y_5 - y_A}{\sin\alpha_{A5}} = \frac{x_5 - x_A}{\cos\alpha_{A5}}$$

式中：α_{AB}——设计巷道中线的坐标方位角；

x_A、y_A——设计巷道的起点坐标；

x_4、y_4、x_5、y_5——导线点坐标。

(2) 标定巷道的开切地点和掘进方向。

① 将仪器安置于 4 点，瞄准 5 点锤球线，在此方向上量取 S_{A4}，定出 A 点并标设在顶板上。再量取 S_{A5} 检查 A 点的正确性。

② 在 A 点安置仪器，后视 4 点转 β 角值，此时望远镜视准轴所指的方向即为设计巷道掘进方向。

③ 一人手执电筒(或矿灯)在仪器操作者指导下沿巷道一帮移动，当电筒移到视准轴方向线上时，即在帮上打一标记，过此标记画一铅垂线，即为巷道中线。

④ 根据仪器视准轴方向，在 A 点之前或后方顶板上再标定两个中线点，即由 3 点组成一组中线点，表示巷道掘进的方向。

2) 巷道中线的标定

新开掘的巷道掘进 6～9m 后，应用仪器正式标出一组中线点，每组中线点不得少于 3 个点，点间距离不得小于 2m。

(1) 检查 A 点是否有位移或破坏。

(2) 经检查认为 A 点无位移后，将仪器安置在 A 点，用盘左后视 4 点，放样 β 角值，在巷道顶板上距工作面 5m 左右给出 2′点，用盘右再给出 2″ 点，取其 2′、2″两点中间点为 2 点，则 2 点即为巷道中线点，如图 19-12 所示。

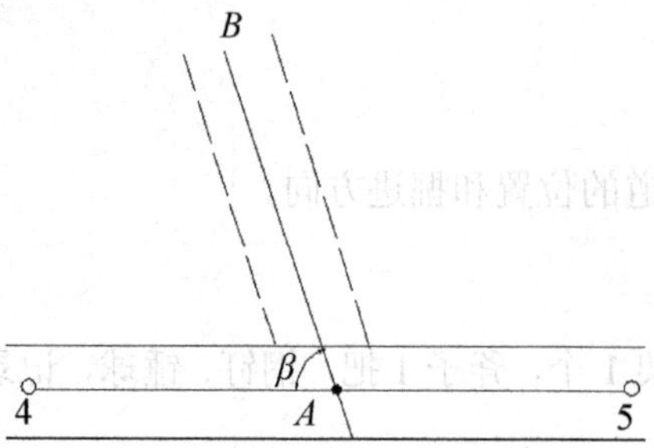

图 19-11　开切眼标定

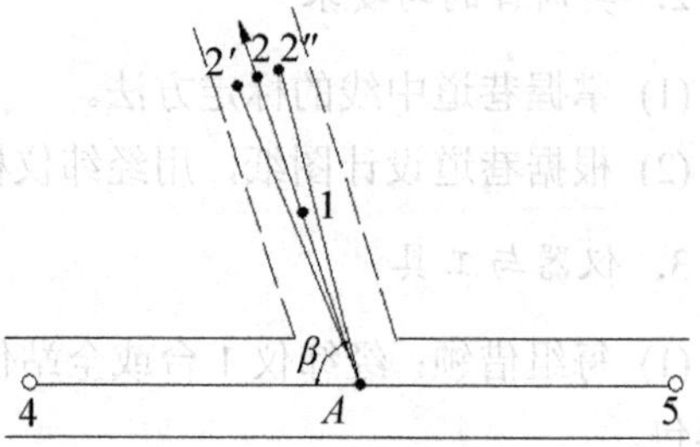

图 19-12　中线标定

(3) 在 2 点挂锤球，用一个测回实测 $\angle 4A2$，用以检查角 β 是否正确。

(4) 经检查角 β 无误后，再用经纬仪瞄准 2 点，在此方向线上的顶板或棚顶上标出 1 点。A、1、2 三点即为一组中线点。

5. 注意事项

巷道中线是控制巷道的水平方向的重要指向线，因此标定时一定要细心，要做检查，发现问题及时纠正，不应因其简单而轻视。

19.25　巷道腰线标定

1. 实验性质及组织

综合性实验，在教师指定的实验场地，以 4～6 人为一组进行。实验时数安排为 2～4 学时。

2. 实训目的与要求

(1) 掌握直线巷道腰线的标定方法。

(2) 根据已知点，标定巷道腰线。

3. 仪器与工具

(1) 每组借领：经纬仪 1 台或全站仪 1 台，脚架 1 个，半圆仪 1 个，钢钉、锤球，记录板，工具包。

(2) 自备：铅笔、小刀、橡皮、计算器。

4. 实训方法与步骤

(1) 在倾斜巷道中标定腰线。

在学校没有模拟巷道时，可以用一排树木模拟井下巷道支柱，在各树干上标出腰线。在第一棵树干上距地面上 1m 整处用粉笔标划起始腰线，每 5～6 棵树中间安置水准仪，精密整平后在第 2～5 棵树干上按水平视线高度标出记号，然后用皮尺量出各树干距第一棵树干的距离，按照+5‰坡度(每米抬高 5mm)在各树干上用钢卷尺标出腰线的正确位置。

(2) 水平巷道标定腰线。

如图 19-13 所示，1 点为平巷的腰线点，在一点上挂测绳，绳上再挂半圆仪，将另一端拉紧井上下移动，使用半圆仪上倾角为 0° 于绳的终端处做上标记 2，然后用皮尺量出 1 和 2 点间的水平距离 l，根据巷道的设计坡度 i，计算出 2 点和 1 点的高差 Δh 为

$$\Delta h = il$$

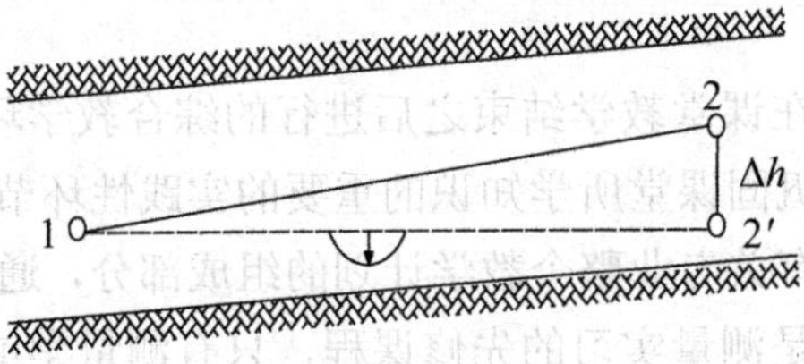

图 19-13　标定腰线

然后过 2 点垂直向上量取 Δh 值，便得到 2 点，在 2 点处将腰线点固定，在 1、2 点间拉线，沿线以油漆画出腰线，巷道另一帮可用同样方法给出腰线。

5. 注意事项

巷道腰线是控制巷道水平方向的重要指向线之一，因此标定时一定要细心，要做检查，发现问题及时纠正，不应因其简单而轻视。

第 20 章　工程测量综合(生产)实习

工程测量综合实习是在课堂教学结束之后进行的综合教学环节之一，是各项课间实验的综合应用，也是加深、巩固课堂所学知识的重要的实践性环节。

工程测量综合实习是有关专业整个教学计划的组成部分，通常单独作为一门课程开设。测量课堂教学与课间实验是测量实习的先修课程，只有测量学或工程测量成绩考核合格者才能进行测量实习。

通过实习，可使学生进一步了解基本测绘工作的实践过程，系统地掌握测量作业的操作、记录、计算、地形图测绘、施工放样等基本技能，并进一步培养学生动手能力及发现问题、解决问题的能力，为以后应用测绘知识解决工程建设中有关问题打下基础。

本实习的实习计划中有些内容是基本实习内容，有些是结合各专业设计的，实习时可根据教学大纲、实习时间长短及专业情况灵活选择。学生应在指导教师指导下，完成相应测量实习任务。

20.1　实 习 目 的

(1) 巩固与提高所学测量知识。

(2) 让学生掌握测量仪器的使用方法。

(3) 让学生掌握大比例尺地形图的测绘方法。

(4) 让学生掌握施工放样的基本方法。

(5) 使学生掌握正确处理各种测量数据的方法。

(6) 培养学生科学、严谨、实干精神和协作能力。

20.2　实 习 计 划

(1) 综合(生产)实习时间一般为 2 周。

(2) 实习地点为指导教师指定的实习场地。

(3) 每实习小组由 5～6 人组成，设组长 1 名。有关实习操作应轮流进行，使每个人都得到练习的机会。

(4) 结合各学校的师资、仪器设备和实习人数，每实习小组的任务要求、实习内容及大致时间可参照表 20-1 进行。

表 20-1　实习计划

实习内容	参考时间	任务要求	土建类专业	采矿类专业
实习动员、布置任务、借领仪器、踏勘测区	0.5 天	做好准备工作	√	√
水准仪认识与使用	1 天	认识并操作练习水准仪读数及仪器的检验与校正	★√	★√
经纬仪认识与使用	1 天	认识并操作练习经纬仪测角及仪器的检验与校正	★√	★√
全站仪认识与使用	1 天	认识并操作练习全站仪测距、测角、碎部采集、放样等	★√	★√
GNSS 接收机认识与使用	1 天	认识并操作练习 GNSS 接收机静态数据采集	★√	★√
GNSS RTK 控制测量	1 天	认识并操作练习 GNSS RTK 数据采集	√	
四等水准测量(或三角高程测量)	2 天	选点，布设路线，野外数据采集及内业数据处理	√	√
建筑物主轴线测设	0.5 天	模拟测设拟建建筑物的主轴线	√	
建筑物方格网测设	0.5 天	模拟测设拟建建筑物的方格网	√	
点位测设	0.5 天	测设一建筑物	√	√
±0.000 标高测设	0.5 天	高程测设	√	
根据已有建筑物定位	0.5 天	测设一建筑物	√	
已知坡度测设	0.5 天	测设出一已知坡度	√	
一井定向	1 天	模拟练习一井定向		√
井下导线测量	1 天	模拟施测一井下导线测量		√
巷道中腰线标定	1 天	模拟中腰线的标定		√
编写实习报告、考核、归还仪器	1 天	编写实习报告、考核、归还仪器	√	√
合计			8～14 天	8～14 天
备注	★代表课内未作　　√ 代表实习必做			

20.3 实 习 仪 器

20.3.1　实习仪器和工具的领取

测量实习使用仪器较多，在整个实习期间由各实习小组自行保管。仪器借领可一次进行，也可分次进行；仪器归还可一次进行，也可分次进行。各实习小组应在指导教师指定的时间借领及归还仪器。各实习小组的实习器材如下。

DJ6 光学全站仪 1 台(或经纬仪 1 台)，DS3 水准仪 1 台，GNSS 接收机一套，钢尺 1 把，罗盘仪 1 个，水准尺 2 把，尺垫 2 个，标杆 3 根，标杆架 2 个，斧子 1 把，木桩若干，测钎 1 束，皮尺 1 把，量角器 1 个，比例尺 1 把，图式 1 本，图纸 1 张，工具包 1 个。

20.3.2 实习仪器的检验与校正

借领仪器后，首先应认真对照清单仔细清点仪器和工具数量，核对编号，发现问题及时提出并加以解决，然后对仪器进行检查。

(1) 仪器的一般性检查。

① 仪器应表面无碰伤、盖板及部件结合整齐，密封性好；仪器与三脚架连接稳固无松动；② 仪器转动灵活，制动、微动螺旋工作良好；③ 水准器状态良好；④ 望远镜对光清晰，目镜调焦螺旋使用正常；⑤ 读数窗成像清晰。

全站仪等电子仪器除上述检查外，还必须检查操作键盘的按键功能是否正常，反应是否灵敏；信号及信息显示是否清晰、完整，功能是否正常。

(2) 三脚架的检查。三脚架是否收缩灵活自如，脚架紧固螺旋功能是否正常。

(3) 水准尺检查。水准尺尺身平直，水准尺尺面分划清晰。

(4) 反射棱镜检查。反射棱镜镜面完整无裂痕，反射棱镜与安装设备配套。

20.4 注 意 事 项

(1) 测量实习的各项工作以实习小组为单位，小组成员之间应密切配合，团结协作，发扬团队精神，以便顺利完成实习任务，达到实习目的。

(2) 各小组长要切实负责，合理安排各项工作，使每个人都有练习的机会。

(3) 实训过程中，应严格遵守《测量实习实训须知》中的有关规定，遵守纪律，不得随意缺席。

(4) 做好复习、预习。有许多学校测量课程排在二上，即第三学期，而测量实习排在第四学期后的暑期，中间相隔半年，这非常好，好在通过实习可以更好地掌握、巩固所学知识，但也有不利，即相隔 1 个学期，有些内容可能有所遗忘，做好复习工作是必要的。

(5) 在每天出测前，要做好准备工作，包括预习、作业方法、仪器、工具、计算工具等的准备。观测过程中，人不能离开仪器，保护好仪器、点位、尺垫等，要发扬严谨的科学精神，原始数据不得涂改、伪造，超出限差时应及时返工。每项工作观测完成后，应及时整理、计算。

(6) 各小组的原始记录在实习期间，应妥善保存。

(7) 夏天实习时，可早出晚归，中午天气炎热可多休息。

(8) 注意安全，仪器设站应不影响交通，且少受交通干扰，爱护花木、农作物，保护环境。

20.5 方法步骤与技术要求

实习旨在获得基本知识和基本技能的基础上，让学生进行一次较全面、系统的训练，以培养独立工作和思考的能力，所以每组在指导教师指明实习具体内容后，各小组应该如何开展，不应再是过去被动式的老师讲学生做，而应该是在小组成员内部先分析、讨论的基础上，制定初步的工作方案和步骤，然后再和指导老师交流商议方案是否可行，最终确定详细的实习方案和步骤。这样有利于培养学生独立思考问题和解决问题的能力。

相关技术要求可参考第 19 章中的内容。

20.6 综合实习技术总结报告的编写

实习报告的编写是实习环节不可或缺的一部分，它有利于培养学生在今后专业工作中撰写工作报告和技术报告的能力。因此，必须做好测量综合实习的技术总结工作。实习报告在学校统一格式的基础上，主要从以下几个方面进行总结。

(1) 项目名称，任务来源，施测目的和精度要求。

(2) 测区位置和范围，测区环境及条件。

(3) 测区已有的地面控制点情况及选点、埋石情况。

(4) 施测所依据的技术和规范。

(5) 施测仪器、设备的类型、数量及检验结果。

(6) 施测组织、作业时间安排、技术要求及作业人员情况。

(7) 外业观测记录。

(8) 观测数据检核内容、方法，重测、补测情况，实测中发生或存在问题说明。

(9) 建(构)筑物或线路的图上设计。

(10) 测设方案及测设数据的准备和计算。

(11) 测量成果的检查数据。

(12) 成果中存在的问题及需要说明的其他问题。

(13) 实习中的体会及其意见、建议。

20.7 综合实习上交成果

实习完成后，需上交实习成果。实习成果分小组和个人成果。小组成果包括技术设计书，仪器检校记录表、外业观测原始记录数据、成果图、小组成员出勤记录表等。

个人应提交各项目内业计算成果及实习总结报告。

20.8 仪器操作考核与成绩综合评定

实习结束后，指导教师应对每个学生的仪器操作进行一次考核，根据其操作仪器的规范与熟练程度和观测时间的长短进行评定，并将考核成绩作为最终成绩的一部分。最终每个学生的实习综合成绩根据学生仪器操作能力以及分析和解决问题能力、测量成果的质量及仪器爱护情况、实习报告、出勤情况、团队精神等各方面进行综合评定。成绩可评定为优、良、中、及格和不及格5个等级，也可按百分计。

附录　测绘英文术语词汇 (Vocabulary in Geomatics)

A

1. abscissa　*n.* 横坐标
2. abstraction　*n.* 提取
3. accessory　*n.* 附件
4. accuracy　*n.* 准(确)度
5. adaptor　*n.* 适配器
6. adjust　*v.* 平差，调整
7. algebraic sum　代数和
8. alidade　*n.* 照准部，照准仪
9. aligning　*n.* 准直
10. allowable error　允许误差，限差
11. All-round direction method　全圆方向(观测)法
12. altimeter　*n.* 高度计
13. ambiguity　*n.* 不确定(性)
14. American Congress on Surveying and Mapping (ACSM)
15. ammonia　*n.* 氨，氨水
16. angle of elevation　仰角
17. angle of depression　俯角
18. anti-spoofing　反电子欺骗(技术)
19. aperture　*n.* 光圈
20. apple talk　通信规约
21. approximation　*n.* 近似值
22. archeologist　*n.* 考古学家
23. arithmetic mean　算术中数，算术平均值
24. artificial feature　人工地物
25. ‘as built’ survey　修测
26. Ascension Island (南大西洋)阿森松岛
27. atlas　*n.* 地图集，(A~)阿特拉斯(希腊神话中的擎天神)
28. attachment　*n.* 附件
29. automatic compensator　自动补偿器

30．automatic level 自动安平水准仪
31．auxiliary contour 半距等高线，间曲线
32．azimuth *n.* 方位角，方向角

B

33．back azimuth 反方位角
34．backsight *n.* 后视
35．ball-socket arrangement 球窝装置
36．barometer *n.* 气压计
37．baseline *n.* 基线
38．baud rate 波特率
39．bearing *n.* 象限角
40．Beijing Coordinate System of 1954 1954 年北京坐标系
41．benchmark(BM) 水准点
42．blunder *n.* 错误，粗差
43．Bird's-eye view 鸟瞰
44．bisect *v.* 对开，处于中间
45．bit *n.* 比特，(数)位
46．blueprint *n.* 蓝图，设计图； *v.* 计划
47．blunder *n.* 粗差，错误
48．borrow pit 取土坑，采料坑
49．bubble *n.* (气)泡
50．built-in 内置的
51．bull's-eye level 圆水准器

C

52．CAD (Computer Aided Design) 计算机辅助设计
53．cadastral surveying/cadastration 地籍测量学
54．calculus *n.* 微积分学
55．calibration *n.* 校准，检校
56．carrier phase 载波相位
57．carrier signal 载波信号
58．Cartesian coordinate system 笛卡儿坐标系
59．cartography *n.* 地图制图学
60．cartology *n.* 地图学
61．catchment *n.* 集水(处)
62．catenary *n.* 悬链线

63．celestial body 天体
64．celestial sphere 天球
65．centering *n.* 对中，归心
66．chain *n.* 测链，三角锁
67．chorobates *n.* 一种简易的水准仪
68．choropleth *n.* 等值线图，区域分布图
69．circle *n.* 圆，度盘
70．circumference *n.* 圆周
71．clamp *v.* 制动；*n.* 制动(螺旋)
72．cliff *n.* 绝壁
73．clinometer *n.* 测角仪，测斜仪
74．clockwise *adj.* 顺时针方向的；*adv.* 顺时针方向地
75．closed *adj.* 闭合的
76．closed-loop traverse 闭合导线
77．cloth tape 皮尺
78．collection *n.* 采集
79．collimation error 视准轴误差
80．Colorado Springs 美国科罗拉多州斯普林斯市
81．configuration matrix 配置矩阵
82．conformal cylindrical projection 等角圆柱投影
83．conic projection 圆锥投影
84．connecting traverse 附合导线
85．constellation *n.* 星座
86．contour *n.* 等高线
87．contour interval 等高距
88．control segment 地面监控部分
89．coordinate *n.* 坐标
90．correction *n.* 改正数
91．coseismic *adj.* 同震的，同一个的
92．Cotangent Formula 余切公式
93．counterclockwise *adj.* 反时针的；*adv.* 反时针方向地
94．crack *n.* 裂缝
95．crest *n.* 顶部
96．cross hairs 十字丝
97．cross-profile 横断面，剖面
98．cross-section (横)断面
99．cumulative *adj.* 累积的

100. curvature *n.* 曲率
101. curve *n.* 曲线
102. cut off 切断，截止
103. cylindrical projection 圆柱投影

D

104. damping *n.* 阻尼
105. datum (data 的单数形式) *n.* 基准
106. Dayu 大禹(姓姒名文命，号禹，黄帝轩辕氏第九玄孙)
107. declination *n.* 偏差
108. deformation *n.* 变形
109. delineation *n.* 描绘
110. Delta GraphPro 一种图形软件名称
111. density curve 密度曲线
112. departure *n.* 纵坐标增量
113. depression *n.* 洼地，俯角
114. design matrix 设计矩阵，决策矩阵
115. detail *n.* 碎部(点)
116. description of point 点之记
117. detection *n.* 探测
118. determination *n.* 测定，确定
119. dial *n.* 刻度盘
120. diameter *n.* 直径
121. diazo *adj.* 重氮基，二氯化合物的
122. Diego Garcia 迪戈加西亚岛(印度洋)
123. difference in elevation 高差
124. differencing *n.* 差分
125. differential leveling 微差水准测量
126. differential positioning 差分定位
127. digital mapping 数字测图
128. dioptra *n.* 测高仪
129. dioptric ring 折光度调节环
130. direct leveling 几何水准测量
131. direction method 方向(观测)法
132. discrepancy *n.* 不符值，差异
133. discrete *adj.* 不连续的，离散的
134. distal *adj.* 远处的，末端的

135. distortion *n.* 扭曲，变形
136. distribution *n.* 分布
137. diurnal range 日较差
138. diverge *vi.* 收敛
139. double-faces method 双面尺法
140. DTM(Digital Terrain Models) 数字地面模型
141. dumpy level 定镜水准仪

E

142. earthwork *n.* 土方(工程)
143. easting *n.* 纵轴(*X*)坐标增量
144. ecology *n.* 生态学
145. EDM electronic distance measurement 光电测距
146. electromagnetic *adj.* 电磁的
147. electronic distance measurement (EDM) 光电测距
148. electronic total station 全站仪
149. elevation *n.* 高程，海拔，标高，仰角
150. elevation datum 高程基准
151. ellipsoid *n.* 椭球体
152. engineering surveying 工程测量学
153. Eratosthenes 埃拉托色尼(公元前三世纪的希腊天文学家、数学家和地理学家)
154. ergonomics *n.* 人类工程学，生物工程学
155. Erik Bergstand 埃里克•伯格斯特兰(瑞典著名物理学家和大地测量学家)
156. error *n.* 误差
157. external focusing 外对光
158. extra contour 辅助等高线，助曲线
159. eyepiece *n.* 目镜

F

160. face left 盘左，正镜
161. face right 盘右，倒镜
162. face of the instrument 仪器镜位
163. fault *n.* 断层，断裂带
164. feature *n.* 地物，特征点
165. fencepost *n.* 栅栏柱
166. field note 外业手簿
167. field sketching 野外草图

168．field work 外业

169．field to-finish 现场完成

170．fissure *n.* 裂缝

171．flattening *n.* 扁率

172．fluvial *adj.* 河流的，河流冲刷形成的

173．focal length 焦距

174．focusing knob 对光螺旋；调焦螺旋

175．foot screw 脚螺旋

176．forced centering 强制对中；强制归心

177．foresight *n.* 前视

178．forward *adj.* 前进的，往侧的

179．forward intersection 前方交会

180．Frontinus 弗龙蒂努斯(公元约35—约103，古罗马政治家和军事理论家)

181．fulcrum *n.* 支点

G

182．Garmin *n.* GPS [商品名称]

183．gauge *n.* 标准，量规； *v.* 测量

184．Gauss Distribution 高斯分布(曲线)

185．Gauss-Kruger planar coordinate system 高斯-克吕格平面坐标系

186．geodesy/geodecy/geodetics *n.* 大地测量学

187．geodetic height *n.* 大地高

188．geodetic latitude 大地纬度

189．geodetic longitude 大地经度

190．geodetic origin 大地测量原点

191．geodimeter *n.* 光电测距仪[商标名]

192．Geographic Information Systems (GIS) 地理信息系统

193．geoid *n.* 大地水准面，大地体

194．geology *n.* 地质学

195．Geomatics *n.* 测绘学(原译 surveying and mapping，现在泛指包括地理信息系统、遥感等分支学科在内的研究领域)

196．geometry *n.* 几何学

197．geospatial technology 地理空间技术

198．Global Positioning System (GPS) 全球(卫星导航)定位系统

199．Gerbert *n.* 格伯特(德国本笃会会士、曾任隐修院院长，致力于革新教会的神学研究、圣乐及教育)

200．glass-bloc 玻璃板

201．gradient *n.* 坡度，梯度； *adj.* 倾斜的
202．graduated rod (有)刻画的(水准)尺
203．graduation *n.* 刻画
204．graticule *n.* 十字丝，标线，地理格网
205．gravity field 重力场
206．grid *n.* 格网，栅格
207．grid azimuth 坐标方位角
208．groma *n.* 一种测设直线和直角的简易测量仪器
209．Guanxiang Mount (青岛)观象山

H

210．hachure *n.* (地图)晕滃表示法；*vt.* 用晕滃线表示
211．hand level 手持水准仪
212．Hawaii (太平洋)夏威夷岛
213．height of instrument (HI) 仪器高
214．Herodotus 希罗多德(希腊历史学家)
215．Heron 海伦(公元 10 年—公元 75 年希腊数学家、力学家和机械学家)
216．hierarchy *n.* 层次(结构)，等级
217．Himalayas *n.* 喜马拉雅山脉
218．histogram *n.* 柱状图，直方图
219．horizon misclosure 归零差
220．horizontal angle 水平角
221．horizontal plane 平面
222．hub *n.* (测量)标志点
223．hydrographic surveying/ hydrography 水道测量学，水文地理学
224．hypsometric *adj.* 高程的，地势的

I

225．increment *n.* 增量
226．index (or thickened) contour 加粗等高线，计曲线
227．index error (竖盘)指标差
228．intentional degradation 人为降解
229．inertial position fixing 惯性定位
230．infrared *n.* 红外光； *adj.* 红外光的
231．instrument *n.* 仪器
232．integrated circuit 集成电路
233．intermediate contour 基本等高线，首曲线

234．internal focusing 内对光
235．International Federation of Surveying 国际测量协会
236．International Organization for Standardization 国际标准化组织(或机构)
237．interpolation *n.* 内插(法)
238．interrelated *adj.* 相关的
239．interval *n.* 间隔，间距
240．intervisible *adj.* 通视的
241．invar staff 铟瓦尺
242．intersection *n.* 交叉点，交会测量
243．ionosphere *n.* 电离层

K

244．kinematic positioning 动态定位
245．Kwajalein (西太平洋)夸贾林环礁

L

246．latitude *n.* 横坐标增量
247．law of error propagation 误差传播定律
248．layout *n.* 测设，放线，标定
249．LC 液晶(即 liquid crystal)
250．least squares method 最小二乘法
251．legend *n.* 图例
252．Leica Co. 徕卡测绘仪器公司
253．lettering *n.* 注记
254．level *n.* 水准仪，水准器
255．level vial (or tube) 水准管
256．leveling *n.* 高程测量，(仪器)整平
257．leveling base 基座
258．libella *n.* 一种测设水平线的简易测量工具
259．Liber Quadratorum (德文，即 The Book of Squares)象限仪书
260．lidar *n.* 激光雷达
261．linear triangulation chain 线形三角锁
262．log *n.* 记录，测程仪
263．lunar eclipses 月食

M

264．Magnetic Resonance Imaging(MRI) 磁共振成像(技术)

265. magnification *n.* 放大倍率
266. map element 地图要素
267. map generalization 地图概括，地图综合
268. mapping control survey 图根控制测量
269. Mariana Trench 马里亚纳海沟
270. matrix *n.* 矩阵
271. measurement *n.* 观测，观测值
272. mechanical *adj.* 机械的
273. mean *n.* (平)均值，中数
274. mean square error 中误差，均方差
275. meridian *n.* 子午线，经线
276. mesh *n.* 网格
277. MHz 兆赫(megahertz)
278. micrometer *n.* 测微器
279. microscope *n.* 显微镜
280. minus angle 俯角
281. minus sight 前视
282. misclosure *n.* 闭合差
283. modem *n.* 调制解调器
284. modulate *vi.* (信号)调制
285. monument *n.* 标石
286. most probable value (最)或然值
287. Mt. Everest 珠穆朗玛峰(Mt 即 Mount 的缩写)
288. multipath *n.* 多路径
289. multispectral scanner 多谱段扫描仪

N

290. nadir *n.* 天底角
291. National Elevation Datum of 1985 (中国)1985 年国家高程基准
292. National Geodetic Reference of 1980 (中国)1980 年国家大地测量基准
293. natural feature 自然地物
294. nautical charts 海图
295. NAVSTAR (NAVigation Satellite Timing And Range) 导航卫星授时与测距
296. negative lens 负透镜；调焦透镜
297. nickel-cadmium battery 镍镉电池
298. Nikon Co. (日本)尼康公司
299. node *n.* 节点

300．normal distribution curve 正态分布曲线
301．normal equation system 法方程组
302．northing *n.* 横轴(*Y*)坐标增量
303．notebook *n.* 手簿
304．numerator *n.* 分子
305．nut *n.* 螺旋

O

306．objective lens 物镜
307．observation *n.* 观测，观测资料
308．occupy *v.* 设站
309．odometer *n.* 里程计
310．office work 内业
311．offset *n.* 支距，偏移量，胶印
312．Open Geospatial Consortium (OGC) 开放地理信息系统协会
313．optical *adj.* 光学的，眼睛的，视觉的
314．ordinate *n.* 纵坐标
315．orient *v.* 定向
316．orientation *n.* 定向
317．outcrop *n.* 突出物，(露出地面的)突岩

P

318．pacing *n.* 步测
319．parallax *n.* 视差
320．parallel *n.* 平行线，纬圈，纬线
321．parallel-plate micrometer 平行玻璃板测微器
322．parity *n.* 奇偶性
323．partial derivative 偏微分
324．perimeter *n.* 周长
325．perpendicular *adj.* 垂直的，正交的； *n.* 垂线
326．phase shift 相位差
327．photogrammetry *n.* 摄影测量学
328．photolithography *n.* 光刻术，影印石板术
329．pin *n.* 测钎，(转点)尺桩
330．plan *n.* 平面图，规划图
331．plane-table (大)平板(仪)
332．planimeter *n.* 求积仪

333. planimetric *adj.* 平面的
334. plat *n.* 一块地，地图
335. plate level (照准部)水准器
336. plot *v.* 绘图；*n.* 小块土地，地区图
337. plotter *n.* 绘图仪
338. plumb *n.* 铅锤； *adj.* 垂直的； *vt.* 使垂直, 用铅增加重量, 探测； *vi.* 垂直
339. plumb bob 垂球
340. plummet *n.* 垂球(装置)
341. plus angle 仰角
342. plus sight 后视
343. Polaris *n.* 北极星
344. pole *n.* 花杆
345. polygon *n.* 闭合导线，多边形
346. polygon with a central-point 中点多边形
347. portray *v.* 描绘
348. position method 测回(观测)法
349. Positron Emission Tomography (PET) 阳电子发射体层摄影术
350. ppm 百万分之一(Part Per Million)
351. Practica Geometria (德文，即 Practical Geometry)实用几何学
352. precision *n.* 精(确)度
353. prism *n.* 棱镜，棱柱
354. probability *n.* 或然率，概率
355. probable value 或然值
356. projection *n.* 投影
357. property *n.* 房地产
358. protractor *n.* 测角器，分度规
359. pseudorange *n.* 伪距
360. Pythagorean Theorem 毕达哥拉斯法则

Q

361. quadrant *n.* 象限
362. quadrilateral with diagonals 大地四边形

R

363. radial grid 径向格网
364. radii *n.* 半径
365. radius *n.* 半径

366. range *n.* 距离
367. raster *n.* 栅格
368. reciprocal *n.* 倒数；*adj.* 倒数的
369. reading *n.* 读数
370. real-time positioning 实时定位
371. reconnaissance *n.* 踏勘，选点
372. Records of The Historian 史记
373. rectilinear grid coordinate system 直角坐标系
374. redundancy *n.* 冗余度，多余观测数
375. redundant observations 多余观测
376. reduction *n.* 归算，归化，减少
377. reference ellipsoids 参考椭球体
378. reference station 基准站，参考站
379. relief *n.* 地貌，地势，地形
380. reflector *n.* 反射棱镜
381. refraction *n.* 折射，折光
382. relative error 相对误差
383. reliability *n.* 可靠性
384. remote sensing 遥感
385. representation *n.* (地图)表示法
386. resection *n.* 后方交会
387. residual *n.* 残差
388. reticle *n.* 十字丝(板)
389. retro-reflector 回光反射镜
390. reverse azimuth 反方位角
391. ridge *n.* 山脊
392. rifle *n.* 来复线，来复枪
393. rod *n.* 水准尺，标尺，标杆
394. rodman *n.* 司尺员
395. rough error 粗差
396. rough leveling 粗略整平，概略水准测量
397. route survey 线路测量
398. rover *n.* 流动站
399. Royal Institution of Chartered Surveyors (英国)皇家特许测绘员学会
400. run *v.* 敷设；*n.* 行程，布设

S

401．San Andreas Fault 圣·安德烈斯大断裂
402．scanner *n.* 扫描仪
403．scarp *n.* 悬崖
404．scribing *n.* 刻图
405．seismology *n.* 地震学
406．selective availability 选择可用性(技术)
407．semi-major axis 长半轴
408．semi-minor axis 短半轴
409．sensitize *v.* 激活，敏化
410．serial port 串行端口
411．Sesostris (古埃及)塞索斯特雷斯(王朝)
412．setting out 测设，标定，放样
413．setup *n.* 测站
414．sextant *n.* 六分仪
415．shading *n.* (地图)晕渲表示法
416．Shanggao Theorem 商高定理
417．shoe *n.* 尺垫，脚
418．side *n.* 边
419．side intersection 侧方交会
420．sine law 正弦定理
421．single-face method 单面尺法
422．sketch *n.* 草图； *v.* 画草图，素描
423．slow-motion 微动(螺旋)
424．Smart-Station 超站仪
425．Sokkia Corp (日本)索佳集团公司
426．space segment 空间星座部分
427．specification *n.* 规格，规范，说明书
428．spheroid *n.* 椭球体
429．spike *n.* 尺桩
430．spur line 支线
431．stadia *n.* 视距
432．standard contour 基本等高线，首曲线
433．staff *n.* 尺，杆
434．stake *n.* 桩
435．standard *n.* (横轴)支架

436．standard deviation 标准偏差
437．State Bureau of Surveying and Mapping (中国)国家测绘局
438．State Plane Coordinate system (中国)国家平面坐标系
439．static positioning 静态定位
440．stop-and-go 停停走走
441．stratigraphic *adj*. 地层学的
442．string *n*. (测)绳
443．stub *n*. 木桩，树桩
444．summit *n*. (山)顶(点)
445．subsidence *n*. 沉陷
446．subtense bar 横测尺
447．superposition *n*. 重叠
448．supplementary contour 半距等高线，间曲线
449．survey *n*. 测量，调查；*vt*. 调查，测量，勘定；*vi*. 测量土地
450．surveying *n*. 测量学
451．surveying and mapping 测绘学
452．surveyor *n*. 测量员
453．swap *n*. *v*. 交换
454．sway *v*. 摇摆
455．symbolize *v*. 用符号表示
456．symbology *n*. 符号(学)
457．synchronization *n*. 同步
458．systematic error 系统误差

T

459．tacheometer *n*. 速测仪
460．tacheometry *n*. 视距测量
461．tangent *adj*. 相切的；*n*. 切线，正切
462．tapeperson 司尺员
463．taping *n*. 钢尺测距
464．target *n*. 觇标
465．terrace *n*. 梯田，阶地
466．terrain *n*. 地势，地形
467．tension handle 拉力计，弹簧秤
468．thematic map 专题地图
469．theodolite *n*. 经纬仪
470．thickened contour 加粗等高线，计曲线

471．thermometer　*n.* 温度计
472．three-tripods method 三架法
473．tilting level 微倾水准仪
474．tied-in 联测
475．tinting　*n.* 着色，分层设色
476．tip　*n.* (脚架)尖
477．tolerance　*n.* 限差，允许误差
478．topographic science 地形(或地志)测量学
479．topographic surveying 地形测量学
480．topos　*n.*　拓扑斯，主题，普通概念
481．transect　*n.*　横断面
482．transit　*n.* 中星仪，(美语)经纬仪
483．Transverse Mercator Projection 横轴墨卡托投影
484．trapezoid　*n.* 梯形，不等边四边形
485．traverse　*n.* 导线
486．trench wall 沟壁，槽壁
487．triangle　*n.* 三角形
488．triangulation　*n.* 三角测量
489．trilateration　*n.* 三边测量
490．tribrach　*n.* 三角基座
491．trigonometry　*n.* 三角学
492．trigonometric leveling 三角高程测量
493．tripod　*n.* 三脚架
494．troposphere　*n.* 对流层
495．turning point 转点
496．turnpike　*n.* 收费公路

U

497．UHF 超高频(ultrahigh frequency)
498．unit weight 单位权
499．Universal Polar Stereographic coordinate system 通用极球面投影坐标系统
500．USB 通用串行总线(Universal Serial　Bus)
501．U.S. Department of Defense 美国国防部
502．user segment 用户接受设备部分

V

503．valley　*n.* 山谷

504．variance *n.* 方差
505．variation *n.* 差异，偏差
506．variable *n.* 变量，变数； *adj.* 变量的
507．vegetation *n.* 植被
508．vernier *n.* 游标(尺)
509．vertical angle 垂直角，竖直角，倾角
510．vertical control 高程控制
511．vertical datum 高程基准
512．visual hierarchy 视觉层次
513．Von Piso 冯•彼索(德国科学家)

W

514．watershed *n.* 分水岭
515．weight *n.* 权(重)
516．weighted mean 加权平均值
517．weight reciprocal 权倒数
518．wharf *n.* 码头
519．whiteprint *n.* 白色图，白色背景图

Y

520．yardstick *n.* 测绳，尺
521．Yellow Sea Elevation Reference of 1956 (中国)1956 年黄海高程系统

Z

522．zenith *n.* 天顶距，天顶角

参考文献

[1] GB 50026—2007 工程测量规范[S]中华人民共和国国家标准．北京：中国计划出版社，2008.
[2] GB/T 12898—2009 国家三、四等水准测量规范[S]中华人民共和国国家标准．北京：中国标准出版社，2009.
[3] 北京市测绘设计研究院．CJJ 8—1999 城市测量规范[S]．北京：中国建筑工业出版社，1999.
[4] 中华人民共和国住房和城乡建设部，中华人民共和国国家质量监督检验检疫总局 GB 50497—2009 建筑基坑工程监测技术规范[S]．北京：中国计划出版社，2009.
[5] 宁津生，陈俊勇，李德仁等．测绘学概论[M]．武汉：武汉大学出版社，2004.
[6] 高井祥．测量学[M]．徐州：中国矿业大学出版社，2004.
[7] 李福臻．数字化测图教程[M]．成都：西南交通大学出版社，2008.
[8] 李天文．现代测量学[M]．北京：科学出版社，2007.
[9] 何沛峰．矿山测量[M]．徐州：中国矿业大学出版社，2005.
[10] 张序．测量学实验与实习[M]．南京：东南大学出版社，2007.
[11] 陈社杰．测量学与矿山测量[M]．北京：冶金工业出版社，2007.
[12] 蔡文惠．测量学基础与矿山测量[M]．西安：西北工业大学出版社，2010.
[13] 沙从术．现代测量学[M]．北京：化学工业出版社，2012.
[14] 董斌．现代测量学[M]．北京：中国林业出版社，2012.
[15] 陶本藻．测量数据处理的统计理论和方法[M]．北京：测绘出版社，2007.
[16] 刘绍堂．建筑工程测量[M]．郑州：郑州大学出版社，2006.
[17] 张书华，沙从术，张驿等．数字地图测绘[M]．北京：北京理工大学出版社，2005.
[18] 施一民．现代大地控制测量[M]．北京：测绘出版社，2003.
[19] 胡伍生，潘庆林．土木工程测量[M]．南京：东南大学出版社，2007.
[20] 王根虎．土木工程测量[M]．郑州：黄河水利出版社，2005.
[21] 刘玉明．土木工程测量[M]．广州：华南理工大学出版社，2007.
[22] 岳建平，陈伟清．土木工程测量[M]．武汉：武汉理工大学出版社，2010.
[23] 邹永廉．工程测量[M]．武汉：武汉大学出版社，2006.
[24] 王云江．建筑工程测量[M]．北京：中国计划出版社，2008.
[25] 过静珺，尧久刚．土木工程测量[M]．3 版．武汉：武汉理工大学出版社，2009.
[26] 张正禄．工程测量学[M]．武汉：武汉大学出版社，2002.
[27] 张坤宜．交通土木工程测量[M]．北京：人民交通出版社，1999.
[28] 史兆琼，许哲明．建筑工程测量[M]．武汉：武汉理工大学出版社，2010.
[29] 潘正风，杨正尧．数字测图原理和方法[M]．武汉：武汉大学出版社，2001.
[30] 史玉峰．测量学[M]．北京：中国林业出版社，2012.
[31] 陆国胜，王学颖．测绘学基础[M]．北京：测绘出版社，2006.
[32] 马振利，张国辉等．测绘学[M]．北京：教育出版社，2005.
[33] 陈学平．实用工程测量[M]．北京：中国建筑工业出版社，2007.

[34] 陈丽华．测量学实验与实习[M]．杭州：浙江大学出版社，2011.

[35] 顾孝烈．测量学实验[M]．上海：同济大学出版社，2003.

[36] 赵喜江．测量学实践[M]．徐州：中国矿业大学出版社，2008.

[37] 杨松林．测量学实验实习教程[M]．北京：中国科学技术出版社，2009.